从零开始学 MySQL

明日科技 编著

全国百佳图书出版单位
化学工业出版社
·北 京·

内容简介

本书从零基础读者的角度出发，通过通俗易懂的语言、丰富多彩的实例，循序渐进地让读者在实践中学习MySQL编程知识，并提升自己的实际开发能力。

全书共分为4篇18章，内容包括MySQL概述、MySQL图形化管理工具、MySQL语言基础、数据库和数据表的操作、数据查询、MySQL函数、索引、视图、数据完整性约束、存储过程与存储函数、触发器、事件、数据的备份与恢复、性能优化、安全管理、MySQL系统管理、基于Java+MySQL的看店宝和基于Python+MySQL的智慧校园考试系统。书中知识点讲解细致，侧重介绍每个知识点的使用场景，涉及的代码给出了详细的注释，可以使读者轻松领会MySQL程序开发的精髓，快速提高开发技能。同时，本书配套了大量教学视频，扫码即可观看，还提供所有程序源文件，方便读者实践。

本书适合MySQL初学者、数据库工程师等自学使用，也可用作高等院校相关专业的教材及参考书。

图书在版编目（CIP）数据

从零开始学MySQL / 明日科技编著． —北京：化学工业出版社，2022.4

ISBN 978-7-122-40588-3

Ⅰ.①从… Ⅱ.①明… Ⅲ.①SQL语言－程序设计 Ⅳ.①TP311.132.3

中国版本图书馆CIP数据核字（2022）第019111号

责任编辑：耍利娜　张　赛　　　文字编辑：林丹　吴开亮

责任校对：宋　玮　　　装帧设计：尹琳琳

出版发行：化学工业出版社（北京市东城区青年湖南街13号　邮政编码100011）

印　　装：大厂聚鑫印刷有限责任公司

787mm×1092mm　1/16　印张18½　字数454千字　2022年6月北京第1版第1次印刷

购书咨询：010-64518888　　　售后服务：010-64518899

网　　址：http://www.cip.com.cn

凡购买本书，如有缺损质量问题，本社销售中心负责调换。

定　　价：89.00元

版权所有　违者必究

前言

MySQL 是一款非常优秀的自由软件，由瑞士的 MySQLAB 公司开发，是一款真正快速、多用户、多线程的 SQL 数据库服务器。

MySQL 数据库是世界上最流行的数据库之一。国内很多的大型网络公司也选择 MySQL 数据库，诸如百度、网易、新浪等。据统计，世界一流的互联网公司中，排名前 20 位的有 80% 是 MySQL 的忠实用户。

本书内容

本书包含了学习 MySQL 数据库的各类必备知识，全书共分为 4 篇 18 章内容，结构如下。

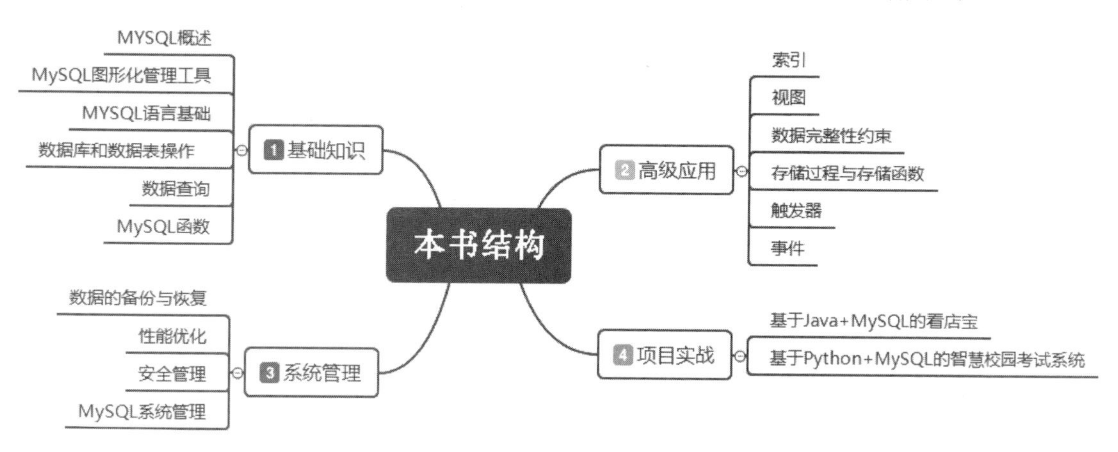

第 1 篇：基础知识篇。本篇主要包括 MYSQL 概述、MySQL 图形化管理工具、MYSQL 语言基础、数据库和数据表操作、数据查询、MySQL 函数等内容。通过本篇的学习，读者能够熟练掌握 MySQL 数据库的基础知识。

第 2 篇：高级应用篇。本篇主要包括索引、视图、数据完整性约束、存储过程与存储函数、触发器、事件等内容。通过本篇的学习，读者将熟悉 MySQL 的高级应用。

第 3 篇：系统管理篇。本篇介绍数据的备份与恢复、性能优化、安全管理、MySQL 系统管理。通过本篇的学习，读者将了解有关 MySQL 数据库的创建原理，以及安全防护措施，掌握数据库管理、维护的方法和工具。

第 4 篇：项目实战篇。本篇一共有两个实战项目，分别是使用 Java 语言配合使用 MySQL 数据库，开发看店宝程序，让读者学习如何使用 MySQL 进行应用系统的数据库设计；使用 Python 语言配合使用 MySQL 数据库，开发一个智慧校园考试系统。书中按照开发背景→系统分析→系统设计→数据库设计→主窗体设计→公共模块设计→部分主要模块设计的过程进行介绍，带领读者一步一步亲身体验使用MySQL 作为数据库的项目开发全过程。

本书特点

☑ **知识讲解详尽细致。**本书以零基础入门学员为对象，力求将知识点划分得更加细致，讲解更加详细，使读者能够学必会，会必用。

☑ **案例侧重实用有趣。**通过实例学习是最好的编程学习方式，本书在讲解知识时，通过有趣、实用的案例对所讲解的知识点进行解析，让读者不只学会知识，还能够知道所学知识的真实使用场景。

☑ **思维导图总结知识。**每章最后都使用思维导图总结本章重点知识，使读者能一目了然地回顾本章知识点，以及需要重点掌握的知识。

☑ **配套高清视频讲解。**本书资源包中提供了同步高清教学视频，读者可以根据这些视频更快速地学习，感受编程的快乐和成就感，增强进一步学习的信心，从而快速成为编程高手。

读者对象

☑ 初学编程的自学者
☑ 编程爱好者
☑ 大中专院校的老师和学生
☑ 相关培训机构的老师和学员
☑ 毕业设计的学生
☑ 初、中、高级程序开发人员
☑ 程序测试及维护人员
☑ 参加实习的“菜鸟”程序员

读者服务

为了方便解决本书疑难问题，我们提供了多种服务方式，并由作者团队提供在线技术指导和社区服务，服务方式如下：

√ 企业 QQ：4006751066
√ QQ 群：309198926
√ 服务电话：400-67501966、0431-84978981

本书约定

开发环境及工具如下：

√ 操作系统：Windows7、Windows 10 等。
√ 数据库：MySQL 8.0

致读者

本书由明日科技数据库开发团队组织编写，主要人员有周佳星、王小科、申小琦、赵宁、李菁菁、何平、张鑫、王国辉、李磊、赛奎春、杨丽、高春艳、张宝华、庞凤、宋万勇、葛忠月等。在编写过程中，我们以科学、严谨的态度，力求精益求精，但疏漏之处在所难免，敬请广大读者批评指正。

感谢您阅读本书，零基础编程，一切皆有可能，希望本书能成为您编程路上的敲门砖。

祝读书快乐！

编者

目录

第1篇　基础知识篇

第3章 MySQL 语言基础 / 27

第4章 数据库和数据表操作 / 44

第5章 数据查询 / 57

第6章 MySQL 函数 / 81

视频讲解：7 节，34 分钟

第 2 篇　高级应用篇

第 7 章　索引 / 96

▶视频讲解：3 节，21 分钟

第 8 章　视图 / 109

▶视频讲解：3 节，27 分钟

第 9 章　数据完整性约束 / 120

▶视频讲解：5 节，29 分钟

第 10 章　存储过程与存储函数 / 131

▶视频讲解：8 节，42 分钟

第 4 篇 项目实战篇

第 17 章 基于 Java+MySQL 的看店宝（京东版）/ 216

第 18 章 基于 Python+MySQL 的智慧校园考试系统 / 249

MySQL

从零开始学　MySQL

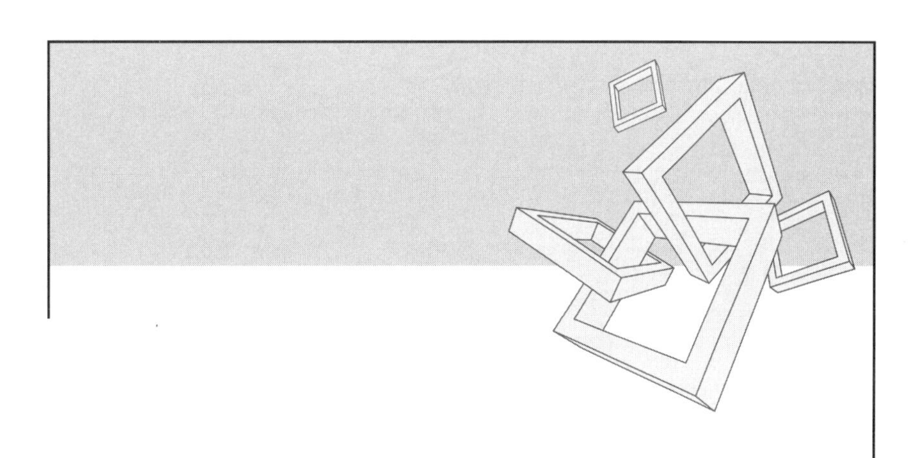

第1篇

基础知识篇

第 1 章

MySQL 概述

- 了解 MySQL 数据库的基本概念
- 掌握 MySQL 数据库的下载与安装
- 掌握启动连接 MySQL 服务器

1.1 了解 MySQL

MySQL 是目前最为流行的开放源代码的数据库管理系统，是完全网络化的、跨平台的关系型数据库系统，它是由瑞典的 MySQL AB 公司开发的，由 MySQL 的初始开发人员 David Axmark 和 Michael “Monty” Widenius 于 1995 年建立，目前属于 Oracle 公司。它的象征符号是一只名为 Sakila 的海豚，代表着 MySQL 数据库和团队的速度、能力、精确和优秀本质。

1.1.1 MySQL 数据库的概念

数据库（Database）就是一个存储数据的仓库。为了方便数据的存储和管理，它将数据按照特定的规律存储在磁盘上。通过数据库管理系统，可以有效地组织和管理存储在数据库中的数据。MySQL 就是这样的一个关系型数据库管理系统（RDBMS），它可以称得上是目前运行速度最快的 SQL 数据库管理系统。

1.1.2 MySQL 的发展史

MySQL 原开发者为瑞典的 MySQL AB 公司，是一种完全免费的产品，用户可以直接从网上下载使用，不必支付任何费用。

2008 年 1 月 16 日，Sun 电脑公司（Sun Microsystems）正式收购 MySQL。

2009 年 4 月 20 日，甲骨文公司（Oracle）宣布以每股 9.50 美元、74 亿美元的总额收购 Sun 电脑公司。

2013 年 6 月 18 日，甲骨文公司修改 MySQL 授权协议，移除了 GPL，将 MySQL 分为社区版和商业版。社区版依然可以免费使用，但是功能更全的商业版需要付费使用。

2016 年 9 月，Oracle 决定跳过 MySQL 5.x 命名系列，并抛弃 MYSQL 6、7 两个分支，直接进入 MySQL 8 版本命名，也就是 MySQL 8.0 版本的开发。

MySQL 从无到有，到技术的不断更新、版本的不断升级，经历了一个漫长的过程，这个过程是实践的过程，是 MySQL 成长的过程。时至今日，MySQL 的版本已经更新到了 MySQL 8.0。

1.1.3 MySQL 的优势

MySQL 是一款自由软件，任何人都可以从其官方网站下载。MySQL 是一个真正的多用户、多线程 SQL 数据库服务器。它是以客户 / 服务器结构的实现，由一个服务器守护程序 mysqld 和很多不同的客户程序和库的组成。它能够快捷、有效和安全地处理大量的数据。相对于 Oracle 等数据库来说，MySQL 在使用时非常简单。MySQL 的主要目标是快捷、便捷和易用。

MySQL 被广泛地应用在 Internet 上 的中小型网站中。由于其体积小、速度快、总体拥有成本低，尤其是开放源代码这一特点，成为多数中小型网站为了降低网站总体拥有成本的首选。

1.2 MySQL 特性

MySQL 是一个真正的多用户、多线程 SQL 数据库服务器。SQL（结构化查询语言）是世界上最流行的和标准化的数据库语言。下面看一下 MySQL 的特性。

- 使用 C 和 C++ 语言编写，并使用了多种编译器进行测试，保证源代码的可移植性。
- 支持 AIX、FreeBSD、HP-UX、Linux、Mac OS、Novell Netware、OpenBSD、OS/2 Wrap、Solaris、Windows 等多种操作系统。
- 为多种编程语言提供了 API。这些编程语言包括 C、C++、Python、Java、Perl、PHP、Eiffel、Ruby 和 Tcl 等。
- 支持多线程，充分利用 CPU 资源。
- 优化的 SQL 查询算法，有效地提高查询速度。
- 既能够作为一个单独的应用程序应用在客户端服务器网络环境中，也能够作为一个库而嵌入其他软件中提供多语言支持，常见的编码如中文的 GB2312、BIG5，日文的 Shift_JIS 等，都可以用作数据表名和数据列名。
- 提供 TCP/IP、ODBC 和 JDBC 等多种数据库连接途径。
- 提供用于管理、检查、优化数据库操作的管理工具。
- 可以处理拥有上千万条记录的大型数据库。

目前的最新版本是 MySQL 8.0，它比上一个版本（MySQL 5.7）具备更多新的特性。

① MySQL 8.0 的速度要比 MySQL 5.7 快 2 倍。MySQL 8.0 在以下方面带来了更好的性能：读 / 写工作负载、IO 密集型工作负载以及高竞争（“hot spot”热点竞争问题）工作负载。

MySQL 8.0 与 MySQL5.6、MySQL5.7 性能对比如图 1.1 所示。

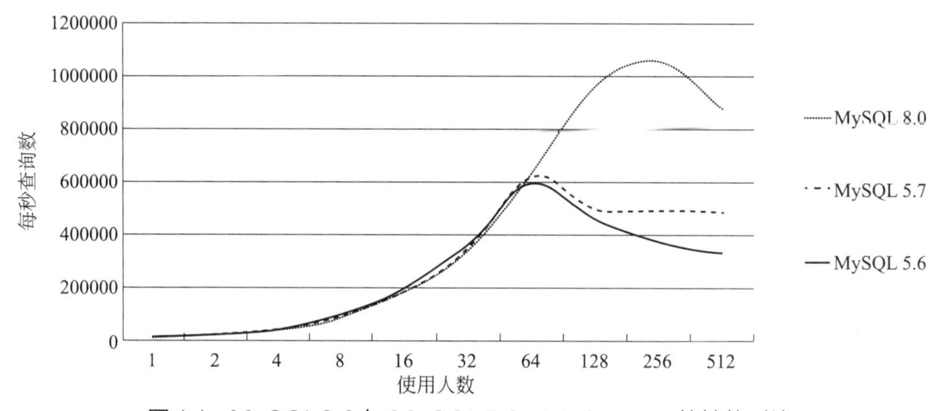

图 1.1　MySQL8.0 与 MySQL5.6、MySQL5.7 的性能对比

② NoSQL。MySQL 从 5.7 版本开始提供 NoSQL 存储功能，目前在 8.0 版本中这部分功能也得到了更大的改进。该项功能消除了对独立的 NoSQL 文档数据库的需求，而 MySQL 文档存储也为 schema-less 模式的 JSON 文档提供了多文档事务支持和完整的 ACID 合规性。

③ 窗口函数 (Window Functions)。从 MySQL 8.0 开始，新增了一个叫窗口函数的概念，它可以用来实现若干新的查询方式。窗口函数与 SUM()、COUNT() 这种集合函数类似，但它不会将多行查询结果合并为一行，而是将结果放回多行当中，即窗口函数不需要 GROUP BY。

④ 隐藏索引。在 MySQL 8.0 中，索引可以被“隐藏”和“显示”。当对索引进行隐藏时，它不会被查询优化器所使用。我们可以使用这个特性用于性能调试，例如，先隐藏一个索引，然后观察其对数据库的影响。如果数据库性能有所下降，说明这个索引是有用的，然后将其“恢复显示”即可；如果数据库性能看不出变化，说明这个索引是多余的，可以考虑删掉。

⑤ 降序索引。MySQL 8.0 为索引提供按降序方式进行排序的支持，在这种索引中的值也会按降序的方式进行排序。

⑥ 通用表表达式 (Common Table Expressions，CTE)。在复杂的查询中使用嵌入式表时，使用 CTE 使得查询语句更清晰。

⑦ UTF-8 编码。从 MySQL 8 开始，使用 utf8mb4 作为 MySQL 的默认字符集。

⑧ JSON。MySQL 8 大幅改进了对 JSON 的支持，添加了基于路径查询参数从 JSON 字段中抽取数据的 JSON_EXTRACT() 函数，以及用于将数据分别组合到 JSON 数组和对象中的 JSON_ARRAYAGG() 和 JSON_OBJECTAGG() 聚合函数。

⑨ 可靠性。InnoDB 现在支持表 DDL 的原子性，也就是 InnoDB 表上的 DDL 也可以实现事务完整性了，要么失败回滚，要么成功提交，不至于出现 DDL 时部分成功的问题，此外还支持 crash-safe 特性，元数据存储在单个事务数据字典中。

⑩ 高可用性 (High Availability)。InnoDB 集群为您的数据库提供集成的原生 HA 解决方案。

⑪ 安全性。对 OpenSSL 的改进、新的默认身份验证、SQL 角色、密码强度、授权。

1.3 MySQL 的应用环境

MySQL 与其他大型数据库（如 Oracle、DB2、SQL Server 等）相比，确有不足之处，如规模小、功能有限等，但是这丝毫没有减少它受欢迎的程度。对于个人使用者和中小型企业来说，MySQL 提供的功能已经绰绰有余，而且由于 MySQL 是开放源代码软件，因此可以大大降低总体拥有成本。

目前 Internet 上流行的网站构架方式是 LAMP（Linux+Apache+MySQL+PHP），即使用 Linux 作为操作系统，Apache 作为 Web 服务器，MySQL 作为数据库，PHP 作为服务器端脚本解释器。由于这 4 个软件都是免费或开放源代码软件（FLOSS），因此使用这种方式不用花一分钱（除人工成本）就可以建立起一个稳定、免费的网站系统。

此外，Python、Java 和 JavaScript 等编程语言都可以方便地连接并管理 MySQL 数据库。

1.4 MySQL 服务器的安装和配置

MySQL 是目前非常流行的开放源码的数据库，是完全网络化的跨平台的关系型数据库系统。任何人都能从 Internet 上下载 MySQL 的社区版本，而无须支付任何费用，并且“开放源代码”意味着任何人都可以使用和修改该软件，如果愿意，用户也可以研究源代码并进行恰当的修改，以满足自己的需求，但是需要注意，这种“自由”是有范围的。

1.4.1 MySQL 服务器下载

MySQL 服务器的安装包可以到 https://dev.mysql.com/downloads/mysql/ 中下载。下载 MySQL 的具体步骤如下。

① 在浏览器的地址栏中输入 URL 地址“https://dev.mysql.com/downloads/mysql/”，进入“Download MySQL Community Server”页面，如图 1.2 所示。

图 1.2 “Download MySQL Community Server”页面

② 根据自己的操作系统选择合适的安装文件，这里以针对 Windows 64 位操作系统的完整版 MySQL Server 为例进行介绍，单击图 1.2 中的图片，进入“Download MySQL Installer”页面，如图 1.3 位置。

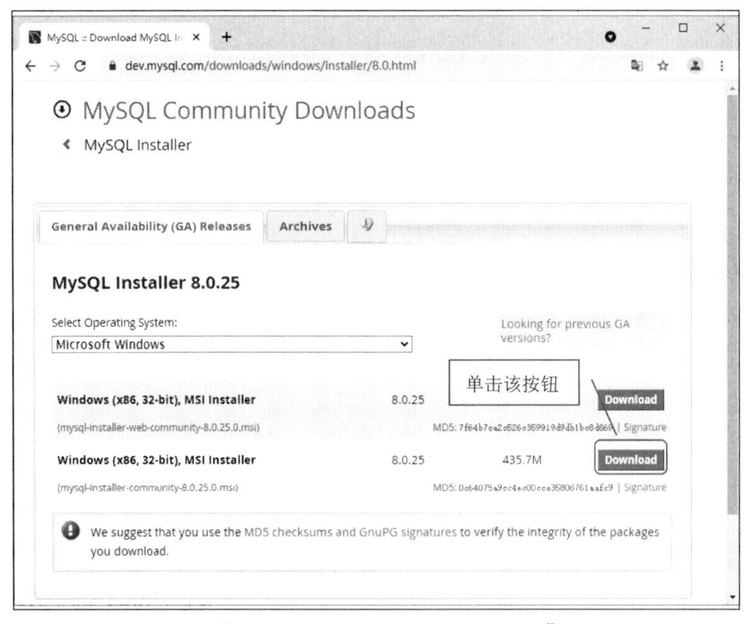

图 1.3 “Download MySQL Installer”页面

③ 单击“Download”按钮，进入如图 1.4 所示的下载 mysql-installer-community-8.0.25.0.msi 页面。

④ 单击“No thanks, just start my download.”超链接，即可看到安装文件的下载界面，

如图 1.5 所示。

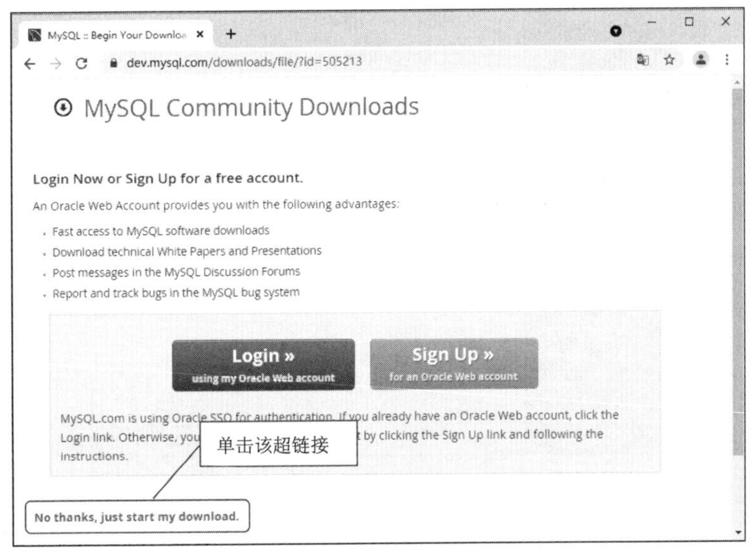

图 1.4 下载 mysql-installer-community-8.0.25.0.msi 页面

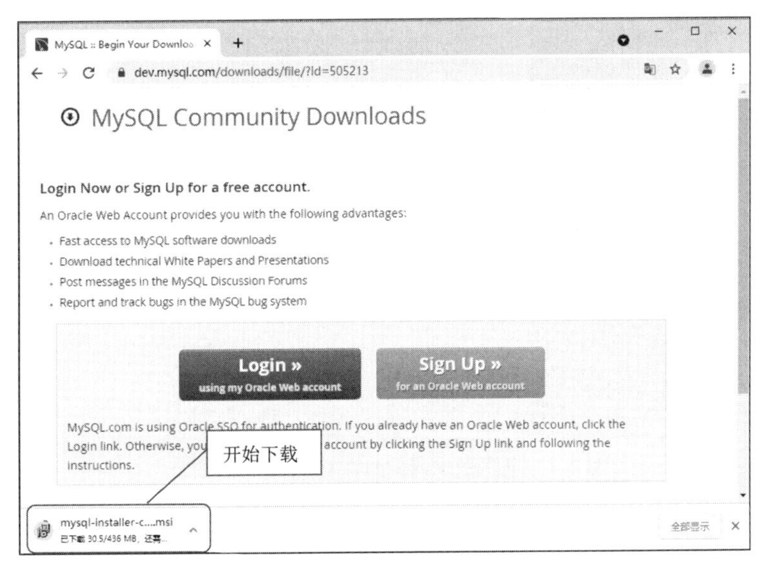

图 1.5 开始下载

1.4.2 MySQL 服务器安装

下载 MySQL 服务器的安装文件以后，将得到一个名称为“mysql-installer-community-8.0.25.0.msi”的安装文件，双击该文件可以进行MySQL服务器的安装，具体的安装步骤如下。

① 双击下载后的“mysql-installer-community-8.0.25.0.msi”文件，打开“Chcosing a Setup Type”对话框。在该对话框中，选中“Developer Default”，安装全部产品，如图 1.6 所示。

② 单击“Next”按钮，打开“Check Requirements”对话框，在该对话框中检查系统是否具备安装所必须的插件，如图 1.7 所示。

③ 单击“Next”按钮，打开如图 1.8 所示提示对话框，单击“Yes”按钮，在线安装所需插件，安装完成后，显示如图 1.9 所示的对话框。

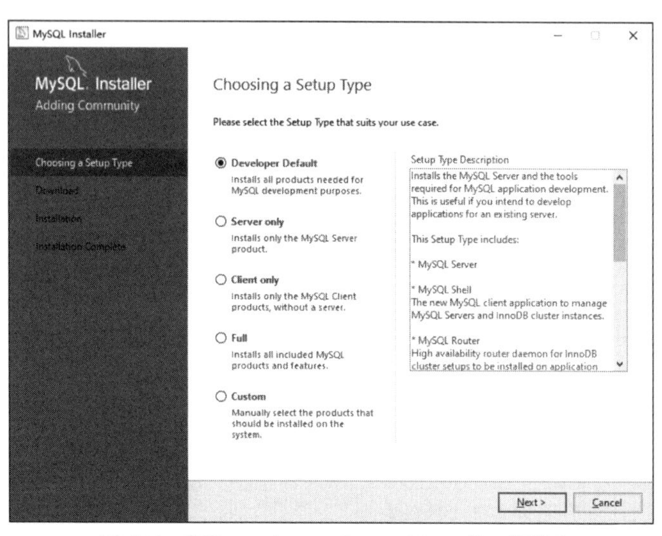

图 1.6 “Choosing a Setup Type”对话框

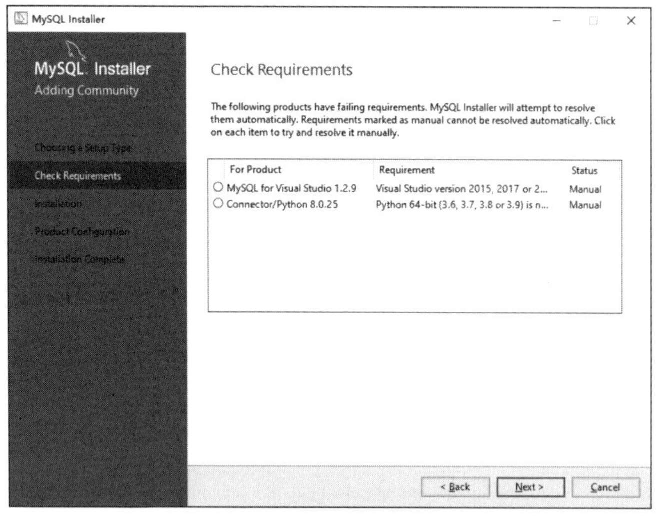

图 1.7 “Check Requirements”对话框

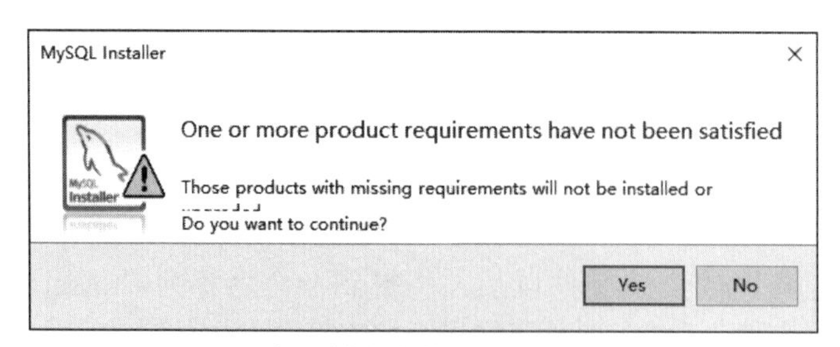

图 1.8 提示缺少安装所需插件的对话框

④ 单击“Execute”按钮，开始安装，并显示安装进度。安装完成后，显示如图 1.10 所示的对话框。

⑤ 单击“Next”按钮，打开如图 1.11 所示“Product Configuration”对话框，对数据库进行配置。

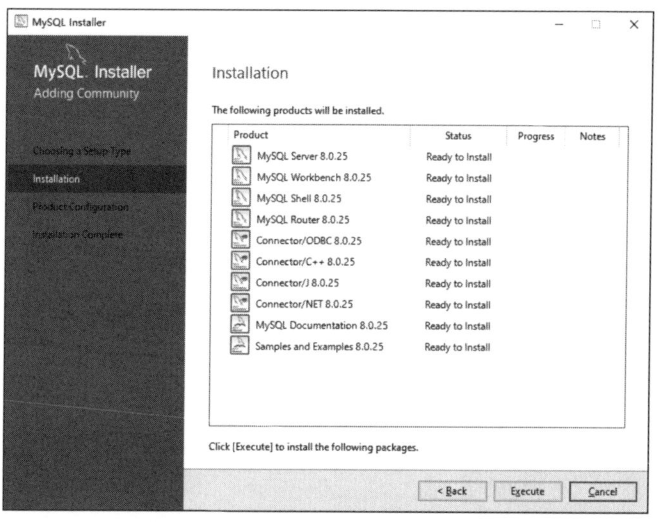

图 1.9　预备安装对话框

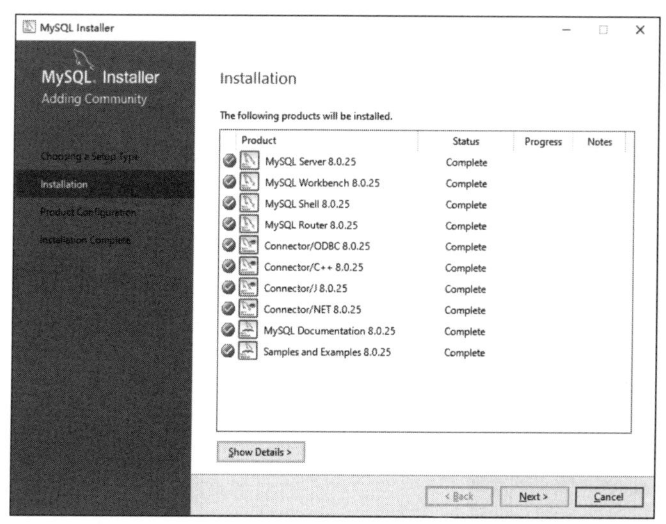

图 1.10　安装完成的“Installation Progress”对话框

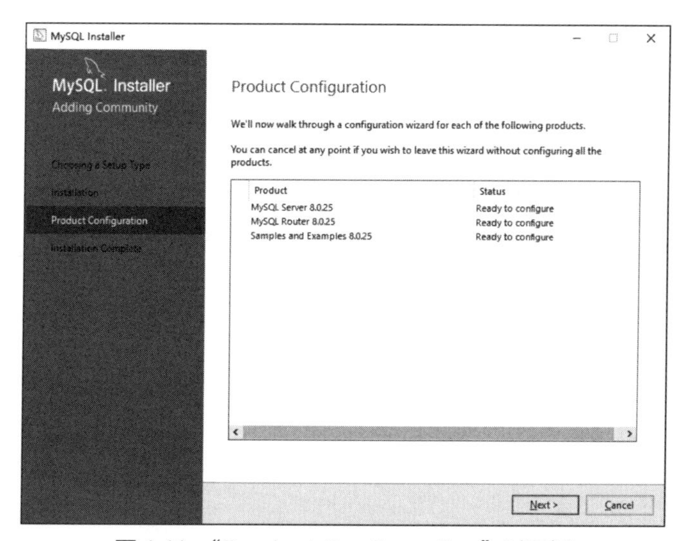

图 1.11　“Product Configuration”对话框

⑥ 单击“Next”按钮，打开“Type and Networking”对话框，在这个对话框中，可以设置服务器类型及网络连接选项，最重要的是端口的设置，这里我们保持默认的 3306 端口，如图 1.12 所示。单击“Next”按钮，打开如图 1.13 所示“Authentication Method”（认证方式）对话框。

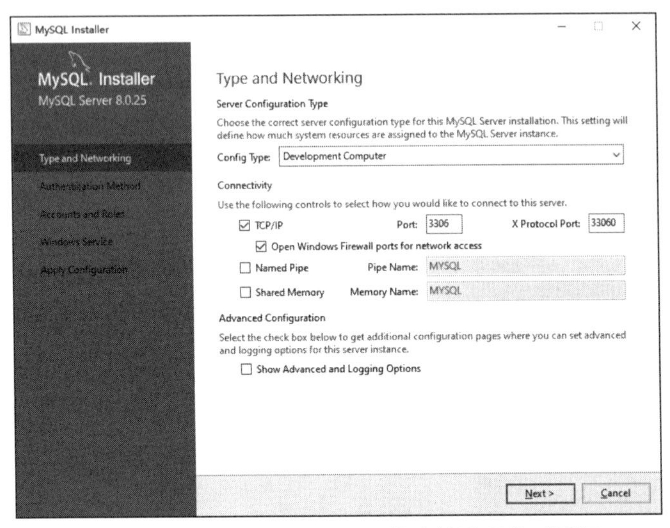

图 1.12　配置服务器类型和网络连接选项的对话框

说明：

MySQL 使用的默认端口是 3306，在安装时，可以修改为其他的，例如 3307。但是一般情况下，不要修改默认的端口号，除非 3306 端口已经被占用。

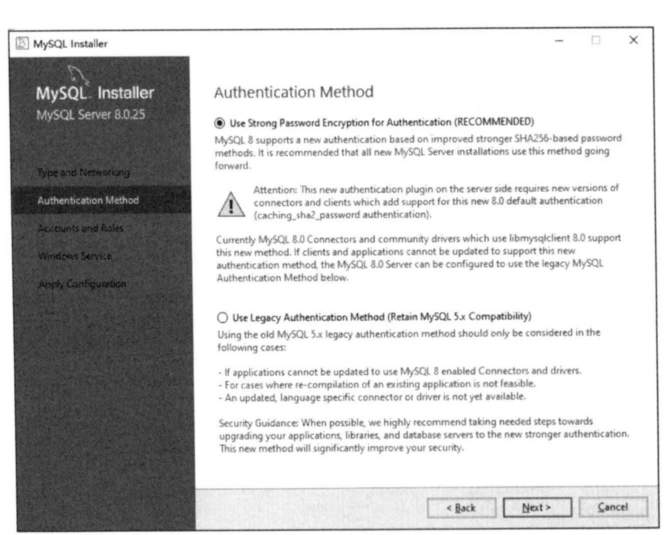

图 1.13　认证方式对话框

⑦ 单击“Next”按钮，打开“Accounts and Roles”对话框，在这个对话框中，可以设置 root 用户的登录密码，也可以添加新用户，这里只设置 root 用户的登录密码为“root”，其他采用默认，如图 1.14 所示。

⑧ 单击“Next”按钮，打开“Windows Service”对话框，开始配置 MySQL 服务器，这里采用默认设置，如图 1.15 所示。

⑨ 单击“Next”按钮，进入“Apply Configuration”应用配置对话框，显示如图 1.16

所示的界面。单击“Execute”按钮，进行应用配置，配置完成后如图 1.17 所示。

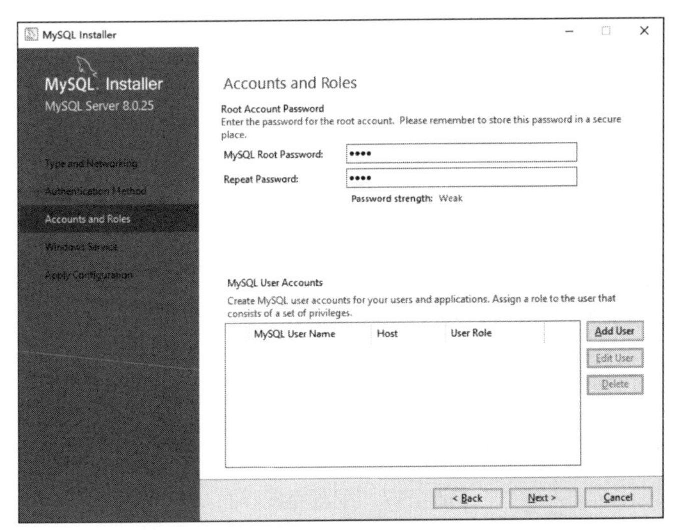

图 1.14　设置用户安全的账户和角色对话框

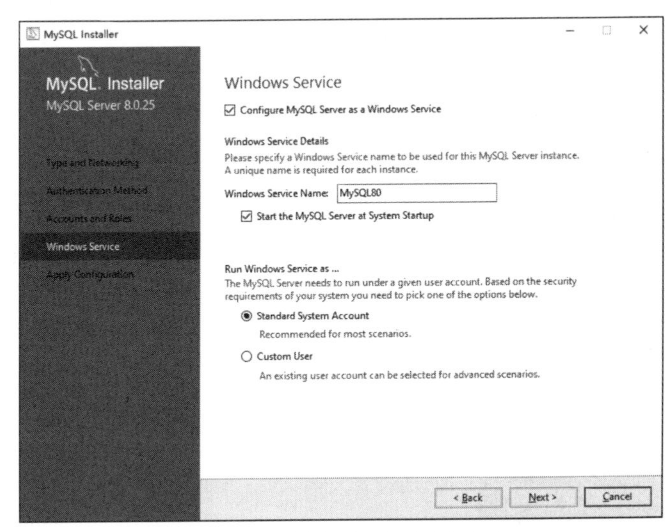

图 1.15　配置 MySQL 服务器

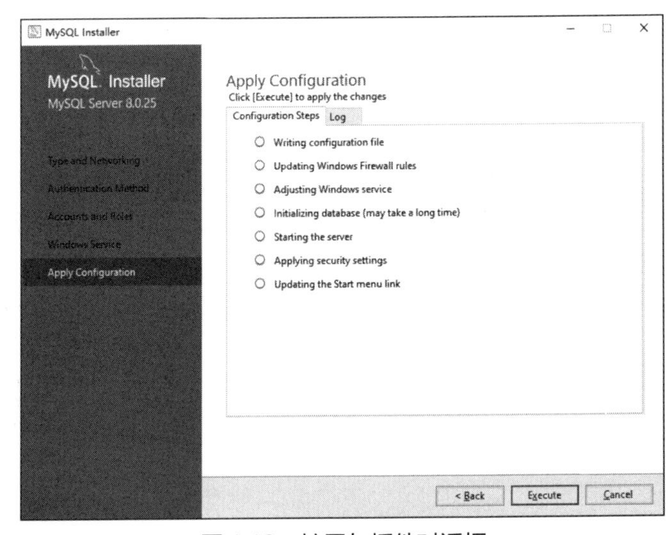

图 1.16　扩展与插件对话框

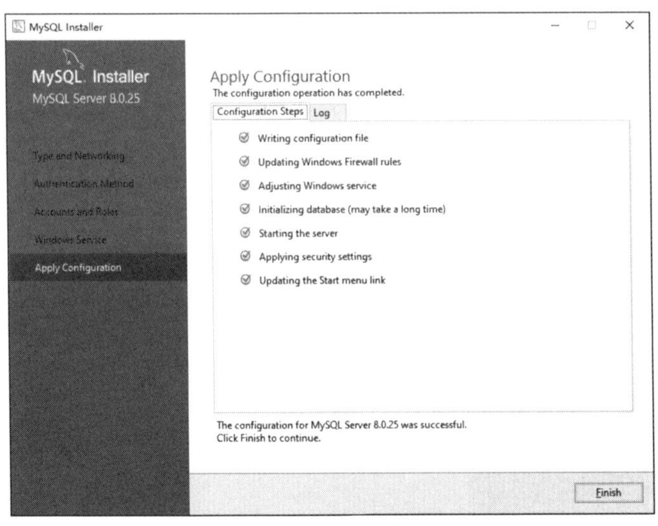

图 1.17　配置完成界面

⑩ 单击“Finish”按钮，安装程序又回到如图 1.18 所示的“Product Configuration”对话框，此时我们看到 MySQL Server 安装成功的提示。

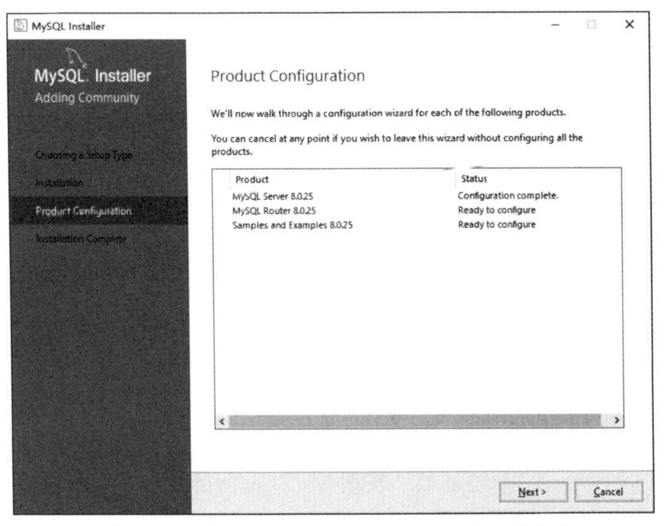

图 1.18　“Product Configuration”对话框

⑪ 单击“Next”按钮，打开如图 1.19 所示的“MySQL Router Configuration”对话框，在这个对话框中可以配置路由。

⑫ 单击“Finish”按钮，打开“Connect To Server”对话框，输入数据库用户名“root”，密码“root”，单击“check”按钮，进行 MySQL 连接测试，如图 1.20 所示，可以看到数据库测试连接成功。

⑬ 单击“Next”按钮，继续回到如图 1.21 所示“Apply Configuration”对话框，单击“Execute”按钮进行配置，此过程需等待几分钟。

⑭ 运行完毕后，出现如图 1.22 所示对话框，单击“Finish”按钮，回到“Product Configuration”界面，单击“Next”按钮，打开如图 1.23 所示对话框，单击“Finish”按钮，至此安装完毕。

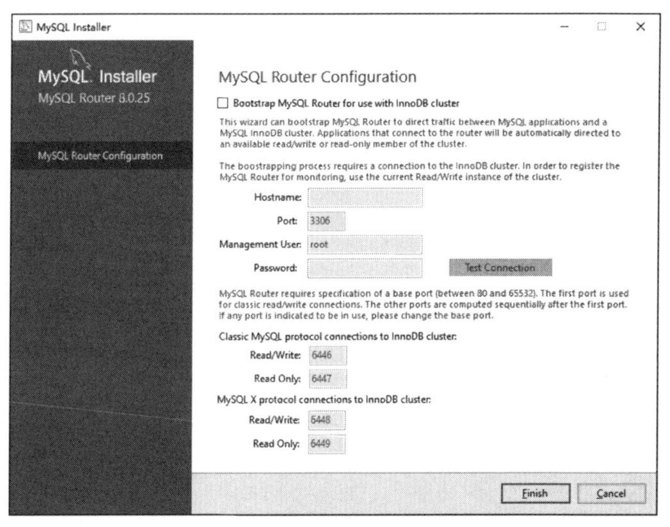

图 1.19　配置完成对话框

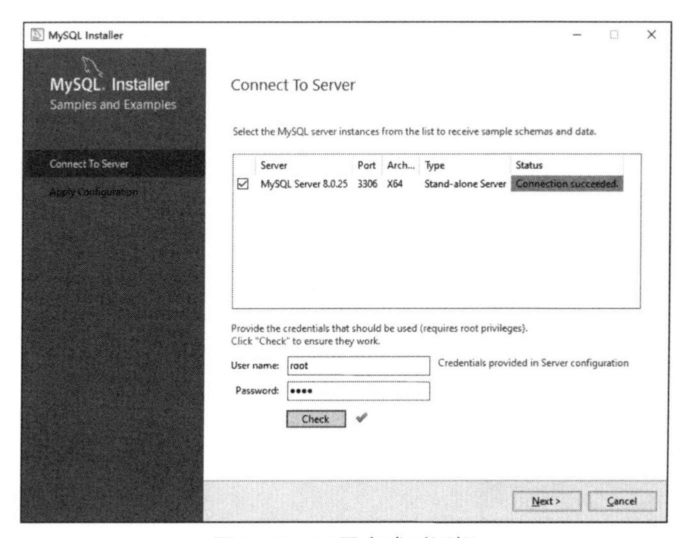

图 1.20　配置完成对话框

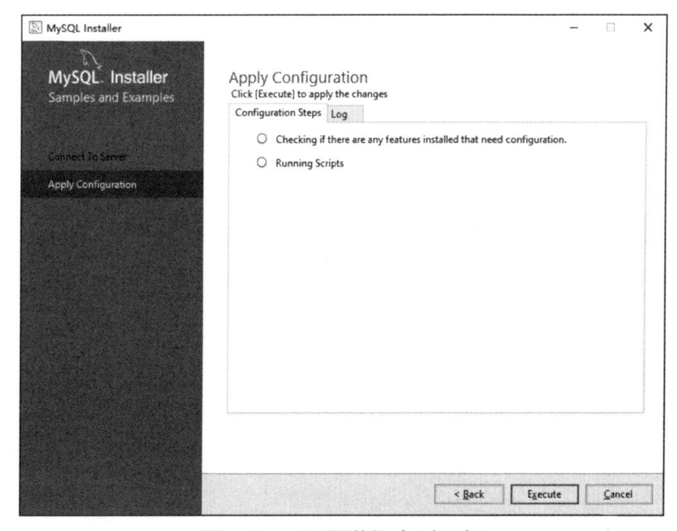

图 1.21　配置进行中对话框

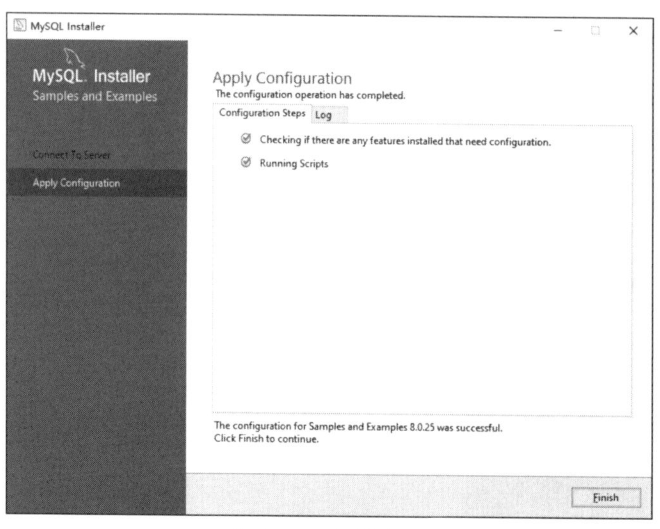

图 1.22　配置完成

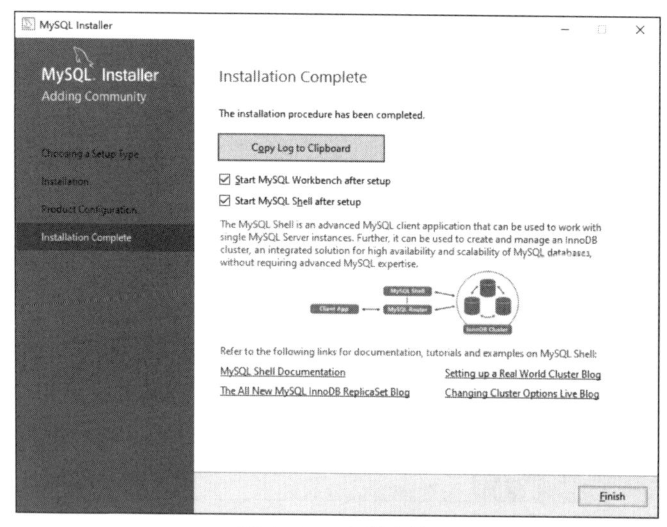

图 1.23　安装完毕

1.4.3　启动、连接、断开和停止 MySQL 服务器

通过系统服务器和命令提示符（DOS）都可以启动、连接和关闭 MySQL，操作非常简单。下面以 Windows 10 操作系统为例，讲解其具体的操作流程。建议通常情况下不要停止 MySQL 服务器，否则数据库将无法使用。

（1）启动、停止 MySQL 服务器

启动、停止 MySQL 服务器的方法有两种：系统服务器和命令提示符（DOS）。

① 通过系统服务器启动、停止 MySQL 服务器。

如果 MySQL 设置为 Windows 服务，则可以通过在桌面上用鼠标右键单击“此电脑”图标，选择“管理”命令，打开“计算机管理”窗口，单击“服务和应用程序”下拉列表，选择“服务”选项。在“服务”列表中找到 mysql 服务并使用鼠标右键单击，在弹出的快捷菜单中，完成 MySQL 服务的各种操作（启动、重新启动、停止、暂停和恢复），如图 1.24 所示。

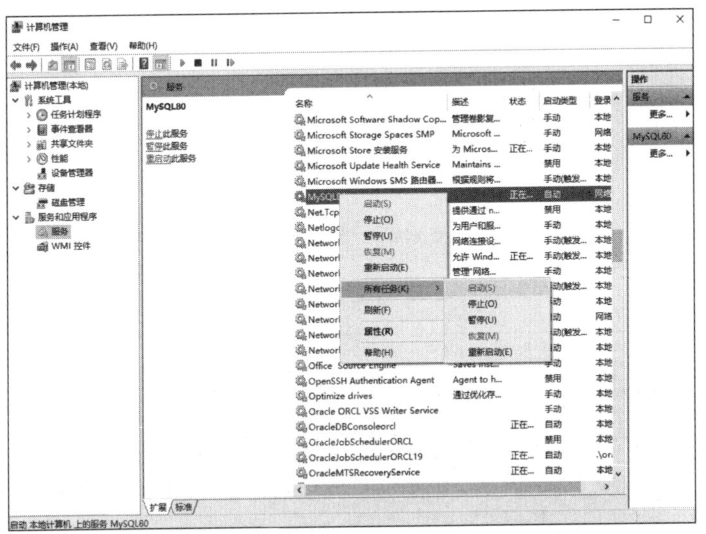

图 1.24 通过系统服务启动、停止 MySQL 服务器

② 在命令提示符下启动、停止 MySQL 服务器。

单击“开始”菜单，在出现的命令输入框中，输入“cmd”命令，按 <Enter> 键打开 DOS 窗口。

在命令提示符下输入：

```
\> net start MySQL80
```

此时再按 <Enter> 键，启用 MySQL 服务器。

在命令提示符下输入：

```
\> net stop MySQL80
```

按 <Enter> 键，即可停止 MySQL 服务器。在命令提示符下启动、停止 MySQL 服务器的运行效果如图 1.25 所示。

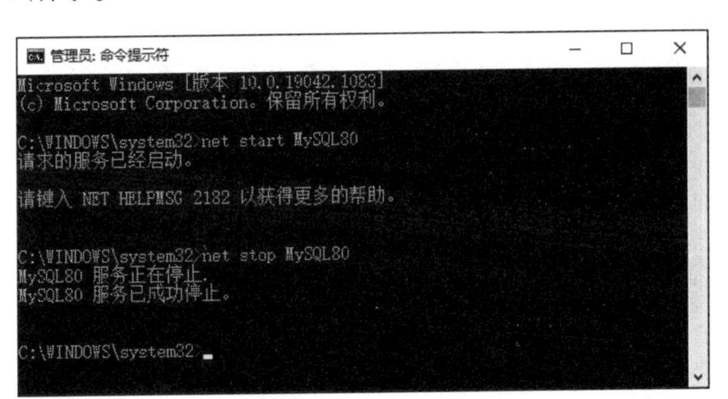

图 1.25 在命令提示符下启动、停止 MySQL 服务器

（2）连接和断开 MySQL 服务器

下面分别介绍连接和断开 MySQL 服务器的方法。

① 连接 MySQL 服务器。

连接 MySQL 服务器通过 mysql 命令实现。在 MySQL 服务器启动后，单击“开始”菜单，在出现的命令输入框中，输入“cmd”命令，按 <Enter> 键打开 DOS 窗口。在命令提示符

下输入:

```
\> mysql -u root -h127.0.0.1 -p
```

用户名　MySQL服务器所在地址　密码

注意:

在连接 MySQL 服务器时，MySQL 服务器所在地址（如 –h127.0.0.1）可以省略不写。

输入完命令语句后，按 <Enter> 键即可连接 MySQL 服务器，如图 1.26 所示。

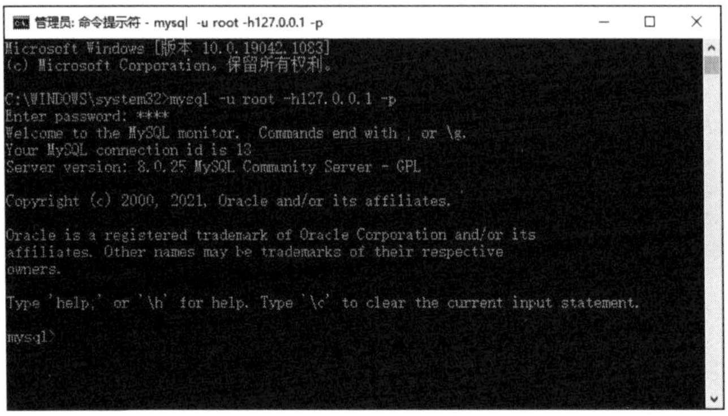

```
管理员: 命令提示符 - mysql -u root -h127.0.0.1 -p
Microsoft Windows [版本 10.0.19042.1083]
(c) Microsoft Corporation。保留所有权利。

C:\WINDOWS\system32>mysql -u root -h127.0.0.1 -p
Enter password: ****
Welcome to the MySQL monitor.  Commands end with ; or \g.
Your MySQL connection id is 13
Server version: 8.0.25 MySQL Community Server - GPL

Copyright (c) 2000, 2021, Oracle and/or its affiliates.

Oracle is a registered trademark of Oracle Corporation and/or its
affiliates. Other names may be trademarks of their respective
owners.

Type 'help;' or '\h' for help. Type '\c' to clear the current input statement.

mysql>
```

图 1.26　连接 MySQL 服务器

说明:

为了保护 MySQL 数据库的密码，可以采用如图 1.26 所示的密码输入方式。如果密码在 p 后直接给出，那么密码就以明文显示，例如:

mysql -u root –h127.0.0.1 –proot

按 <Enter> 键后，再输入密码（以加密的方式显示），然后按 <Enter> 键，即可成功连接 MySQL 服务器。

如果用户在使用 mysql 命令连接 MySQL 服务器时弹出如图 1.27 所示的信息，那么说明用户未设置系统的环境变量。

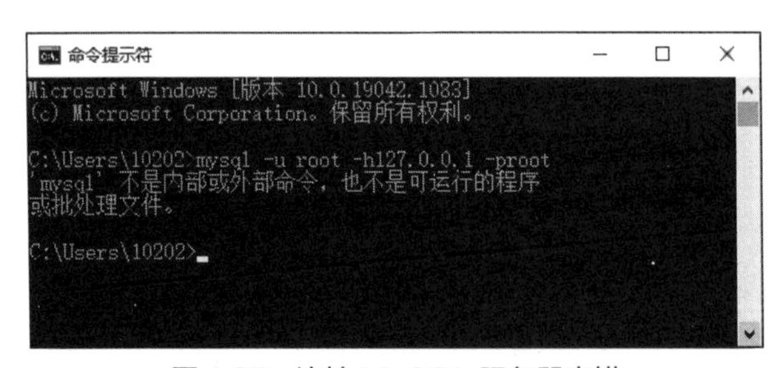

图 1.27　连接 MySQL 服务器出错

也就是说没有将 MySQL 服务器的 bin 文件夹位置添加到 Windows 的“环境变量”/“系统变量”/“path”中，从而导致命令不能执行。

下面介绍这个环境变量的设置方法，其步骤如下。

a. 使用鼠标右键单击“此电脑”图标，在弹出的快捷菜单中选择“属性”命令，在设置界面中选择“高级系统设置”选项，弹出“系统属性”对话框，如图 1.28 所示。

b. 在“系统属性”对话框中，进入“高级”选项卡，单击“环境变量”按钮，弹出“环境变量”对话框，如图 1.29 所示。

图1.28　“系统属性”对话框

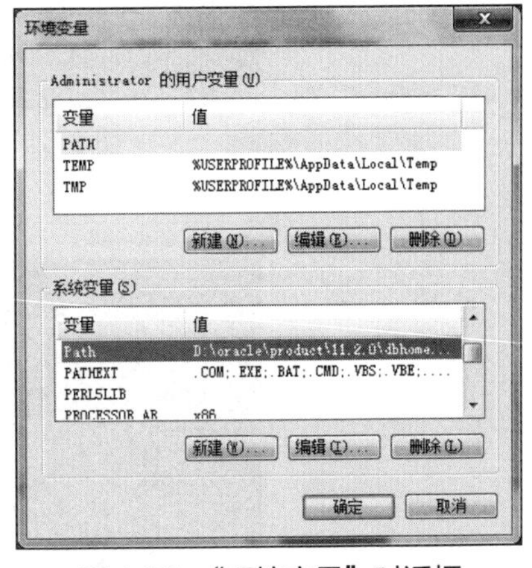

图1.29　“环境变量”对话框

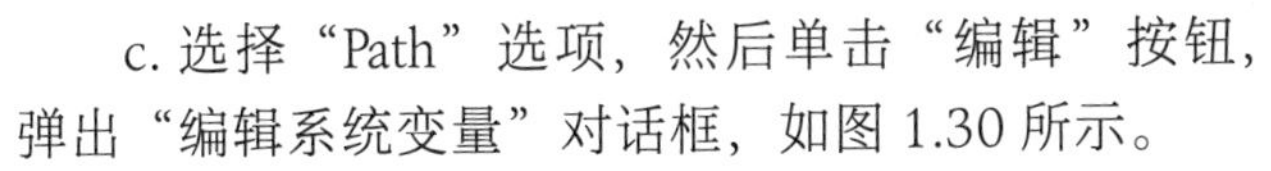

c. 选择“Path”选项，然后单击“编辑”按钮，弹出“编辑系统变量”对话框，如图1.30所示。

d. 在“编辑系统变量”对话框中，单击“新建”按钮，将MySQL服务器的bin文件夹位置（C:\Program Files\MySQL\MySQL Server 8.0\bin）添加到变量值文本框中，最后单击“确定”按钮。

环境变量设置完成后，再使用mysql命令即可成功连接MySQL服务器。

② 断开MySQL服务器。

连接到MySQL服务器后，可以通过在MySQL提示符下输入“exit”或者“quit”命令断开MySQL连接，格式如下：

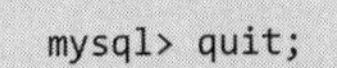

```
mysql> quit;
```

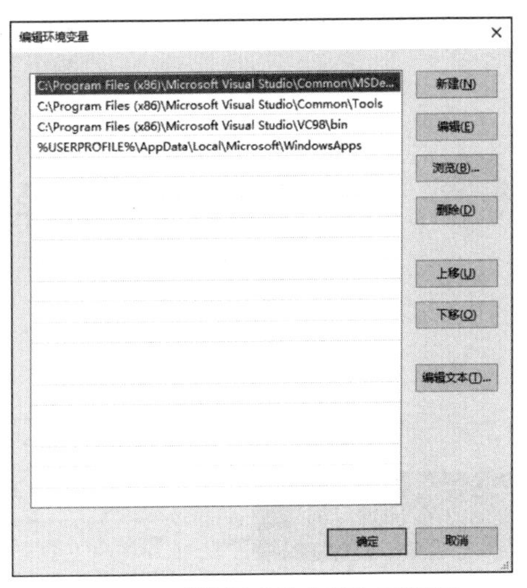

图1.30　“编辑系统变量”对话框

1.4.4　打开MySQL 8.0 Command Line Client

MySQL服务器安装完成后，就可以通过其提供的MySQL 8.0Command Line Client程序来操作MySQL数据了。这时，必须先打开MySQL 8.0 Command Line Client程序，并登录MySQL服务器。下面将介绍具体的步骤。

① 在“开始”菜单中，选择“所有程序”/MySQL/MySQL Server 8.0/MySQL 8.0 Command Line Client命令，打开“MySQL8.0 Command Line Client”窗口，如图1.31所示。

② 在该窗口中，输入root用户的密码（这里为root），登录MySQL服务器，如图1.32所示。

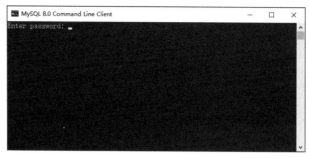

图 1.31　MySQL 客户端命令行窗口

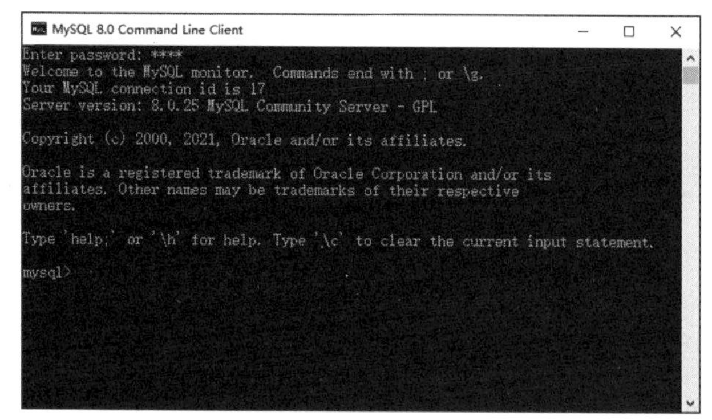

图 1.32　登录 MySQL 服务器

本章知识思维导图

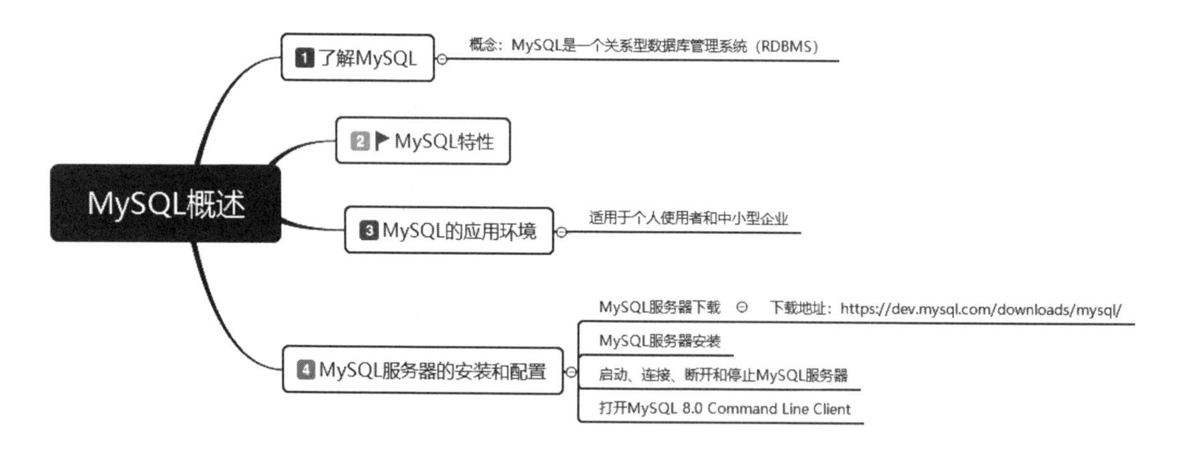

第 2 章

MySQL Workbench 图形化管理工具

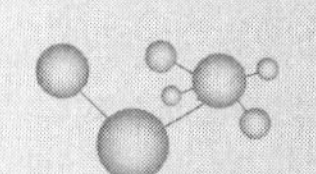

本章学习目标

- 掌握 MySQL Workbench 图形化管理工具的安装
- 掌握通过 MySQL Workbench 创建数据库和数据表
- 掌握通过 MySQL Workbench 向数据表中添加数据
- 掌握通过 MySQL Workbench 导入和导出数据

2.1 MySQL Workbench 图形化管理工具概述

MySQL Workbench 是 MySQL AB 发布的可视化的数据库设计软件，它的前身是 FabForce 公司的 DB Designer 4。MySQL Workbench 是为开发人员、DBA 和数据库架构师设计的统一的可视化工具。它提供了先进的数据建模、灵活的 SQL 编辑器和全面的管理工具，可在 Windows、Linux 和 Mac 上使用。

数据建模——MySQL Workbench 包括所有数据建模工程需要的功能，能正向和反向建立复杂的 ER 模型，也提供了通常需要花更多时间才能完成的变更管理和文档任务的关键功能。

SQL 编辑器——MySQL Workbench 提供了用于创建、执行和优化 SQL 查询的可视化工具。SQL 编辑器提供了语法高亮显示、SQL 代码复用和执行的 SQL 历史，数据库的连接面板允许开发人员轻松地管理数据库连接，对象浏览器提供即时访问数据库模型和对象。

管理工具——MySQL Workbench 提供了可视化的控制台，能轻松管理 MySQL 数据库环境，并为数据库增加了更好的可视性。开发人员和 DBA 可以使用可视化工具配置服务器、管理用户和监控数据库的健康状况。

2.2 MySQL Workbench 安装

在安装好 MySQL 服务器之后，MySQL Workbench 会自动安装在系统里。在开始菜单中，选择“MySQL Workbench 8.0 CE”，将打开“MySQL Workbench”界面，如图 2.1 所示。

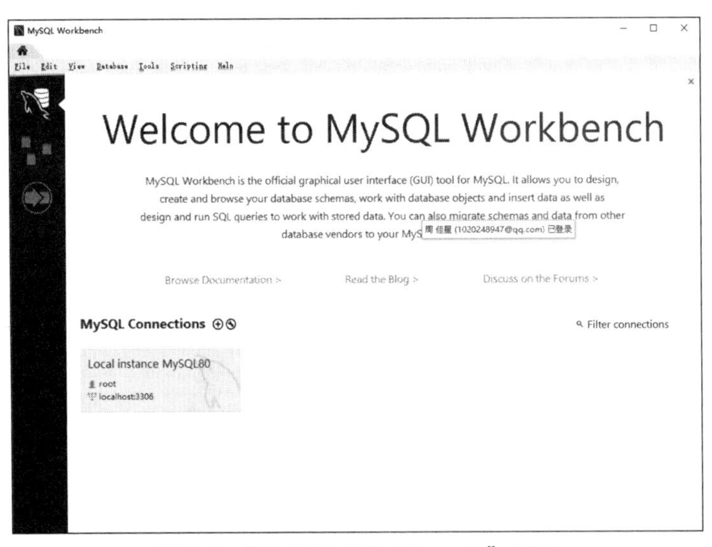

图 2.1 “MySQL Workbench”界面

2.3 创建数据库和数据表

2.3.1 创建数据库

MySQL Workbench 图形化管理工具安装成功后，下面讲解应用此工具如何创建数据库。

其具体步骤如下。

① 打开“MySQL Workbench”工具，如图 2.1 所示，双击左侧“Local Instance MySQL80”列表项，如图 2.2 所示。

② 在弹出的对话框中，输入数据库的密码“root”，如图 2.3 所示。

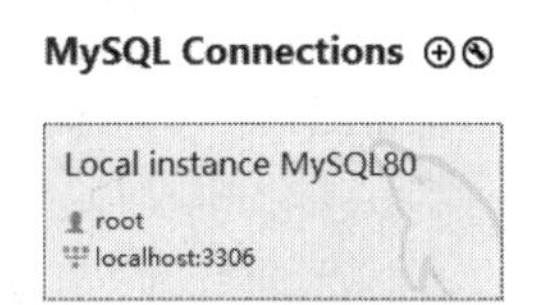

图 2.2　选择本地链接

图 2.3　输入数据库密码

③ 单击“OK”按钮，进入 root 中，在左上角的图标中选择 “Create a new schema in the connected server”，如图 2.4 所示。

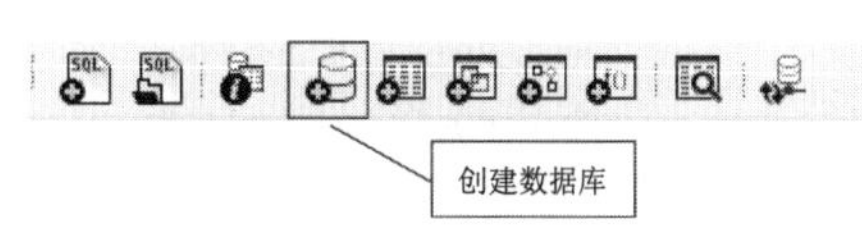

图 2.4　选择增加 Schema

④ 在新窗体中输入 Schema 名称“db_dictionary”，如图 2.5 所示。

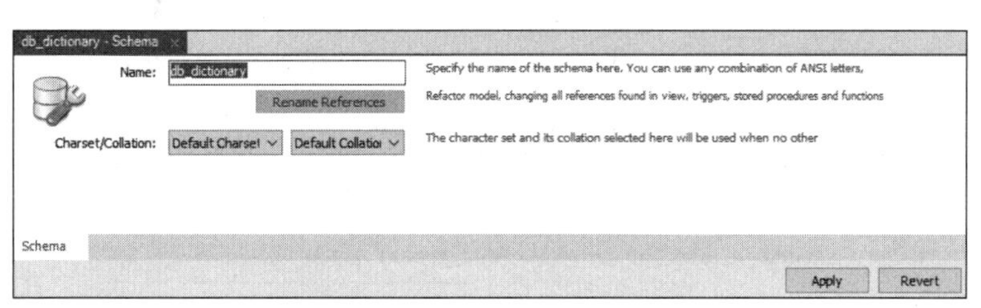

图 2.5　输入 Schema 名称

⑤ 单击图 2.5 中的“Apply”按钮，弹出“Apply SQL Script to Database”界面，如图 2.6 所示。

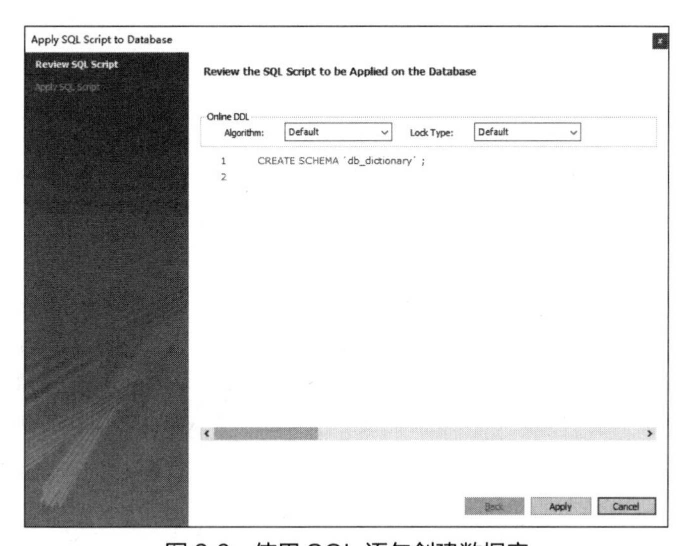

图 2.6　使用 SQL 语句创建数据库

单击“Apply”按钮，在接下来的页面中单击“Finish”按钮，完成数据库的创建。

2.3.2 创建数据表

下面讲解如何应用 MySQL Workbench 工具创建数据表，其具体步骤如下。

① 使用鼠标右键单击新创建的“SCHEMAS”，选择“Set as Default Schema”选项，如图 2.7 所示。

② 在左上角图标中选择“Create a new table in the active schema in connected server”，如图 2.8 所示。

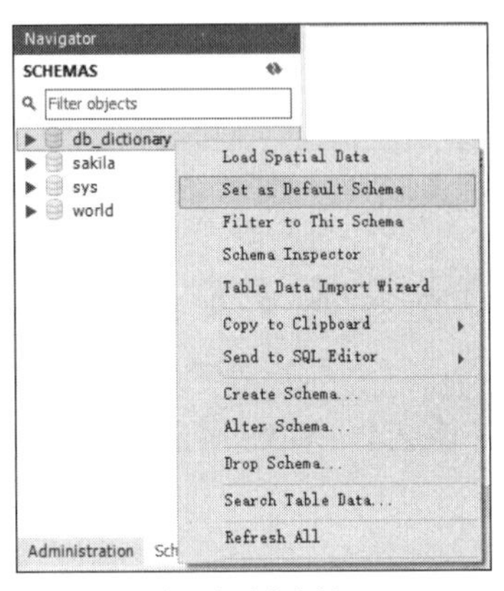

图 2.7 使用新创建的 Schema

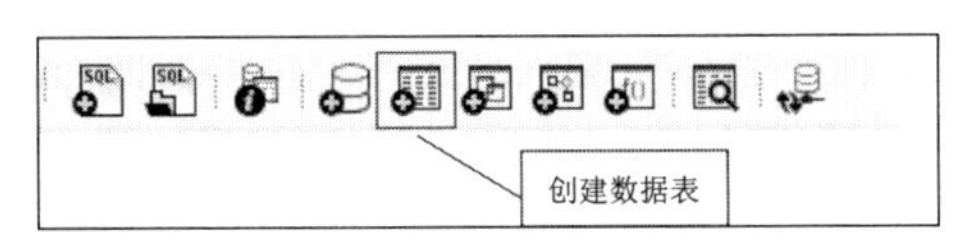

图 2.8 选择创建表格

③ 在新窗体中输入表格名称为“tb_album”，如图 2.9 所示。

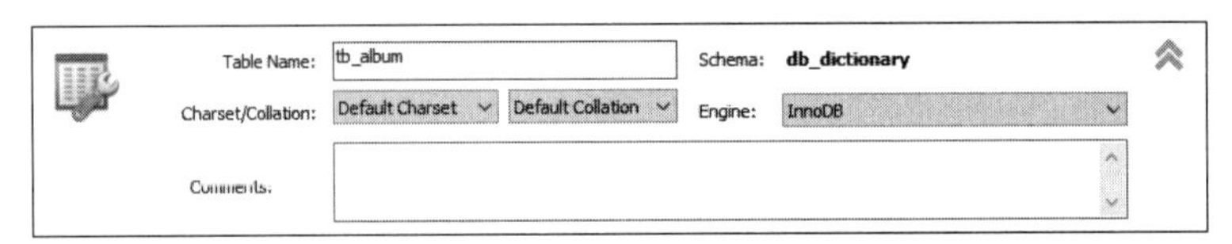

图 2.9 输入表格名称

④ 在下面的列表中输入新建表的列，如图 2.10 所示。

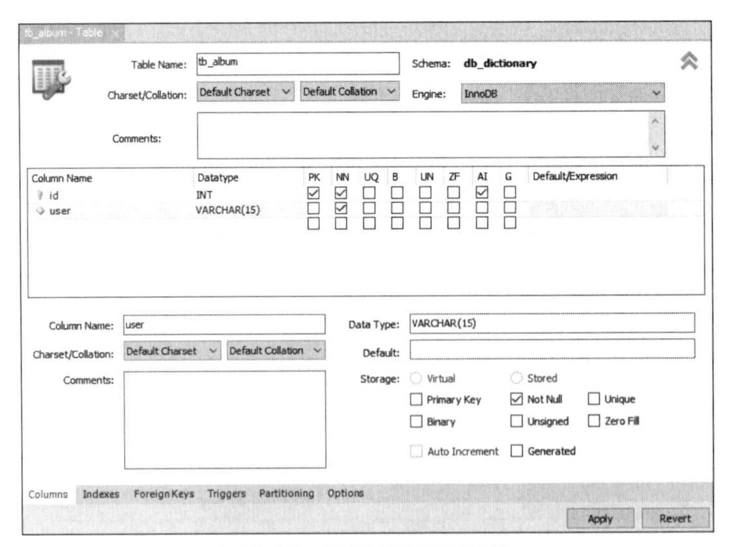

图 2.10 编辑表格列的属性

⑤ 单击图 2.10 中“Apply”按钮，如图 2.11 所示。

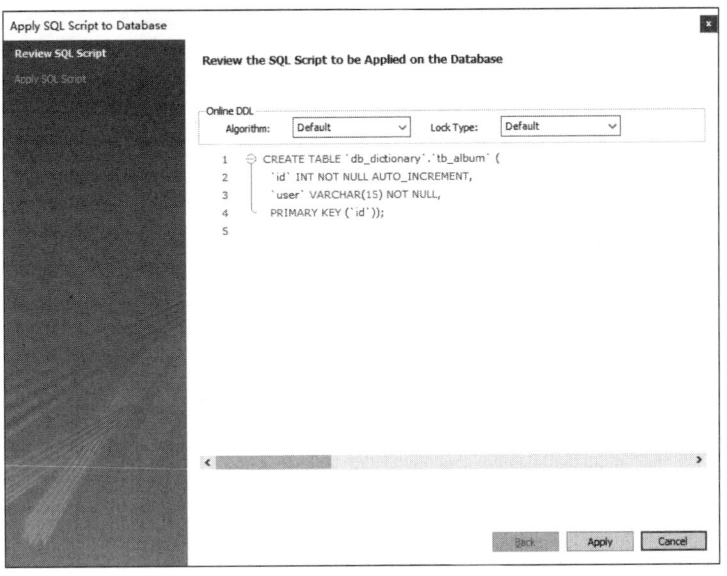

图 2.11　编辑创建表格字段的 SQL 语句

⑥ 在图 2.11 所示的页面中，可以对设置表格中字段结构的 SQL 语句进行重新编辑，编辑完成后单击“Apply”按钮，进入如图 2.12 所示的页面中，单击“Finish”按钮，表格创建成功。

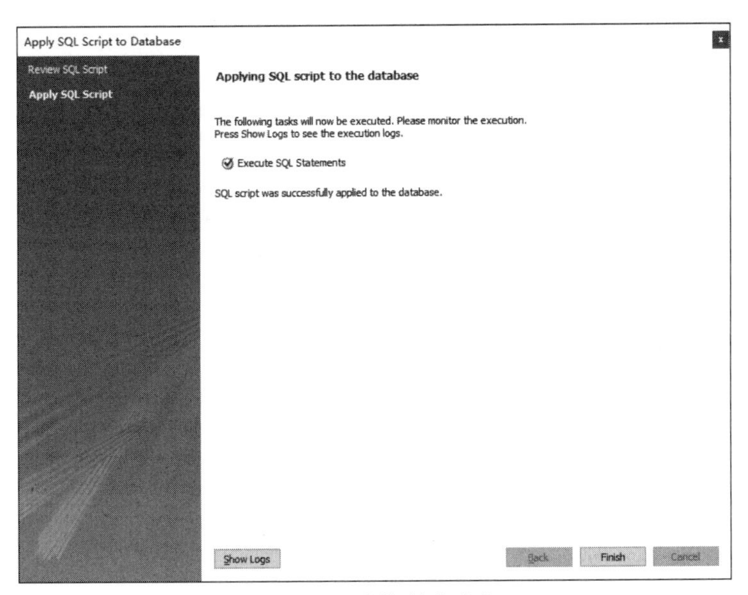

图 2.12　表格创建成功

2.4　添加数据

数据库、数据表创建成功后，如图 2.13 所示。下面向 db_dictionary 数据库的 tb_alum 数据表中添加数据。

① 在图 2.13 所示的页面中，使用鼠标右键单击“tb_alum”选项，在弹出的快捷菜单中选择“Select Rows－Limit 1000”选项，如图 2.14 所示。

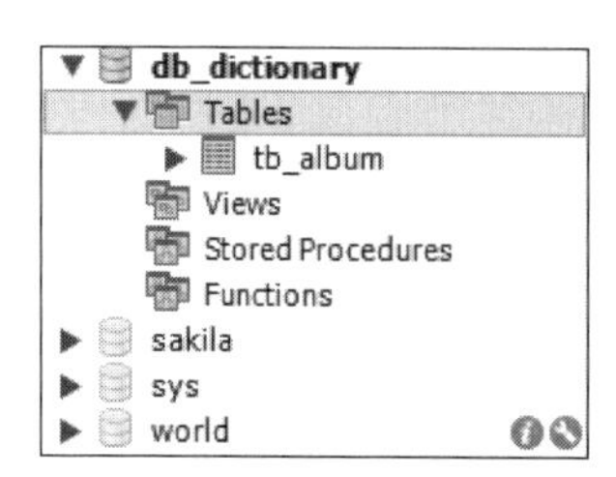

图 2.13　显示 tb_alum 数据表

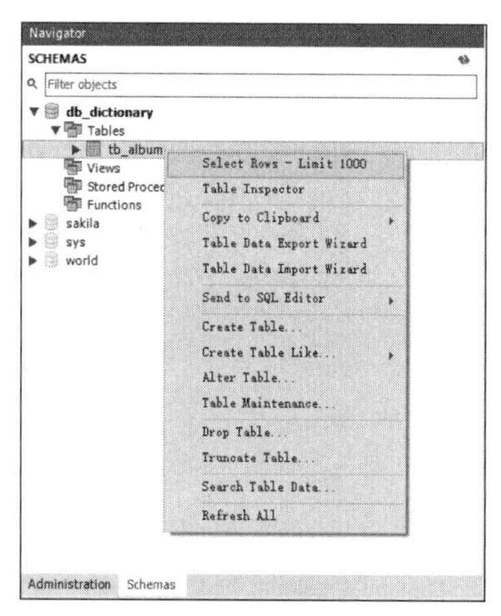

图 2.14　选择编辑数据表数据的命令

说明：

在图 2.14 所示的页面中，不但可以执行数据的添加命令，而且可以执行查询数据、拷贝数据、修改表结构和删除表格等操作。

② 系统弹出如图 2.15 所示的页面，向数据表中添加数据。

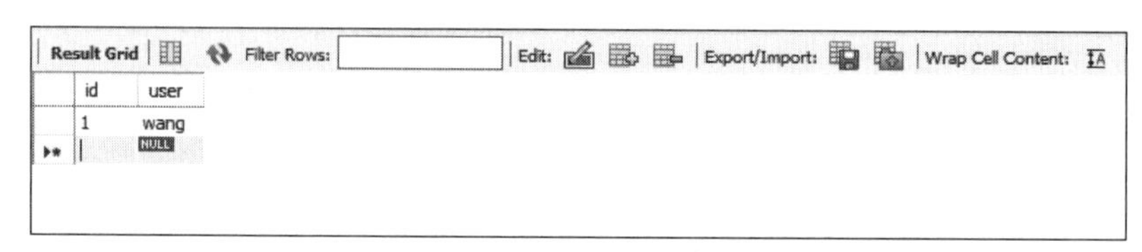

图 2.15　向数据表中添加数据

③ 数据添加完成后，单击图 2.15 中的图标，执行数据的添加操作。

④ 同样可以在图 2.15 所示的页面中，对添加数据的 SQL 语句进行编辑，最后单击“Apply”按钮，完成数据的添加操作。

⑤ 浏览添加成功后的数据，如图 2.16 所示。

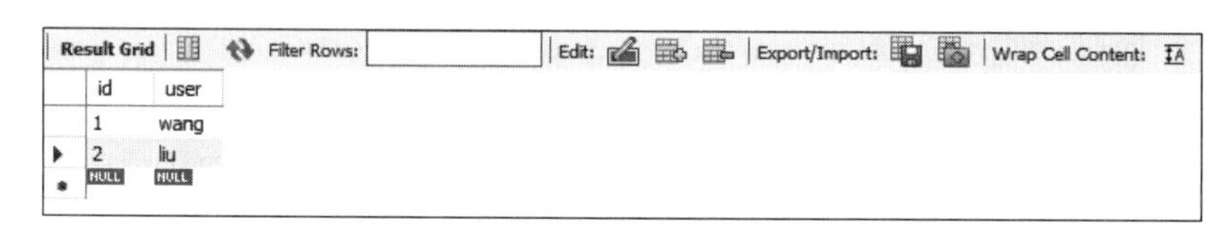

图 2.16　浏览添加成功后的数据

2.5　数据的导出和导入

2.5.1　数据的导出

数据的导入导出操作由 MySQL workbench 中的服务器管理工具来完成。

① 打开“MySQL Workbench”工具，双击“Local MySQL”列表项，如图 2.17 所示。

② 在进入本地链接中后，单击左侧的“Administration”选项卡，其中包括很多功能，

如展示服务器状态、控制服务器启动\关闭、设置状态和系统变量、服务器日志、选择文件、用户和权限、数据的导出和还原。

图 2.17　选择本地链接

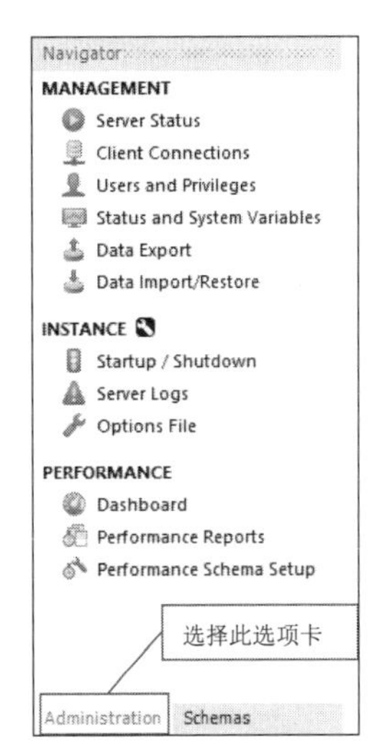

图 2.18　选择“Administration”选项卡

③ 在图 2.18 中，单击左侧的“Data Export”选项，进入如图 2.19 所示的页面中，勾选将要导出的数据库，选择数据的导出方式，指定导出数据的存储位置和文件名称，最后单击“Start Export”按钮，执行导出操作。

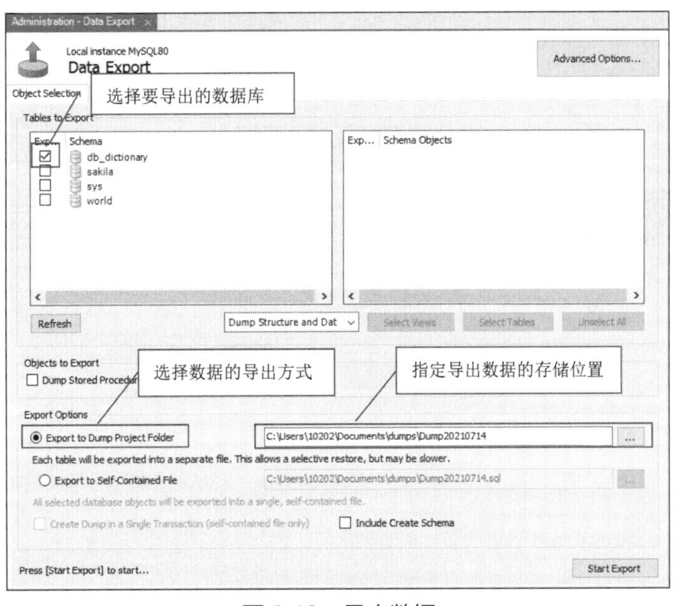

图 2.19　导出数据

2.5.2　数据的导入

单击“Data Import/Restore”选项，进入数据导入操作页面。选择数据导入的方式，指定导入文件在本地的存储位置，最后单击“Start Import”按钮，执行导入操作，如图 2.20 所示。

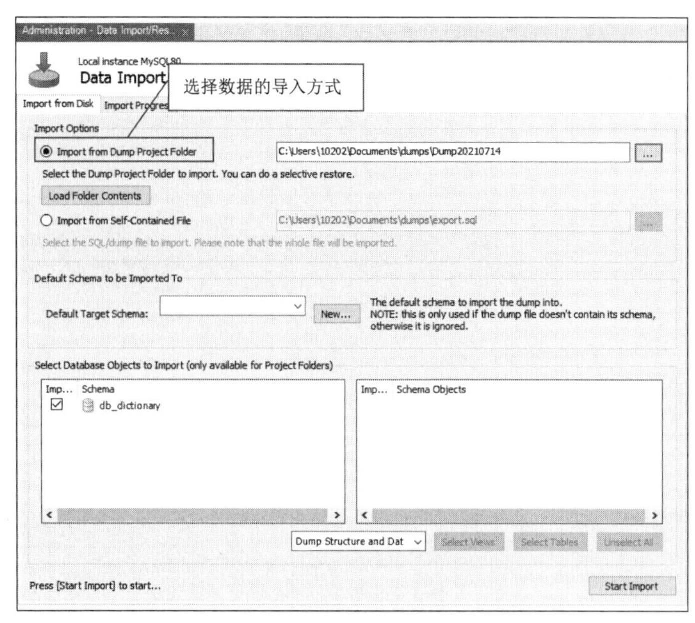

图 2.20　导入数据

本章知识思维导图

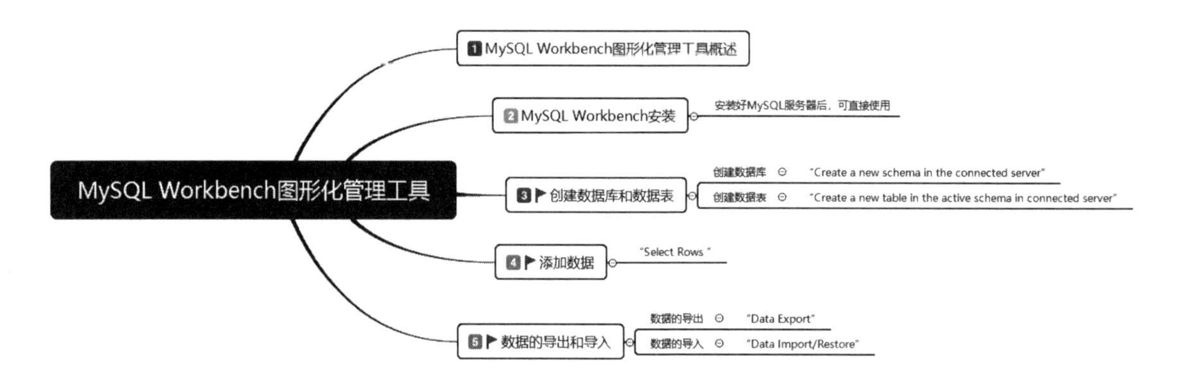

第 3 章

MySQL 语言基础

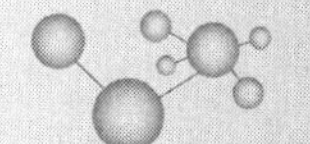

本章学习目标

- 掌握 MySQL 中的三种数据类型
- 掌握 MySQL 中的运算符
- 掌握 MySQL 中的流程控制语句

3.1 数据类型

在 MySQL 数据库中，每一条数据都有其数据类型。MySQL 支持的数据类型，主要分成 3 类：数字类型、字符串（字符）类型、日期和时间类型。

3.1.1 数字类型

MySQL 支持所有的 ANSI/ISO SQL 92 数字类型。这些类型包括准确数字的数据类型（NUMERIC、DECIMAL、INTEGER 和 SMALLINT），还包括近似数字的数据类型（FLOAT、REAL 和 DOUBLE PRECISION）。其中的关键词 INT 是 INTEGER 的同义词，关键词 DEC 是 DECIMAL 的同义词。

数字类型总体可以分成整型和浮点型两类，详细内容如表 3.1 和表 3.2 所示。

表 3.1 整数数据类型

数据类型	取值范围	说明	单位
TINYINT	符号值：-127 ～ 127 无符号值：0 ～ 255	最小的整数	1字节
BIT	符号值：-127 ～ 127 无符号值：0 ～ 255	最小的整数	1字节
BOOL	符号值：-127 ～ 127 无符号值：0 ～ 255	最小的整数	1字节
SMALLINT	符号值：-32768 ～ 32767 无符号值：0 ～ 65535	小型整数	2字节
MEDIUMINT	符号值：-8388608 ～ 8388607 无符号值：0 ～ 16777215	中型整数	3字节
INT	符号值：-2147683648 ～ 2147683647 无符号值：0 ～ 4294967295	标准整数	4字节
BIGINT	符号值： -9223372036854775808 ～ 9223372036854775807 无符号值：0 ～ 18446744073709551615	大整数	8字节

表 3.2 浮点数据类型

数据类型	取值范围	说明	单位
FLOAT	+(-)3.402823466E+38	单精度浮点数	8或4字节
DOUBLE	+(-)1.7976931348623157E+308 +(-)2.2250738585072014E-308	双精度浮点数	8字节
DECIMAL	可变	一般整数	自定义长度

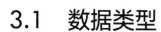

说明：

在创建表时，使用哪种数字类型，应遵循以下原则。

① 选择最小的可用类型，如果值永远不超过 127，则使用 TINYINT 比 INT 强。

② 对于完全都是数字的，可以选择整数类型。

③ 浮点类型用于可能具有小数部分的数。例如货物单价、网上购物交付金额等。

3.1.2 字符串类型

字符串类型可以分为 3 类：普通的文本字符串类型（CHAR 和 VARCHAR）、可变类型

（TEXT 和 BLOB）和特殊类型（SET 和 ENUM）。它们之间都有一定的区别，取值的范围不同，应用的地方也不同。

① 普通的文本字符串类型，即 CHAR 和 VARCHAR 类型，CHAR 列的长度被固定为创建表所声明的长度，取值为 1 ～ 255；VARCHAR 列的值是变长的字符串，取值和 CHAR 一样。下面介绍普通的文本字符串类型如表 3.3 所示。

表 3.3　常规字符串类型

类型	取值范围	说明
[national] char(M) [binary|ASCII|unicode]	0 ～ 255 个字符	固定长度为M的字符串，其中M的取值范围为0 ～ 255。National关键字指定了应该使用的默认字符集。Binary关键字指定了数据是否区分大小写（默认是区分大小写的）。ASCII关键字指定了在该列中使用latin1字符集。Unicode关键字指定了使用UCS字符集
char	0 ～ 255 个字符	Char(M)类似
[national] varchar(M) [binary]	0 ～ 255 个字符	长度可变，其他和char(M)类似

② TEXT 和 BLOB 类型。它们的大小可以改变，TEXT 类型适合存储长文本，而 BLOB 类型适合存储二进制数据，支持任何数据，例如文本、声音和图像等。下面介绍 TEXT 和 BLOB 类型，如表 3.4 所示。

表 3.4　TEXT 和 BLOB 类型

类型	最大长度（字节数）	说明
TINYBLOB	2^8 ～ 1(225)	小BLOB字段
TINYTEXT	2^8 ～ 1(225)	小TEXT字段
BLOB	2^16 ～ 1(65535)	常规BLOB字段
TEXT	2^16 ～ 1(65535)	常规TEXT字段
MEDIUMBLOB	2^24 ～ 1(16777215)	中型BLOB字段
MEDIUMTEXT	2^24 ～ 1(16777215)	中型TEXT字段
LONGBLOB	2^32 ～ 1(4294967295)	长BLOB字段
LONGTEXT	2^32 ～ 1(4294967295)	长TEXT字段
TINYBLOB	2^8 ～ 1(225)	小BLOB字段

③ 特殊类型 SET 和 ENUM，如表 3.5 所示。

表 3.5　ENUM 和 SET 类型

类型	最大值	说明
Enum（“value1”，“value2”，...）	65 535	该类型的列只可以容纳所列值之一或为NULL
Set（“value1”，“value2”，...）	64	该类型的列可以容纳一组值或为NULL

说明：

在创建表时，使用字符串类型时应遵循以下原则。

① 从速度方面考虑，要选择固定的列，可以使用 CHAR 类型。

② 要节省空间，使用动态的列，可以使用 VARCHAR 类型。
③ 要将列中的内容限制在一种选择，可以使用 ENUM 类型。
④ 允许在一个列中有多于一个的条目，可以使用 SET 类型。
⑤ 如果要搜索的内容不区分大小写，可以使用 TEXT 类型。
⑥ 如果要搜索的内容区分大小写，可以使用 BLOB 类型。

3.1.3 日期和时间数据类型

日期和时间类型包括 DATETIME、DATE、TIMESTAMP、TIME 和 YEAR。其中的每种类型都有其取值的范围，如赋予它一个不合法的值，将会被“0”代替。下面介绍日期和时间数据类型，如表 3.6 所示。

表 3.6 日期和时间数据类型

类型	取值范围	说明
DATE	1000-01-01 9999-12-31	日期，格式 YYYY-MM-DD
TIME	-838:58:59 835:59:59	时间，格式 HH：MM：SS
DATETIME	1000-01-01 00:00:00 9999-12-31 23:59:59	日期和时间，格式 YYYY-MM-DD HH：MM：SS
TIMESTAMP	1970-01-01 00:00:00 2037年的某个时间	时间标签，在处理报告时使用显示格式取决于 M 的值
YEAR	1901-2155	年份可指定两位数字和四位数字的格式

在 MySQL 中，日期的顺序是按照标准的 ANSISQL 格式进行输出的。

3.2 运算符

3.2.1 算术运算符

算术运算符是 MySQL 中最常用的一类运算符。MySQL 支持的算术运算符包括加、减、乘、除、求余。下面列出算术运算符的符号、作用、表达式的形式，如表 3.7 所示。

表 3.7 算术运算符

符号	作用
+	加法运算
-	减法运算
*	乘法运算
/	除法运算
%	求余运算
DIV	除法运算，返回商。同“/”
MOD	求余运算，返回余数。同“%”

说明：

加（+）、减（-）和乘（*）可以同时运算多个操作数。除号（/）和求余运算符（%）也可以同时计算多个操作数，但是这两个符号计算多个操作数不太好。DIV()和 MOD()这两个运算符只有两个参数。进行除法和求余的运算时，如果 x2 参数是 0 时，计算结果将是空值（NULL）。

（源码位置：资源包 \Code\03\01）

用算术运算符对 tb_book1 表中 row 字段值进行加、减、乘、除运算。

使用算术运算符计算数据结果如图 3.1 所示。

结果输出了 row 字段的原值，以及执行算术运算符后得到的值。

```
mysql> select row,row+row,row-row,row*row,row/row from tb_book1;
+------+---------+---------+---------+---------+
| row  | row+row | row-row | row*row | row/row |
+------+---------+---------+---------+---------+
| 12   |      24 |       0 |     144 |       1 |
| 95   |     190 |       0 |    9025 |       1 |
| NULL |       0 |       0 |       0 |    NULL |
| 1    |       2 |       0 |       1 |       1 |
| 8    |      16 |       0 |      64 |       1 |
| NULL |       0 |       0 |       0 |    NULL |
+------+---------+---------+---------+---------+
6 rows in set, 16 warnings (0.00 sec)
```

图 3.1　使用算术运算符计算数据

3.2.2　比较运算符

比较运算符是查询数据时最常用的一类运算符。SELECT 语句中的条件语句经常要使用比较运算符。通过这些比较运算符，可以判断表中的哪些记录是符合条件的。比较运算符的符号、名称和应用示例如表 3.8 所示。

表 3.8　比较运算符

运算符	名称	示例	运算符	名称	示例
=	等于	Id=5	Is not null	n/a	Id is not null
>	大于	Id>5	Between	n/a	Id between1 and 15
<	小于	Id<5	In	n/a	Id in (3,4,5)
=>	大于等于	Id=>5	Not in	n/a	Name not in (shi,li)
<=	小于等于	Id<=5	Like	模式匹配	Name like (‘shi%’)
!=或<>	不等于	Id!=5	Not like	模式匹配	Name not like (‘shi%’)
Is null	n/a	Id is null	Regexp	常规表达式	Name 正则表达式

下面对几种较常用的比较运算符进行详解。

(1) 运算符“=”

“=”用来判断数字、字符串和表达式等是否相等。如果相等，返回 1，否则返回 0。

说明：

在运用“=”运算符判断两个字符是否相同时，数据库系统都是根据字符的 ASCII 码进行判断的。如果 ASCII 码相等，则表示这两个字符相同。如果 ASCII 码不相等，则表示两个字符不同切。空值（NULL）不能使用“=”来判断。

（源码位置：资源包 \Code\03\02）

运用“=”运算符查询出 id 等于 27 的记录。

使用“=”查询结果如图 3.2 所示。

从结果中可以看出，id 等于 27 的记录返回值为 1，id 不等于 27 的记录，返回值则为 0。

(2) 运算符“<>”和“!=”

“<>”和“!=”用来判断数字、字符串、表达式等是否不相等。如果不相等，则返回 1；

否则，返回 0。这两个符号也不能用来判断空值（NULL）。

[实例 3.3]　（源码位置：资源包 \Code\03\03）

运用“<>”和“!=”运算符判断 tb_book 表中 row 字段值是否等于 1、41、24。

使用“<>”和“!=”运算符判断数据查询结果如图 3.3 所示。

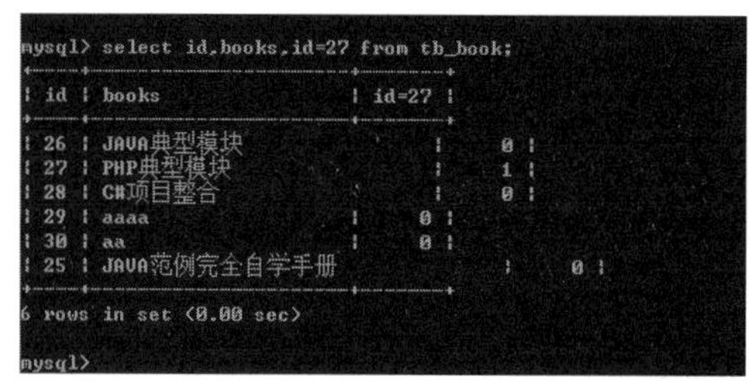

图 3.2　使用“=”查询记录

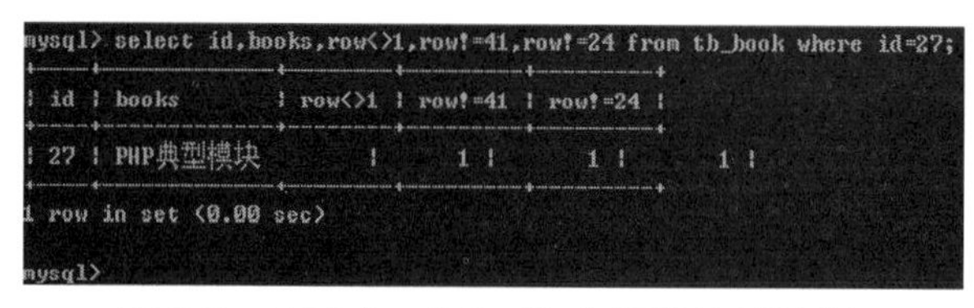

图 3.3　使用“<>”和“!=”运算符判断数据

结果显示返回值都为 1，这表示记录中的 row 字段值不等于 1、41、24。

（3）运算符“>”

“>”用来判断左边的操作数是否大于右边的操作数。如果大于，返回 1；否则，返回 0。同样空值（NULL）不能使用“>”来判断。

[实例 3.4]　（源码位置：资源包 \Code\03\04）

使用“>”运算符来判断 tb_book 表中 row 字段值是否大于 90，是则返回 1，否则返回 0，空值返回 NULL。

使用“>”运算符查询结果如图 3.4 所示。

说明：

“<”运算符、“<=”运算符和“>=”运算符都与“>”运算符如出一辙，其使用方法基本相同，这里不再赘述。

（4）运算符“IS NULL”

“IS NULL”用来判断操作数是否为空值（NULL）。操作数为 NULL 时，结果返回 1；否则，返回 0。IS NOT NULL 刚好与 IS NULL 相反。

[实例 3.5]　（源码位置：资源包 \Code\03\05）

运用 IS NULL 运算符来判断 tb_book 表中 row 字段值是否为空值。

使用 IS NULL 运算符来判断字段值是否为空，查询结果如图 3.5 所示。

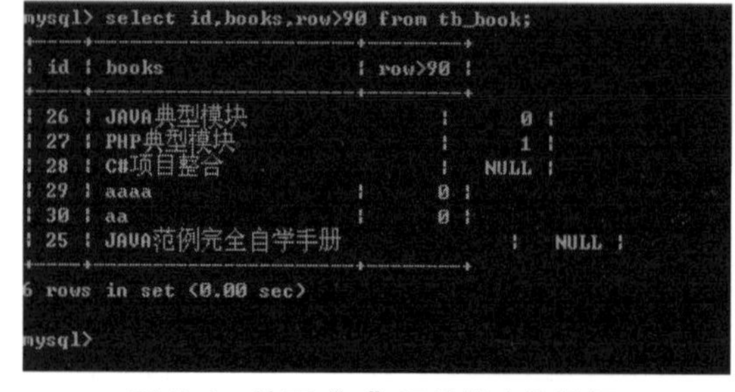

图 3.4　使用“>”运算符查询数据

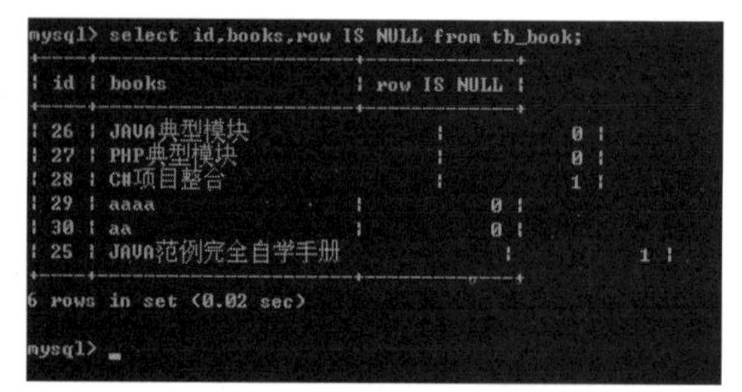

图 3.5　使用 IS NULL 运算符来判断字段值是否为空

结果显示，row 字段值为空的返回值为 1，不为空的返回值为 0。

说明：

"="" <>"" !="">"" >="" <"" <=" 等运算符都不能用来判断空值（NULL）。一旦使用，结果将返回 NULL。如果要判断一个值是否为空值，可以使用"<=>"、IS NULL 和 IS NOT NULL 来判断。注意：NULL 和 'NULL' 是不同的，前者表示为空值，后者表示一个由 4 个字母组成的字符串。

（5）运算符"BETWEEN AND"

"BETWEEN AND"用于判断数据是否在某个取值范围内。其表达式如下：

```
x1 BETWEEN m AND n
```

如果 x1 大于等于 *m*，且小于等于 *n*，结果将返回 1，否则将返回 0。

[实例 3.6] （源码位置：资源包 \Code\03\06）

运用"BETWEEN AND"运算符判断 tb_book 表中，row 字段的值是否在 10 ～ 50 及 25 ～ 28 之间。

使用"BETWEEN AND"运算符判断 row 字段值的范围，查询结果如图 3.6 所示。从查询结果中可以看出，在范围内则返回 1，否则返回 0，空值返回 NULL。

（6）运算符"IN"

"IN"用于判断数据是否存在于某个集合中。其表达式如下：

```
x1 IN（值1，值2，...，值n）
```

如果 x1 等于值 1 到值 *n* 中的任何一个值，结果将返回 1。如果不是，结果将返回 0。

[实例 3.7] （源码位置：资源包 \Code\03\07）

运用"IN"运算符判断 tb_book 表中 row 字段的值是否在指定的范围内。

使用"IN"运算符判断 row 字段值的范围，查询结果如图 3.7 所示。

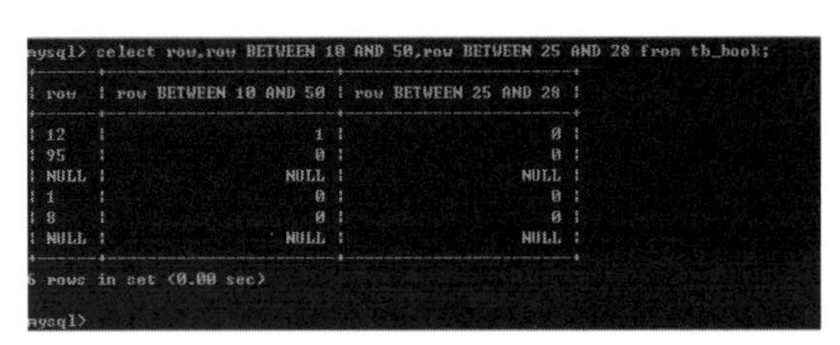

```
mysql> select row,row BETWEEN 10 AND 50,row BETWEEN 25 AND 28 from tb_book;
+------+-----------------------+-----------------------+
| row  | row BETWEEN 10 AND 50 | row BETWEEN 25 AND 28 |
+------+-----------------------+-----------------------+
| 12   |                     1 |                     0 |
| 95   |                     0 |                     0 |
| NULL |                  NULL |                  NULL |
| 1    |                     0 |                     0 |
| 8    |                     0 |                     0 |
| NULL |                  NULL |                  NULL |
+------+-----------------------+-----------------------+
6 rows in set (0.00 sec)

mysql>
```

图 3.6 使用"BETWEEN AND"运算符判断 row 字段值的范围

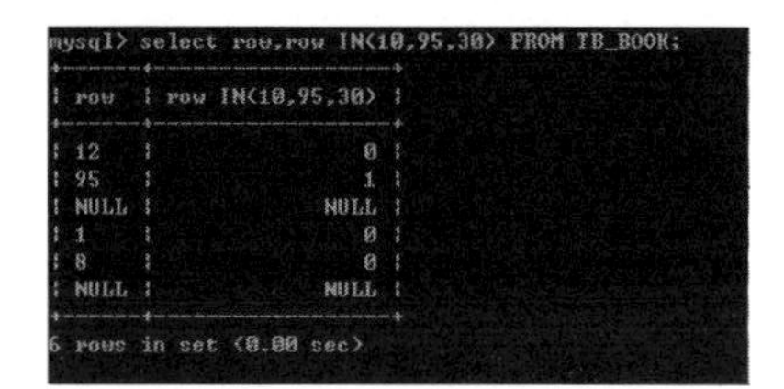

```
mysql> select row,row IN(10,95,30) FROM TB_BOOK;
+------+------------------+
| row  | row IN(10,95,30) |
+------+------------------+
| 12   |                0 |
| 95   |                1 |
| NULL |             NULL |
| 1    |                0 |
| 8    |                0 |
| NULL |             NULL |
+------+------------------+
6 rows in set (0.00 sec)
```

图 3.7 使用"IN"运算符判断 row 字段值的范围

从查询结果中可以看出，在范围内则返回 1，否则返回 0，空值返回 NULL。

（7）运算符"LIKE"

"LIKE"用来匹配字符串。其表达式如下：

```
x1 LIKE s1
```

如果 x1 与字符串 s1 匹配，结果将返回 1。否则返回 0。

[实例 3.8]（源码位置：资源包 \Code\03\08）

使用“LIKE”运算符，判断 tb_book 表中的 user 字段值是否与指定的字符串匹配。

使用“LIKE”运算符判断 user 字段是否匹配某字符查询结果如图 3.8 所示。

从查询结果可以看出，user 字段值为 mr 字符的记录，结果则返回 1，否则返回 0；user 字段值中包含 l 字符的记录，匹配则返回 1，否则返回 0。

（8）运算符“REGEXP”

“REGEXP”同样用于匹配字符串，但其使用的是正则表达式进行匹配。其表达式格式如下：

```
x1 REGEXP '匹配方式'
```

如果 x1 满足匹配方式，结果将返回 1；否则将返回 0。

[实例 3.9]（源码位置：资源包 \Code\03\09）

使用“REGEXP”运算符来匹配 user 字段的值是否以指定字符开头、结尾，同时是否包含指定的字符串。

使用 REGEXP 运算符匹配字符串执行结果如图 3.9 所示。

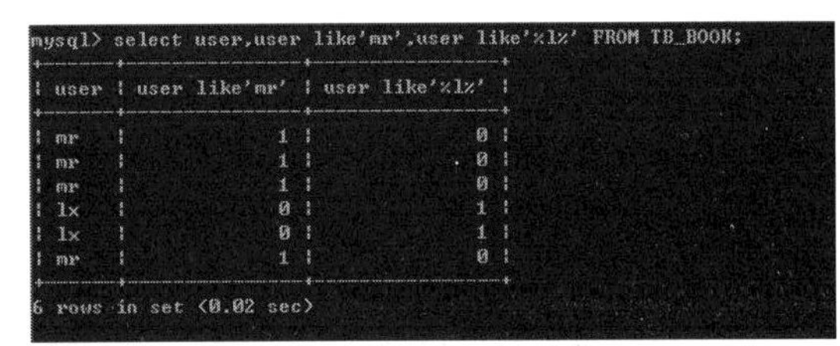

图 3.8　使用“LIKE”运算符判断 user 字段是否匹配某字符

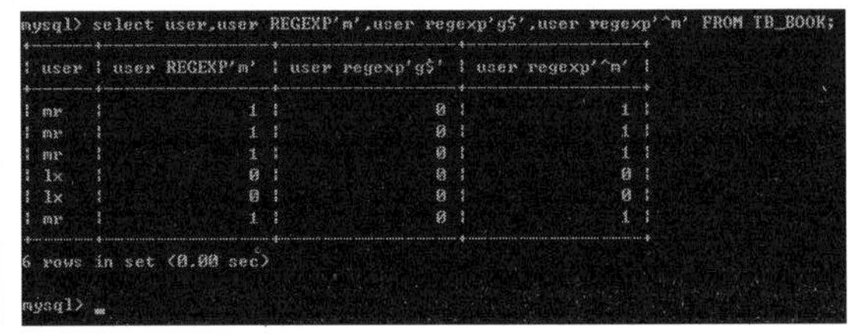

图 3.9　使用 REGEXP 运算符匹配字符串

本例使用“REGEXP”运算符判断 tb_book 表中 user 字段的值，是否以 m 字符开头；是否以 g 字符结尾；在 user 字段值中是否包含 m 字符，如果满足条件，则返回 1，否则返回 0。

> **说明：**
>
> 使用 REGEXP 运算符匹配字符串，其使用方法非常简单。REGEXP 运算符经常与“^”“$”和“.”一起使用。“^”用来匹配字符串的开始部分；“$”用来匹配字符串的结尾部分；“.”用来代表字符串中的一个字符。

3.2.3　逻辑运算符

逻辑运算符用来判断表达式的真假。如果表达式是真，结果返回 1。如果表达式是假，结果返回 0。逻辑运算符又称布尔运算符。MySQL 中支持 4 种逻辑运算符，分别是与、或、非和异或。下面是 4 种逻辑运算符的符号及作用，如表 3.9 所示。

表 3.9　逻辑运算符

符号	作用
&& 或 AND	与
|| 或 OR	或

续表

符号	作用
! 或NOT	非
XOR	异或

（1）与运算

“&&” 或者 “AND” 是与运算的两种表达方式。如果所有数据不为 0 且不为空值（NULL），结果返回 1；如果存在任何一个数据为 0，结果返回 0；如果存在一个数据为 NULL 且没有数据为 0，结果返回 NULL。与运算符支持多个数据同时进行运算。

[实例 3.10]　（源码位置：资源包 \Code\03\10）

运用 “&&” 运算符判断 row 字段的值是否存在 0 或者 NULL（“row&&1”（row 字段值与 1）和 “row&&0”（row 字段值与 0）），如果存在则返回 1，否则返回 0，空值返回 NULL。

使用 “&&” 运算符判断数据执行结果如图 3.10 所示。

（2）或运算

“||” 或者 “OR” 表示或运算。所有数据中存在任何一个数据不为非 0 的数字时，结果返回 1；如果数据中不包含非 0 的数字，但包含 NULL 时，结果返回 NULL；如果操作数中只有 0 时，结果返回 0。或运算符 “||” 也可以同时操作多个数据。

[实例 3.11]　（源码位置：资源包 \Code\03\11）

运用 OR 运算符判断 tb_book 表中 row 是否包含 NULL 或者非 0 数字（“row OR 1” 和 “row OR 0”）。

使用 OR 运算符匹配数据执行结果如图 3.11 所示。

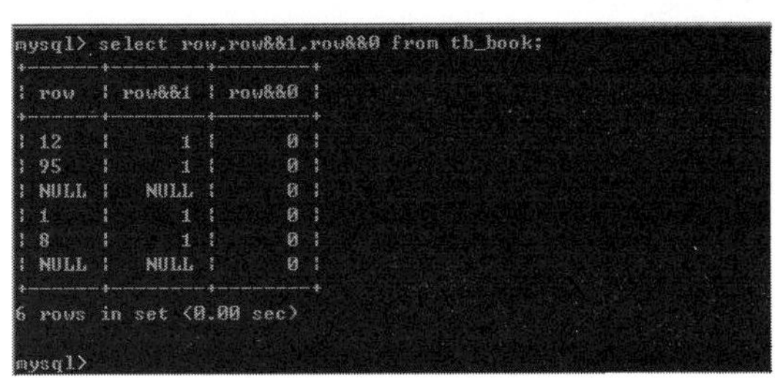

图 3.10　使用 “&&” 运算符判断数据

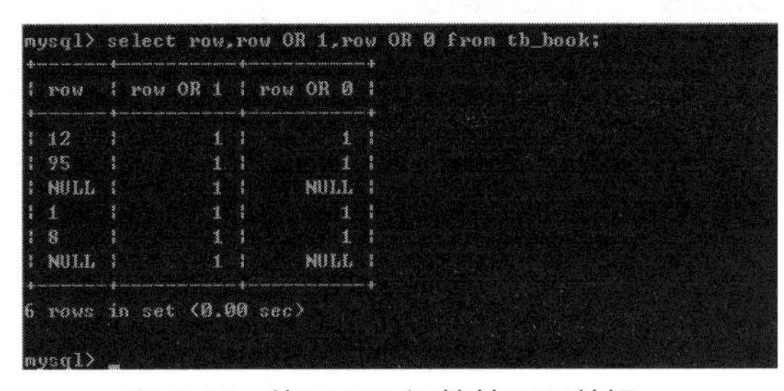

图 3.11　使用 OR 运算符匹配数据

结果显示，“row OR 1” 中包含 NULL 和 1 这个非 0 的数字，所以返回结果为 1；“row OR 0” 中包含非 0 的数字、NULL 和 0 的数字，所以返回 NULL 和 1。

（3）非运算

“！” 或者 NOT 表示非运算。通过非运算，将返回与操作数据相反的结果。如果操作数据是非 0 的数字，结果返回 0；如果操作数据是 0，结果返回 1；如果操作数据是 NULL，结果返回 NULL。

[实例 3.12]　（源码位置：资源包 \Code\03\12）

运用 “！” 运算符判断 tb_book 表中 row 字段的值是否为 0 或者 NULL。

使用 “！” 运算符判断数据执行结果如图 3.12 所示。

结果显示，row 字段中值为 NULL 的记录，返回值为 NULL，不为 0 的记录，返回值为 0。

（4）异或运算

XOR 表示异或运算。只要其中任何一个操作数据为 NULL，结果返回 NULL；对于非 NULL 的操作数如果两个的逻辑真假值相异，则返回结果为 1，否则为 0。

[实例 3.13] 使用 XOR 运算符判断 tb_book 表中字段 row 的值是否为 NULL（“row XOR 1”和“row XOR 0”）。（源码位置：资源包 \Code\03\13）

使用 XOR 运算符判断数据执行结果如图 3.13 所示。

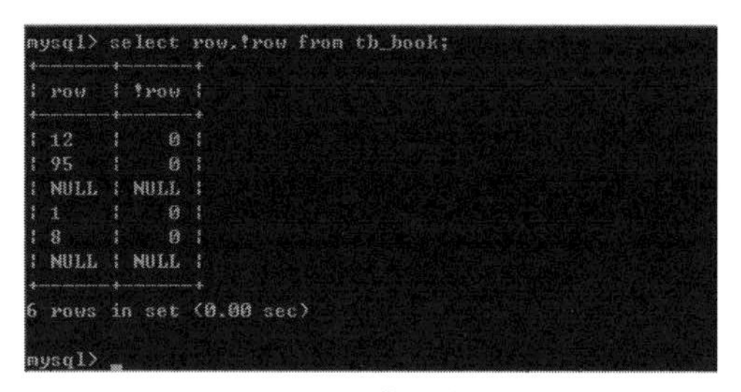

图 3.12　使用“！”运算符判断数据

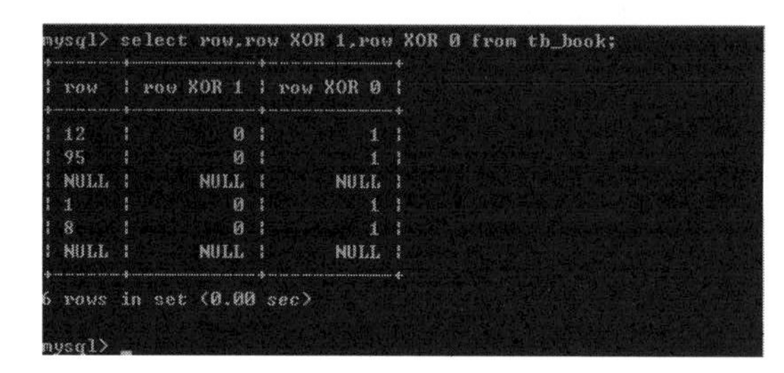

图 3.13　使用 XOR 运算符判断数据

结果显示，“row XOR 1”中 row 字段中的值为非 0 数字和 NULL 值，所以返回值为 0 和 NULL；“row XOR 0”中包含 0，所以返回值为 1，而 row 字段值为 NULL 的记录，返回值则为 NULL。

3.2.4　位运算符

位运算符是在二进制数上进行计算的运算符。位运算会先将操作数变成二进制数，进行位运算，然后再将计算结果从二进制数变回十进制数。MySQL 中支持 6 种位运算符。分别是按位与、按位或、按位取反、按位异或、按位左移和按位右移。6 种位运算符的符号及作用如表 3.10 所示。

表 3.10　位运算符

符号	作用
&	按位与。进行该运算时，数据库系统会先将十进制的数转换为二进制的数。然后对应操作数的每个二进制位上进行与运算。1 和 1 相与得 1，与 0 相与得 0。运算完成后，再将二进制数变回十进制数
|	按位或。将操作数化为二进制数后，每位都进行或运算。1 和任何数进行或运算的结果都是 1，0 与 0 或运算结果为 0
~	按位取反。将操作数化为二进制数后，每位都进行取反运算。1 取反后变成 0，0 取反后变成 1
^	按位异或。将操作数化为二进制数后，每位都进行异或运算。相同的数异或之后结果是 0，不同的数异或之后结果为 1
<<	按位左移。“m<<n”表示 m 的二进制数向左移 n 位，右边补上 n 个 0。例如，二进制数 001 左移 1 位后将变成 0010
>>	按位右移。“m>>n”表示 m 的二进制数向右移 n 位，左边补上 n 个 0。例如，二进制数 011 右移 1 位后变成 001，最后一个 1 直接被移出

3.2.5 运算符的优先级

由于在实际应用中可能需要同时使用多个运算符。这就必须考虑运算符的运算顺序。正所谓：闻道有先后，术业有专攻。

本小节将具体阐述 MySQL 运算符使用的优先级，如表 3.11 所示。按照从高到低、从左到右的级别进行运算操作。如果优先级相同，则表达式左边的运算符先运算。

表 3.11 MySQL 运算符的优先级

优先级	运算符
1	!
2	～
3	^
4	*,/,DIV,%,MOD
5	+,-
6	>>,<<
7	&
8	|
9	=,<=>,<,<=,>,>=,!=,<>,IN,IS,NULL,LIKE,REGEXP
10	BETWEEN AND,CASE,WHEN,THEN,ELSE
11	NOT
12	&&,AND
13	||,OR,XOR
14	:=

3.3 流程控制语句

在 MySQL 中，常见的过程式 SQL 语句可以用在一个存储过程体中。其中包括 IF 语句、CASE 语句、WHILE 语句、LOOP 语句、REPEAT 语句、ITERATE 语句和 LEAVE 语句，它们可以进行流程控制。

3.3.1 IF 语句

IF 语句用来进行条件判断，根据不同的条件执行不同的操作。该语句在执行时首先判断 IF 后的条件是否为真，则执行 THEN 后的语句，如果为假，则继续判断 IF 语句，直到为真为止，当以上都不满足时，则执行 ELSE 语句后的内容。IF 语句表示形式如下：

```
IF condition THEN
        …
[ELSE condition THEN]
  …
[ELSE]
…
ENDIF
```

[实例 3.14]　　（源码位置：资源包 \Code\03\14）

使用 IF 语句。

通过 if...then...else 结构首先判断传入参数的值是否为 1，如果是，则输出 1，如果不是，则再判断该传入参数的值是否为 2，如果是，则输出 2，当以上条件都不满足时，输出 3。其代码如下：

```
01    delimiter //
02    create procedure example_if(in x int)
03    begin
04    if x=1 then
05    select 1;
06    elseif x=2 then
07    select 2;
08    else
09    select 3;
10    end if;
11    end
12    //
```

以上代码的运行结果如图 3.14 所示。

通过 MySQL 调用该存储过程。其运行结果如图 3.15 所示。

```
mysql> delimiter //
mysql> create procedure example_if(in x int)
    -> begin
    -> if x=1 then
    -> select 1;
    -> elseif x=2 then
    -> select 2;
    -> else
    -> select 3;
    -> end if;
    -> end
    -> //
Query OK, 0 rows affected (0.00 sec)
```

图 3.14　应用 IF 语句的存储过程

```
mysql> call example_if(2)//
+---+
| 2 |
+---+
| 2 |
+---+
1 row in set (0.00 sec)

Query OK, 0 rows affected (0.00 sec)
```

图 3.15　调用 example_if() 存储过程

3.3.2　CASE 语句

case 语句为多分支语句结构，该语句首先从 when 后的 value 中查找与 case 后的 value 相等的值，如果查找到，则执行该分支的内容，否则，执行 else 后的内容。case 语句表示形式如下：

```
CASE value
        WHEN value THEN ...
        [WHEN valueTHEN...]
        [ELSE...]
END CASE
```

其中，value 参数表示条件判断的变量；WHEN...THEN 中的 value 参数表示变量的取值。CASE 语句还有另一种语法表示结构：

```
CASE
        WHEN value THEN ...
        [WHEN valueTHEN...]
        [ELSE...]
END CASE
```

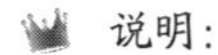 说明：
一个 CASE 语句经常可以充当一个 IF-THEN-ELSE 语句。

 [实例 3.15]　（源码位置：资源包 \Code\03\15）

使用 CASE 语句。

通过 case 语句首先判断传入参数的值是否为 1，如果条件成立，则输出 1，如果条件不成立，则再判断该传入参数的值是否为 2，如果成立，则输出 2，当以上条件都不满足时，输出 3。代码如下：

实例位置：光盘 \MR\ 源码 \ 第 3 章 \3-15

```
01  delimiter //
02  create procedure example_case(in x int)
03  begin
04  case x
05  when 1 then select 1;
06  when 2 then select 2;
07  else select 3;
08  end case;
09  end
10  //
```

运行该示例的结果如图 3.16 所示。

调用该存储过程，其运行结果如图 3.17 所示。

```
mysql> delimiter //
mysql> create procedure example_case(in x int)
    -> begin
    -> case x
    -> when 1 then select 1;
    -> when 2 then select 2;
    -> else select 3;
    -> end case;
    -> end
    -> //
Query OK, 0 rows affected (0.00 sec)
```

图 3.16　应用 CASE 语句的存储过程

```
mysql> call example_case(3)//
+---+
| 3 |
+---+
| 3 |
+---+
1 row in set (0.01 sec)

Query OK, 0 rows affected (0.01 sec)
```

图 3.17　调用 example_case() 存储过程

3.3.3　WHILE 循环语句

while 循环语句执行时，首先判断 condition 条件是否为真，如果是，则执行循环体，否则，退出循环。该语句表示形式：

```
while condition do
…
end while;
```

 [实例 3.16]　（源码位置：资源包 \Code\03\16）

使用 WHILE 语句。

应用 while 语句求前 100 项的和。首先定义变量 i 和 s，分别用来控制循环的次数和保存前 100 项和，当变量 i 的值小于等于 100 时，使 s 的值加 i，并同时使 i 的值增 1。直到 i 大于 100 时退出循环并输出结果。其代码如下：

```
01    delimiter //
02    create procedure example_while (out sum int)
03    begin
04    declare i int default 1;
05    declare s int default 0;
06    while i<=100 do
07    set s=s+i;
08    set i=i+1;
09    end while;
10    set sum=s;
11    end
12    //
```

运行以上代码的结果如图 3.18 所示。

调用该存储过程，调用语句如下：

```
01    call example_while(@s)
02    mysql>select @s
```

调用该存储过程的结果如图 3.19 所示。

```
mysql> delimiter //
mysql> create procedure example_while (out sum int)
    -> begin
    -> declare i int default 1;
    -> declare s int default 0;
    -> while i<=100 do
    -> set s=s+i;
    -> set i=i+1;
    -> end while;
    -> set sum=s;
    -> end
    -> //
Query OK, 0 rows affected (0.00 sec)
```

图 3.18　应用 WHILE 语句的存储过程

```
mysql> select @s//
+------+
| @s   |
+------+
| 5050 |
+------+
1 row in set (0.00 sec)

mysql> _
```

图 3.19　调用 example_while() 存储过程

3.3.4　LOOP 循环语句

该循环没有内置的循环条件，但可以通过 leave 语句退出循环。LOOP 语句表示形式：

```
LOOP
…
END LOOP
```

LOOP 允许某特定语句或语句群的重复执行，实现一个简单的循环构造，其中中间省略的部分是需要重复执行的语句。在循环内的语句一直重复直至循环被退出，退出循环应用 LEAVE 语句。

LEAVE 语句经常和 BEGIN...END 或循环一起使用，其结构如下：

```
LEAVE label
```

label 是语句中标注的名字，这个名字是自定义的。加上 LEAVE 关键字就可以用来退出被标注的循环语句。

[实例 3.17]
（源码位置：资源包 \Code\03\17）
使用 LOOP 语句。

应用 loop 语句求前 100 项的和。首先定义变量 i 和 s，分别用来控制循环的次数和保

存前 100 项和，进入该循环体后，首先使 s 的值加 i，之后使 i 加 1 并进入下次循环，直到 i 大于 100，通过 leave 语句退出循环并输出结果。其代码如下：

```
01  delimiter //
02  create procedure example_loop (out sum int)
03  begin
04  declare i int default 1;
05  declare s int default 0;
06  loop_label:loop
07  set s=s+i;
08  set i=i+1;
09  if i>100 then
10  leave loop_label;
11  end if;
12  end loop;
13  set sum=s;
14  end
15  //
```

上述代码的运行结果如图 3.20 所示。

调用名称为 example_loop 的存储过程，其代码如下：

```
01  call example_loop(@s)
02  select @s
```

其运行结果如图 3.21 所示。

```
mysql> delimiter //
mysql> create procedure example_loop (out sum int)
    -> begin
    -> declare i int default 1;
    -> declare s int default 0;
    -> loop_label:loop
    -> set s=s+i;
    -> set i=i+1;
    -> if i>100 then
    -> leave loop_label;
    -> end if;
    -> end loop;
    -> set sum=s;
    -> end
    -> //
Query OK, 0 rows affected (0.00 sec)
```

图 3.20　应用 LOOP 创建存储过程

```
mysql> call example_loop(@s)//
Query OK, 0 rows affected (0.00 sec)

mysql> select @s//
+------+
| @s   |
+------+
| 5050 |
+------+
1 row in set (0.00 sec)
```

图 3.21　调用 example_loop() 存储过程

3.3.5　REPEAT 循环语句

该语句先执行一次循环体，之后判断 condition 条件是否为真，则退出循环，否则继续执行循环。repeat 语句表示形式：

```
REPEAT
  …
UNTIL condition
END REPEAT
```

[实例 3.18]　（源码位置：资源包 \Code\03\18）

使用 REPEAT 语句。

应用 repeat 语句求前 100 项和的例子。首先定义变量 i 和 s，分别用来控制循环的次数和保存前 100 项和，进入循环体后，首先使 s 的值加 i，之后使 i 的值加 1，直到 i 大于 100

时退出循环并输出结果。

```
01    delimiter //
02    create procedure example_repeat (out sum int)
03    begin
04    declare i int default 1;
05    declare s int default 0;
06    repeat
07    set s=s+i;
08    set i=i+1;
09    until i>100
10    end repeat;
11    set sum=s;
12    end
13    //
```

以上代码的运行结果如图 3.22 所示。

调用该存储过程，相关代码如下所示：

```
01    call example_repeat(@s)
02    select @s
```

调用该存储过程的运行结果如图 3.23 所示。

```
mysql> delimiter //
mysql> create procedure example_repeat (out sum int)
    -> begin
    -> declare i int default 1;
    -> declare s int default 0;
    -> repeat
    -> set s=s+i;
    -> set i=i+1;
    -> until i>100
    -> end repeat;
    -> set sum=s;
    -> end
    -> //
Query OK, 0 rows affected (0.00 sec)
```

图 3.22　应用 REPEAT 创建存储过程

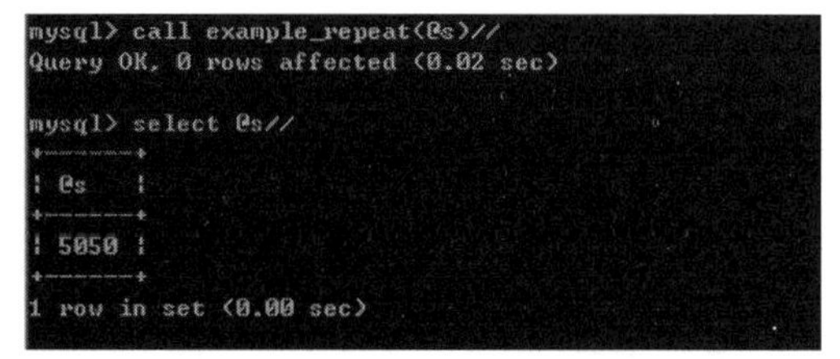

图 3.23　调用 example_repeat() 存储过程

循环语句中还有一个 ITERATE 语句，它可以出现在 LOOP、REPEAT 和 WHILE 语句内，其意为“再次循环”。该语句格式如下：

```
ITERATE label
```

该语句的格式与 LEAVE 大同小异，区别在于：LEAVE 语句是离开一个循环，而 ITERATE 语句是重新开始一个循环。

注意：

与一般程序设计流程控制不同的是：存储过程并不支持 FOR 循环。

本章知识思维导图

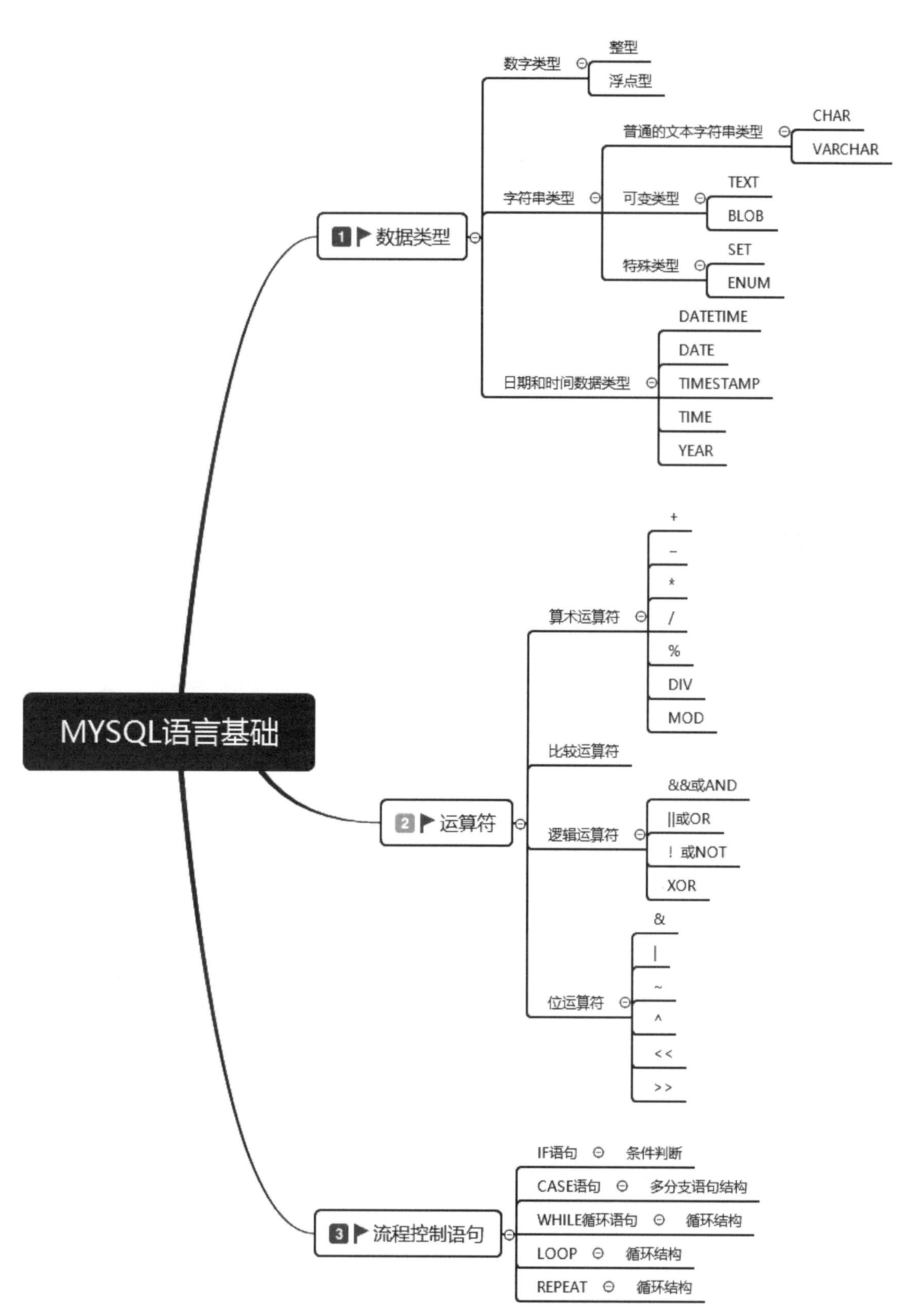
MYSQL语言基础
1 数据类型
数字类型
整型
浮点型
字符串类型
普通的文本字符串类型
CHAR
VARCHAR
可变类型
TEXT
BLOB
特殊类型
SET
ENUM
日期和时间数据类型
DATETIME
DATE
TIMESTAMP
TIME
YEAR
2 运算符
算术运算符
+
-
*
/
%
DIV
MOD
比较运算符
逻辑运算符
&&或AND
||或OR
！或NOT
XOR
位运算符
&
|
~
^
<<
>>
3 流程控制语句
IF语句
条件判断
CASE语句
多分支语句结构
WHILE循环语句
循环结构
LOOP
循环结构
REPEAT
循环结构

第 4 章
数据库和数据表操作

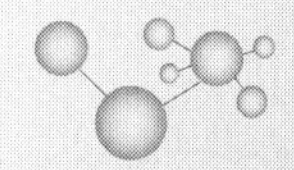

本章学习目标

- 掌握 MySQL 数据库操作
- 掌握 MySQL 数据表操作
- 掌握插入、查询语句的方法
- 掌握查询数据库记录的使用方法

4.1 数据库操作

启动并连接 MySQL 服务器后，即可对 MySQL 数据库进行操作，操作 MySQL 数据库的方法非常简单，下面进行详细介绍。

4.1.1 创建数据库

使用 CREATE DATABASE 语句可以轻松创建 MySQL 数据库。语法如下：

```
CREATE  DATABASE  数据库名;
```

在创建数据库时，数据库命名有以下几项规则。

- 不能与其他数据库重名，否则将发生错误。
- 名称可以由任意字母、阿拉伯数字、下划线（_）和“$”组成，可以使用上述的任意字符开头，但不能使用单独的数字，否则会造成它与数值相混淆。
- 名称最长可为 64 个字符，而别名最多可长达 256 个字符。
- 不能使用 MySQL 关键字作为数据库名、表名。
- 在默认情况下，Windows 下数据库名、表名的大小写是不敏感的，而在 Linux 下数据库名、表名的大小写是敏感的。为了便于数据库在平台间进行移植，建议读者采用小写来定义数据库名和表名。

[实例 4.1]　（源码位置：资源包 \Code\04\01）

创建 db_admin 数据库。

通过 CREATE DATABASE 语句创建一个名称为 db_admin 的数据库，如图 4.1 所示。

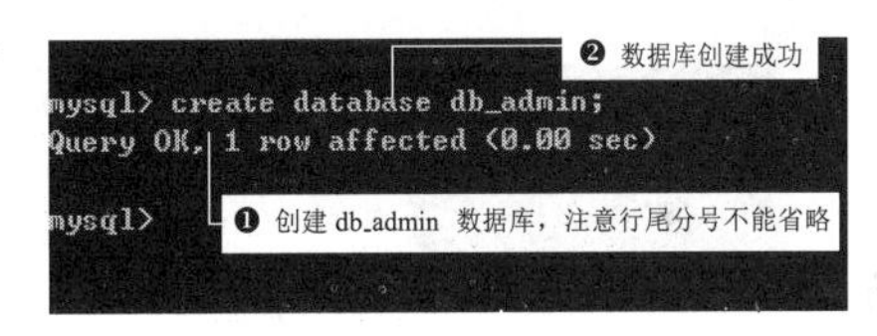

图 4.1　创建 MySQL 数据库

4.1.2 查看数据库

成功创建数据库后，可以使用 SHOW 命令查看 MySQL 服务器中的所有数据库信息。语法如下：

```
SHOW  DATABASES;
```

[实例 4.2]　（源码位置：资源包 \Code\04\02）

查看所有数据库。

在 4.1.1 节中创建了数据库 db_admin，下面使用 SHOW DATABASES 语句查看 MySQL 服务器中的所有数据库名称，如图 4.2 所示。

从图 4.2 运行的结果可以看出，通过 SHOW 命令查看 MySQL 服务器中的所有数据库，结果显示 MySQL 服务器中有 4 个数据库。

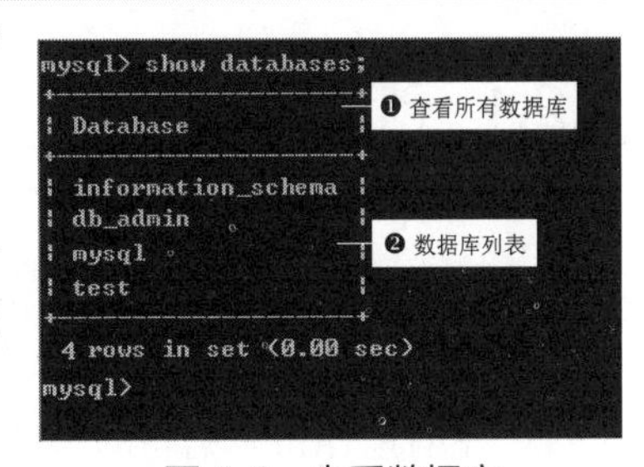

图 4.2　查看数据库

4.1.3 选择数据库

在上面的讲解中，虽然成功创建了数据库，但并不表示当前就在操作数据库 db_admin。可以使用 USE 语句选择一个数据库，使其成为当前默认数据库。语法如下：

```
USE  数据库名;
```

[实例 4.3]（源码位置：资源包 \Code\04\03）

选择 db_admin 数据库。

选择名称为 db_admin 的数据库，设置其为当前默认的数据库，如图 4.3 所示。

4.1.4 删除数据库

删除数据库的操作可以使用 DROP DATABASE 语句。语法如下：

```
DROP DATABASE  数据库名;
```

注意：

删除数据库的操作应该谨慎使用，一旦执行该操作，数据库的所有结构和数据都会被删除，没有恢复的可能，除非数据库有备份。

[实例 4.4]（源码位置：资源包 \Code\04\04）

删除 db_admin 数据库。

通过 DROP DATABASE 语句删除名称为 db_admin 的数据库，如图 4.4 所示。

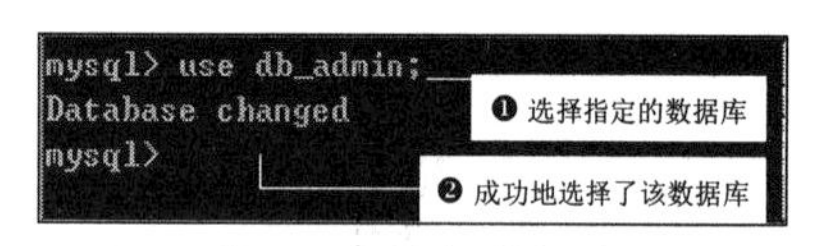

图 4.3 选择数据库

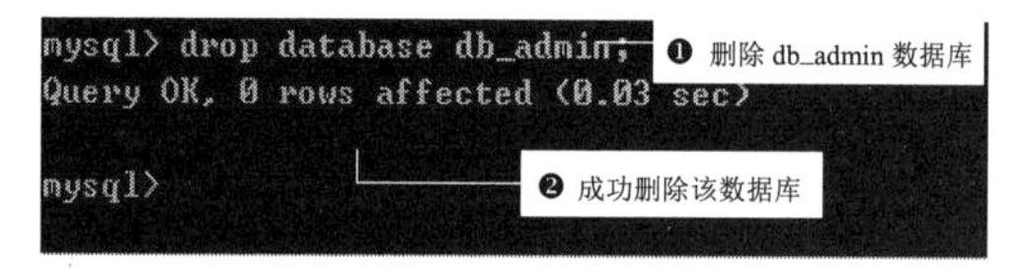

图 4.4 删除数据库

4.2 数据表操作

在对 MySQL 数据表进行操作之前，必须首先使用 USE 语句选择数据库，才可在指定的数据库中对数据表进行操作，如创建数据表、查看表结构、修改表结构、重命名表、删除数据表等，否则是无法对数据表进行操作的。下面分别详细介绍对数据表的操作方法。

4.2.1 创建数据表

创建数据表使用 CREATE TABLE 语句。语法如下：

```
CREATE [TEMPORARY] TABLE [IF NOT EXISTS] 数据表名
[(create_definition,...)][table_options] [select_statement]
```

CREATE TABLE 语句的参数说明如表 4.1 所示。

表 4.1 CREATE TABLE 语句的参数说明

关键字	说明
TEMPORARY	如果使用该关键字，表示创建一个临时表
IF NOT EXISTS	该关键字用于避免表存在时MySQL报告的错误
create_definition	这是表的列属性部分。MySQL要求在创建表时，表要至少包含一列
table_options	表的一些特性参数
select_statement	SELECT语句描述部分，用它可以快速地创建表

下面介绍列属性 create_definition 部分，每一列定义的具体格式如下：

```
col_name  type [NOT NULL | NULL] [DEFAULT default_value] [AUTO_INCREMENT]
          [PRIMARY KEY ] [reference_definition]
```

属性 create_definition 的参数说明如表 4.2 所示。

表 4.2 属性 create_definition 的参数说明

关键字	说明
col_name	字段名
type	字段类型
NOT NULL | NULL	指出该列是否允许是空值，系统一般默认允许为空值，所以当不允许为空值时，必须使用NOT NULL
DEFAULT default_value	表示默认值
AUTO_INCREMENT	表示是否是自动编号，每个表只能有一个AUTO_INCREMENT列，并且必须被索引
PRIMARY KEY	表示是否为主键。一个表只能有一个PRIMARY KEY。如表中没有一个PRIMARY KEY，而某些应用程序需要PRIMARY KEY，MySQL将返回第一个没有任何NULL列的UNIQUE键，作为PRIMARY KEY
reference_definition	为字段添加注释

以上是创建一个数据表的一些基础知识，它看起来十分复杂，但在实际的应用中使用最基本的格式创建数据表即可，具体格式如下：

```
create table table_name (列名1 属性,列名2 属性...);
```

[实例 4.5]　　（源码位置：资源包 \Code\04\05）

创建 db_admin 数据表。

使用 CREATE TABLE 语句在 MySQL 数据库 db_admin 中创建一个名为 tb_admin 的数据表，该表包括 id、user、password 和 createtime 等字段，如图 4.5 所示。

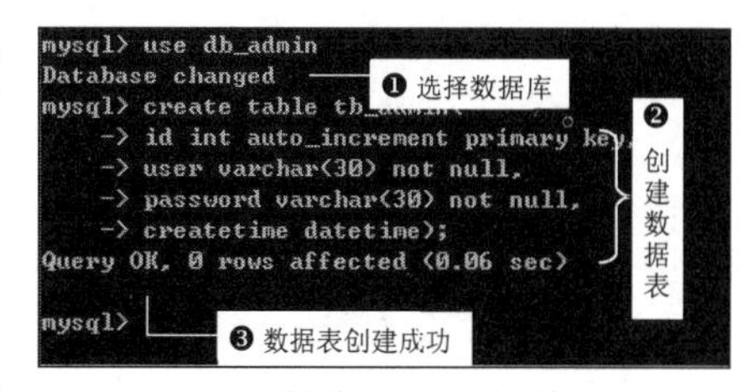

图 4.5 创建 MySQL 数据库

4.2.2 查看表结构

对于一个创建成功的数据表，可以使用 SHOW COLUMNS 语句或 DESCRIBE 语句查看指定数据表的表结构。下面分别对这两个语句进行介绍。

（1）SHOW COLUMNS 语句

SHOW COLUMNS 语句的语法如下：

```
SHOW  [FULL] COLUMNS  FROM 数据表名 [FROM 数据库名];
```

或写成

```
SHOW  [FULL] COLUMNS  FROM 数据表名.数据库名;
```

[实例 4.6]　（源码位置：资源包 \Code\04\06）

使用 SHOW COLUMNS 语句查看表结构。

使用 SHOW COLUMNS 语句查看数据表 tb_admin 表结构，如图 4.6 所示。

（2）DESCRIBE 语句

DESCRIBE 语句的语法如下：

```
DESCRIBE 数据表名;
```

其中，DESCRIBE 可以简写成 DESC。在查看表结构时，也可以只列出某一列的信息。其语法格式如下：

```
DESCRIBE 数据表名 列名;
```

[实例 4.7]　（源码位置：资源包 \Code\04\07）

使用 DESCRIBE 语句查看表结构。

使用 DESCRIBE 语句的简写形式查看数据表 tb_admin 中的某一列信息，如图 4.7 所示。

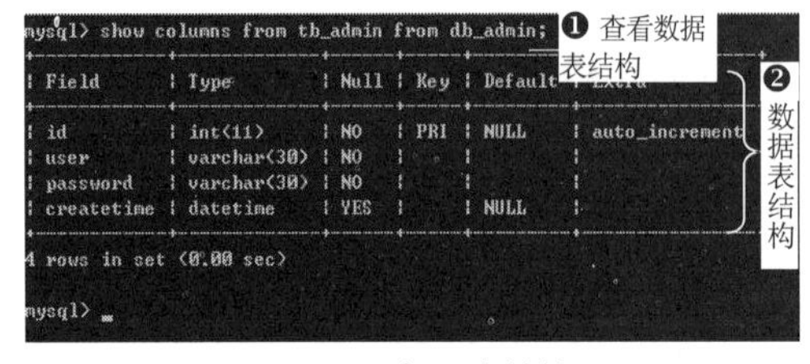

图 4.6　查看表结构

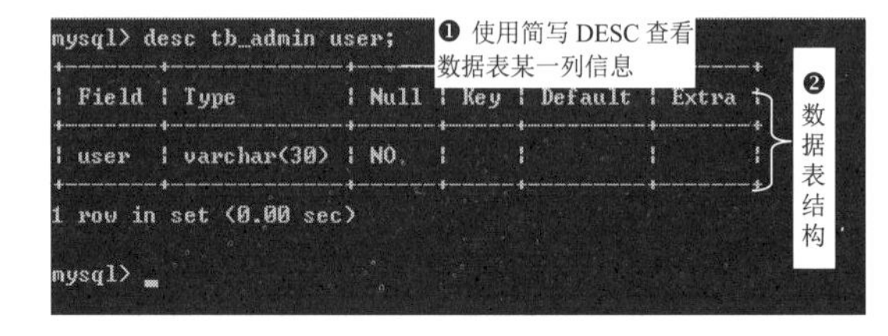

图 4.7　查看表的某一列信息

4.2.3　修改表结构

修改表结构使用 ALTER TABLE 语句。修改表结构指增加或者删除字段、修改字段名称或者字段类型、设置取消主键外键、设置取消索引以及修改表的注释等。语法如下：

```
ALTER[IGNORE] TABLE 数据表名 alter_spec[,alter_spec]...
```

注意：

当指定 IGNORE 时，如果出现重复关键的行，则只执行一行，其他重复的行被删除。

其中，alter_spec 子句定义要修改的内容，其语法如下：

```
alter_specification:
    ADD [COLUMN] create_definition [FIRST | AFTER column_name ]        --添加新字段
  | ADD INDEX [index_name] (index_col_name,...)                        --添加索引名称
  | ADD PRIMARY KEY (index_col_name,...)                               --添加主键名称
  | ADD UNIQUE [index_name] (index_col_name,...)                       --添加唯一索引
  | ALTER [COLUMN] col_name {SET DEFAULT literal | DROP DEFAULT}       --修改字段名称
  | CHANGE [COLUMN] old_col_name create_definition                     --修改字段类型
  | MODIFY [COLUMN] create_definition                                  --修改子句定义字段
  | DROP [COLUMN] col_name                                             --删除字段名称
  | DROP PRIMARY KEY                                                   --删除主键名称
  | DROP INDEX index_name                                              --删除索引名称
  | RENAME [AS] new_tbl_name                                           --更改表名
  | table_options
```

ALTER TABLE 语句允许指定多个动作，其动作间使用逗号分隔，每个动作表示对表的一个修改。

[实例 4.8]（源码位置：资源包 \Code\04\08）

修改表结构中的字段类型。

添加一个新的字段 email，类型为 varchar(50)，not null，将字段 user 的类型由 varchar(30) 改为 varchar(40)，代码如下：

```
alter table tb_admin add email varchar(50) not null ,modify user varchar(40);
```

在命令模式下的运行情况如图 4.8 所示。

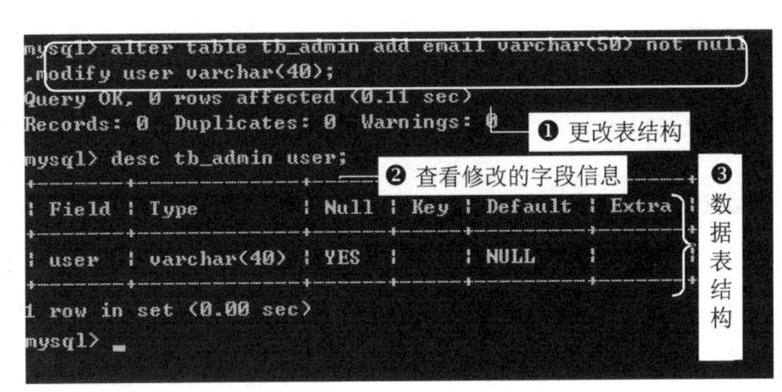

图 4.8 修改表结构

图 4.8 中只给出了修改 user 字段类型的结果，读者可以通过语句 mysql> show tb_admin; 查看整个表的结构，以确认 email 字段是否添加成功。

说明：
通过 alter 修改表列，其前提是必须将表中数据全部删除，然后才可以修改表列。

4.2.4 重命名表

重命名数据表使用 RENAME TABLE 语句，语法如下：

```
RENAME TABLE 数据表名1 To 数据表名2
```

说明：
该语句可以同时对多个数据表进行重命名，多个表之间以逗号“,”分隔。

[实例 4.9]　　（源码位置：资源包 \Code\04\09）

重命名表（更名）。

对数据表 tb_admin 进行重命名，更名后的数据表为 tb_user，如图 4.9 所示。

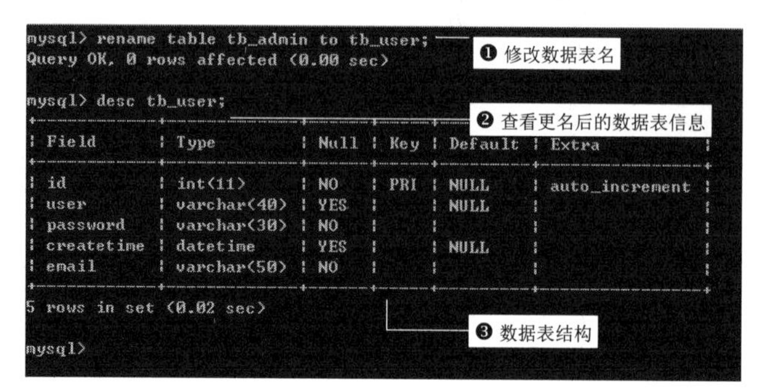

图 4.9　对数据表进行更名

4.2.5　删除数据表

删除数据表的操作很简单，同删除数据库的操作类似，使用 DROP TABLE 语句即可实现。语法如下：

```
DROP TABLE 数据表名;
```

[实例 4.10]　　（源码位置：资源包 \Code\04\10）

删除数据表 tb_user。

删除数据表 tb_user 如图 4.10 所示。

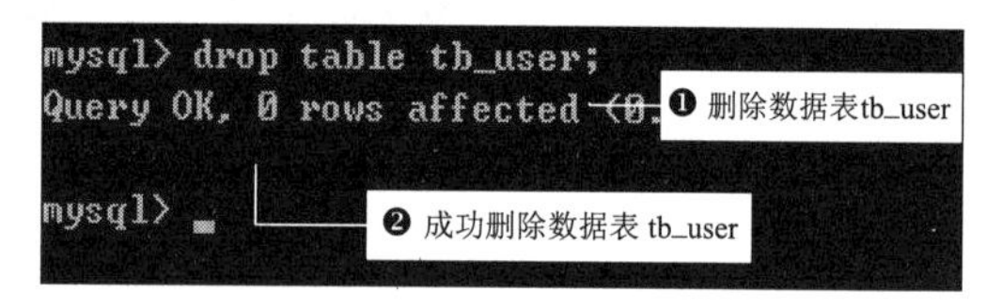

图 4.10　删除数据表

注意：

删除数据表的操作应该谨慎使用。一旦删除了数据表，那么表中的数据将会全部清除。如没有备份，则无法恢复。

在删除数据表的过程中，删除一个不存在的表将会产生错误，如果在删除语句中加入 IF EXISTS 关键字就不会出错了。格式如下：

```
DROP TABLE IF EXISTS 数据表名;
```

4.3　语句操作

在数据表中插入、浏览、修改和删除记录可以在 MySQL 命令行中使用 SQL 语句完成，下面介绍如何在 MySQL 命令行中执行基本的 SQL 语句。

4.3.1　插入记录

在建立一个空的数据库和数据表时，首先需要考虑的是如何向数据表中添加数据，该操作可以使用 INSERT 语句来完成。语法如下：

```
INSERT  INTO 数据表名(column_name,column_name2, ... ) VALUES (value1, value2, ... )
```

在 MySQL 中，一次可以同时插入多行记录，各行记录的值清单在 VALUES 关键字后以逗号“,”分隔，而标准的 SQL 语句一次只能插入一行。

[实例 4.11]　（源码位置：资源包 \Code\04\11）

插入一条数据记录。

向管理员信息表 tb_admin 中插入一条数据信息，如图 4.11 所示。

图 4.11　插入记录

4.3.2　查询数据库记录

要从数据库中把数据查询出来，就要用到数据查询语句 SELECT。SELECT 语句是最常用的查询语句，它的使用方式有些复杂，但功能也是很强大的。其语法如下：

```
select selection_list                    --要查询的内容，选择哪些列
from 数据表名                             --指定数据表
where primary_constraint                 --查询时需要满足的条件，行必须满足的条件
group by grouping_columns                --如何对结果进行分组
order by sorting_cloumns                 --如何对结果进行排序
having secondary_constraint              --查询时需要满足的第二条件
limit count                              --限定输出的查询结果
```

这就是 select 查询语句的语法，下面对它的参数和一些常用关键字进行详细的讲解。

（1）selection_list

设置查询内容。如果要查询表中所有列，可以将其设置为“*”；如果要查询表中某一列或多列，则直接输入列名，并以“,”为分隔符。

[实例 4.12]　（源码位置：资源包 \Code\04\12）

查询 tb_mrbook 数据表中所有列以及查询 user 列和 pass 列。

代码如下：

```
select * from tb_mrbook;                 --查询数据表中所有数据
select user,pass from tb_mrbook;         --查询数据表中user和pass列的数据
```

（2）table_list（数据表名）

指定查询的数据表。即可以从一个数据表中查询，也可以从多个数据表中查询，多个数据表之间用“,”进行分隔，并且通过 WHERE 子句使用连接运算来确定表之间的联系。

[实例 4.13]　（源码位置：资源包 \Code\04\13）

从 tb_mrbook 和 tb_bookinfo 数据表中查询 bookname= 'MySQL 入门与实践 ' 的作者和价格。

代码如下：

```
select tb_mrbook.id,tb_mrbook.bookname,
   author,price from tb_mrbook,tb_bookinfo
     where tb_mrbook.bookname = tb_bookinfo.bookname and
     tb_bookinfo.bookname = 'MySQL入门与实践';
```

在上面的 SQL 语句中，因为 2 个表都有 id 字段和 bookname 字段，为了告诉服务器要显示的是哪个表中的字段信息，要加上前缀。语法如下：

```
表名.字段名
```

tb_mrbook.bookname = tb_bookinfo.bookname 将表 tb_mrbook 和 tb_bookinfo 连接起来，叫做等同连接；如果不使用 tb_mrbook.bookname = tb_bookinfo.bookname，那么产生的结果将是两个表的笛卡儿积，叫做全连接。

（3）where 条件语句

在使用查询语句时，如要从很多的记录中查询出想要的记录，就需要一个查询的条件。只有设定了查询的条件，查询才有实际的意义。设定查询条件应用的是 where 子句。

where 子句的功能非常强大，通过它可以实现很多复杂的条件查询。在使用 where 子句时，需要使用一些比较运算符，常用比较运算符如表 4.3 所示。

表 4.3　常用的 where 子句比较运算符

运算符	名称	示例	运算符	名称	示例
=	等于	id=5	Is not null	n/a	Id is not null
>	大于	id>5	Between	n/a	Id between1 and 15
<	小于	id<5	In	n/a	Id in (3,4,5)
=>	大于等于	id=>5	Not in	n/a	Name not in (shi,li)
<=	小于等于	id<=5	Like	模式匹配	Name like ('shi%')
!=或<>	不等于	id!=5	Not like	模式匹配	Name not like ('shi%')

表 4.3 中列举的是 where 子句常用的比较运算符，示例中的 id 是记录的编号，name 是表中的用户名。

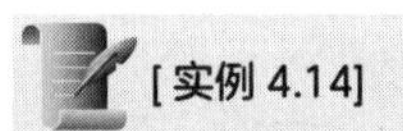

[实例 4.14]　（源码位置：资源包 \Code\04\14）

应用 where 子句，查询 tb_mrbook 表，条件是 type（类别）为 PHP 的所有图书。

代码如下：

```
select * from tb_mrbook where type = 'php';
```

（4）GROUP BY 对结果分组

通过 GROUP BY 子句可以将数据划分到不同的组中，实现对记录进行分组查询。在查询时，所查询的列必须包含在分组的列中，目的是使查询到的数据没有矛盾。在与 AVG() 或 SUM() 函数一起使用时，GROUP BY 子句能发挥最大作用。

[实例 4.15]（源码位置：资源包 \Code\04\15）

查询 tb_mrbook 表，按照 type 进行分组，求每类图书的平均价格。

代码如下：

```
select bookname,avg(price),type from tb_mrbook group by type;
```

（5）DISTINCT 在结果中去除重复行

使用 DISTINCT 关键字，可以去除结果中重复的行。

[实例 4.16]（源码位置：资源包 \Code\04\16）

查询 tb_mrbook 表，并在结果中去掉类型字段 type 中的重复数据。

代码如下：

```
select distinct type from tb_mrbook;
```

（6）ORDER BY 对结果排序

使用 ORDER BY 可以对查询的结果进行升序和降序（DESC）排列，在默认情况下，ORDER BY 按升序输出结果。如果要按降序排列，可以使用 DESC 来实现。

当对含有 NULL 值的列进行排序时，如果是按升序排列，NULL 值将出现在最前面；如果是按降序排列，NULL 值将出现在最后。

[实例 4.17]（源码位置：资源包 \Code\04\17）

查询 tb_mrbook 表中的所有信息，按照“id”进行降序排列，并且只显示 3 条记录。

代码如下：

```
select * from tb_mrbook order by id desc limit 3;
```

（7）LIKE 模糊查询

LIKE 属于较常用的比较运算符，通过它可以实现模糊查询。它有两种通配符：“%”和下划线“_”。

“%”可以匹配一个或多个字符，而“_”只匹配一个字符。

[实例 4.18]（源码位置：资源包 \Code\04\18）

查找所有第二个字母是“h”的图书。

代码如下：

```
select * from tb_mrbook where bookname like('_h%');
```

（8）CONCAT 联合多列

使用 CONCAT 函数可以联合多个字段，构成一个总的字符串。

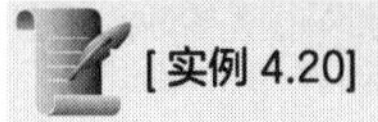

（源码位置：资源包 \Code\04\19）

[实例 4.19] 把 tb_mrbook 表中的书名（bookname）和价格（price）合并到一起，构成一个新的字符串。

代码如下：

```
select id,concat(bookname,":",price) as info,,type from tb_mrbook;
```

其中合并后的字段名为 CONCAT 函数形成的表达式“concat(bookname, ":", price)”，看上去十分复杂，通过 AS 关键字给合并字段取一个别名，这样看上去就很清晰。

（9）LIMIT 限定结果行数

LIMIT 子句可以对查询结果的记录条数进行限定，控制它输出的行数。

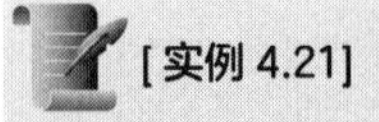

（源码位置：资源包 \Code\04\20）

[实例 4.20] 查询 tb_mrbook 表，按照图书价格降序排列，显示 3 条记录。

代码如下：

```
select * from tb_mrbook order by price desc limit 3;
```

使用 LIMIT 还可以从查询结果的中间部分取值。首先要定义两个参数：参数 1 是开始读取的第一条记录的编号（在查询结果中，第一个结果的记录编号是 0，而不是 1）；参数 2 是要查询记录的个数。

（源码位置：资源包 \Code\04\21）

[实例 4.21] 查询 tb_mrbook 表，从编号 1 开始（即从第 2 条记录），查询 4 个记录。

代码如下：

```
select * from tb_mrbook where id limit 1,4;
```

（10）使用函数和表达式

在 MySQL 中，还可以使用表达式来计算各列的值，作为输出结果。表达式还可以包含一些函数。

（源码位置：资源包 \Code\04\22）

[实例 4.22] 计算 tb_mrbook 表中各类图书的总价格。

代码如下：

```
select sum(price) as total,type from tb_mrbook group by type;
```

在对 MySQL 数据库进行操作时，有时需要对数据库中的记录进行统计，例如求平均值、最小值、最大值等，这时可以使用 MySQL 中的统计函数，常用统计函数如表 4.4 所示。

表 4.4　常用统计函数

名称	说明
Avg（字段名）	获取指定列的平均值
Count（字段名）	如指定了一个字段，则会统计出该字段中的非空记录。如在前面增加DISTINCT，则会统计不同值的记录，相同的值当作一条记录。如使用COUNT（*）则统计包含空值的所有记录数
Min（字段名）	获取指定字段的最小值
Max（字段名）	获取指定字段的最大值
Std（字段名）	指定字段的标准背离值
Stdtev（字段名）	与STD相同
Avg（字段名）	获取指定列的平均值

除使用函数之外，还可以使用算术运算符、字符串运算符、逻辑运算符来构成表达式。

[实例 4.23]　（源码位置：资源包 \Code\04\23）

计算图书打八折之后的价格。

代码如下：

```
select *, (price * 0.8) as '80%' from tb_mrbook;
```

4.3.3　修改记录

要执行修改的操作可以使用 UPDATE 语句，语法如下：

```
update 数据表名set column_name = new_value1,column_name2 = new_value2, …where condition
```

其中，set 子句指出要修改的列和它们给定的值，where 子句是可选的，如果给出，它将指定记录中哪行应该被更新，否则，所有的记录行都将被更新。

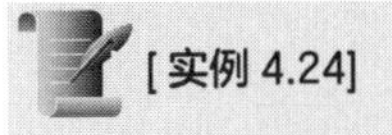

[实例 4.24]　（源码位置：资源包 \Code\04\24）

将管理员信息表 tb_admin 中用户名为 tsoft 的管理员密码 111 修改为 896552。

修改指定条件的记录如图 4.12 所示。

图 4.12　修改指定条件的记录

注意：
更新时一定要保证 where 子句的正确性，一旦 where 子句出错，将会破坏所有改变的数据。

4.3.4 删除记录

在数据库中，有些数据已经失去意义或者错误时就需要将它们删除，此时可以使用 DELETE 语句，语法如下：

```
delete from 数据表名 where condition
```

注意：

该语句在执行过程中，如果没有指定 where 条件，将删除所有的记录；如果指定了 where 条件，将按照指定的条件进行删除。

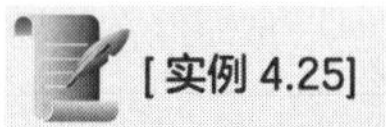

（源码位置：资源包 \Code\04\25）

删除管理员数据表 tb_admin 中用户名为“小欣”的记录信息。

删除数据表中指定的记录如图 4.13 所示。

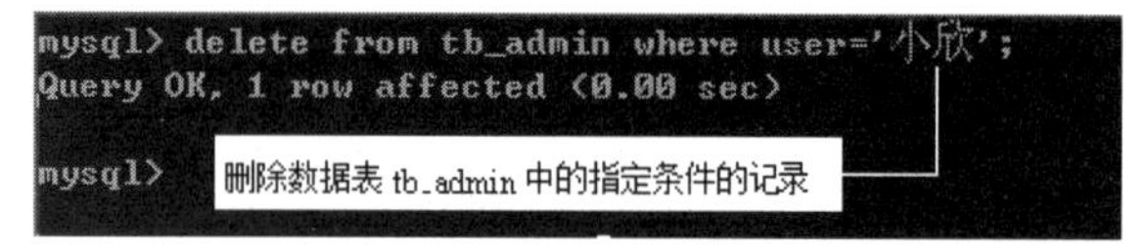

图 4.13 删除数据表中指定的记录

注意：

在实际的应用中，执行删除操作时，执行删除的条件一般应该为数据的 id，而不是具体某个字段值，这样可以避免一些不必要的错误发生。

本章知识思维导图

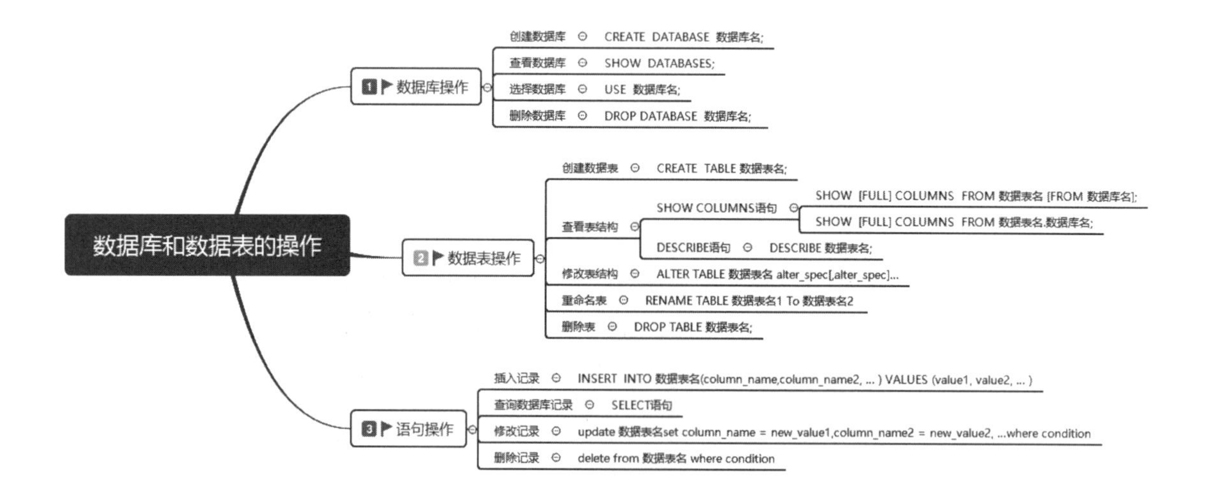

第 5 章

数据查询

扫码领取

- 配套视频
- 配套素材
- 学习指导
- 交流社群

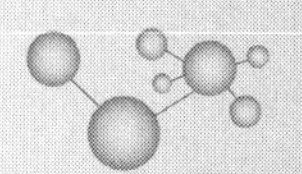

本章学习目标

- 了解 MySQL 的单表查询
- 了解使用聚合函数实现数据查询
- 掌握合并查询的使用
- 掌握连接查询和子查询
- 掌握为表和字段取别名的用法
- 掌握使用正则表达式的使用方法

5.1 基本查询语句

SELECT 语句是最常用的查询语句，它的使用方式有些复杂，但功能是相当强大的。SELECT 语句的基本语法如下：

```
select selection_list                    //要查询的内容，选择哪些列
from 数据表名                              //指定数据表
where primary_constraint                 //查询时需要满足的条件，行必须满足的条件
group by grouping_columns                //如何对结果进行分组
order by sorting_cloumns                 //如何对结果进行排序
having secondary_constraint              //查询时满足的第二条件
limit count                              //限定输出的查询结果
```

其中使用的子句将在后面逐个介绍。下面先介绍 SELECT 语句的简单应用。

（1）使用 SELECT 语句查询一个数据表

使用 SELECT 语句时，首先要确定所要查询的列。“*”代表所有的列。例如：查询 db_database06 数据库 user 表中的所有数据，代码如下：

```
mysql> use db_database06
Database changed
mysql> select * from user;
+----+------+----------+-------------+
| id | user | lxdh     | jtdz        |
+----+------+----------+-------------+
|  1 | mr   | 12345678 | 长春市 |
|  2 | mrsoft   | 87654321 | 四平市    |
+----+------+----------+-------------+
2 rows in set (0.00 sec)
```

这是查询整个表中所有列的操作，还可以针对表中的某一列或多列进行查询。

（2）查询表中的一列或多列

针对表中的多列进行查询，只要在 select 后面指定要查询的列名即可，多列之间用“,”分隔。例如：查询 user 表中的 id 和 lxdh，代码如下：

```
mysql> select id , lxdh from user ;
+----+----------+
| id | lxdh     |
+----+----------+
|  1 | 12345678 |
|  2 | 87654321 |
+----+----------+
2 rows in set (0.00 sec)
```

（3）从一个或多个表中获取数据

使用 SELECT 语句进行查询，需要确定所要查询的数据在哪个表中，或在哪些表中，在对多个表进行查询时，同样使用“,”对多个表进行分隔。

[实例 5.1] （源码位置：资源包 \Code\05\01）

从 tb_admin 表和 tb_students 表中查询出 tb_admin.id、tb_admin.tb_user、tb_students.id 和 tb_students.name 字段的值。

其代码如下：

```
mysql> select tb_admin.id,tb_admin.tb_user,tb_students.id,tb_students.name from
tb_admin,tb_students;
+----+----------+----+------+
| id | tb_user  | id | name |
+----+----------+----+------+
|  1 | mr            |  1 |  潘攀       |
|  2 | 明日科技              |  1 |  潘攀       |
+----+----------+----+------+
2 rows in set (0.03 sec)
```

说明:

在查询数据库中的数据时，如果数据中涉及中文字符串，有可能在输出时出现乱码。那么最后在执行查询操作之前，通过 set names 语句设置其编码格式，然后再输出中文字符串时就不会出现乱码了。如上例中所示，应用 set names 语句设置其编码格式为 gb2312。

此外，还可以在 WHERE 子句中使用连接运算来确定表之间的联系，然后根据这个条件返回查询结果。例如：从家庭收入表（jtsr）中查询出指定用户的家庭收入数据，条件是用户的 ID 为 1。其代码如下:

```
mysql> select jtsr from user,jtsr
    -> where  user.user=jtsr.user and user.id=1 ;
+------+
| jtsr |
+------+
| 10000 |
+------+
2 rows in set (0.00 sec)
```

其中，user.user = jtsr.user 将表 user 和 jtsr 连接起来，叫做等同连接；如果不使用 user.user= jtsr.user，那么产生的结果将是两个表的笛卡儿积，叫做全连接。

5.2 单表查询

单表查询是指从一张表中查询所需要的数据。所有查询操作都比较简单。

5.2.1 查询所有字段

查询所有字段是指查询表中所有字段的数据。这种方式可以将表中所有字段的数据都查询出来。在 MySQL 中可以使用“*”代表所有的列，即可查出所有的字段，语法格式如下:

```
SELECT * FROM 表名;
```

其应用已经在 5.1 基本查询语句中介绍过，这里不再赘述。

5.2.2 查询指定字段

查询指定字段可以使用下面的语法格式:

```
SELECT 字段名 FROM 表名;
```

如果是查询多个字段，可以使用“,”对字段进行分隔。

[实例 5.2]　（源码位置：资源包 \Code\05\02）

查询 db_database06 数据库 tb_login 表中“user”和“pwd”两个字段。

SELECT 查询语句如下：

```
SELECT user,pwd FROM tb_login;
```

查询指定字段的数据结果如图 5.1 所示。

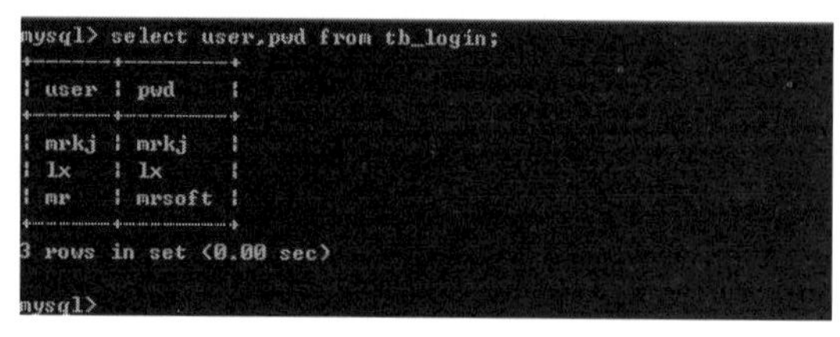

图 5.1　查询指定字段的数据

5.2.3　查询指定数据

如果要从很多记录中查询出指定的记录，那么就需要一个查询的条件。设定查询条件应用的是 WHERE 子句。通过它可以实现很多复杂的条件查询。在使用 WHERE 子句时，需要使用一些比较运算符来确定查询的条件。其常用比较运算符如表 5.1 所示。

表 5.1　比较运算符

运算符	名称	示例	运算符	名称	示例
=	等于	Id=5	Is not null	n/a	Id is not null
>	大于	Id>5	Between	n/a	Id between1 and 15
<	小于	Id<5	In	n/a	Id in (3,4,5)
=>	大于等于	Id=>5	Not in	n/a	Name not in (shi,li)
<=	小于等于	Id<=5	Like	模式匹配	Name like ('shi%')
!=或<>	不等于	Id!=5	Not like	模式匹配	Name not like ('shi%')
Is null	n/a	Id is null	Regexp	常规表达式	Name 正则表达式

表 5.1 中列举的是 WHERE 子句常用的比较运算符，例中的 id 是记录的编号，name 是表中的用户名。

[实例 5.3]　（源码位置：资源包 \Code\05\03）

应用 where 子句，查询 tb_login 表，条件是 user（用户名）为 mr。

代码如下：

```
select * from tb_login where user = 'mr';
```

查询指定数据结果如图 5.2 所示。

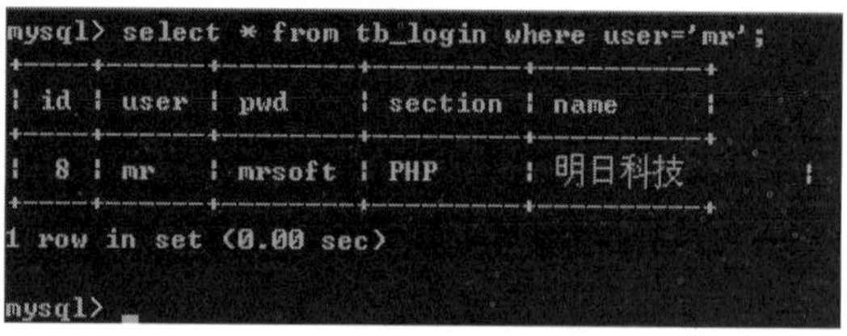

```
mysql> select * from tb_login where user='mr';
+----+------+--------+---------+----------+
| id | user | pwd    | section | name     |
+----+------+--------+---------+----------+
|  8 | mr   | mrsoft | PHP     | 明日科技 |
+----+------+--------+---------+----------+
1 row in set (0.00 sec)

mysql>
```

图 5.2　查询指定数据

5.2.4　带 IN 关键字的查询

IN 关键字可以判断某个字段的值是否在于指定的集合中。如果字段的值在集合中，则满足查询条件，该记录将被查询出来；如果不在集合中，则不满足查询条件。其语法格式如下：

```
SELECT * FROM 表名 WHERE 条件 [NOT] IN(元素1,元素2,...,元素n);
```

- “NOT”是可选参数，加上 NOT 表示不在集合内满足条件；
- “元素”表示集合中的元素，各元素之间用逗号隔开，字符型元素需要加上单引号。

[实例 5.4]　（源码位置：资源包 \Code\05\04）

应用 IN 关键字查询 tb_login 表中 user 字段为 mr 和 lx 的记录。

代码如下：

```
SELECT * FROM tb_login WHERE user IN('mr','lx');
```

使用 IN 关键字查询结果如图 5.3 所示。

[实例 5.5]　（源码位置：资源包 \Code\05\05）

使用 NOT IN 关键字查询 tb_login 表中 user 字段不为 mr 和 lx 的记录。

代码如下：

```
SELECT * FROM tb_login WHERE user NOT IN('mr','lx');
```

使用 NOT IN 关键字查询结果如图 5.4 所示。

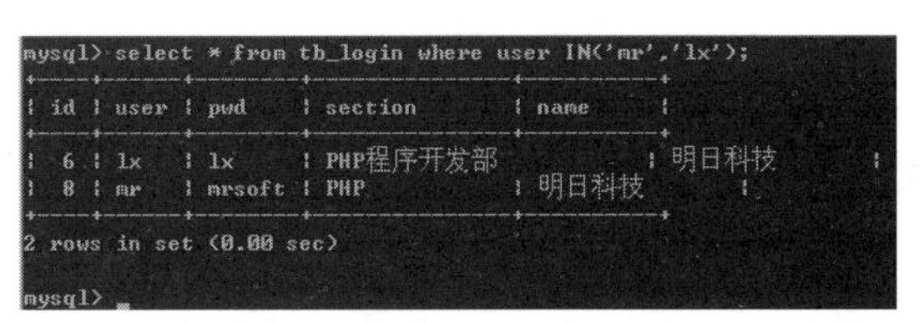

图 5.3　使用 IN 关键字查询

图 5.4　使用 NOT IN 关键查询

5.2.5　带 BETWEEN AND 的范围查询

BETWEEN AND 关键字可以判断某个字段的值是否在指定的范围内。如果字段的值在指定范围内，则满足查询条件，该记录将被查询出来。如果不在指定范围内，则不满足查询条件。其语法如下：

```
SELECT * FROM 表名 WHERE 条件 [NOT] BETWEEN 取值1 AND 取值2;
```

- NOT：是可选参数，加上 NOT 表示不在指定范围内满足条件；
- 取值 1：表示范围的起始值；
- 取值 2：表示范围的终止值。

[实例 5.6]　（源码位置：资源包 \Code\05\06）

查询 tb_login 表中 id 值在 5 ～ 7 之间的数据。

代码如下：

```
SELECT * FROM tb_login WHERE id BETWEEN 5 AND 7;
```

使用 BETWEEN AND 关键字查询结果如图 5.5 所示。

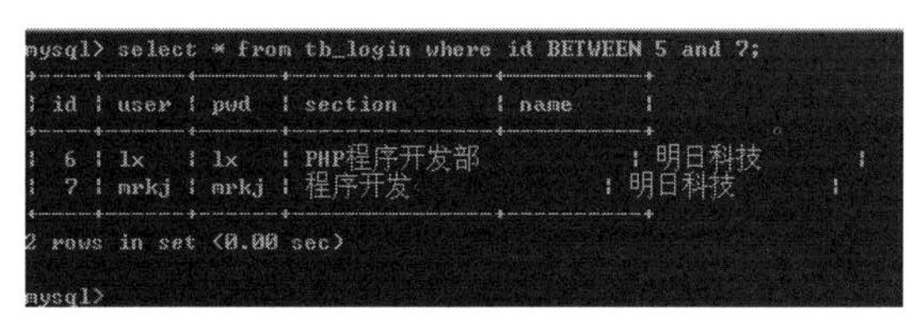

图 5.5　使用 BETWEEN AND 关键字查询

如果要查询 tb_login 表中 id 值不在 5 ～ 7 之间的数据，则可以通过 NOT BETWEEN AND 来完成。其查询语句如下：

```
SELECT * FROM tb_login WHERE id NOT BETWEEN 5 AND 7;
```

5.2.6　带 LIKE 的字符匹配查询

LIKE 属于较常用的比较运算符，通过它可以实现模糊查询。它有两种通配符："%" 和下划线 "_"：

- "%" 可以匹配一个或多个字符，可以代表任意长度的字符串，长度可以为 0。例如，"明 % 技" 表示以 "明" 开头，以 "技" 结尾的任意长度的字符串。该字符串可以代表明日科技、明日编程科技、明日图书科技等字符串。
- "_" 只匹配一个字符。例如，m_n 表示以 m 开头，以 n 结尾的 3 个字符。中间的 "_" 可以代表任意一个字符。

说明：
字符串 "p" 和 "入" 都算做一个字符，在这点上英文字母和中文是没有区别的。

[实例 5.7]　（源码位置：资源包 \Code\05\07）

查询 tb_login 表中 user 字段中包含 mr 字符的数据。

代码如下：

```
select * from tb_login where user like '%mr%';
```

模糊查询结果如图 5.6 所示。

5.2.7　用 IS NULL 关键字查询空值

IS NULL 关键字可以用来判断字段的值是否为空值（NULL）。如果字段的值是空值，则满足查询条件，该记录将被查询出来。如果字段的值不是空值，则不满足查询条件。其语法格式如下：

```
IS [NOT] NULL
```

其中，"NOT" 是可选参数，加上 NOT 表示字段不是空值时满足条件。

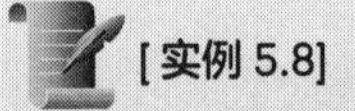

[实例 5.8]　（源码位置：资源包 \Code\05\08）

下面使用 IS NULL 关键字查询 db_database06 数据库的 tb_book 表中 name 字段的值为空的记录。

代码如下：

```
SELECT books,row FROM tb_book WHERE row IS NULL;
```

查询 tb_book 表中 row 字段值为空的记录结果如图 5.7 所示。

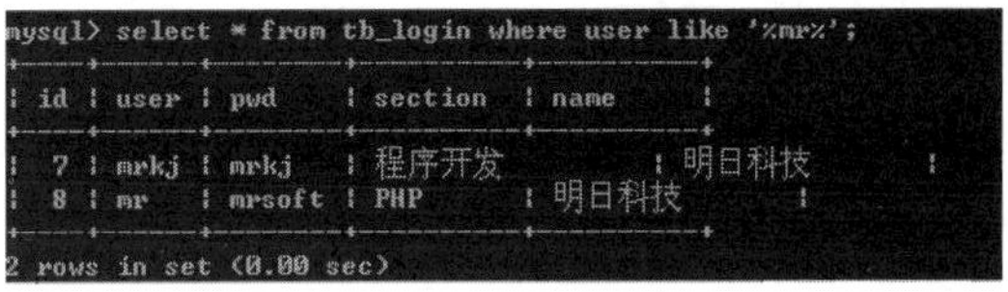

```
mysql> select * from tb_login where user like '%mr%';
+----+------+--------+----------+----------+
| id | user | pwd    | section  | name     |
+----+------+--------+----------+----------+
|  7 | mrkj | mrkj   | 程序开发 | 明日科技 |
|  8 | mr   | mrsoft | PHP      | 明日科技 |
+----+------+--------+----------+----------+
2 rows in set (0.00 sec)
```

图 5.6　模糊查询

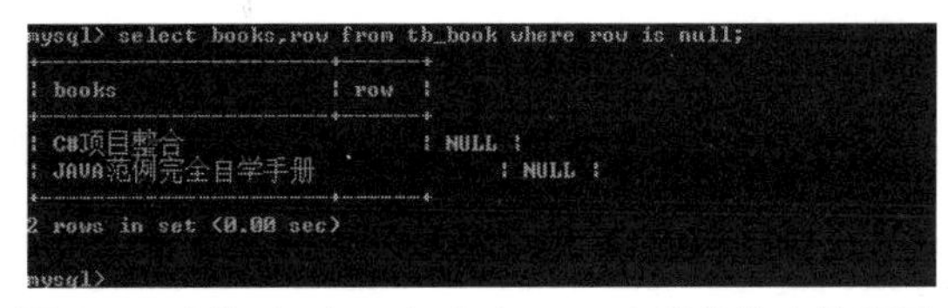

图 5.7　查询 tb_book 表中 row 字段值为空的记录

5.2.8　带 AND 的多条件查询

AND 关键字可以用来联合多个条件进行查询。使用 AND 关键字时，只有同时满足所有查询条件的记录会被查询出来。如果不满足这些查询条件的其中一个，这样的记录将被排除掉。AND 关键字的语法格式如下：

```
SELECT * FROM 数据表名 WHERE 条件1 AND 条件2 [...AND 条件表达式n];
```

AND 关键字连接两个条件表达式，可以同时使用多个 AND 关键字来连接多个条件表达式。

[实例 5.9]　（源码位置：资源包 \Code\05\09）

下面查询 tb_login 表中 user 字段值为 mr，并且 section 字段值为 PHP 的记录。

代码如下：

```
select * from tb_login where user='mr' and section='php';
```

使用 AND 关键字实现多条件查询结果如图 5.8 所示。

5.2.9　带 OR 的多条件查询

OR 关键字也可以用来联合多个条件进行查询，但是与 AND 关键字不同，OR 关键字只要满足查询条件中的一个，那么此记录就会被查询出来；如果不满足这些查询条件中的任何一个，这样的记录将被排除掉。OR 关键字的语法格式如下：

```
SELECT * FROM 数据表名 WHERE 条件1 OR 条件2 [...OR 条件表达式n];
```

OR 可以用来连接两个条件表达式。而且，可以同时使用多个 OR 关键字连接多个条件表达式。

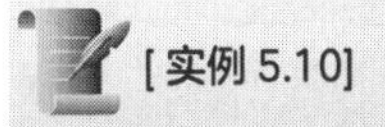

[实例 5.10]　（源码位置：资源包 \Code\05\10）

下面查询 tb_login 表中 section 字段的值为“PHP”或者“程序开发”的记录。

代码如下：

```
select * from tb_login where section='php' or section='程序开发';
```

使用 OR 关键字实现多条件查询结果如图 5.9 所示。

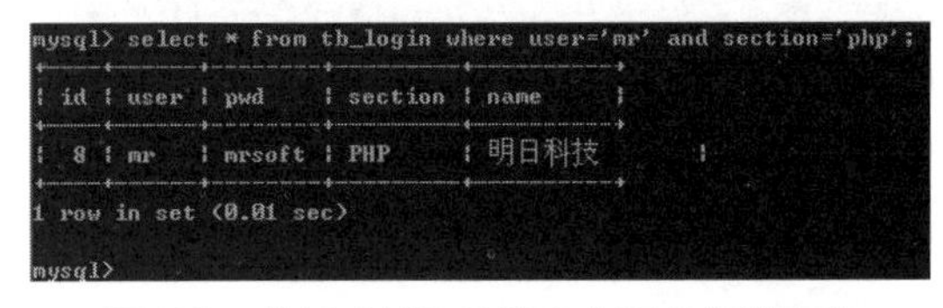

图 5.8　使用 AND 关键字实现多条件查询

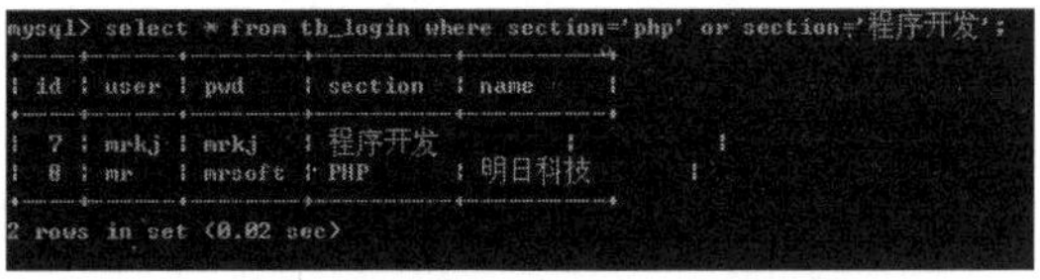

```
mysql> select * from tb_login where section='php' or section='程序开发';
+----+------+--------+----------+----------+
| id | user | pwd    | section  | name     |
+----+------+--------+----------+----------+
|  7 | mrkj | mrkj   | 程序开发 |          |
|  8 | mr   | mrsoft | PHP      | 明日科技 |
+----+------+--------+----------+----------+
2 rows in set (0.02 sec)
```

图 5.9　使用 OR 关键字实现多条件查询

5.2.10 用 DISTINCT 关键字去除结果中的重复行

使用 DISTINCT 关键字可以去除查询结果中的重复记录，语法格式如下：

```
SELECT DISTINCT 字段名 FROM 表名;
```

（源码位置：资源包 \Code\05\11）

下面使用 distinct 关键字去除 tb_login 表中 name 字段中的重复记录。

代码如下：

```
select distinct name from tb_login;
```

使用 DISTINCT 关键字去除结果中的重复行结果如图 5.10 所示，去除重复记录前的 name 字段值如图 5.11 所示。

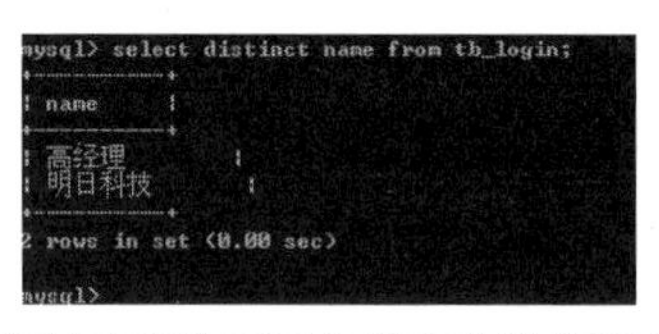

图 5.10 使用 DISTINCT 关键字去除结果中的重复行

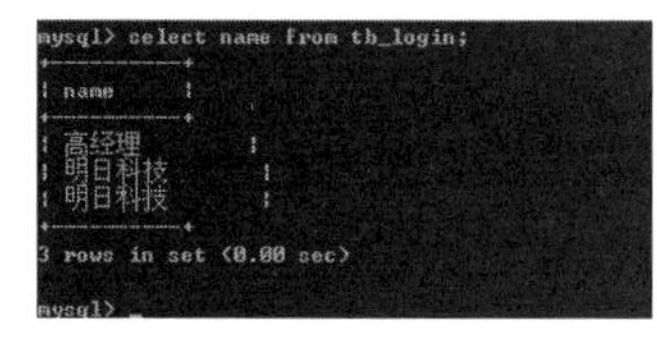

图 5.11 去除重复记录前的 name 字段值

5.2.11 用 ORDER BY 关键字对查询结果排序

使用 ORDER BY 可以对查询的结果进行升序（ASC）和降序（DESC）排列，在默认情况下，ORDER BY 按升序输出结果。如果要按降序排列，可以使用 DESC 来实现。语法格式如下：

```
ORDER BY 字段名 [ASC|DESC];
```

- ASC 表示按升序进行排序；
- DESC 表示按降序进行排序。

说明：

当对含有 NULL 值的列进行排序时，如果是按升序排列，NULL 值将出现在最前面；如果是按降序排列，NULL 值将出现在最后。

（源码位置：资源包 \Code\05\12）

查询 tb_login 表中的所有信息，按照"id"进行降序排列。

代码如下：

```
select * from tb_login order by id desc;
```

按 id 序号进行降序排列查询结果如图 5.12 所示。

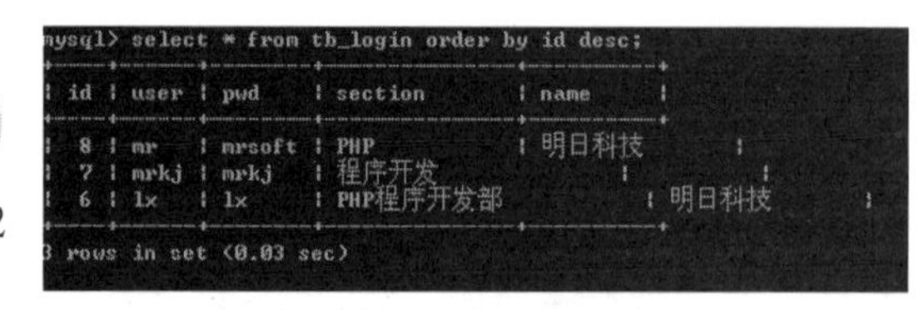

图 5.12 按 id 序号进行降序排列

5.2.12 用 GROUP BY 关键字分组查询

通过 GROUP BY 子句可以将数据划分到不同的组中，实现对记录进行分组查询。在查询时，所查询的列必须包含在分组的列中，目的是使查询到的数据没有矛盾。

（1）使用 GROUP BY 关键字来分组

单独使用 GROUP BY 关键字，查询结果只显示每组的一条记录。

[实例 5.13] （源码位置：资源包 \Code\05\13）

使用 GROUP BY 关键字对 tb_book 表中 talk 字段进行分组查询。

代码如下：

```
select id,books,talk from tb_book GROUP BY talk;
```

使用 GROUP BY 关键进行分组查询结果如图 5.13 所示。

为了使分组更加直观明了，下面查询 tb_book 表中的记录，查询结果如图 5.14 所示。

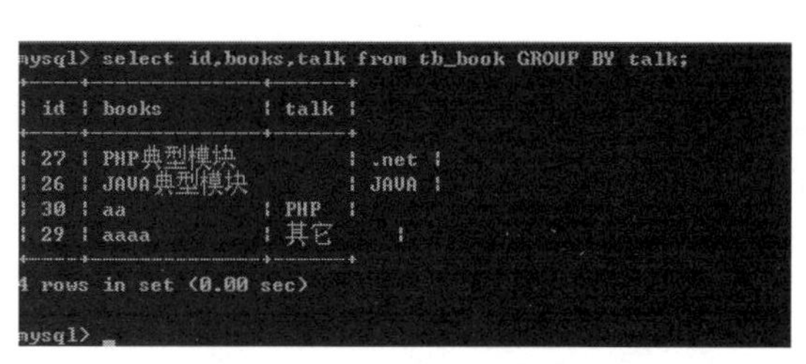

图 5.13　使用 GROUP BY 关键进行分组查询

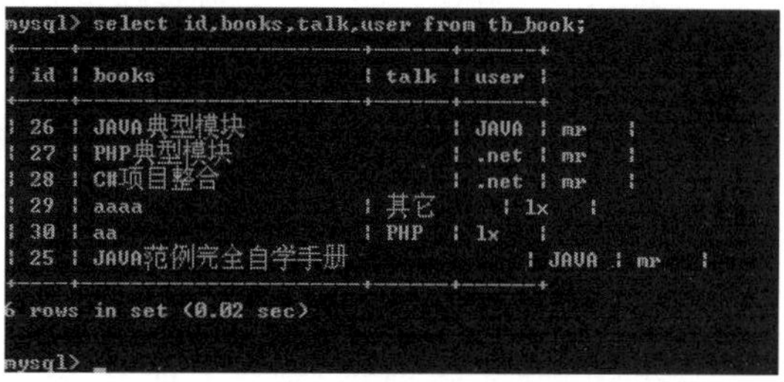

```
mysql> select id,books,talk,user from tb_book;
| id | books              | talk | user |
| 26 | JAVA典型模块       | JAVA | mr   |
| 27 | PHP典型模块        | .net | mr   |
| 28 | C#项目整合         | .net | mr   |
| 29 | aaaa               | 其它 | lx   |
| 30 | aa                 | PHP  | lx   |
| 25 | JAVA范例完全自学手册 | JAVA | mr   |
6 rows in set (0.02 sec)
mysql>
```

图 5.14　tb_book 表中的记录

（2）GROUP BY 关键字与 GROUP_CONCAT() 函数一起使用

使用 GROUP BY 关键字和 GROUP_CONCAT() 函数查询，可以将每个组中的所有字段值都显示出来。

[实例 5.14] （源码位置：资源包 \Code\05\14）

下面使用 GROUP BY 关键字和 GROUP_CONCAT() 函数对 tb_book 表中的 talk 字段进行分组查询。

代码如下：

```
select id,books,GROUP_CONCAT(talk) from tb_book GROUP BY talk;
```

使用 GROUP BY 关键字与 GROUP_CONCAT() 函数进行分组查询结果如图 5.15 所示。

（3）按多个字段进行分组

使用 GROUP BY 关键字也可以按多个字段进行分组。

[实例 5.15] （源码位置：资源包 \Code\05\15）

按多个字段进行分组。

对 tb_book 表中的 user 字段和 sort 字段进行分组，分组过程中，先按照 talk 字段进行分组。当 talk 字段的值相等时，再按照 sort 字段进行分组，查询语句如下：

```
select id,books,talk,user from tb_book GROUP BY user,talk;
```

使用 GROUP BY 关键字实现多个字段分组查询结果如图 5.16 所示。

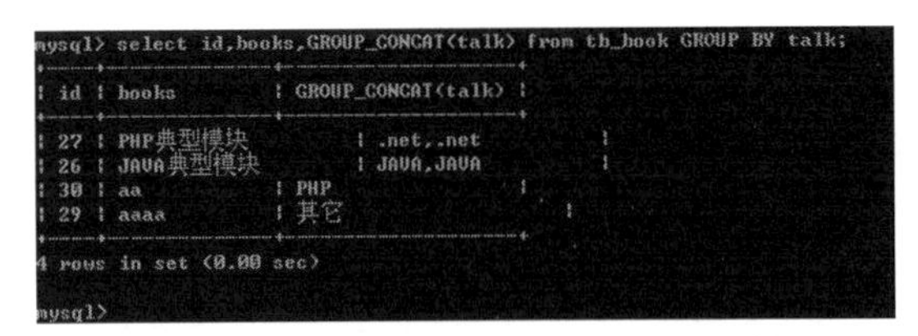
mysql> select id,books,GROUP_CONCAT(talk) from tb_book GROUP BY talk;

id	books	GROUP_CONCAT(talk)
27	PHP典型模块	.net,.net
26	JAVA典型模块	JAVA,JAVA
30	aa	PHP
29	aaaa	其它

4 rows in set (0.00 sec)

mysql>

图 5.15　使用 GROUP BY 关键字与 GROUP_CONCAT() 函数进行分组查询

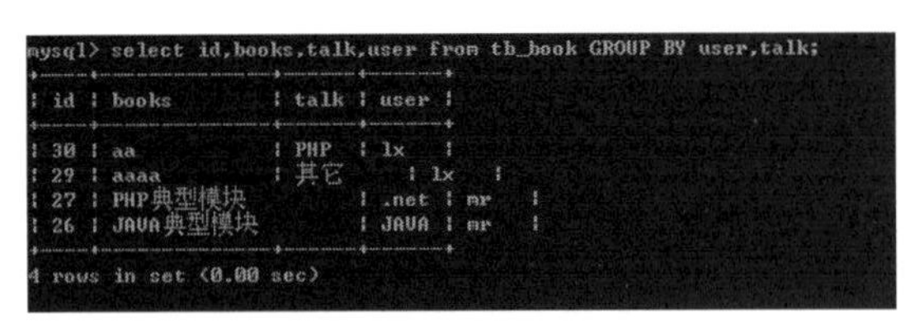
mysql> select id,books,talk,user from tb_book GROUP BY user,talk;

id	books	talk	user
30	aa	PHP	lx
29	aaaa	其它	lx
27	PHP典型模块	.net	mr
26	JAVA典型模块	JAVA	mr

4 rows in set (0.00 sec)

图 5.16　使用 GROUP BY 关键字实现多个字段分组

5.2.13　用 LIMIT 限制查询结果的数量

查询数据时，可能会查询出很多的记录，而用户需要的记录可能只是很少的一部分，这样就需要限制查询结果的数量。LIMIT 是 MySQL 中的一个特殊关键字。LIMIT 子句可以对查询结果的记录条数进行限定，控制它输出的行数。下面通过具体实例来了解 Limit 的使用方法。

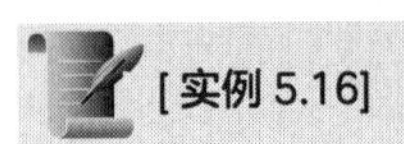

[实例 5.16]　（源码位置：资源包 \Code\05\16）

查询 tb_login 表中，按照 id 编号进行升序排列，显示前 3 条记录。

代码如下：

```
select * from tb_login order by id asc limit 3;
```

使用 limit 关键字查询指定记录数查询结果如图 5.17 所示。

使用 LIMIT 还可以从查询结果的中间部分取值。首先要定义两个参数：参数 1 是开始读取的第一条记录的编号（在查询结果中，第一个结果的记录编号是 0，而不是 1）；参数 2 是要查询记录的个数。

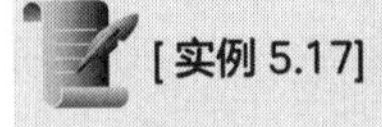

[实例 5.17]　（源码位置：资源包 \Code\05\17）

查询 tb_login 表中，按照 id 编号进行升序排列，从编号 1 开始，查询两条记录。

代码如下：

```
select * from tb_login where id order by id asc limit 1,2;
```

使用 limit 关键字查询指定记录查询结果如图 5.18 所示。

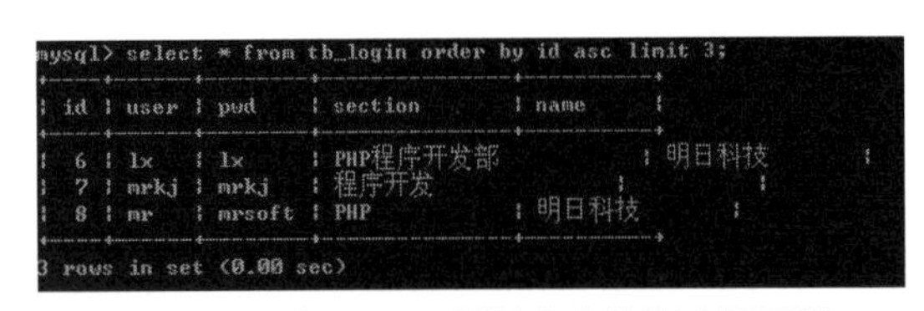
mysql> select * from tb_login order by id asc limit 3;

id	user	pwd	section	name
6	lx	lx	PHP程序开发部	明日科技
7	mrkj	mrkj	程序开发	
8	mr	mrsoft	PHP	明日科技

3 rows in set (0.00 sec)

图 5.17　使用 limit 关键字查询指定记录数

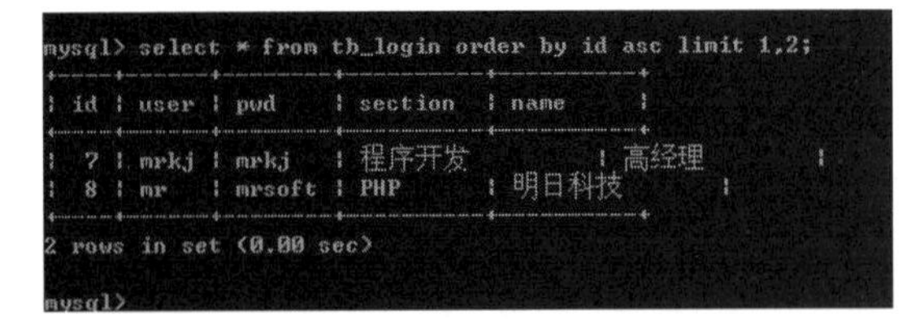
mysql> select * from tb_login order by id asc limit 1,2;

id	user	pwd	section	name
7	mrkj	mrkj	程序开发	高经理
8	mr	mrsoft	PHP	明日科技

2 rows in set (0.00 sec)

mysql>

图 5.18　使用 limit 关键字查询指定记录

5.3　使用聚合函数查询

聚合函数的最大特点是它们根据一组数据求出一个值。聚合函数的结果值只根据选定行中非 NULL 的值进行计算，NULL 值被忽略。

5.3.1 COUNT() 函数

COUNT() 函数，对于除“*”以外的任何参数，返回所选择集合中非 NULL 值的行的数目；对于参数“*”，返回选择集合中所有行的数目，包含 NULL 值的行。没有 WHERE 子句的 COUNT(*) 是经过内部优化的，能够快速地返回表中所有的记录总数。

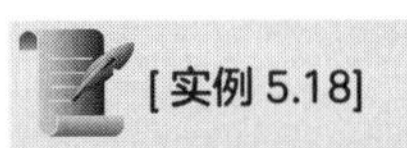

[实例 5.18]（源码位置：资源包 \Code\05\18）

使用 count() 函数统计 tb_login 表中的记录数。

代码如下：

```
select count(*) from tb_login;
```

使用 count() 函数统计记录数查询结果如图 5.19 所示。结果显示，tb_login 表中共有 4 条记录。

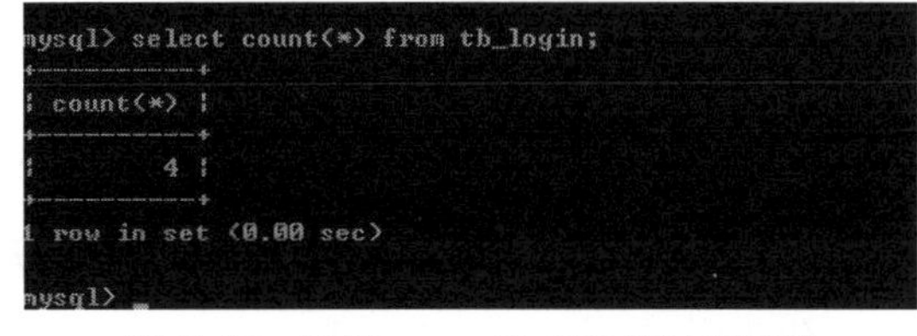

图 5.19 使用 count() 函数统计记录数

5.3.2 SUM() 函数

SUM() 函数可以求出表中某个字段取值的总和。

[实例 5.19]（源码位置：资源包 \Code\05\19）

用 SUM() 函数统计 tb_book 表中图书的访问量字段（row）的总和。

在查询前，先来查询一下 tb_book 表中 row 字段的值，结果如图 5.20 所示。

下面使用 SUM() 函数来查询。查询语句如下：

```
select sum(row) from tb_book;
```

使用 SUM() 函数查询 row 字段值的总和结果如图 5.21 所示，结果显示 row 字段的总和为 116。

```
mysql> select row from tb_book;
+------+
| row  |
+------+
| 12   |
| 95   |
| NULL |
| 1    |
| 8    |
| NULL |
+------+
6 rows in set (0.00 sec)
```

图 5.20 tb_book 表中 row 字段的值

```
mysql> select sum(row) from tb_book;
+----------+
| sum(row) |
+----------+
|      116 |
+----------+
1 row in set (0.02 sec)

mysql>
```

图 5.21 使用 SUM() 函数查询 row 字段值的总和

5.3.3 AVG() 函数

AVG() 函数可以求出表中某个字段取值的平均值。

[实例 5.20]

（源码位置：资源包 \Code\05\20）

使用 AVG() 函数求 tb_book 表中 row 字段值的平均值。

代码如下：

```
select AVG(row) from tb_book;
```

使用 AVG() 函数求 row 字段值的平均值查询结果如图 5.22 所示。

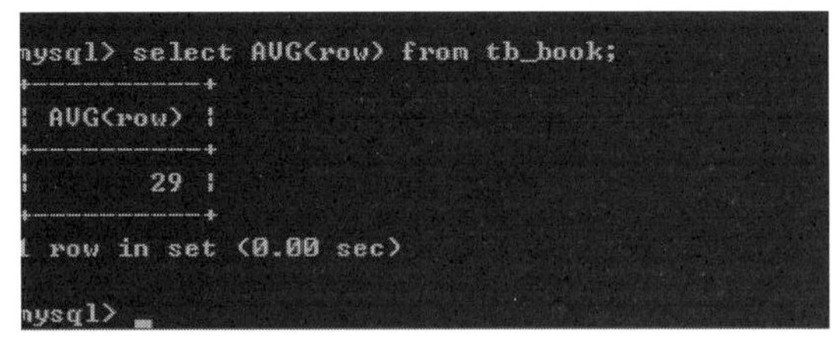

图 5.22　使用 AVG() 函数求 row 字段值的平均值

5.3.4　MAX() 函数

MAX() 函数可以求出表中某个字段取值的最大值。

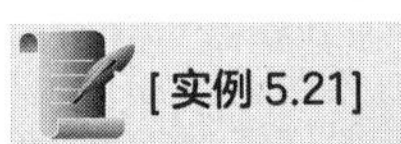
[实例 5.21]

（源码位置：资源包 \Code\05\21）

使用 MAX() 函数查询 tb_book 表中 row 字段的最大值。

代码如下：

```
select MAX(row) from tb_book;
```

使用 MAX() 函数求 row 字段的最大值查询结果如图 5.23 所示。

下面来看一下 tb_book 表中 row 字段的所有值，查询结果如图 5.24 所示。结果显示 row 字段中最大值为 95，与使用 MAX 函数查询的结果一致。

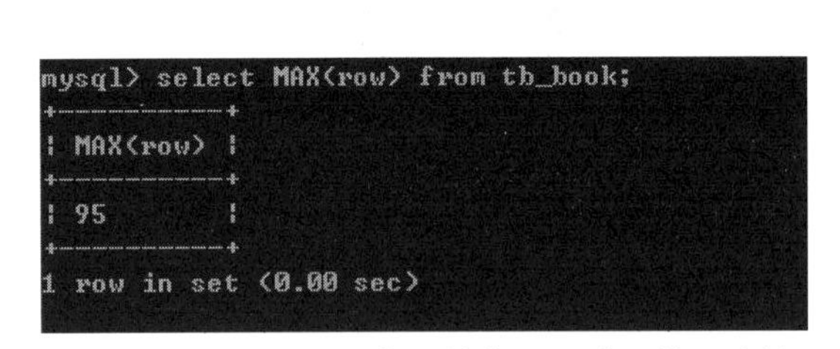

图 5.23　使用 MAX() 函数求 row 字段的最大值

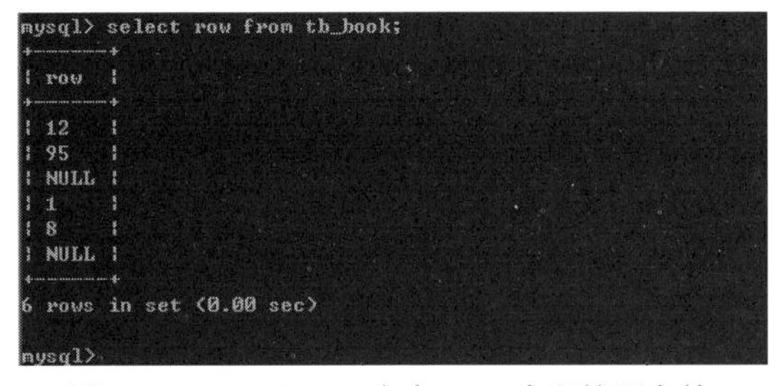

图 5.24　tb_book 表中 row 字段的所有值

5.3.5　MIN() 函数

MIN() 函数可以求出表中某个字段取值的最小值。

[实例 5.22]

（源码位置：资源包 \Code\05\22）

使用 MIN() 函数查询 tb_book 表中 row 字段的最小值。

代码如下：

```
select MIN(row) from tb_book;
```

使用 MIN() 函数求 row 字段的最小值查询结果如图 5.25 所示。

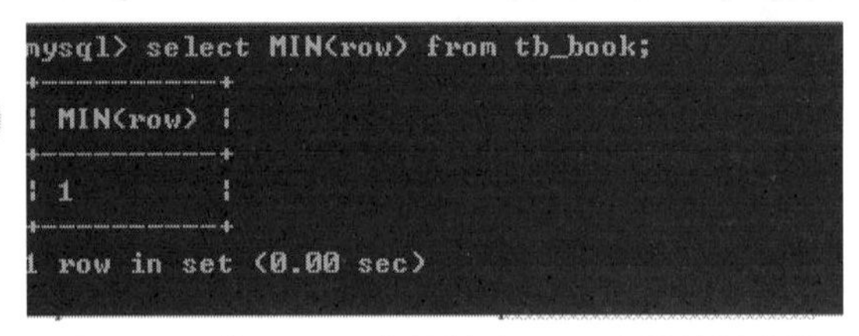

图 5.25　使用 MIN() 函数求 row 字段的最小值

5.4 连接查询

连接是把不同表的记录连到一起的最普遍的方法。一种错误的观念认为由于 MySQL 的简单性和源代码开放性，使它不擅长连接。这种观念是错误的。MySQL 从一开始就能够很好地支持连接，现在还以支持标准的 SQL2 连接语句而自夸，这种连接语句可以用多种高级方法来组合表记录。

5.4.1 内连接查询

内连接是最普遍的连接类型，而且是最匀称的，因为它们要求构成连接的每一部分的每个表的匹配，不匹配的行将被排除。

内连接的最常见的例子是相等连接，也就是连接后的表中的某个字段与每个表中的都相同。这种情况下，最后的结果集只包含参加连接的表中与指定字段相符的行。

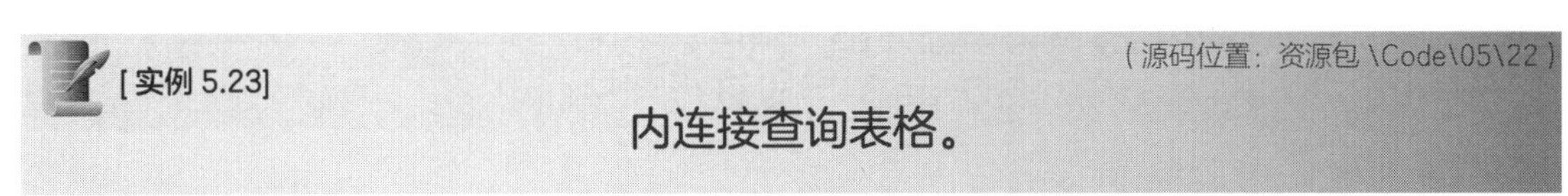

[实例 5.23]　（源码位置：资源包 \Code\05\22）

内连接查询表格。

下面有两个表——tb_login 用户信息表和 tb_book 图书信息表，先来分别看一下各表的数据，图 5.26 为 tb_login 表的数据，图 5.27 为 tb_book 表的数据。

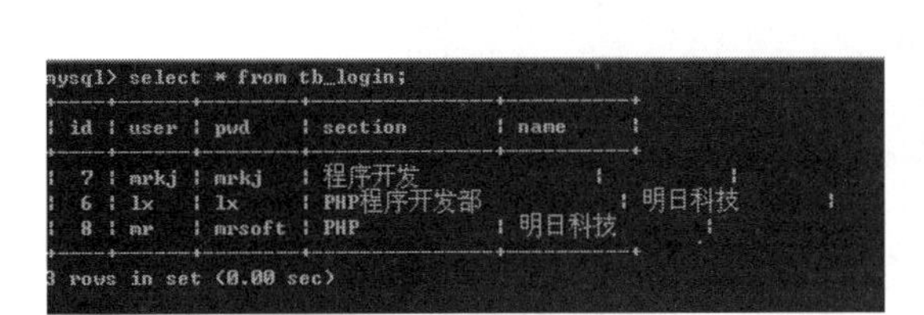

mysql> select * from tb_login;

id	user	pwd	section	name
7	mrkj	mrkj	程序开发	
6	lx	lx	PHP程序开发部	明日科技
8	mr	mrsoft	PHP	明日科技

3 rows in set (0.00 sec)

图 5.26　tb_login 数据表

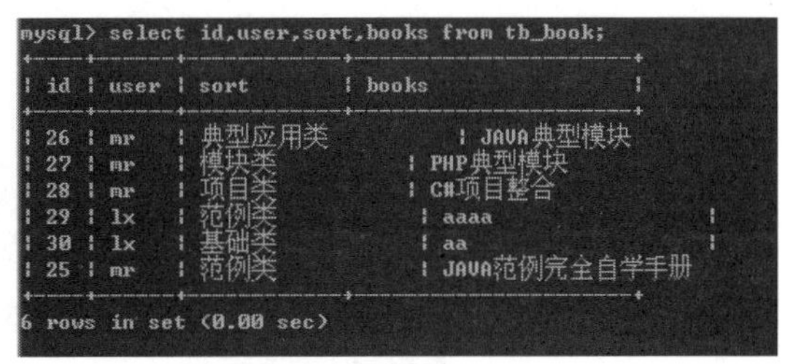

mysql> select id,user,sort,books from tb_book;

id	user	sort	books
26	mr	典型应用类	JAVA典型模块
27	mr	模块类	PHP典型模块
28	mr	项目类	C#项目整合
29	lx	范例类	aaaa
30	lx	基础类	aa
25	mr	范例类	JAVA范例完全自学手册

6 rows in set (0.00 sec)

图 5.27　tb_book 数据表

从上面的查询结果中可以看出，在两个表中存在一个连接——user 字段，它在两个表中是等同的，tb_login 表的 user 字段与 tb_book 表的 user 字段相等，因此可以创建两个表的一个连接。查询语句如下：

```
select name,books from tb_login,tb_book where tb_login.user=tb_book.user;
```

内连接查询结果如图 5.28 所示。

mysql> select name,books from tb_login,tb_book where tb_login.user=tb_book.user;

name	books
明日科技	JAVA典型模块
明日科技	PHP典型模块
明日科技	C#项目整合
明日科技	Word范例宝典
明日科技	PHP24堂课
高经理	JAVA范例完全自学手册
明日科技	VB典型模块
高经理	PHP范例完全自学手册
明日科技	C范例宝典
明日科技	PHP项目整合
明日科技	PHP24堂课
明日科技	VB范例宝典
明日科技	PHP网络编程自学手册
明日科技	PHP编程宝典

14 rows in set (0.00 sec)

mysql>

图 5.28　内连接查询

5.4.2 外连接查询

与内连接不同，外连接是指使用 OUTER JOIN 关键字将两个表连接起来。外连接生成的结果集不仅包含符合连接条件的行数据，而且还包括左表（左外连接时的表）、右表（右外连接时的表）或两边连接表（全外连接时的表）中所有的数据行。语法格式如下：

```
SELECT 字段名称 FROM 表名1 LEFT|RIGHT JOIN 表名2 ON 表名1.字段名1=表名2.属性名2;
```

外连接分为左外连接（LEFT JOIN）、右外连接（RIGHT JOIN）和全外连接 3 种类型。

（1）左外连接

左外连接（LEFT JOIN）是指将左表中的所有数据分别与右表中的每条数据进行连接组合，返回的结果除内连接的数据外，还包括左表中不符合条件的数据，并在右表的相应列中添加 NULL 值。

[实例 5.24]　（源码位置：资源包 \Code\05\24）

使用左外连接查询 tb_login 表和 tb_book 表，通过 user 字段进行连接。

代码如下：

```
select section,tb_login.user,books,row from tb_login left join tb_book on tb_login.user=tb_book.user;
```

左外连接查询结果如图 5.29 所示。

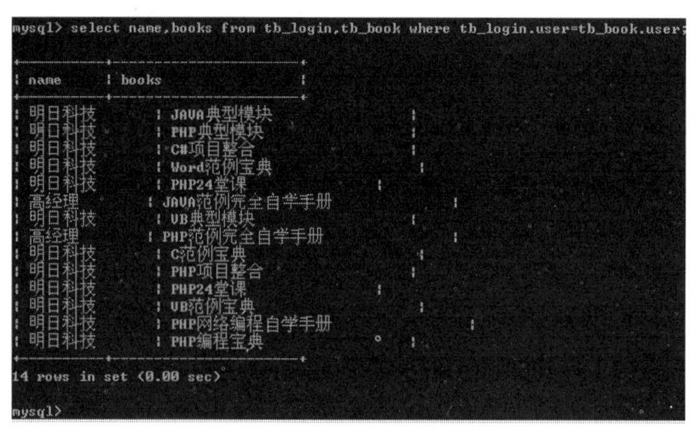

图 5.29　左外连接查询

结果显示，第 1 条记录的 books 和 row 字段的值为空，这是因为在 tb_book 表中并不存在 user 字段为 mrkj 的值。

（2）右外连接

右外连接（RIGHT JOIN）是指将右表中的所有数据分别与左表中的每条数据进行连接组合，返回的结果除内连接的数据外，还包括右表中不符合条件的数据，并在左表的相应列中添加 NULL。

[实例 5.25]　（源码位置：资源包 \Code\05\25）

下面使用右外连接查询 tb_book 表和 tb_login 表，两表通过 user 字段连接。

代码如下：

```
select section,tb_book.user,books,row from tb_book right join tb_login on tb_book.user=tb_login.user;
```

右外连接查询结果如图 5.30 所示。

```
mysql> select section,tb_book.user,books,row from tb_book right join tb_login on
 tb_book.user=tb_login.user;
+------------------+------+------------------------+------+
| section          | user | books                  | row  |
+------------------+------+------------------------+------+
| 程序开发          | NULL | NULL                   | NULL |
| PHP程序开发部     | lx   | aaaa                   | 1    |
| PHP程序开发部     | lx   | aa                     | 8    |
| PHP              | mr   | JAVA典型模块            | 12   |
| PHP              | mr   | PHP典型模块             | 95   |
| PHP              | mr   | C#项目整合              | NULL |
| PHP              | mr   | JAVA范例完全自学手册     | NULL |
+------------------+------+------------------------+------+
7 rows in set (0.00 sec)

mysql>
```

图 5.30　右外连接查询

全外连接（FULL JOIN）是指左表和右表都不做限制，所有的记录都显示，两表不足的地方用 NULL 填充。

5.4.3　复合条件连接查询

在连接查询时，也可以增加其他的限制条件。通过多个条件的复合查询，可以使查询结果更加准确。

[实例 5.26]　（源码位置：资源包 \Code\05\26）

下面使用内连接查询 tb_book 表和 tb_login 表，并且 tb_book 表中 row 字段值必须大于 5。

代码如下：

```
select section,tb_book.user,books,row from tb_book,tb_login where tb_book.user=tb_login.user and row>5;
```

复合条件连接查询结果如图 5.31 所示。

```
mysql> select section,tb_book.user,books,row from tb_book,tb_login where tb_book
.user=tb_login.user and row>5;
+------------------+------+----------------+------+
| section          | user | books          | row  |
+------------------+------+----------------+------+
| PHP              | mr   | JAVA典型模块    | 12   |
| PHP              | mr   | PHP典型模块     | 95   |
| PHP程序开发部     | lx   | aa             | 8    |
+------------------+------+----------------+------+
3 rows in set (0.03 sec)

mysql>
```

图 5.31　复合条件连接查询

5.5　子查询

子查询就是 SELECT 查询是另一个查询的附属。MySQL 4.1 可以嵌套多个查询，在外面一层的查询中使用里面一层查询产生的结果集。这样就不是执行两个（或者多个）独立的查询，而是执行包含一个（或者多个）子查询的单独查询。

当遇到这样的多层查询时，MySQL 从最内层的查询开始，然后从它开始向外向上移动到外层（主）查询，在这个过程中，每个查询产生的结果集都被赋给包围它的父查询，接着这个父查询被执行，它的结果也被指定给它的父查询。

除结果集经常由包含一个或多个值的一列组成外，子查询和常规 SELECT 查询的执行方式一样。子查询可以用在任何可以使用表达式的地方，它必须由父查询包围，而且，如同常规的 SELECT 查询，它必须包含一个字段列表（这是一个单列列表）、一个具有一个或者多个表名字的 FROM 子句以及可选的 WHERE、HAVING 和 GROUP BY 子句。

5.5.1 带 IN 关键字的子查询

只有子查询返回的结果列包含一个值时，比较运算符才适用。假如一个子查询返回的结果集是值的列表，这时比较运算符就必须用 IN 运算符代替。

IN 运算符可以检测结果集中是否存在某个特定的值，如果检测成功，就执行外部的查询。

[实例 5.27] （源码位置：资源包 \Code\05\27）

查询 tb_login 表中的记录，但 user 字段值必须在 tb_book 表中的 user 字段中出现过。

代码如下：

```
select * from tb_login where user in(select user from tb_book);
```

在查询前，先来分别看一下 tb_login 和 tb_book 表中的 user 字段值，以便进行对比，tb_login 表中的 user 字段值如图 5.32 所示。tb_book 表中的 user 字段值如图 5.33 所示。

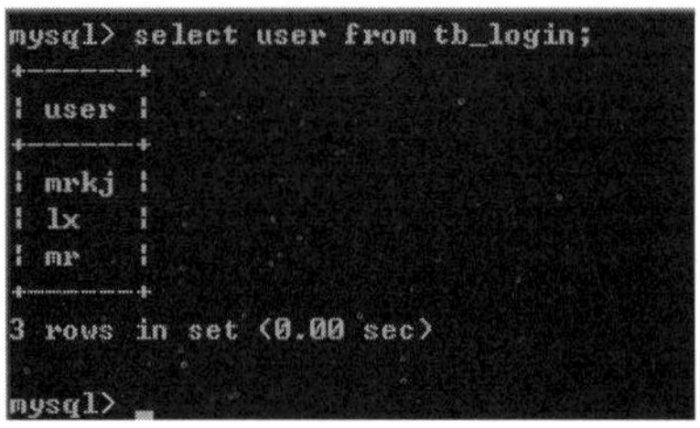

```
mysql> select user from tb_login;
+------+
| user |
+------+
| mrkj |
| lx   |
| mr   |
+------+
3 rows in set (0.00 sec)

mysql>
```

图 5.32 tb_login 表中的 user 字段值

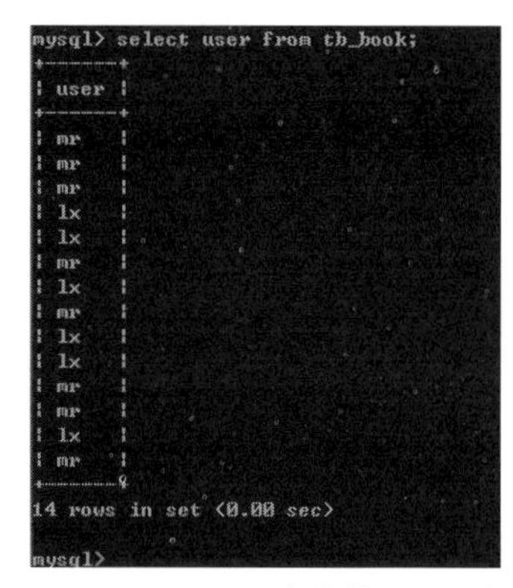

```
mysql> select user from tb_book;
+------+
| user |
+------+
| mr   |
| mr   |
| mr   |
| lx   |
| lx   |
| mr   |
| lx   |
| mr   |
| lx   |
| lx   |
| mr   |
| mr   |
| lx   |
| mr   |
+------+
14 rows in set (0.00 sec)

mysql>
```

图 5.33 tb_book 表中的 user 字段值

从上面的查询结果可以看出，在 tb_book 表的 user 字段中没有出现 mrkj 值。下面执行带 IN 关键字的子查询语句，查询结果如图 5.34 所示。

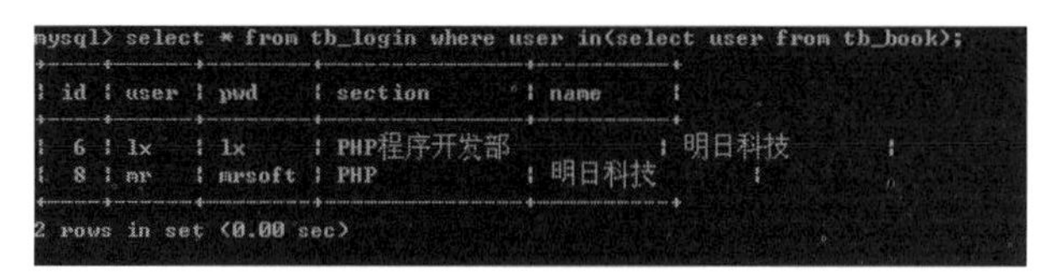

```
mysql> select * from tb_login where user in(select user from tb_book);
+----+------+---------+---------------+----------+
| id | user | pwd     | section       | name     |
+----+------+---------+---------------+----------+
|  6 | lx   | lx      | PHP程序开发部 | 明日科技 |
|  8 | mr   | mrsoft  | PHP           | 明日科技 |
+----+------+---------+---------------+----------+
2 rows in set (0.00 sec)
```

图 5.34 使用 IN 关键子实现子查询

查询结果只查询出了 user 字段值为 lx 和 mr 的记录，因为在 tb_book 表的 user 字段中没有出现 mrkj 的值。

说明：
NOT IN 关键字的作用与 IN 关键字刚好相反。在本例中，如果将 IN 换为 NOT IN，则查询结果将会只显示一条 user 字段值为 mrkj 的记录。

5.5.2 带比较运算符的子查询

子查询可以使用比较运算符。这些比较运算符包括 =、!=、>、>=、<、<= 等。比较运算符在子查询时使用的非常广泛。

[实例 5.28]　（源码位置：资源包 \Code\05\28）

查询图书访问量为“优秀”的图书，在 tb_row 表中将图书访问量按访问数划分等级。

查询 tb_row 表中的数据的结果如图 5.35 所示。

从结果中看出，当访问量大于等于 90 时即为“优秀”。下面再来查询 tb_book 图书信息表中 row 字段的值，如图 5.36 所示。

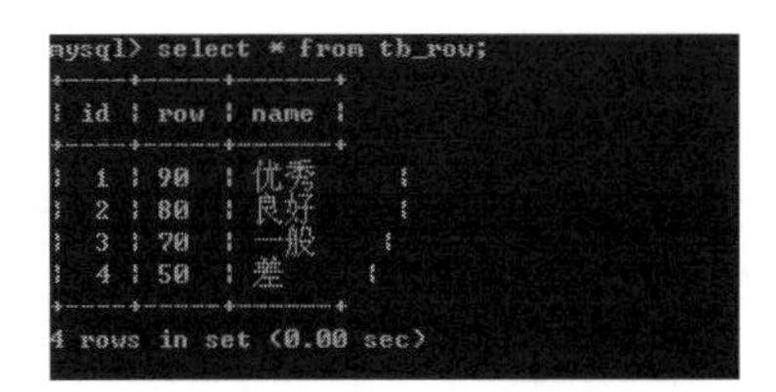

```
mysql> select * from tb_row;
+----+-----+------+
| id | row | name |
+----+-----+------+
|  1 | 90  | 优秀 |
|  2 | 80  | 良好 |
|  3 | 70  | 一般 |
|  4 | 50  | 差   |
+----+-----+------+
4 rows in set (0.00 sec)
```

图 5.35　查询 tb_row 表中的数据

```
mysql> select id,books,row from tb_book;
+----+----------------------+-----+
| id | books                | row |
+----+----------------------+-----+
| 26 | JAVA典型模块         | 12  |
| 27 | PHP典型模块          | 95  |
| 28 | C#项目整合           |     |
| 29 | Word范例宝典         | 1   |
| 30 | PHP24堂课            | 8   |
| 25 | JAVA范例完全自学手册 |     |
| 24 | VB典型模块           | 1   |
| 14 | PHP范例完全自学手册  |     |
| 20 | C范例宝典            |     |
| 21 | PHP项目整合          |     |
| 22 | PHP24堂课            |     |
| 23 | VB范例宝典           | 1   |
| 31 | PHP网络编程自学手册  | 12  |
| 34 | PHP编程宝典          | 12  |
+----+----------------------+-----+
14 rows in set (0.00 sec)

mysql>
```

图 5.36　查询 tb_book 表中 row 字段的值

结果显示，第 27 条记录的访问量大于 90。下面使用比较运算符的子查询方式来查询访问量为优秀的图书信息，查询语句如下：

```
select id,books,row from tb_book where row>=(select row from tb_row where id=1);
```

使用比较运算符的子查询方式来查询访问量为优秀的图书信息查询结果如图 5.37 所示。

```
mysql> select id,books,row from tb_book where row>=(select row from tb_row where
 id=1);
+----+-------------+-----+
| id | books       | row |
+----+-------------+-----+
| 27 | PHP典型模块 | 95  |
+----+-------------+-----+
1 row in set (0.00 sec)

mysql>
```

图 5.37　使用比较运算符的子查询方式来查询访问量为优秀的图书信息

5.5.3 带 EXISTS 关键字的子查询

使用 EXISTS 关键字时，内层查询语句不返回查询的记录，而是返回一个真假值。如果内层查询语句查询到满足条件的记录，就返回一个真值（true）；否则，将返回一个假值（false）。当返回的值为 true 时，外层查询语句将进行查询；当返回的为 false 时，外层查询语句不进行查询或者查询不出任何记录。

[实例 5.29]　　（源码位置：资源包 \Code\05\29）

使用子查询语句查询 tb_book 表中是否存在 id 值为 27 的记录。如果存在，则查询 tb_row 表中的记录；如果不存在，则不执行外层查询。

查询语句如下：

```
select * from tb_row where exists (select * from tb_book where id=27);
```

使用 EXISTS 关键字的子查询结果如图 5.38 所示。

```
mysql> select * from tb_row where exists(select * from tb_book where id=27);
+----+-----+------+
| id | row | name |
+----+-----+------+
|  1 | 90  | 优秀     |
|  2 | 80  | 良好     |
|  3 | 70  | 一般   |
|  4 | 50  | 差    |
+----+-----+------+
4 rows in set (0.00 sec)

mysql> _
```

图 5.38　使用 EXISTS 关键字的子查询

因为子查询 tb_book 表中存在 id 值为 27 的记录，即返回值为真，外层查询接收到真值后，开始执行查询。

当 EXISTS 关键字与其他查询条件一起使用时，需要使用 AND 或者 OR 来连接表达式与 EXISTS 关键字。

[实例 5.30]　　（源码位置：资源包 \Code\05\30）

如果 tb_row 表中存在 name 值为“优秀”的记录，则查询 tb_book 表中 row 字段大于等于 90 的记录。

查询语句如下：

```
select id,books,row from tb_book where row>=90 and exists(select * from tb_row where name='优秀');
```

使用 EXISTS 关键字查询 tb_book 表中 row 字段大于等于 90 的记录查询结果如图 5.39 所示。

```
mysql> select id,books,row from tb_book where row>=90 and exists(select * from t
b_row where name='优秀');
+----+--------------+-----+
| id | books        | row |
+----+--------------+-----+
| 27 | PHP典型模块       | 95  |
+----+--------------+-----+
1 row in set (0.02 sec)

mysql> _
```

图 5.39　使用 EXISTS 关键字查询 tb_book 表中 row 字段大于等于 90 的记录

说明：

NOT EXISTS 与 EXISTS 刚好相反，使用 NOT EXISTS 关键字时，当返回的值是 true 时，外层查询语句不执行查询；当返回值是 false 时，外层查询语句将执行查询。

5.5.4　带 ANY 关键字的子查询

ANY 关键字表示满足其中任意一个条件。使用 ANY 关键字时，只要满足内层查询语句返回的结果中的任意一个，就可以通过该条件来执行外层查询语句。

[实例 5.31]　　（源码位置：资源包 \Code\05\31）

查询 tb_book 表中 row 字段的值小于 tb_row 表中 row 字段最小值的记录，首先查询出 tb_row 表中 row 字段的值，然后使用 ANY 关键字（“<ANY”表示小于所有值）判断。

查询语句如下：

```
select books,row from tb_book where row<ANY(select row from tb_row);
```

使用 ANY 关键字实现子查询结果如图 5.40 所示。

```
mysql> select books,row from tb_book where row<ANY(select row from tb_row);
+--------------+-----+
| books        | row |
+--------------+-----+
| JAVA典型模块 | 12  |
| aaaa         | 1   |
| aa           | 8   |
+--------------+-----+
3 rows in set (0.00 sec)

mysql> _
```

图 5.40　使用 ANY 关键字实现子查询

为了使结果更加直观，下面分别查询 tb_book 表和 tb_row 表中的 row 字段值，查询结果如图 5.41、图 5.42 所示。

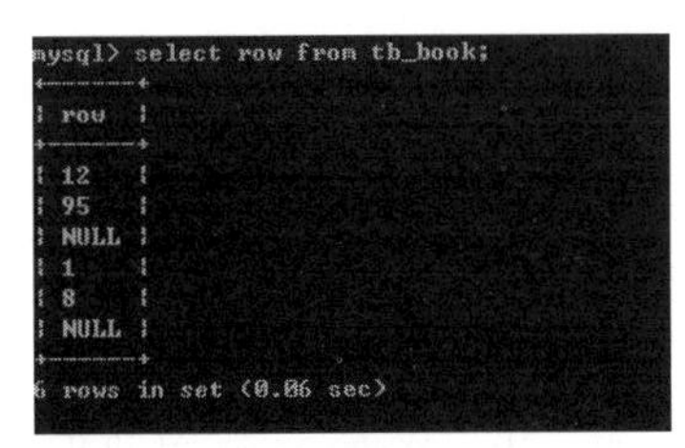

```
mysql> select row from tb_book;
+------+
| row  |
+------+
| 12   |
| 95   |
| NULL |
| 1    |
| 8    |
| NULL |
+------+
6 rows in set (0.06 sec)
```

图 5.41　tb_book 表中 row 字段的值

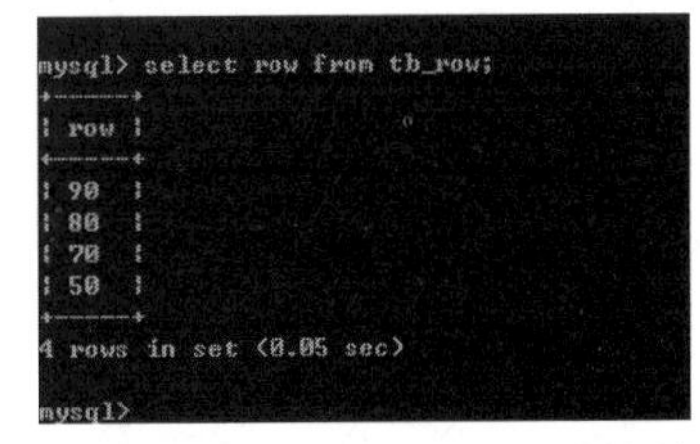

```
mysql> select row from tb_row;
+-----+
| row |
+-----+
| 90  |
| 80  |
| 70  |
| 50  |
+-----+
4 rows in set (0.05 sec)

mysql>
```

图 5.42　tb_row 表中 row 字段的值

结果显示，tb_row 表中 row 字段的最小值为 50，在 tb_book 表中 row 字段小于 50 的记录有 3 条，与带 ANY 关键字的子查询结果相同。

5.5.5　带 ALL 关键字的子查询

ALL 关键字表示满足所有条件。使用 ALL 关键字时，只有满足内层查询语句返回的所有结果，才可以执行外层查询语句。

[实例 5.32]　　（源码位置：资源包 \Code\05\32）

查询 tb_book 表中 row 字段的值大于 tb_row 表中 row 字段最大值的记录，首先使用子查询，查询出 tb_row 表中 row 字段的值，然后使用 ALL 关键字（“>=ALL”表示大于等于所有值）判断。

查询语句如下：

```
select books,row from tb_book where row>=ALL(select row from tb_row);
```

使用 ALL 关键字实现子查询结果如图 5.43 所示。

```
mysql> select books,row from tb_book where row>=all(select row from tb_row);
+-------------+-----+
| books       | row |
+-------------+-----+
| PHP典型模块 | 95  |
+-------------+-----+
1 row in set (0.00 sec)

mysql> _
```

图 5.43　使用 ALL 关键字实现子查询

为了使结果更加直观，下面分别查询 tb_book 表和 tb_row 表中的 row 字段值，查询结果如图 5.44、图 5.45 所示。

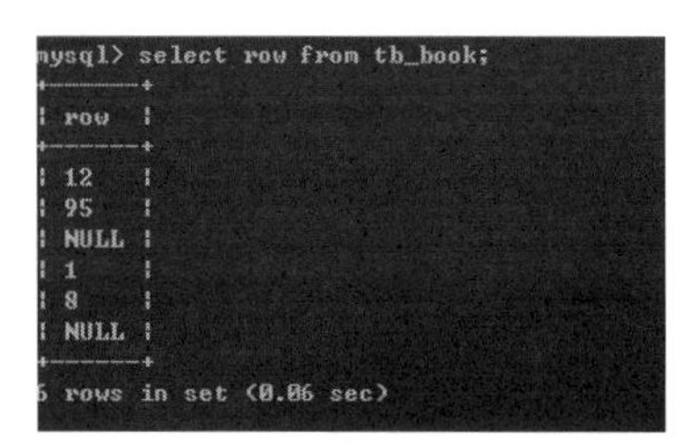

图 5.44　tb_book 表中 row 字段的值

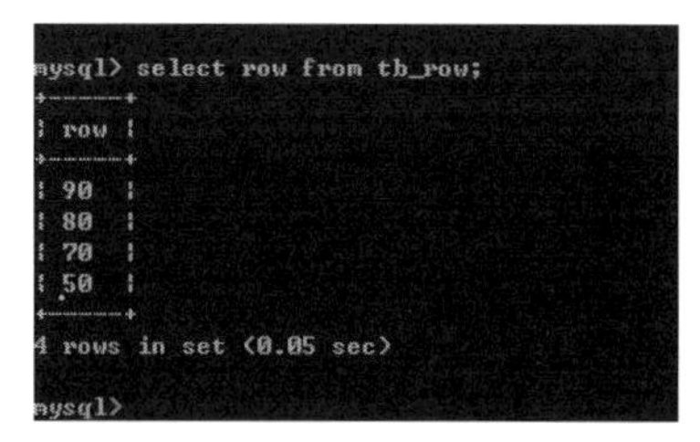

图 5.45　tb_row 表中 row 字段的值

结果显示，tb_row 表中 row 字段的最大值为 90，在 tb_book 表中 row 字段大于 90 的只有第 2 条记录（95），与带 ALL 关键字的子查询结果相同。

说明：

ANY 关键字和 ALL 关键字的使用方式是一样的，但是这两者有很大的区别。使用 ANY 关键字时，只要满足内层查询语句返回的结果中的任何一个，就可以通过该条件来执行外层查询语句。而 ALL 关键字则需要满足内层查询语句返回的所有结果，才可以执行外层查询语句。

5.6　合并查询结果

合并查询结果是将多个 SELECT 语句的查询结果合并到一起。因为某种情况下，需要将几个 SELECT 语句查询出来的结果合并起来显示。合并查询结果使用 UNION 和 UNION ALL 关键字。UNION 关键字是将所有的查询结果合并到一起，然后去除相同记录；而 UNION ALL 关键字则只是简单地将结果合并到一起，下面分别介绍这两种合并方法。

- UNION

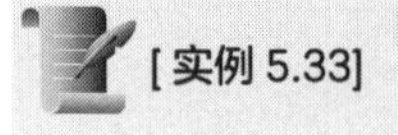

（源码位置：资源包\Code\05\33）

查询 tb_book 表和 tb_login 表中的 user 字段，并使用 UNION 关键字合并查询结果。

在执行查询操作前，先来看一下 tb_book 表和 tb_login 表中 user 字段的值，查询结果如图 5.46、图 5.47 所示。

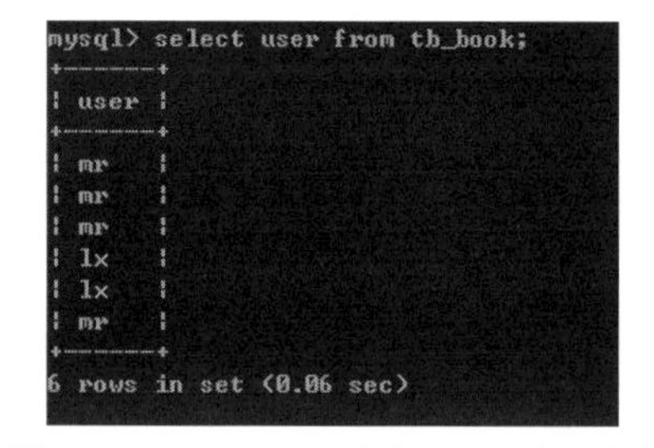

图 5.46　tb_book 表中 user 字段的值

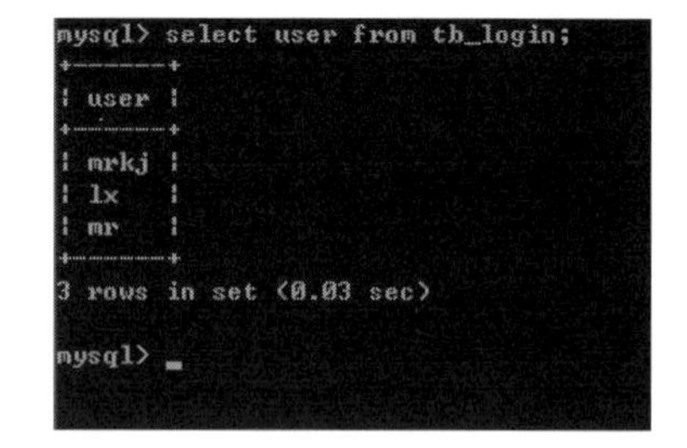

图 5.47　tb_login 表中 user 字段的值

结果显示，在 tb_book 表中 user 字段的值有两种，分别为 mr 和 lx，而 tb_login 表中 user 字段的值有三种。下面使用 UNION 关键字合并两个表的查询结果，查询语句如下：

```
select user from tb_book
UNION
select user from tb_login;
```

使用 UNION 关键字合并查询结果如图 5.48 所示。结果显示，合并后将所有结果合并到了一起，并去除了重复值。

- UNION ALL

查询 tb_book 表和 tb_login 表中的 user 字段，并使用 UNION ALL 关键字合并查询结果，查询语句如下：

```
select user from tb_book
UNION ALL
select user from tb_login;
```

使用 UNION ALL 关键字合并查询结果如图 5.49 所示。tb_book 表和 tb_login 表的记录请参见上例。

```
mysql> select user from tb_book
    -> union
    -> select user from tb_login;
+------+
| user |
+------+
| mr   |
| lx   |
| mrkj |
+------+
3 rows in set (0.00 sec)
```

图 5.48 使用 UNION 关键字合并查询结果

```
mysql> select user from tb_book
    -> union all
    -> select user from tb_login;
+------+
| user |
+------+
| mr   |
| mr   |
| mr   |
| lx   |
| lx   |
| mr   |
| mrkj |
| lx   |
| mr   |
+------+
9 rows in set (0.00 sec)

mysql>
```

图 5.49 使用 UNION ALL 关键字合并查询结果

5.7 定义表和字段的别名

在查询时，可以为表和字段取一个别名，这个别名可以代替其指定的表和字段。为字段和表取别名，能够使查询更加方便。而且可以使查询结果以更加合理的方式显示。

5.7.1 为表取别名

当表的名称特别长时，在查询中直接使用表名很不方便。这时可以为表取一个贴切的别名。

[实例 5.34] （源码位置：资源包 \Code\05\33）

为 tb_program 表取别名为 p，然后查询 tb_program 表中 talk 字段值为 php 的记录。

查询语句如下：

```
select * from tb_program p where p.talk='PHP';
```

“tb_program p”表示 tb_program 表的别名为 p；p.talk 表示 tb_program 表中的 talk 字段。为表取别名查询结果如图 5.50 所示。

```
mysql> select * from tb_program p where p.talk='PHP';
+----+------+
| id | talk |
+----+------+
|  1 | PHP  |
+----+------+
1 row in set (0.00 sec)

mysql>
```

图 5.50 为表取别名

5.7.2 为字段取别名

当查询数据时，MySQL 会显示每个输出列的名词。默认情况下，显示的列名是创建表时定义的列名。我们同样可以为这个列取一个别名。

MySQL 中为字段取别名的基本形式如下：

```
字段名 [AS] 别名
```

[实例 5.35] （源码位置：资源包 \Code\05\34）

为 tb_login 表中的 section 和 name 字段分别取别名为 login_section 和 login_name。

查询语句如下：

```
select section AS login_section,name AS login_name from tb_login;
```

为字段取别名查询结果如图 5.51 所示。

```
mysql> select section AS login_section,name AS login_name from tb_login;
+---------------+------------+
| login_section | login_name |
+---------------+------------+
| 程序开发      | 高经理     |
| PHP程序开发部 | 明日科技   |
| PHP           | 明日科技   |
+---------------+------------+
3 rows in set (0.03 sec)

mysql>
```

图 5.51　为字段取别名

5.8　使用正则表达式查询

正则表达式是用某种模式去匹配一类字符串的一个方式。正则表达式的查询能力比通配字符的查询能力更强大，而且更加的灵活。下面详细讲解如何使用正则表达式来查询。

在 MySQL 中，使用 REGEXP 关键字来匹配查询正则表达式。其基本形式如下：

```
字段名 REGEXP '匹配方式'
```

- “字段名”参数表示需要查询的字段名称；
- “匹配方式”参数表示以哪种方式来进行匹配查询。“匹配方式”参数中支持的模式匹配字符如表 5.2 所示。

表 5.2　正则表达式的模式字符

模式字符	含义	应用举例
^	匹配以特定字符或字符串开头的记录	使用“^”表达式查询 tb_book 表中 books 字段以字母 php 开头的记录，语句如下： select books from tb_book where books REGEXP '^php';
$	匹配以特定符或字符串结尾的记录	使用“$”表达式查询 tb_book 表中 books 字段以“模块”结尾的记录，语句如下： select books from tb_book where books REGEXP '模块$';
.	匹配字符串的任意一个字符，包括回车和换行	使用“.”表达式查询 tb_book 表中 books 字段中包含 P 字符的记录，语句如下： select books from tb_book where books REGEXP 'P.';

续表

模式字符	含义	应用举例
[字符集合]	匹配“字符集合”中的任意一个字符	使用“[]”表达式查询tb_book表中books字段中包含PCA字符的记录，语句如下： select books from tb_book where books REGEXP '[PCA]';
[^字符集合]	匹配除“字符集合”以外的任意一个字符	查询tb_program表中talk字段值中包含c～z字母以外的记录，语句如下： select talk from tb_program where talk regexp '[^c-z]';
S1|S2|S3	匹配S1、S2和S3中的任意一个字符串	查询tb_books表中books字段中包含php、c或者java字符中任意一个字符的记录，语句如下： select books from tb_books where books regexp 'php|c|java';
*	匹配多个该符号之前的字符，包括0和1个	使用“*”表达式查询tb_book表中books字段中A字符前出现过J字符的记录，语句如下： select books from tb_book where books regexp 'J*A';
+	匹配多个该符号之前的字符，包括1个	使用“+”表达式查询tb_book表中books字段中A字符前面至少出现过一个J字符，语句如下： select books from tb_book where books regexp 'J+A';
字符串{N}	匹配字符串出现N次	使用{N}表达式查询tb_book表中books字段中连续出现3次a字符的记录，语句如下： select books from tb_book where books regexp 'a{3}';
字符串{M,N}	匹配字符串出现至少M次，最多N次	使用{M,N}表达式查询tb_book表中books字段中最少出现2次，最多出现4次a字符的记录，语句如下： select books from tb_book where books regexp 'a{2,4}';

这里的正则表达式与Java语言、PHP语言等编程语言中的正则表达式基本一致。

5.8.1 匹配指定字符中的任意一个

使用方括号（[]）可以将需要查询字符组成一个字符集。只要记录中包含方括号中的任意字符，该记录将会被查询出来。例如，通过“[abc]”可以查询包含a、b和c 3个字母中任何一个的记录。

（源码位置：资源包\Code\05\36）

从info表name字段中查询包含c、e和o 3个字母中任意一个的记录。

查询语句如下：

```
SELECT * FROM info WHERE name REGEXP '[ceo]';
```

代码执行结果如图5.52所示。

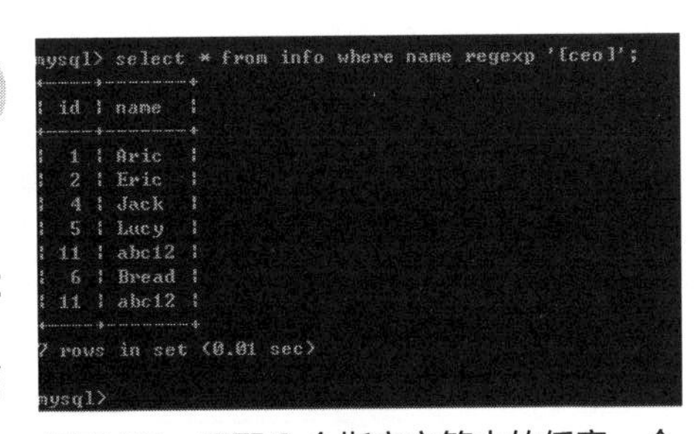

图5.52 匹配3个指定字符中的任意一个

5.8.2 使用“*”和“+”来匹配多个字符

正则表达式中，“*”和“+”都可以匹配多个该符号之前的字符。但是，“+”至少表示一个字符，而“*”可以表示0个字符。

[实例 5.37] （源码位置：资源包 \Code\05\37）

从 info 表 name 字段中查询字母 ‘c’ 之前出现过 ‘a’ 的记录。

查询语句如下：

```
SELECT * FROM info WHERE name REGEXP 'a*c';
```

代码执行结果如图 5.53 所示。

查询结果显示，Aric、Eric 和 Lucy 中的字母 c 之前并没有 a。因为 “*” 可以表示 0 个，所以 “a*c” 表示字母 c 之前有 0 个或者多个 a 出现。上述的情况都是属于前面出现过 0 个的情况。如果使用 ‘+’，其 SQL 代码如下：

```
SELECT * FROM info WHERE name REGEXP 'a+c';
```

代码执行结果如图 5.54 所示。

```
mysql> select * from info where name regexp 'a*c';
+----+-------+
| id | name  |
+----+-------+
|  1 | Aric  |
|  2 | Eric  |
|  4 | Jack  |
|  5 | Lucy  |
| 11 | abc12 |
+----+-------+
5 rows in set (0.00 sec)

mysql>
```

图 5.53　使用 “*” 来匹配多个字符

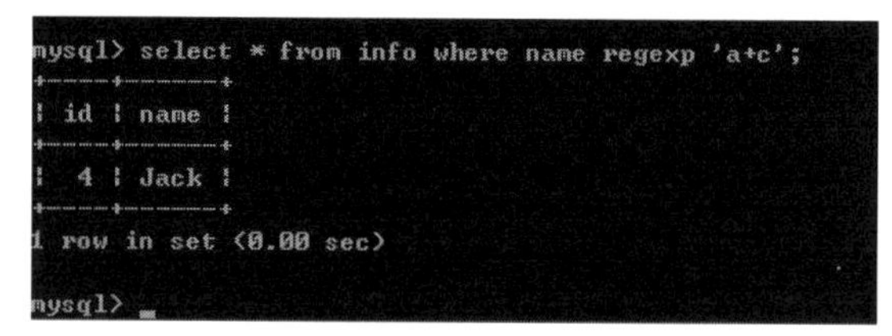

图 5.54　使用 “+” 来匹配多个字符

查询结果只有一条。只有 Jack 是刚好字母 c 前面出现了 a。因为 a+c 表示字母 c 前面至少有一个字母 a。

本章知识思维导图

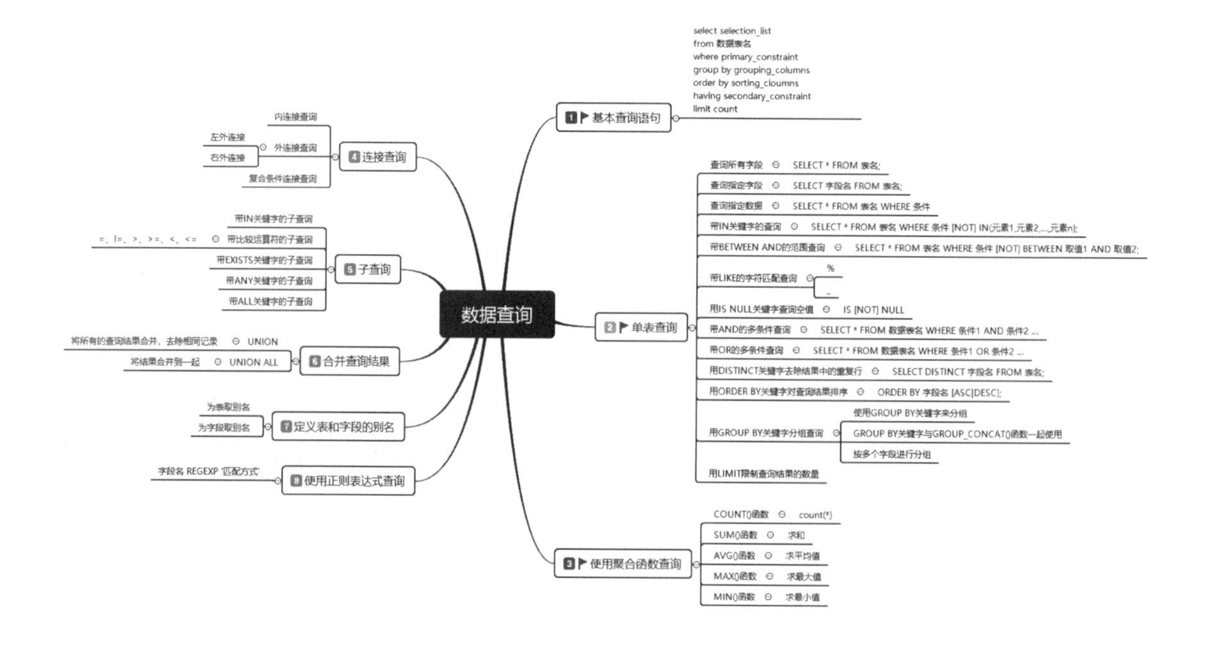

第 6 章

MySQL 函数

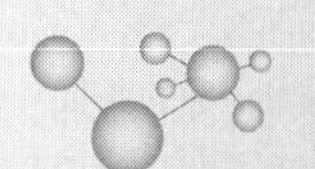

本章学习目标

- 掌握数学函数的使用
- 掌握字符串函数的使用
- 掌握日期和时间函数的使用
- 掌握条件判断函数的使用
- 了解系统信息函数的使用
- 了解加密信息函数的使用

6.1 MySQL 函数概述

MySQL 函数是 MySQL 数据库提供的内置函数。这些内置函数可以帮助用户更加方便地处理表中的数据。本节中将简单地介绍 MySQL 中包含哪些类别的函数，以及这些函数的使用范围和作用。MySQL 中内置的函数类别及作用如表 6.1 所示。

表 6.1　MySQL 内置函数类别及作用

函数	作用
数学函数	用于处理数字。这类函数包括绝对值函数、正弦函数、余弦函数和获取随机数函数等
字符串函数	用于处理字符串。其中包括字符串连接函数、字符串比较函数、字符串中字母大小写转换函数等
日期和时间函数	用于处理日期和时间。其中包括获取当前时间的函数、获取当前日期的函数、返回年份的函数和返回日期的函数等
条件判断函数	用于在 SQL 语句中控制条件选择。其中包括 IF 语句、CASE 语句和 WHEN 语句等
系统信息函数	用于获取 MySQL 数据库的系统信息。其中包括获取数据库名的函数、获取当前用户的函数和获取数据库版本的函数等
加密函数	用于对字符串进行加密解密。其中包括字符串加密函数和字符串解密函数等
其他函数	包括格式化函数和锁函数等

MySQL 的内置函数不但可以在 SELECT 查询语句中应用，同样也可以在 INSERT、UPDATE 和 DELECT 等语句中应用。例如，在 INSERT 添加语句中，应用日期时间函数获取系统的当前时间，并且将其添加到数据表中。MySQL 内置函数可以对表中数据进行相应的处理，以便得到用户希望得到的数据。有了这些内置函数，可以使 MySQL 数据库的功能更加强大。下面将对 MySQL 的内置函数逐一进行详细介绍。

6.2 数学函数

数学函数是 MySQL 中常用的一类函数。其主要用于处理数字，包括整型和浮点数等。MySQL 中内置的数学函数类别及作用如表 6.2 所示。

表 6.2　MySQL 内置的数学函数类别及作用

函数	作用
ABS(x)	返回 x 的绝对值
CEIL(x),CEILIN(x)	返回不小于 x 的最小整数值
FLOOR(x)	返回不大于 x 的最大整数值
RAND()	返回 0 ～ 1 的随机数
RAND(x)	返回 0 ～ 1 的随机数，x 值相同时返回的随机数相同
SIGN(x)	返回参数作为 -1、0 或 1 的符号，该符号取决于 x 的值为负、零或正
PI()	返回 ϖ(pi) 的值。默认的显示小数位数是 7 位，然而 MySQL 内部会使用完全双精度值
TRUNCATE(x,y)	返回数值 x 保留到小数点后 y 位的值

续表

函数	作用
ROUND(x)	返回离x最近的整数
ROUND(x,y)	保留x小数点后y位的值，但截断时要进行四舍五入
POW(x,y),POWER(x,y)	返回x的y乘方的结果值
SQRT(x)	返回非负数x的二次方根
EXP(x)	返回e（自然对数的底）的x乘方后的值
MOD(x,y)	返回x除以y以后的余数
LOG(x)	返回x的基数为2的对数
LOG10(x)	返回x的基数为10的对数
RADIANS(x)	将角度转换为弧度
DEGREES(x)	返回参数x，该参数由弧度被转化为角度
SIN(x)	返回x正弦，其中x在弧度中被给定
ASIN(x)	返回x的反正弦，即，正弦为x的值。若x若x不在-1～1的范围之内，则返回NULL
COS(x)	返回x的余弦，其中x在弧度上已知
ACOS(x)	返回x反余弦，即余弦是x的值。若x不在-1～1的范围之内，则返回NULL
TAN(x)	返回x的反正切，即，正切为x的值
ATAN(x),ATAN2(x,y)	返回两个变量x及y的反正切。它类似于y或x的反正切计算，除非两个参数的符号均用于确定结果所在象限
COT(x)	返回x的余切

下面对其中的常用函数进行讲解。

6.2.1 ABS(x) 函数

ABS(x) 函数用于求绝对值。例如：使用 ABS(x) 函数来求 5 和 -5 的绝对值。其语句如下：

```
select ABS(5),ABS(-5);
```

使用 ABS(x) 求数据的绝对值，查询结果如图 6.1 所示。

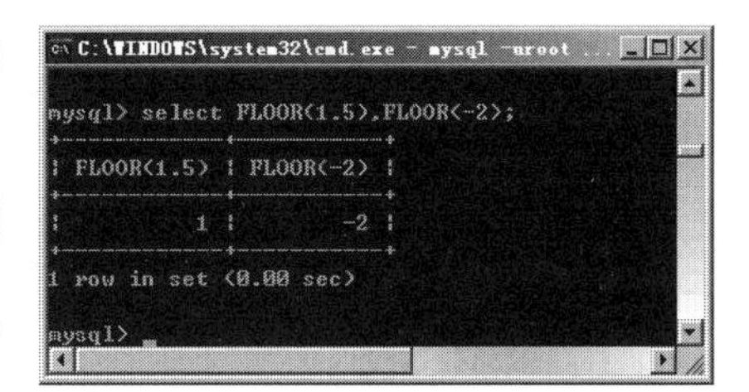

图 6.1　使用 ABS(x) 求数据的绝对值

6.2.2 FLOOR(x) 函数

FLOOR(x) 函数用于返回小于或等于 x 的最大整数。例如：应用 FLOOR(x) 函数求小于或等于 1.5 及 -2 的最大整数。其语句如下：

```
select FLOOR(1.5),FLOOR(-2);
```

使用 FLOOR(x) 函数求小于或等于数据的最大整数，查询结果如图 6.2 所示。

6.2.3 RAND() 函数

RAND() 函数用于返回 0 ～ 1 的随机数。但是 RAND() 返回的数是完全随机的。例如：运用 RAND() 函数，获取两个随机数。其语句如下：

```
select RAND(),RAND();
```

使用 RAND() 函数获取随机数，查询结果如图 6.3 所示。

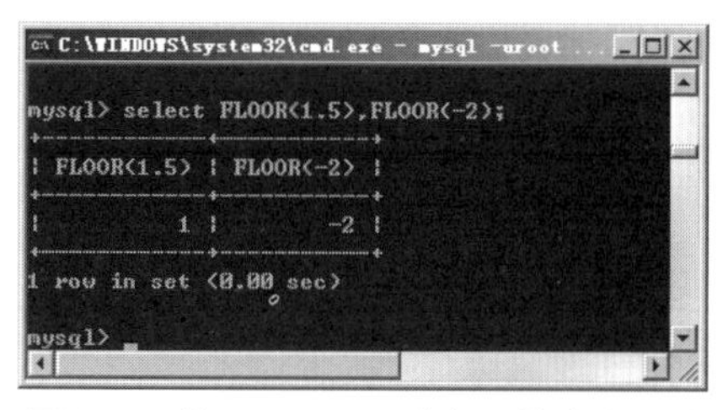

图 6.2　使用 FLOOR(x) 函数求小于或等于数据的最大整数

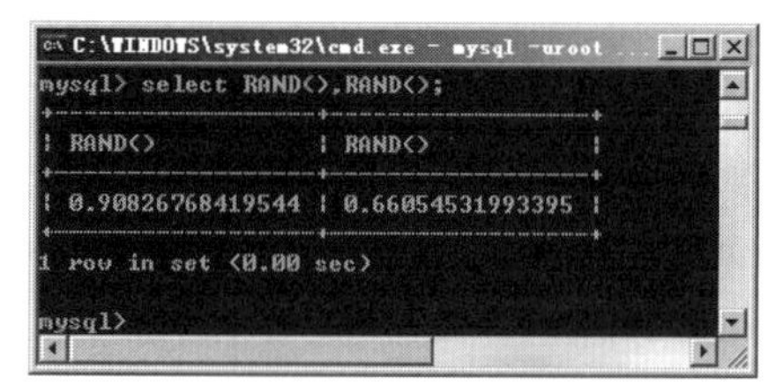

图 6.3　使用 RAND() 函数获取随机数

6.2.4　PI() 函数

PI() 函数用于返回圆周率。例如：使用 PI() 函数获取圆周率。其语句如下：

```
select PI();
```

使用 PI() 函数获取圆周率，查询结果如图 6.4 所示。

6.2.5　TRUNCATE(x,y) 函数

TRUNCATE(x,y) 函数用于返回 x 保留到小数点后 y 位的值。例如：使用 TRUNCATE(x,y) 函数返回 2.1234567 小数点后 3 位的值。其语句如下：

```
select TRUNCATE(2.1234567,3);
```

使用 TRUNCATE(x,y) 函数获取数据，查询结果如图 6.5 所示。

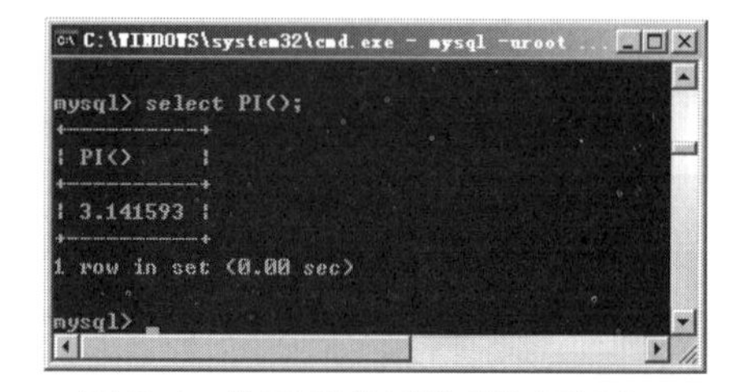

图 6.4　使用 PI() 函数获取圆周率

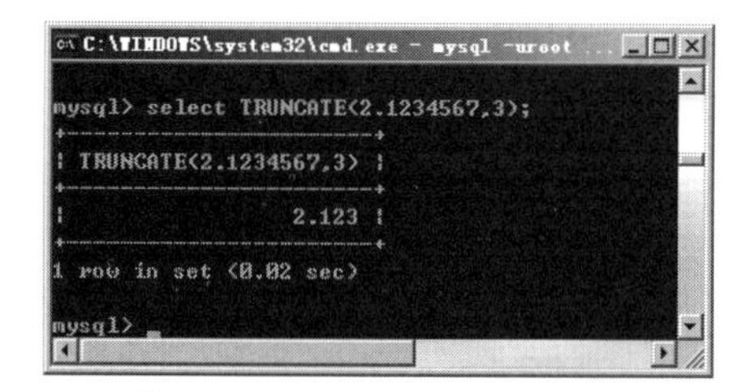

图 6.5　使用 TRUNCATE(x,y) 函数获取数据

6.2.6　ROUND(x) 函数和 ROUND(x,y) 函数

ROUND(x) 函数用于返回离 x 最近的整数，也就是对 x 进行四舍五入处理；ROUND(x,y) 函数返回 x 保留到小数点后 y 位的值，截断时需要进行四舍五入处理。

例如：使用 ROUND(x) 函数获取 1.6 和 1.2 最近的整数，使用 ROUND(x,y) 函数获取 1.123456 小数点后 3 位的值。其语句如下：

```
select ROUND(1.6),ROUND(1.2),ROUND(1.123456,3);
```

使用 ROUND(x) 函数和 ROUND(x,y) 函数获取数据，查询结果如图 6.6 所示。

6.2.7 SQRT(x) 函数

SQRT(x) 函数用于求平方根。例如：使用 SQRT(x) 函数求 16 和 25 的平方根。其语句如下：

```
select SQRT(16),SQRT(25);
```

使用 SQRT(x) 函数求 16 和 25 的平方根，查询结果如图 6.7 所示。

图 6.6 使用 ROUND(x) 函数和 ROUND(x,y) 函数获取数据

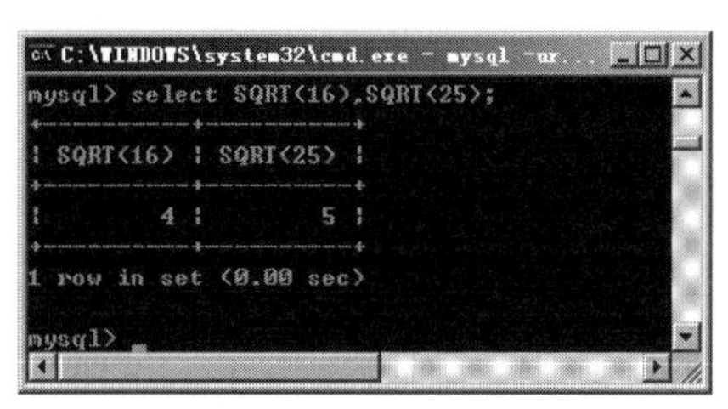

图 6.7 使用 SQRT(x) 函数求 16 和 25 的平方根

6.3 字符串函数

字符串函数是 MySQL 中最常用的一类函数。字符串函数主要用于处理表中的字符串。MySQL 内置的字符串函数类别及作用如表 6.3 所示。

表 6.3 MySQL 内置的字符串函数类别及作用

函数	作用
CHAR_LENGTH(s)	返回字符串 s 的字符数
LENGTH(s)	返回值为字符串 s 的长度，单位为字节。一个多字节字符算作多字节。这意味着，对于一个包含 5 个 2 字节字符的字符串，LENGTH() 的返回值为 10，而 CHAR_LENGTH() 的返回值则为 5
CONCAT(s1,s2,...)	返回结果为连接参数产生的字符串。如有任何一个参数为 NULL，则返回值为 NULL。或许有一个或多个参数。如果所有参数均为非二进制字符串，则结果为非二进制字符串。如果自变量中含有任一二进制字符串，则结果为一个二进制字符串。一个数字参数被转化为与之相等的二进制字符串格式；若要避免这种情况，可使用显式类型 cast，例如：SELECT CONCAT(CAST(int_col AS CHAR), char_col)
CONCAT_WS(x,s1,s2,...)	同 CONCAT(s1,s2,...) 函数，但是每个字符串直接要加上 x
INSERT(s1,x,len,s2)	将字符串 s2 替换 s1 的 x 位置开始长度为 len 的字符串
UPPER(s),UCASE(s)	将字符串 s 的所有字母都变成大写字母
LOWER(s),LCASE(s)	将字符串 s 的所有字母都变成小写字母
LEFT(s,n)	返回从字符串 s 开始的 n 最左字符
RIGHT(s,n)	从字符串 s 开始，返回最右 n 字符
LPAD(s1,len,s2)	返回字符串 s1，其左边由字符串 s2 填补到 len 字符长度。假如 s1 的长度大于 len，则返回值被缩短至 len 字符
RPAD(s1,len,s2)	返回字符串 s1，其右边被字符串 s2 填补至 len 字符长度。假如字符串 s1 的长度大于 len，则返回值被缩短到与 len 字符相同长度

续表

函数	作用
LTRIM(s)	返回字符串 s，其引导空格字符被删除
RTRIM(s)	返回字符串 s，结尾空格字符被删除
TRIM(s)	去掉字符串s开始处和结尾处的空格
TRIM(s1 FROM s)	去掉字符串s中开始处和结尾处的字符串s1
REPEAT(s,n)	将字符串s重复n次
SPACE(n)	返回n个空格
REPLACE(s,s1,s2)	用字符串s2替代字符串s中的字符串s1
STRCMP(s1,s2)	比较字符串s1和s2
SUBSTRING(s,n,len)	获取从字符串s中的第n个位置开始长度为len的字符串
MID(s,n,len)	同SUBSTRING(s,n,len)
LOCATE(s1,s),POSITION(s1 IN s)	从字符串s中获取s1的开始位置
INSTR(s,s1)	从字符串s中获取s1的开始位置
REVERSE(s)	将字符串s的顺序反过来
ELT(n,s1,s2,...)	返回第n个字符串
EXPORT_SET(bits,on,off[,separator[,number_of_bits]])	返回一个字符串，生成规则如下：针对bits的二进制格式，如果其位为1，则返回一个on值；如果其位为0，则返回一个off值。每个字符串使用separator进行分隔，默认值为“,”。number_of_bits参数指定bits可用的位数，默认值为64位。 例如，生成数字182的二进制（10110110）替换格式，以“@”作为分隔符，设置有效位为6位。其语句如下：select EXPORT_SET (182, 'Y', 'N', '@', 6); 其运行结果为：N@Y@Y@N@Y@Y
FIELD(s,s1,s2,...)	返回第一个与字符串s匹配的字符串的位置
FIND_IN_SET(s1,s2)	返回在字符串s2中与s1匹配的字符串的位置
MAKE_SET(x,s1,s2,...)	按x的二进制数从s1,s2,...,sn中选取字符串

下面对其中的常用函数进行讲解，并且配合以示例做详细说明。

6.3.1 INSERT(s1,x,len,s2) 函数

INSERT(s1,x,len,s2) 函数用于将字符串 s1 中 x 位置开始长度为 len 的字符串用字符串 s2 替换。

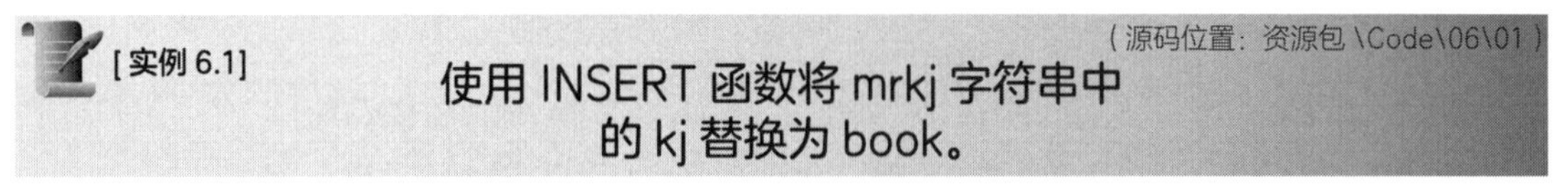

[实例 6.1]
（源码位置：资源包 \Code\06\01）
使用 INSERT 函数将 mrkj 字符串中的 kj 替换为 book。

查询语句如下：

```
select INSERT('mrkej',3,2,'book');
```

使用 INSERT 函数替换指定字符串后的查询结果如图 6.8 所示。

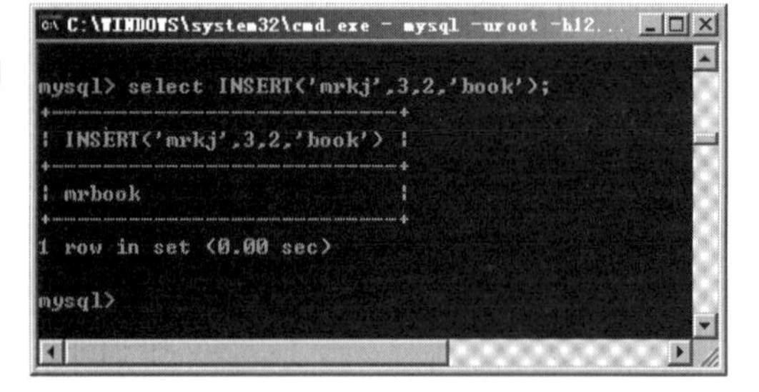

图 6.8　使用 INSERT 函数替换指定字符串

6.3.2 UPPER(s),UCASE(s) 函数

UPPER(s) 函数和 UCASE(s) 函数用于将字符

串 s 的所有字母变成大写字母。

[实例 6.2]　（源码位置：资源包 \Code\06\02）

使用 UPPER(s) 函数和 UCASE(s) 函数将 mrbccd 字符串中的所有字母变成大写字母。

查询语句如下：

```
select UPPER('mrbccd'),UCASE('mrbccd');
```

其转换后的结果如图 6.9 所示。

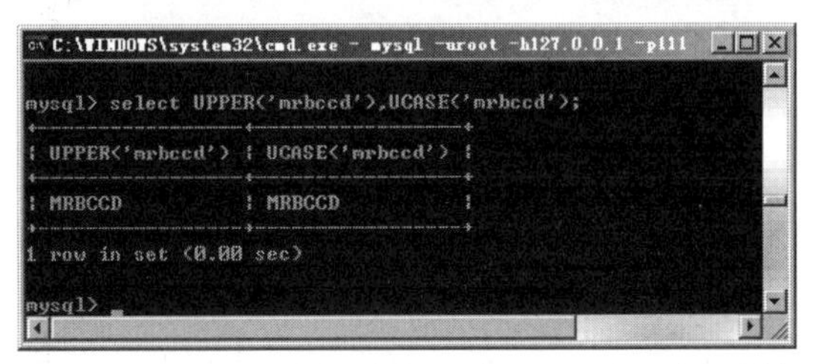

图 6.9　使用 UPPER(s) 函数和 UCASE(s) 函数将 mrbccd 字符串中的所有字母变成大写字母

6.3.3　LEFT(s,n) 函数

LEFT(s,n) 函数用于返回字符串 s 的前 n 个字符。例如：应用 LEFT 函数返回 mrbccd 字符串的前 2 个字符。其语句如下：

```
select LEFT('mrbccd',2);
```

其截取结果如图 6.10 所示。

6.3.4　RTRIM(s) 函数

RTRIM(s) 函数用于去掉字符串 s 结尾处的空格。例如：应用 RTRIM 函数去掉 mr 结尾处的空格。其语句如下：

```
select CONCAT('+',RTRIM(' mr '),'+');
```

应用 RTRIM 函数去掉 mr 结尾处的空格结果如图 6.11 所示。

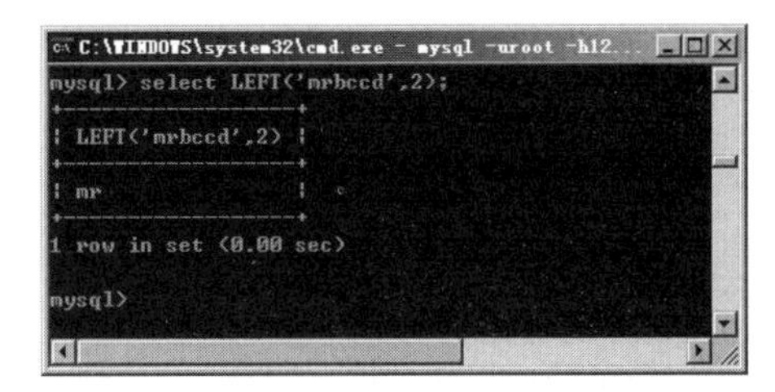

图 6.10　使用 LEFT 函数返回指定字符

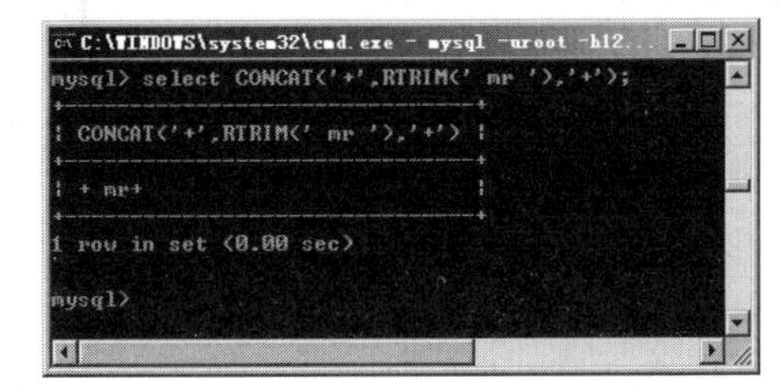

图 6.11　使用 RTRIM 函数去掉 mr 结尾处的空格

6.3.5　SUBSTRING(s,n,len) 函数

SUBSTRING(s,n,len) 函数用于从字符串 s 的第 n 个位置开始获取长度为 len 的字符串。

例如：下面使用 SUBSTRING 函数从 mrbccd 字符串的第 3 位开始，获取 4 个字符，结果如图 6.12 所示。

6.3.6　REVERSE(s) 函数

REVERSE(s) 函数用于将字符串 s 的顺序反过来。

例如：下面使用 REVERSE 函数将 mrbccd 字符串的顺序反过来，结果如图 6.13 所示。

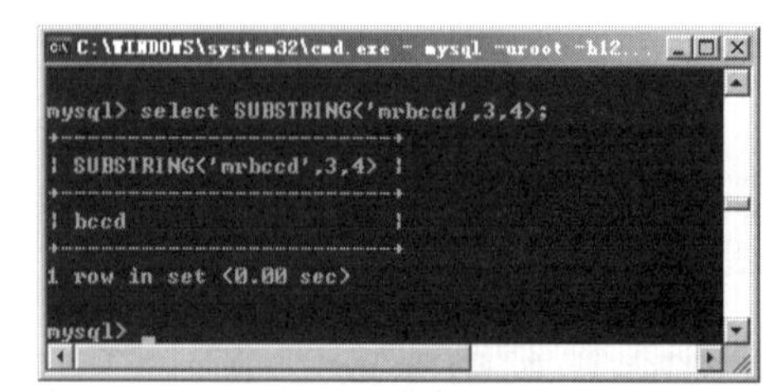

图 6.12　使用 SUBSTRING 函数获取指定长度字符串

图 6.13　使用 REVERSE 函数将 mrbccd 字符串的顺序反过来

6.3.7　FIELD(s,s1,s2,...) 函数

FIELD(s,s1,s2,...) 函数用于返回第一个与字符串 s 匹配的字符串的位置。例如：应用 FIELD 函数返回第一个与字符串 mr 匹配的字符串位置，结果如图 6.14 所示。

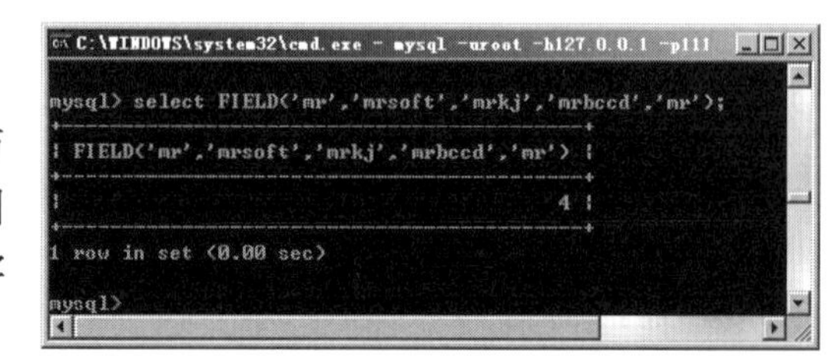

图 6.14　使用 FIELD 函数返回第一个与字符串 mr 匹配的字符串位置

6.4　日期和时间函数

日期和时间函数也是 MySQL 中一种最常用的函数。其主要用于对表中的日期和时间数据的处理。MySQL 内置的日期时间函数类别及作用如表 6.4 所示。

表 6.4　MySQL 内置的日期和时间函数类别及作用

函数	作用
CURDATE(),CURRENT_DATE()	获取当前日期
CURTIME(),CURRENT_TIME()	获取当前时间
NOW(),CURRENT_TIMESTAMP(),LOCALTIME(),SYSDATE(),LOCALTIMESTAMP()	获取当前日期和时间
UNIX_TIMESTAMP()	以 UNIX 时间戳的形式返回当前时间
UNIX_TIMESTAMP(d)	将时间 d 以 UNIX 时间戳的形式返回
FROM_UNIXTIME(d)	把 UNIX 时间戳的时间转换为普通格式的时间
UTC_DATE()	返回 UTC（Universal Coordinated Time，国际协调时间）日期
UTC_TIME()	返回 UTC 时间
MONTH(d)	返回日期 d 中的月份值，范围是 1 ～ 12
MONTHNAME(d)	返回日期 d 中的月份名称，如 January,February
DAYNAME(d)	返回日期 d 是星期几，如 Monday,Tuesday 等
DAYOFWEEK(d)	返回日期 d 是星期几，1 表示星期日，2 表示星期一等
WEEKDAY(d)	返回日期 d 是星期几，0 表示星期一，1 表示星期二等
WEEK(d)	计算日期 d 是本年的第几个星期，范围是 0 ～ 53
WEEKOFYEAR(d)	计算日期 d 是本年的第几个星期，范围是 1 ～ 53
DAYOFYEAR(d)	计算日期 d 是本年的第几天
DAYOFMONTH(d)	计算日期 d 是本月的第几天
YEAR(d)	返回日期 d 中的年份值
QUARTER(d)	返回日期 d 是第几季度，范围是 1 ～ 4

续表

函数	作用
HOUR(t)	返回时间t中的小时值
MINUTE(t)	返回时间t中的分钟值
SECOND(t)	返回时间t中的秒值
EXTRACT(type FROM d)	从日期d中获取指定的值，type指定返回的值，如YEAR,HOUR等将时间t转换为秒
TIME_TO_SEC(t)	将时间t转换为秒
SEC_TO_TIME(s)	将以秒为单位的时间s转换为时分秒的格式
TO_DAYS(d)	计算日期d～0000年1月1日的天数
FROM_DAYS(n)	计算从0000年1月1日开始n天后的日期
DATEDIFF(d1,d2)	计算日期d1～d2之间相隔的天数
ADDDATE(d,n)	计算起始日期d加上n天的日期
ADDDATE(d,INTERVAL expr type)	计算起始日期d加上一个时间段后的日期
DATE_ADD(d,INTERVAL expr type)	同ADDDATE(d,INTERVAL expr type)
SUBDATE(d,n)	计算起始日期d减去n天后的日期
SUBDATE(d,INTERVAL expr type)	计算起始日期d减去一个时间段后的日期
ADDTIME(t,n)	计算起始时间t加上n秒的时间
SUBTIME(t,n)	计算起始时间t减去n秒的时间
DATE_FROMAT(d,f)	按照表达式f的要求显示日期d
TIME_FROMAT(t,f)	按照表达式f的要求显示时间t
GET_FORMAT(type,s)	根据字符串s获取type类型数据的显示格式

6.4.1 CURDATE() 函数和 CURRENT_DATE() 函数

CURDATE() 函数和 CURRENT_DATE() 函数用于获取当前日期。

[实例 6.3]　（源码位置：资源包 \Code\06\03）

获取当前日期。

查询语句如下：

```
select CURDATE(),CURRENT_DATE();
```

使用 CURDATE() 和 CURRENT_DATE() 函数获取当前日期，结果如图 6.15 所示。

6.4.2 CURTIME() 函数和 CURRENT_TIME() 函数

CURTIME() 函数和 CURRENT_TIME() 函数用于获取当前时间。

[实例 6.4]　（源码位置：资源包 \Code\06\04）

获取当前时间。

查询语句如下：

```
select CURTIME(),CURRENT_TIME();
```

使用 CURTIME() 和 CURRENT_TIME() 函数获取当前时间，结果如图 6.16 所示。

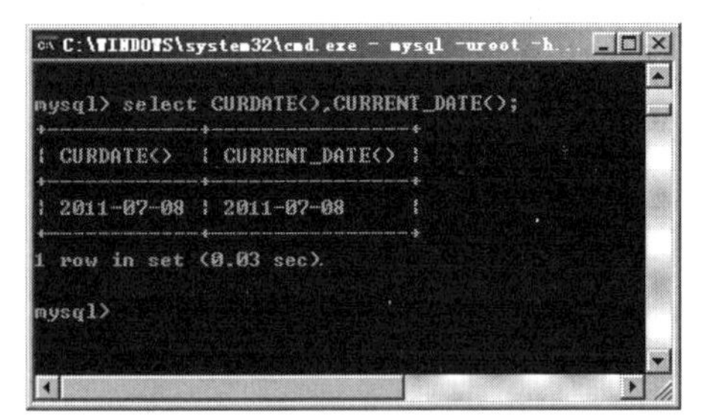

图 6.15　使用 CURDATE() 和 CURRENT_DATE() 函数获取当前日期

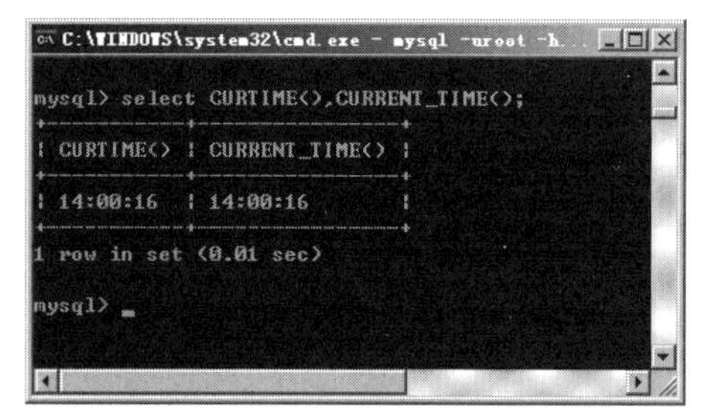

图 6.16　使用 CURTIME() 和 CURRENT_TIME() 函数获取当前时间

6.4.3　NOW() 函数

NOW() 函数用于获取当前日期和时间。CURRENT_TIMESTAMP() 函数、LOCALTIME() 函数、SYSDATE() 函数和 LOCALTIMESTAMP() 函数也同样可以获取当前日期和时间。

[实例 6.5]　（源码位置：资源包 \Code\06\05）

获取当前日期和时间。

查询语句如下：

```
select NOW(),CURRENT_TIMESTAMP(),LOCALTIME(),SYSDATE();
```

使用 NOW()、CURRENT_TIMESTAMP() 等函数获取当前日期和时间结果，如图 6.17 所示。

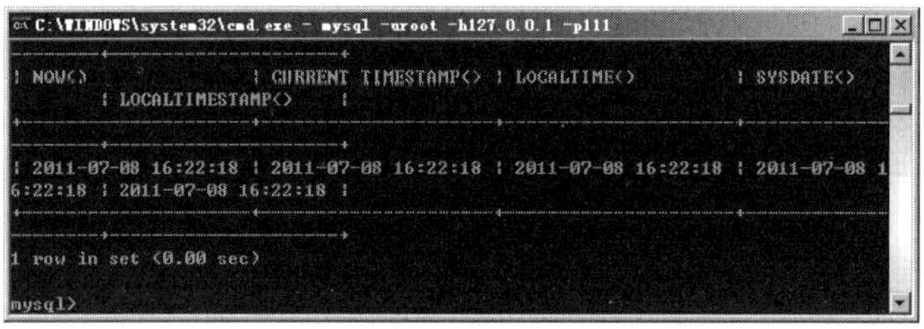

图 6.17　使用 NOW()、CURRENT_TIMESTAMP() 等函数获取当前日期和时间

6.4.4　DATEDIFF(d1,d2) 函数

DATEDIFF(d1,d2) 函数用于计算日期 d1 与 d2 之间相隔的天数。例如：使用 DATEDIFF (d1,d2) 函数计算 2011-07-05 与 2011-07-01 之间相隔的天数。其语句如下：

```
select DATEDIFF('2011-07-05','2011-07-01');
```

使用 DATEDIFF(d1,d2) 函数计算 2011-07-05 与 2011-07-01 之间相隔的天数，结果如图 6.18 所示。

6.4.5　ADDDATE(d,n) 函数

ADDDATE(d,n) 函数用于返回起始日期 d 加上 n 天的日期。例如：使用 ADDDATE(d,n)

函数返回 2011-07-01 加上 3 天的日期，结果如图 6.19 所示。

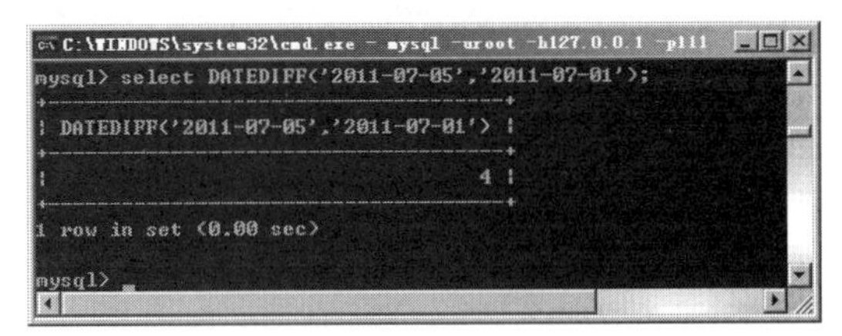

图 6.18　使用 DATEDIFF(d1,d2) 函数计算 2011-07-05 与 2011-07-01 之间相隔的天数

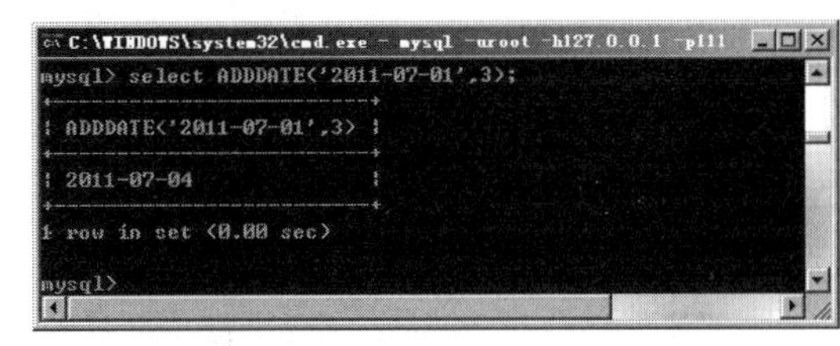

图 6.19　使用 ADDDATE(d,n) 函数返回 2011-07-01 加上 3 天的日期

6.4.6　ADDDATE(d,INTERVAL expr type) 函数

ADDDATE(d,INTERVAL expr type) 函数用于返回起始日期 d 加上一个时间段后的日期。例如：使用 ADDDATE(d,INTERVAL expr type) 函数返回 2011-07-01 加上 1 年 2 个月后的日期，其语句如下：

```
select ADDDATE('2011-07-01',INTERVAL,'12' YEAR_MONTH);
```

使用 ADDDATE(d,INTERVAL expr type) 函数返回 2011-07-01 加上 1 年 2 个月后的日期结果如图 6.20 所示。

6.4.7　SUBDATE(d,n) 函数

SUBDATE(d,n) 函数用于返回起始日期 d 减去 n 天的日期。例如：使用 SUBDATE(d,n) 函数返回 2011-07-01 减去 6 天后的日期，结果如图 6.21 所示。

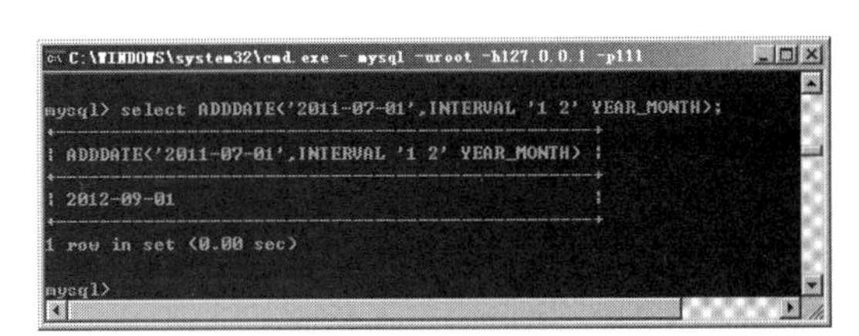

图 6.20　使用 ADDDATE(d,INTERVAL expr type) 函数返回 2011-07-01 加上 1 年 2 个月后的日期

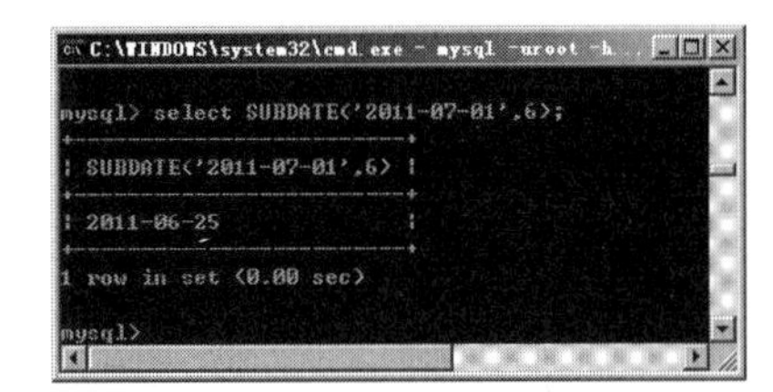

图 6.21　使用 SUBDATE(d,n) 函数返回 2011-07-01 减去 6 天后的日期

6.5　条件判断函数

条件函数用来在 SQL 语句中进行条件判断。根据不同的条件，执行不同的 SQL 语句。MySQL 支持的条件判断函数类别及作用如表 6.5 所示。

表 6.5　MySQL 支持的条件判断函数类别及作用

函数	作用
IF(expr,v1,v2)	如果表达式 expr 成立，则执行 v1；否则执行 v2
IFNULL(v1,v2)	如果 v1 不为空，则显示 v1 的值；否则显示 v2 的值

续表

函数	作用
CASE WHEN expr1 THEN v1 [WHEN expr2 THEN v2 ...][ELSE vn] END	case表示函数开始，end表示函数结束。如果表达式expr1成立，则返回v1的值；如果表达式expr2成立，则返回v2的值。依次类推，最后遇到else时，返回vn的值。它的功能与PHP中的switch语句类似
CASE expr WHEN e1 THEN v1 [WHEN e2 THEN v2 ...][ELSE vn] END	case表示函数开始，end表示函数结束。如果表达式expr取值为e1，则返回v1的值；如果表达式expr取值为e2，则返回v2的值，依次类推，最后遇到else，则返回vn的值

例如：查询编程词典业绩信息表，如果业绩超过 100 万，则输出“Very Good”；如果业绩小于 100 万大于 10 万，则输出“Popularly”，否则输出“Not Good”。其语句如下：

```
select id,grade, CASE WHEN grade>1000000 THEN 'Very Good' WHEN grade<1000000 and grade >=
100000 THEN 'Popularly' ELSE 'Not Good' END level from tb_bccd;
```

条件判断函数查询结果如图 6.22 所示。

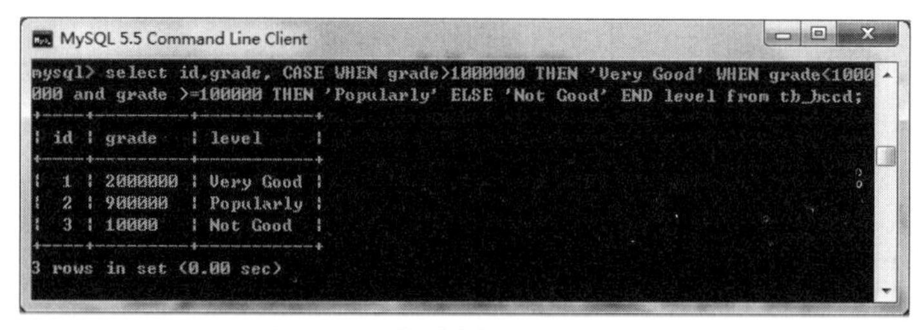

图 6.22　条件判断函数的应用

6.6　系统信息函数

系统信息函数用来查询 MySQL 数据库的系统信息。例如，查询数据库的版本，查询数据库的当前用户等。各种系统信息函数的类别及作用如表 6.6 所示。

表 6.6　MySQL 的系统信息函数类别及作用

函数	作用	示例
VERSION()	获取数据库的版本号	select VERSION();
CONNECTION_ID()	获取服务器的连接数	select CONNECTION_ID();
DATABASE(),SCHEMA()	获取当前数据库名	select DATABASE(),SCHEMA();
USER(),SYSTEM_USER(),SESSION_USER()	获取当前用户	select USER(),SYSTEM_USER();
CURRENT_USER(),CURRENT_USER	获取当前用户	select CURRENT_USER();
CHARSET(str)	获取字符串str的字符集	select CHARSET('mrsoft');
COLLATION(str)	获取字符串str的字符排列方式	select COLLATION('mrsoft');
LAST_INSERT_ID()	获取最近生成的AUTO_INCREMENT值	select LAST_INSERT_ID();

6.7 加密函数

加密函数是 MySQL 中用来对数据进行加密的函数。因为数据库中有些很敏感的信息不希望被其他人看到，所以就可以通过加密的方式来使这些数据变成看似乱码的数据。例如，用户密码，就应该进行加密。各种加密函数的类别及作用如表 6.7 所示。

表 6.7 MySQL 的加密函数类别及作用

函数	作用	示例
PASSWORD(str)	对字符串 str 进行加密，经此函数加密后的数据是不可逆的，其经常用于对用户注册的密码进行加密处理	对字符串 mrsoft 进行密码，其语句如下： select PASSWORD('mrsoft');
MD5(str)	对字符串 str 进行加密。经常用于对普通数据进行加密	使用 MD5() 函数对 mrsoft 字符串进行加密，其语句如下： select MD5('mrsoft');
ENCODE(str,pswd_str)	使用字符串 pswd_str 来加密字符串 str。加密的结果是一个二进制数，必须使用 BLOB 类型的字段来保存它	使用字符串 mr 对 mrsoft 进行加密处理，其语句如下： select ENCODE('mrsoft', 'mr');
DECODE(crypt_str,pswd_str)	使用字符串 pswd_str 来为 crypt_str 解密。crypt_str 是通过 ENCODE(str,pswd_str) 加密后的二进制数据。字符串 pswd_str 应该与加密时的字符串 pswd_str 是相同的	应用 DECODE 函数对经过 ENCODE 函数加密的字符串进行解密，其语句如下： select DECODE(ENCODE('mrsoft', 'mr'), 'mr');

6.8 其他函数

MySQL 中除上述内置函数以外，还包含很多函数。例如，数字格式化函数 FORMAT(x,n)，IP 地址与数字的转换函数 INET_ATON(IP)，还有加锁函数 GET_LOCT(name,time)、解锁函数 RELEASE_LOCK(name) 等。在表 6.8 中罗列了 MySQL 中支持的其他函数类别及作用。

表 6.8 MySQL 中支持的其他函数类别及作用

函数	作用
FORMAT(x,n)	将数字 x 进行格式化，将 x 保留到小数点后 n 位。这个过程需要进行四舍五入
ASCII(s)	ASCII(s) 用于返回字符串 s 的第一个字符的 ASCII 码
BIN(x)	BIN(x) 用于返回 x 的二进制编码
HEX(x)	HEX(x) 用于返回 x 的十六进制编码
OCT(x)	OCT(x) 用于返回 x 的八进制编码
CONV(x,f1,f2)	CONV(x,f1,f2) 将 x 从 f1 进制数变成 f2 进制数
INET_ATON(IP)	INET_ATON(IP) 函数可以将 IP 地址转换为数字表示
INET_NTOA(N)	INET_NTOA(N) 函数可以将数字 n 转换成 IP 的形式
GET_LOCT(name,time)	GET_LOCT(name,time) 函数用于定义一个名称为 name、持续时间长度为 time 秒的锁。锁定成功，返回 1；如果尝试超时，返回 0；如果遇到错误，返回 NULL

续表

函数	作用
RELEASE_LOCK(name)	RELEASE_LOCK(name)函数用于解除名称为name的锁。如果解锁成功，返回1；如果尝试超时，返回0；如果解锁失败，返回NULL
IS_FREE_LOCK(name)	IS_FREE_LOCK(name)函数用于判断是否使用名为name的锁。如果使用，返回0；否则返回1
BENCHMARK(count,expr)	将表达式expr重复执行count次，然后返回执行时间。该函数可以用来判断MySQL处理表达式的速度
CONVERT(s USING cs)	将字符串s的字符集变成cs
CAST(x AS type)	将x变成type类型，这两个函数只对BINARY、CHAR、DATE、DATETIME、TIME、SIGNED INTEGER、UNSIGNED INTEGER这些类型起作用。但两种方法只是改变了输出值的数据类型，并没有改变表中字段的类型
CONVERT(x,type)	

本章知识思维导图

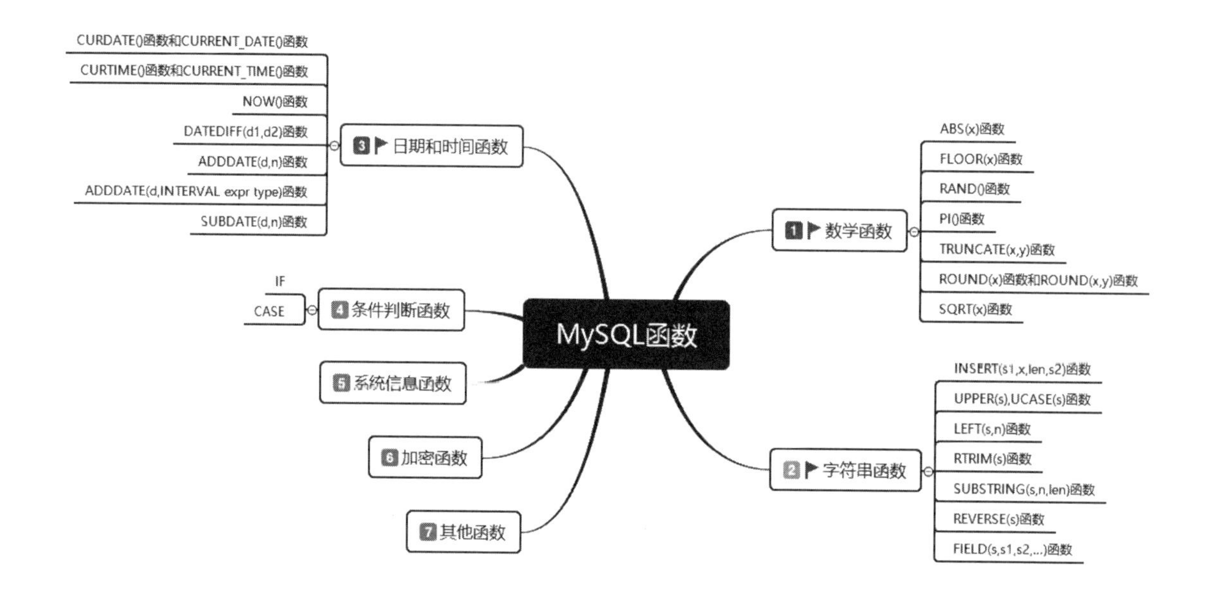

MySQL

从零开始学 MySQL

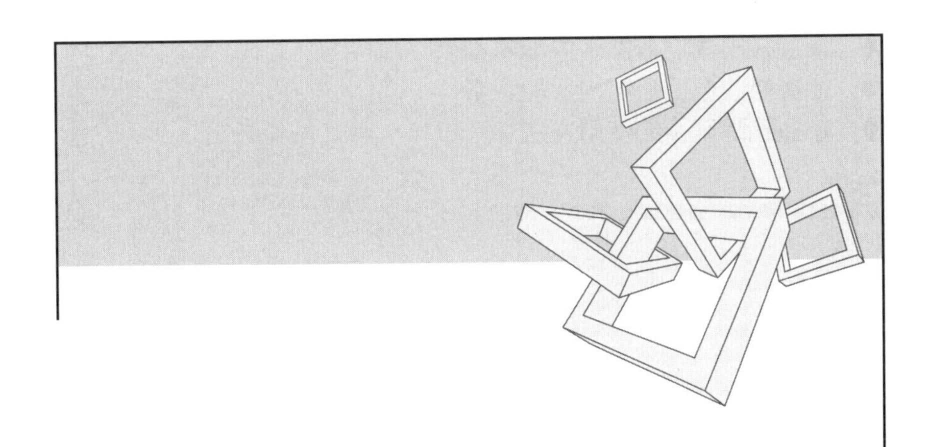

第2篇 高级应用篇

第 7 章

索引

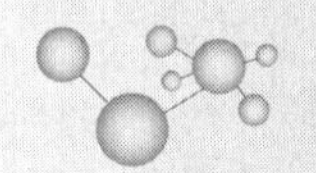

本章学习目标

- 了解 MySQL 索引的概念
- 了解 MySQL 数据库索引的分类
- 掌握在建立数据表时创建索引
- 掌握在已建立数据表中创建索引
- 掌握修改数据表结构添加索引
- 掌握删除索引的使用方法

7.1 索引概述

在 MySQL 中，索引由数据表中一列或多列组合而成，创建索引的目的是优化数据库的查询速度。其中，用户创建的索引指向数据库中具体数据所在位置。当用户通过索引查询数据库中的数据时，不需要遍历所有数据库中的所有数据。这样，大幅度提高了查询效率。

7.1.1 MySQL 索引概述

索引是一种将数据库中单列或者多列的值进行排序的结构。应用索引，可以大幅度提高查询的速度。

用户通过索引查询数据，不但可以提高查询速度，也可以降低服务器的负载。用户查询数据时，系统可以不必遍历数据表中的所有记录，而是查询索引列。一般过程的数据查询是通过遍历全部数据，并寻找数据库中的匹配记录而实现的。与一般形式的查询相比。索引就像一本书的目录。而当用户通过目录查找书中内容时，就好比用户通过目录查询某章节的某个知识点。这样就为用户在查找内容过程中，缩短大量时间，帮助用户有效地提高查找速度。所以，使用索引可以有效地提高数据库系统的整体性能。

应用 MySQL 数据库时，并非用户在查询数据的时候，总需要应用索引来优化查询。凡事都有双面性，使用索引可以提高检索数据的速度，对于依赖关系的子表和父表之间的联合查询时，可以提高查询速度，并且可以提高整体的系统性能。但是，创建索引和维护需要耗费时间，并且耗费的时间与数据量的大小成正比；另外，索引需要占用物理空间，给数据的维护造成很多麻烦。

整体来说，索引可以提高查询的速度，但是会影响用户操作数据库的插入操作。因为向有索引的表中插入记录时，数据库系统会按照索引进行排序。所以，用户可以将索引删除后，插入数据，当数据插入操作完成后，用户可以重新创建索引。

说明：

不同的存储引擎定义每个表的最大索引数和最大索引长度。所有存储引擎对每个表至少支持 16 个索引。总索引长度至少为 256 字节。有些存储引擎支持更多的索引数和更大的索引长度。索引有两种存储类型，包括 B 型树（BTREE）索引和哈希（HASH）索引。其中 B 型树为系统默认索引方法。

7.1.2 MySQL 索引分类

MySQL 的索引包括普通索引、唯一索引、全文索引、单列索引、多列索引和空间索引等。

（1）普通索引

普通索引，即不应用任何限制条件的索引，该索引可以在任何数据类型中创建。字段本身的约束条件可以判断其值是否为空或唯一。创建该类型索引后，用户在查询时，便可以通过索引进行查询。在某数据表的某一字段中，建立普通索引后。用户需要查询数据时，只需根据该索引进行查询即可。

（2）唯一索引

使用 UNIQUE 参数可以设置唯一索引。创建该索引时，索引的值必须唯一，通过唯一索引，用户可以快速定位某条记录，主键是一种特殊唯一索引。

（3）全文索引

使用 FULLTEXT 参数可以设置索引为全文索引。全文索引只能创建在 CHAR、VARCHAR 或者 TEXT 类型的字段上。查询数据量较大的字符串类型的字段时，使用全文索引可以提高查询速度。例如，查询带有文章回复内容的字段，可以应用全文索引方式。需要注意的是，在默认情况下，应用全文搜索大小写不敏感。如果索引的列使用二进制排序后，可以执行大小写敏感的全文索引。

（4）单列索引

顾名思义，单列索引即只对应一个字段的索引。其可以包括上述叙述的三种索引方式。应用该索引的条件只需要保证该索引值对应一个字段即可。

（5）多列索引

多列索引是在表的多个字段上创建一个索引。该索引指向创建时对应的多个字段，用户可以通过这几个字段进行查询。要想应用该索引，用户必须使用这些字段中第一个字段。

（6）空间索引

使用 SPATIAL 参数可以设置索引为空间索引。空间索引只能建立在空间数据类型上，这样可以提高系统获取空间数据的效率。MySQL 中只有 MyISAM 存储引擎支持空间检索，而且索引的字段不能为空值。

7.2 创建索引

创建索引是指在某个表中至少一列中建立索引，以便提高数据库性能。其中，建立索引可以提高表的访问速度。本节通过几种不同的方式创建索引。其中包括在建立数据库时创建索引、在已经建立的数据表中创建索引和修改数据表结构添加索引。

7.2.1 在建立数据表时创建索引

在建立数据表时可以直接创建索引，这种方式比较直接，且方便、易用。在建立数据表时创建索引的基本语法结构如下。

```
CREATE TABLE table_name(
属性名 数据类型[约束条件],
属性名 数据类型[约束条件]
……
属性名 数据类型
[UNIQUE | FULLTEXT | SPATIAL ]  INDEX KEY
[别名]( 属性名1 [(长度)] [ASC | DESC])
);
```

其中，属性名后的属性值，其含义如下：

- UNIQUE：可选参数，表明索引为唯一索引。
- FULLTEXT：可选参数，表明索引为全文索引。
- SPATIAL：可选参数，表明索引为空间索引。

INDEX 和 KEY 参数用于指定字段索引，用户在选择时，只需要选择其中的一种即可。另外，别名为可选参数，其作用是给创建的索引取新名称。

别名的参数如下：

- 属性名 1：指索引对应的字段名称，该字段必须被预先定义。
- 长度：可选参数，其指索引的长度，必须是字符串类型才可以使用。
- ASC/DESC：可选参数，ASC 表示升序排列，DESC 参数表示降序排列。

（1）创建普通索引

创建普通索引，即不添加 UNIQUE、FULLTEXT 等任何参数。

[实例 7.1]　（源码位置：资源包 \Code\07\01）

创建表名为 score 的数据表，并在该表的 id 字段上建立索引。

其主要代码如下：

```
create table score(
id int(11) auto_increment primary key not null,
name varchar(50) not null,
math int(5) not null,
english int(5) not null,
chinese int(5) not null,
index(id));
```

运行以上代码的结果如图 7.1 所示。

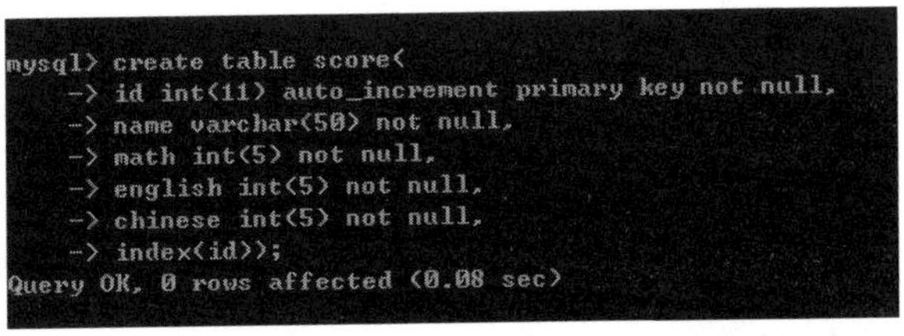

```
mysql> create table score(
    -> id int(11) auto_increment primary key not null,
    -> name varchar(50) not null,
    -> math int(5) not null,
    -> english int(5) not null,
    -> chinese int(5) not null,
    -> index(id));
Query OK, 0 rows affected (0.08 sec)
```

图 7.1　创建普通索引

在命令提示符中使用 SHOW CREATE TABLE 语句查看该表的结构，在命令提示符中输入的代码如下：

```
show create table score;
```

查看数据表结构运行结果如图 7.2 所示。

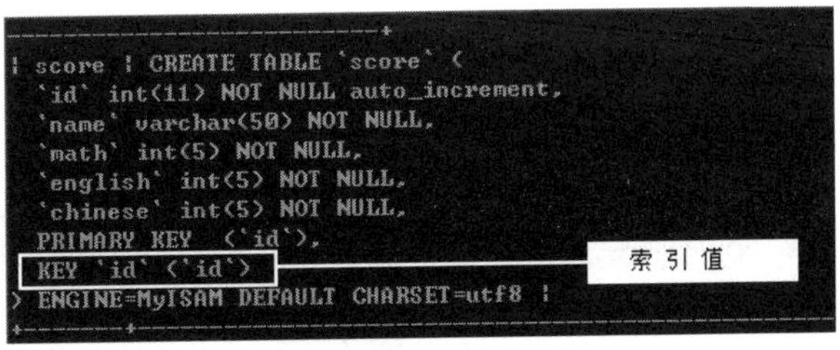

```
| score | CREATE TABLE `score` (
  `id` int(11) NOT NULL auto_increment,
  `name` varchar(50) NOT NULL,
  `math` int(5) NOT NULL,
  `english` int(5) NOT NULL,
  `chinese` int(5) NOT NULL,
  PRIMARY KEY  (`id`),
  KEY `id` (`id`)
) ENGINE=MyISAM DEFAULT CHARSET=utf8 |
```

索引值

图 7.2　查看数据表结构

从图 7.2 中可以清晰地看到，该表结构的索引为 id，则可以说明该表的索引建立成功。

（2）创建唯一索引

创建唯一索引与创建普通索引的语法结构大体相同，但是在创建唯一索引的时候，需要使用 UNIQUE 参数进行约束。

[实例 7.2]　（源码位置：资源包\Code\07\02）

创建一个表名为 address 的数据表，并指定该表的 id 字段上建立唯一索引。

代码如下：

```
create table address(
id int(11) auto_increment primary key not null,
name varchar(50),
address varchar(200),
UNIQUE INDEX address(id ASC));
```

应用 SHOW CREATE TABLE 语句查看表的结构，其运行如图 7.3 所示。

从图 7.3 中可以看到，该表的 id 字段上已经建立了一个名为 address 的唯一索引。

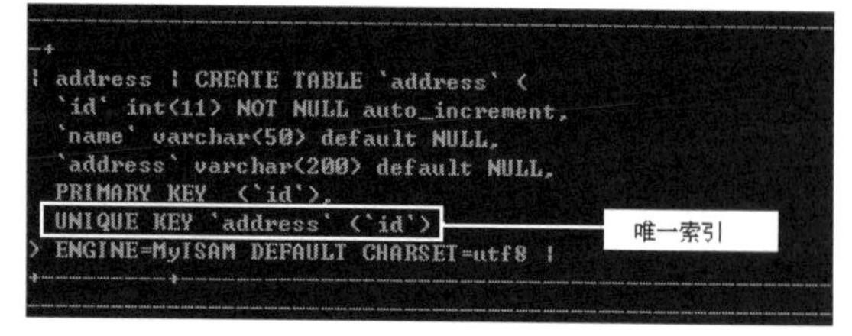

```
| address | CREATE TABLE `address` (
  `id` int(11) NOT NULL auto_increment,
  `name` varchar(50) default NULL,
  `address` varchar(200) default NULL,
  PRIMARY KEY  (`id`),
  UNIQUE KEY `address` (`id`)
) ENGINE=MyISAM DEFAULT CHARSET=utf8 |
```


图 7.3　查看唯一索引的表结构

说明：

虽然添加唯一索引可以约束字段的唯一性，但是有时候并不能提高用户查找速度，即不能实现优化查询目的。所以，读者在使用过程中需要根据实际情况来选择唯一索引。

（3）创建全文索引

与创建普通索引和唯一索引不同，全文索引的创建只能作用在 CHAR、VARCHAR、TEXT 类型的字段上。创建全文索引时需要使用 FULLTEXT 参数进行约束。

[实例 7.3]　（源码位置：资源包\Code\07\03）

创建一个名称为 cards 的数据表，并在该表的 number 字段上创建全文索引。

代码如下：

```
create table cards(
id int(11) auto_increment primary key not null,
name varchar(50),
number bigint(11),
info varchar(50),
FULLTEXT KEY cards_number(number));
```

在命令提示符中应用 SHOW CREATE TABLE 语句查看表结构。其代码如下：

```
SHOW CREATE TABLE cards;
```

查看全文索引的数据表结构运行结果如图 7.4 所示。

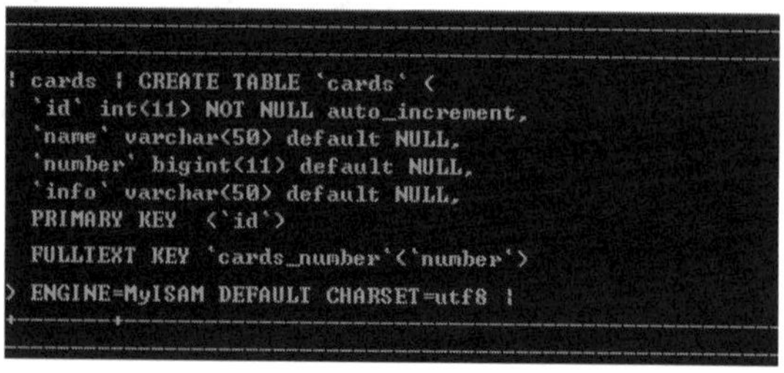

```
| cards | CREATE TABLE `cards` (
  `id` int(11) NOT NULL auto_increment,
  `name` varchar(50) default NULL,
  `number` bigint(11) default NULL,
  `info` varchar(50) default NULL,
  PRIMARY KEY  (`id`),
  FULLTEXT KEY `cards_number`(`number`)
) ENGINE=MyISAM DEFAULT CHARSET=utf8 |
```

图 7.4　查看全文索引的数据表结构

说明：

只有 MyISAM 类型的数据表支持 FULLTEXT 全文索引，InnoDB 或其他类型的数据表不支持全文索引。当用户在建立全文索引的时候，返回“ERROR 1283 (HY000):

Column 'number' cannot be part of FULLTEXT index”的错误，则说明用户操作的当前数据表不支持全文索引，即不为 MyISAM 类型的数据表。

（4）创建单列索引

创建单列索引，即在数据表的单个字段上创建索引。创建该类型索引不需要引入约束参数，用户在建立时，只需指定单列字段名，即可创建单列索引。

[实例 7.4]　（源码位置：资源包 \Code\07\04）

创建名称为 telephone 的数据表，并指定在 tel 字段上建立名称为 tel_num 的单列索引。

代码如下：

```
create table telephone(
id int(11) primary key auto_increment not null,
name varchar(50) not null,
tel varchar(50) not null,
index tel_num(tel(20))
);
```

运行上述代码后，应用 SHOW CREATE TABLE 语句查看表的结构，其运行结果如图 7.5 所示。

说明：
数据表中的字段长度为 50，而创建的索引的字段长度为 20，这样做的目的是提高查询效率，优化查询速度。

（5）创建多列索引

与创建单列索引相仿，指定表的多个字段即可实现创建多列索引。

[实例 7.5]　（源码位置：资源包 \Code\07\05）

创建名称为 information 的数据表，并指定 name 和 sex 为多列索引。

代码如下：

```
create table information(
id int(11) auto_increment primary key not null,
name varchar(50) not null,
sex varchar(5) not null,
birthday varchar(50) not null,
INDEX info(name,sex)
);
```

应用 SHOW CREATE TABLE 语句查看创建多列的数据表结构，其运行结果如图 7.6 所示。

```
| telephone | CREATE TABLE `telephone` (
  `id` int(11) NOT NULL auto_increment,
  `name` varchar(50) NOT NULL,
  `tel` varchar(50) NOT NULL,
  PRIMARY KEY  (`id`),
  KEY `tel_num` (`tel`(20))
) ENGINE=MyISAM DEFAULT CHARSET=utf8 |
```

图 7.5　查看单列索引表的数据表结构

```
| information | CREATE TABLE `information` (
  `id` int(11) NOT NULL auto_increment,
  `name` varchar(50) NOT NULL,
  `sex` varchar(5) NOT NULL,
  `birthday` varchar(50) NOT NULL,
  PRIMARY KEY  (`id`),
  KEY `info` (`name`,`sex`)
) ENGINE=MyISAM DEFAULT CHARSET=utf8 |
```

图 7.6　查看多列索引表的数据结构

需要注意的是，在多列索引中，只有查询条件中使用了这些字段中的第一个字段（即上面示例中的 name 字段）时，索引才会被使用。

说明：

触发多列索引的条件是用户必须使用索引的第一字段，如果没有用到第一字段，则索引不起任何作用，用户想要优化查询速度，可以应用该类索引形式。

（6）创建空间索引

创建空间索引时，需要设置 SPATIAL 参数。同样，必须说明的是，只有 MyISAM 类型表支持该类型索引。而且，索引字段必须有非空约束。

[实例 7.6]（源码位置：资源包 \Code\07\06）

创建一个名称为 list 的数据表，并创建一个名为 listinfo 的空间索引。

代码如下：

```
create table list(
id int(11) primary key auto_increment not null,
goods geometry not null
SPATIAL INDEX listinfo(goods)
)engine=MyISAM;
```

```
| list  | CREATE TABLE `list` (
  `id` int(11) NOT NULL auto_increment,
  `goods` GEOMETRY    NOT NULL,
  PRIMARY KEY  (`id`)
  SPATIAL KEY `listinfo(`goods`)
) ENGINE=MyISAM DEFAULT CHARSET=utf8 |
```

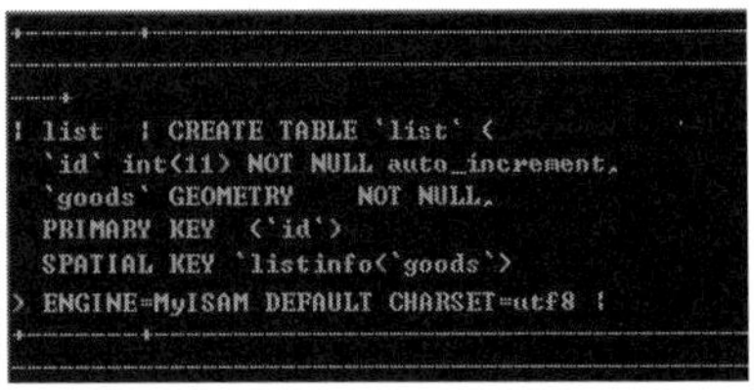

图 7.7　查看空间索引表的结构

运行上述代码，创建成功后，在命令提示符中应用 SHOW CREATE TABLE 语句查看表的结构。其运行结果如图 7.7 所示。

从图 7.7 中可以看到，goods 字段上已经建立名称为 listinfo 的空间索引，其中 goods 字段必须不能为空，且数据类型是 GEOMETRY。该类型是空间数据类型。空间类型不能用其他类型代替。否则，在生成空间索引时会产生错误且不能正常创建该类型索引。

说明：

空间类型除上述示例中提到的 GEOMETRY 类型外，还包括 POINT、LINESTRING、POLYGON 等类型。这些空间数据类型在平常的操作中很少被用到。

7.2.2　在已建立的数据表中创建索引

在 MySQL 中，不但可以在用户创建数据表时创建索引，用户也可以直接在已经创建的表中，在已经存在的一个或几个字段创建索引。其基本的命令结构如下：

```
CREATE [UNIQUE | FULLTEXT |SPATIAL ] INDEX index_name
ON table_name(属性 [(length)] [ ASC | DESC]);
```

命令的参数说明如下：

- index_name 为索引名称，该参数作用是给用户创建的索引赋予新的名称。
- table_name 为表名，即指定创建索引的表名称。
- 可选参数，指定索引类型，包括 UNIQUE（唯一索引）、FULLTEXT（全文索引）、

SPATIAL（空间索引）。

- 属性参数，指定索引对应的字段名称。该字段必须已经预存在用户想要操作的数据表中，如果该数据表中不存在用户指定的字段，则系统会提示异常。
- length 为可选参数，用于指定索引长度。
- ASC 和 DESC 参数，指定数据表的排序顺序。

与建立数据表时创建索引相同，在已建立的数据表中创建索引同样包含 6 种索引方式。

（1）创建普通索引

[实例 7.7]　（源码位置：资源包 \Code\07\07）

创建名称为 stu_info 的普通索引。

首先，应用 SHOW CREATE TABLE 语句查看 studentinfo 表的结构，其运行结果如图 7.8 所示。

然后，在该表中创建名称为 stu_info 的普通索引，在命令提示符中输入如下命令：

```
create INDEX stu_info ON studentinfo(sid);
```

输入上述命令后，应用 SHOW CREATE TABLE 语句查看该数据表的结构。其运行结果如图 7.9 所示。

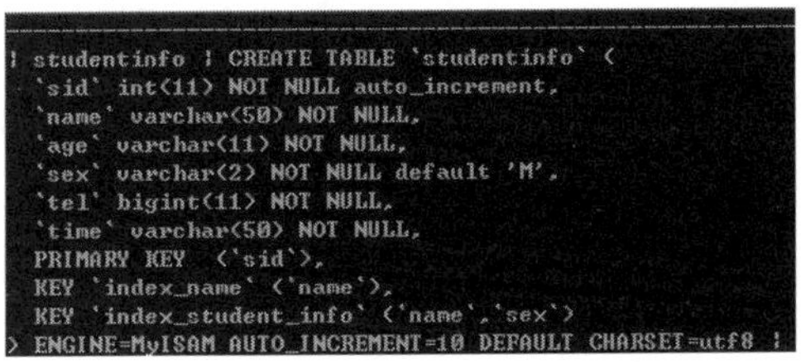

```
| studentinfo | CREATE TABLE `studentinfo` (
  `sid` int(11) NOT NULL auto_increment,
  `name` varchar(50) NOT NULL,
  `age` varchar(11) NOT NULL,
  `sex` varchar(2) NOT NULL default 'M',
  `tel` bigint(11) NOT NULL,
  `time` varchar(50) NOT NULL,
  PRIMARY KEY  (`sid`),
  KEY `index_name` (`name`),
  KEY `index_student_info` (`name`,`sex`)
) ENGINE=MyISAM AUTO_INCREMENT=10 DEFAULT CHARSET=utf8 |
```

图 7.8　查看未添加索引前的表结构

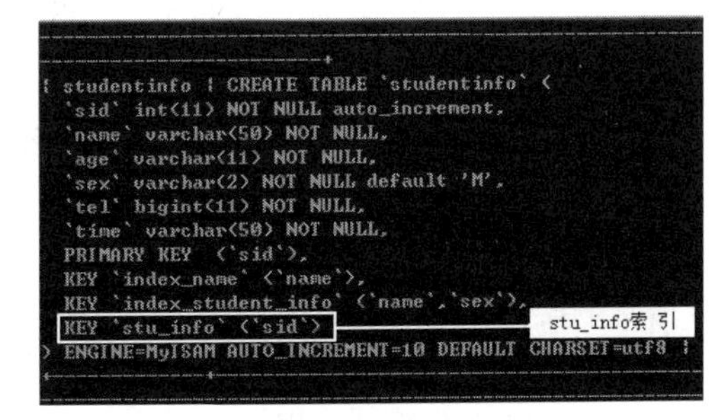

```
| studentinfo | CREATE TABLE `studentinfo` (
  `sid` int(11) NOT NULL auto_increment,
  `name` varchar(50) NOT NULL,
  `age` varchar(11) NOT NULL,
  `sex` varchar(2) NOT NULL default 'M',
  `tel` bigint(11) NOT NULL,
  `time` varchar(50) NOT NULL,
  PRIMARY KEY  (`sid`),
  KEY `index_name` (`name`),
  KEY `index_student_info` (`name`,`sex`),
  KEY `stu_info` (`sid`)
) ENGINE=MyISAM AUTO_INCREMENT=10 DEFAULT CHARSET=utf8 |
```


图 7.9　查看添加索引后的表格结构

从图 7.9 中可以看出，名称为 stu_info 的数据表创建成功。如果系统没有提示异常或错误，则说明已经向 studentinfo 数据表中建立名称为 stu_info 的普通索引。

（2）创建唯一索引

在已经存在的数据表中建立唯一索引的命令如下：

```
CREATE UNIQUE INDEX 索引名 ON 数据表名称(字段名称);
```

其中 UNIQUE 是用来设置索引唯一性的参数，该表中的字段名称既可以存在唯一约束，也可以不存在唯一约束。

[实例 7.8]　（源码位置：资源包 \Code\07\08）

在 index1 表中的 cid 字段上建立名为 index1_id 的唯一索引。

代码如下：

```
CREATE UNIQUE INDEX index1_id ON index1(cid);
```

输入上述命令后，应用 SHOW CREATE TABLE 语句查看该数据表的结构。其运行结果如图 7.10 所示。

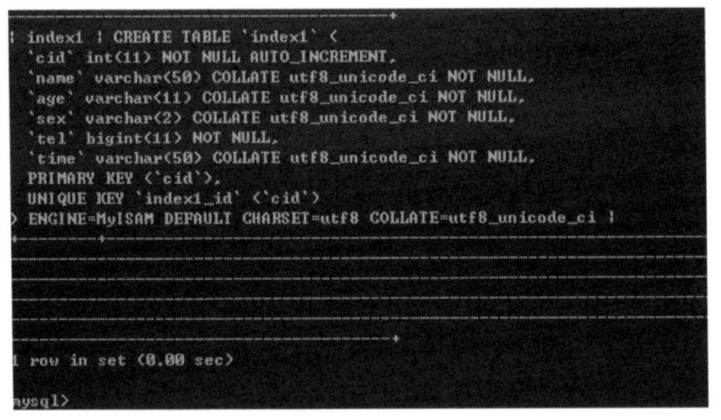

```
| index1 | CREATE TABLE `index1` (
  `cid` int(11) NOT NULL AUTO_INCREMENT,
  `name` varchar(50) COLLATE utf8_unicode_ci NOT NULL,
  `age` varchar(11) COLLATE utf8_unicode_ci NOT NULL,
  `sex` varchar(2) COLLATE utf8_unicode_ci NOT NULL,
  `tel` bigint(11) NOT NULL,
  `time` varchar(50) COLLATE utf8_unicode_ci NOT NULL,
  PRIMARY KEY (`cid`),
  UNIQUE KEY `index1_id` (`cid`)
) ENGINE=MyISAM DEFAULT CHARSET=utf8 COLLATE=utf8_unicode_ci |

1 row in set (0.00 sec)

mysql>
```

图 7.10　查看添加唯一索引后的表格结构

(3) 创建全文索引

在 MySQL 中，为已经存在的数据表创建全文索引的命令如下：

```
CREATE FULLTEXT INDEX 索引名 ON 数据表名称(字段名称);
```

其中，FULLTEXT 用来设置索引为全文索引。操作的数据表类型必须为 MyISAM 类型。字段类型必须为 VARCHAR、CHAR、TEXT 等类型。

[实例 7.9]　（源码位置：资源包 \Code\07\09）

在 index2 表中的 info 字段上建立名为 index2_info 的全文索引。

代码如下：

```
CREATE FULLTEXT INDEX index2_info ON index2(info);
```

输入上述命令后，应用 SHOW CREATE TABLE 语句查看该数据表的结构。其运行结果如图 7.11 所示。

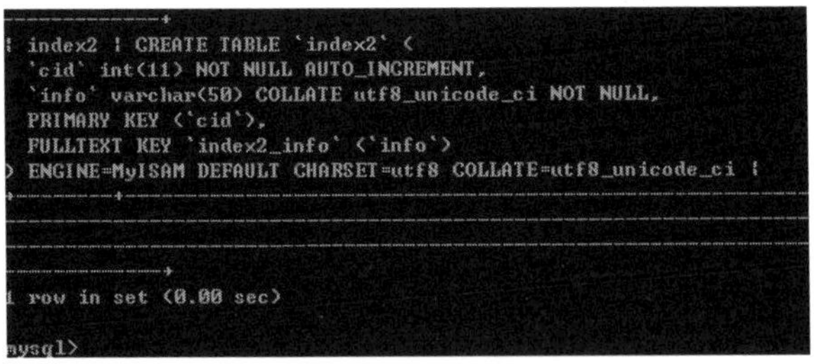

```
| index2 | CREATE TABLE `index2` (
  `cid` int(11) NOT NULL AUTO_INCREMENT,
  `info` varchar(50) COLLATE utf8_unicode_ci NOT NULL,
  PRIMARY KEY (`cid`),
  FULLTEXT KEY `index2_info` (`info`)
) ENGINE=MyISAM DEFAULT CHARSET=utf8 COLLATE=utf8_unicode_ci |

1 row in set (0.00 sec)

mysql>
```

图 7.11　查看添加全文索引后的表格结构

(4) 创建单列索引

与建立数据表时创建单列索引相同，用户可以设置单列索引。其命令结构如下：

```
CREATE INDEX 索引名 ON 数据表名称(字段名称(长度));
```

设置字段名称长度，可以优化查询速度，提高查询效率。

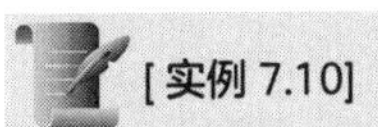

[实例 7.10]（源码位置：资源包 \Code\07\10）

在 index3 表中的 address 字段上建立名为 index3_addr 的单列索引。Address 字段的数据类型为 varchar(20)，索引的数据类型为 char(4)。

代码如下：

```
CREATE INDEX index3_addr ON index3(address(4));
```

输入上述命令后，应用 SHOW CREATE TABLE 语句查看该数据表的结构。其运行结果如图 7.12 所示。

```
| index3 | CREATE TABLE `index3` (
  `cid` int(11) NOT NULL AUTO_INCREMENT,
  `address` varchar(20) COLLATE utf8_unicode_ci NOT NULL,
  PRIMARY KEY (`cid`),
  KEY `index3_addr` (`address`(4))
) ENGINE=MyISAM DEFAULT CHARSET=utf8 COLLATE=utf8_unicode_ci |
```

图 7.12　查看添加单列索引后的表格结构

（5）创建多列索引

建立多列索引与建立单列索引类似。其主要命令结构如下：

```
CREATE INDEX 索引名 ON 数据表名称(字段名称1,字段名称2...);
```

与建立数据表时创建多列索引相同，当创建多列索引时，用户必须使用第一字段作为查询条件，否则，索引不能生效。

[实例 7.11]（源码位置：资源包 \Code\07\10）

在 index4 表中的 name 和 address 字段上建立名为 index4_na 的多列索引。

代码如下：

```
CREATE INDEX index4_na ON index4(name,address);
```

输入上述命令后，应用 SHOW CREATE TABLE 语句查看该数据表的结构。其运行结果如图 7.13 所示。

```
| index4 | CREATE TABLE `index4` (
  `cid` int(11) NOT NULL AUTO_INCREMENT,
  `name` varchar(20) COLLATE utf8_unicode_ci NOT NULL,
  `address` varchar(20) COLLATE utf8_unicode_ci NOT NULL,
  PRIMARY KEY (`cid`),
  KEY `index4_na` (`name`,`address`)
) ENGINE=MyISAM DEFAULT CHARSET=utf8 COLLATE=utf8_unicode_ci |
```

图 7.13　查看添加多列索引后的表格结构

（6）创建空间索引

建立空间索引，用户需要应用 SPATIAL 参数作为约束条件。其命令结构如下：

```
CREATE SPATIAL  INDEX 索引名 ON 数据表名称(字段名称);
```

其中，SPATIAL 用来设置索引为空间索引。用户要操作的数据表类型必须为 MyISAM 类型，并且字段名称必须存在非空约束。否则将不能正常创建空间索引。

7.2.3 修改数据表结构添加索引

修改已经存在表上的索引，可以通过 ALTER TABLE 语句为数据表添加索引，其基本结构如下：

```
ALTER TABLE table_name ADD [ UNIQUE | FULLTEXT |SPATIAL ] INDEX index_name(属性名 [(length)]
[ASC | DESC]);
```

该参数与 7.2.1 小节和 7.2.2 小节中所介绍的参数相同，这里不再赘述，请读者参阅前面两小节中的内容。

（1）添加普通索引

首先，应用 SHOW CREATE TABLE 语句查看 studentinfo 表的结构，其运行结果如图 7.14 所示。

然后，在该表中添加名称为 timer 的普通索引，在命令提示符中输入如下命令：

```
alter table studentinfo ADD INDEX timer (time(20));
```

输入上述命令后，应用 SHOW CREATE TABLE 语句查看该数据表的结构。其运行结果如图 7.15 所示。

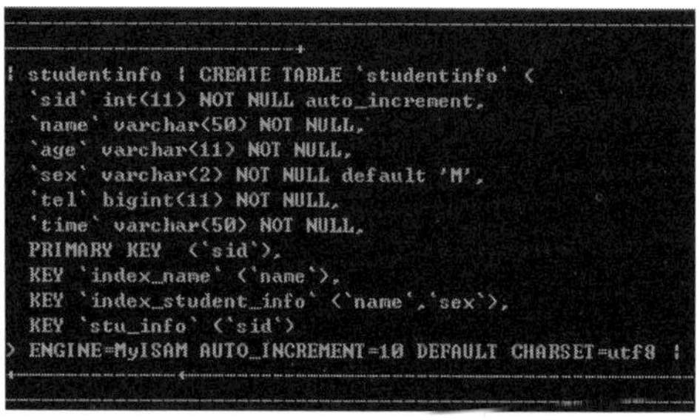

```
| studentinfo | CREATE TABLE `studentinfo` (
  `sid` int(11) NOT NULL auto_increment,
  `name` varchar(50) NOT NULL,
  `age` varchar(11) NOT NULL,
  `sex` varchar(2) NOT NULL default 'M',
  `tel` bigint(11) NOT NULL,
  `time` varchar(50) NOT NULL,
  PRIMARY KEY  (`sid`),
  KEY `index_name` (`name`),
  KEY `index_student_info` (`name`,`sex`),
  KEY `stu_info` (`sid`)
) ENGINE=MyISAM AUTO_INCREMENT=10 DEFAULT CHARSET=utf8 |
```

图 7.14 查看未添加索引前的表结构

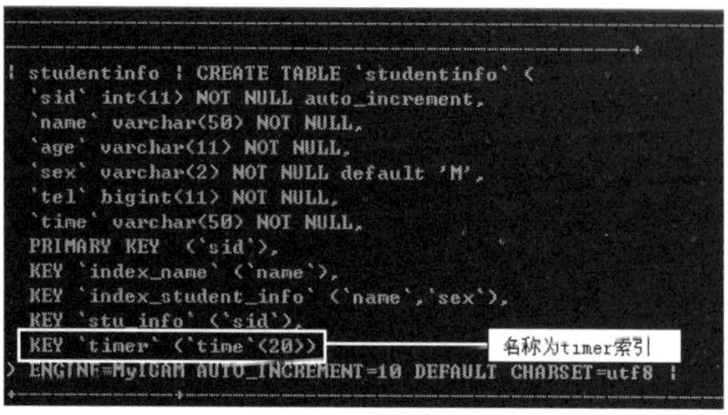

```
| studentinfo | CREATE TABLE `studentinfo` (
  `sid` int(11) NOT NULL auto_increment,
  `name` varchar(50) NOT NULL,
  `age` varchar(11) NOT NULL,
  `sex` varchar(2) NOT NULL default 'M',
  `tel` bigint(11) NOT NULL,
  `time` varchar(50) NOT NULL,
  PRIMARY KEY  (`sid`),
  KEY `index_name` (`name`),
  KEY `index_student_info` (`name`,`sex`),
  KEY `stu_info` (`sid`),
  KEY `timer` (`time`(20))
) ENGINE=MyISAM AUTO_INCREMENT=10 DEFAULT CHARSET=utf8 |
```

名称为timer索引

图 7.15 查看添加索引后的表格结构

从图 7.11 中可以看出，名称为 timer 的数据表添加成功，已经成功向 studentinfo 数据表中添加名称为 timer 的普通索引。

说明：

从功能上看，修改数据表结构添加索引与在已存在数据表中建立索引所实现功能大体相同，两者均是在已经建立的数据表中添加或创建新的索引。所以，用户在使用的时候，可以根据个人需求和实际情况，选择适合的方式向数据表中添加索引。

（2）添加唯一索引

与已存在的数据表中添加索引的过程类似，在数据表中添加唯一索引的命令结构如下：

```
ALTER TABLE 表名 ADD UNIQUE INDEX 索引名称（字段名称）；
```

其中，ALTER 语句一般是用来修改数据表结构的语句，ADD 为添加索引的关键字；UNIQUE 是用来设置索引唯一性的参数，该表中的字段名称既可以存在唯一约束，也可以不存在唯一约束。

（3）添加全文索引

在 MySQL 中，为已经存在的数据表添加全文索引的命令如下：

```
ALTER TABLE 表名 ADD  FULLTEXT INDEX 索引名称（字段名称）;
```

其中，ADD 是添加的关键字，FULLTEXT 用来设置索引为全文索引。操作的数据表类型必须为 MyISAM 类型。字段类型同样必须为 VARCHAR、CHAR、TEXT 等类型。

（4）添加单列索引

与建立数据表时创建单列索引相同，用户可以设置单列索引。其命令结构如下：

```
ALTER TABLE 表名 ADD  INDEX 索引名称（字段名称（长度））;
```

同样，用户可以设置字段名称长度，以便优化查询速度。提高执行效率。

（5）添加多列索引

添加多列索引与建立单列索引类似。其主要命令结构如下：

```
ALTER TABLE 表名 ADD  INDEX 索引名称(字段名称1,字段名称2...);
```

使用 ALTER 修改数据表结构同样可以添加多列索引。与建立数据表时创建多列索引相同，当创建多列索引时，用户必须使用第一字段作为查询条件，否则，索引不能生效。

（6）添加空间索引

添加空间索引，用户需要应用 SPATIAL 参数作为约束条件。其命令结构如下：

```
ALTER TABLE 表名 ADD  SPATIAL INDEX 索引名称(字段名称);
```

其中，SPATIAL 用来设置索引为空间索引。用户要操作的数据表类型必须为 MyISAM 类型。并且字段名称必须存在非空约束。否则将不能正常创建空间索引。该类别索引并不常用，所以，对于初学者来说，了解该索引类型即可。

7.3　删除索引

在 MySQL 中，创建索引后，如果用户不再需要该索引，则可以删除指定表的索引。因为这些已经被建立且不常使用的索引，一方面可能会占用系统资源，另一方面也可能导致更新速度下降，这极大地影响了数据表的性能。所以，在用户不需要该表的索引时，可以手动删除指定索引。其中删除索引可以通过 DROP 语句来实现。其基本的命令如下：

```
DROP INDEX index_name ON table_name;
```

其中，参数 index_name 是用户需要删除的索引名称，参数 table_name 指定数据表名称，下面应用示例向读者展示如何删除数据表中已经存在的索引，打开 MySQL 后，应用 SHOW CREATE TABLE 语句查看数据表的索引，其运行结果如图 7.16 所示。

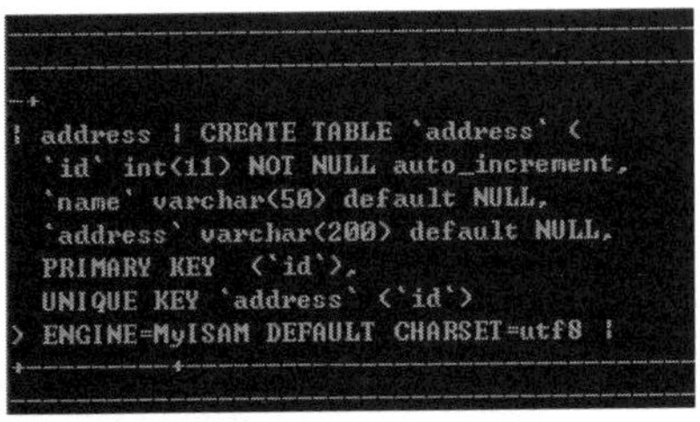

```
| address | CREATE TABLE `address` (
  `id` int(11) NOT NULL auto_increment,
  `name` varchar(50) default NULL,
  `address` varchar(200) default NULL,
  PRIMARY KEY  (`id`),
  UNIQUE KEY `address` (`id`)
) ENGINE=MyISAM DEFAULT CHARSET=utf8 |
```

图 7.16　查看 address 数据表内的索引

从图 7.16 中可以看出，名称为 address 的数据表中存在唯一索引“address”。在命令提示符中继续输入如下命令：

```
DROP INDEX id ON address
```

运行上述代码的结果如图 7.17 所示。

在用户顺利删除索引后，为确定该索引是否已被删除，用户可以再次应用 SHOW CREATE TABLE 语句来查看数据表结构。其运行结果如图 7.18 所示。

```
mysql> drop index address on address;
Query OK, 0 rows affected (0.13 sec)
Records: 0  Duplicates: 0  Warnings: 0
```

图 7.17　删除唯一索引 address

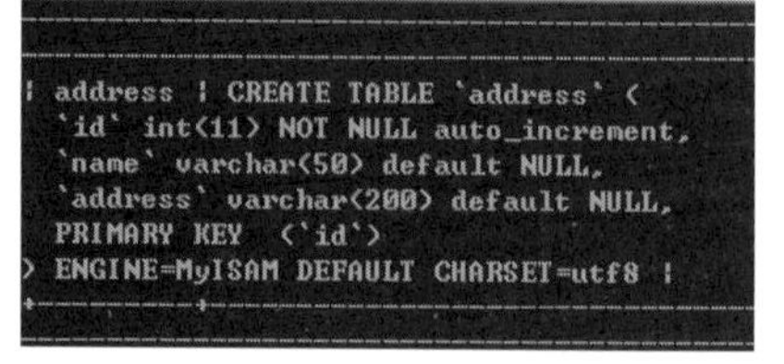

```
| address | CREATE TABLE `address` (
  `id` int(11) NOT NULL auto_increment,
  `name` varchar(50) default NULL,
  `address` varchar(200) default NULL,
  PRIMARY KEY  (`id`)
) ENGINE=MyISAM DEFAULT CHARSET=utf8 |
```

图 7.18　再次查看 address 数据表结构

从图 7.18 可以看出，名称为“address”的唯一索引已经被删除。

本章知识思维导图

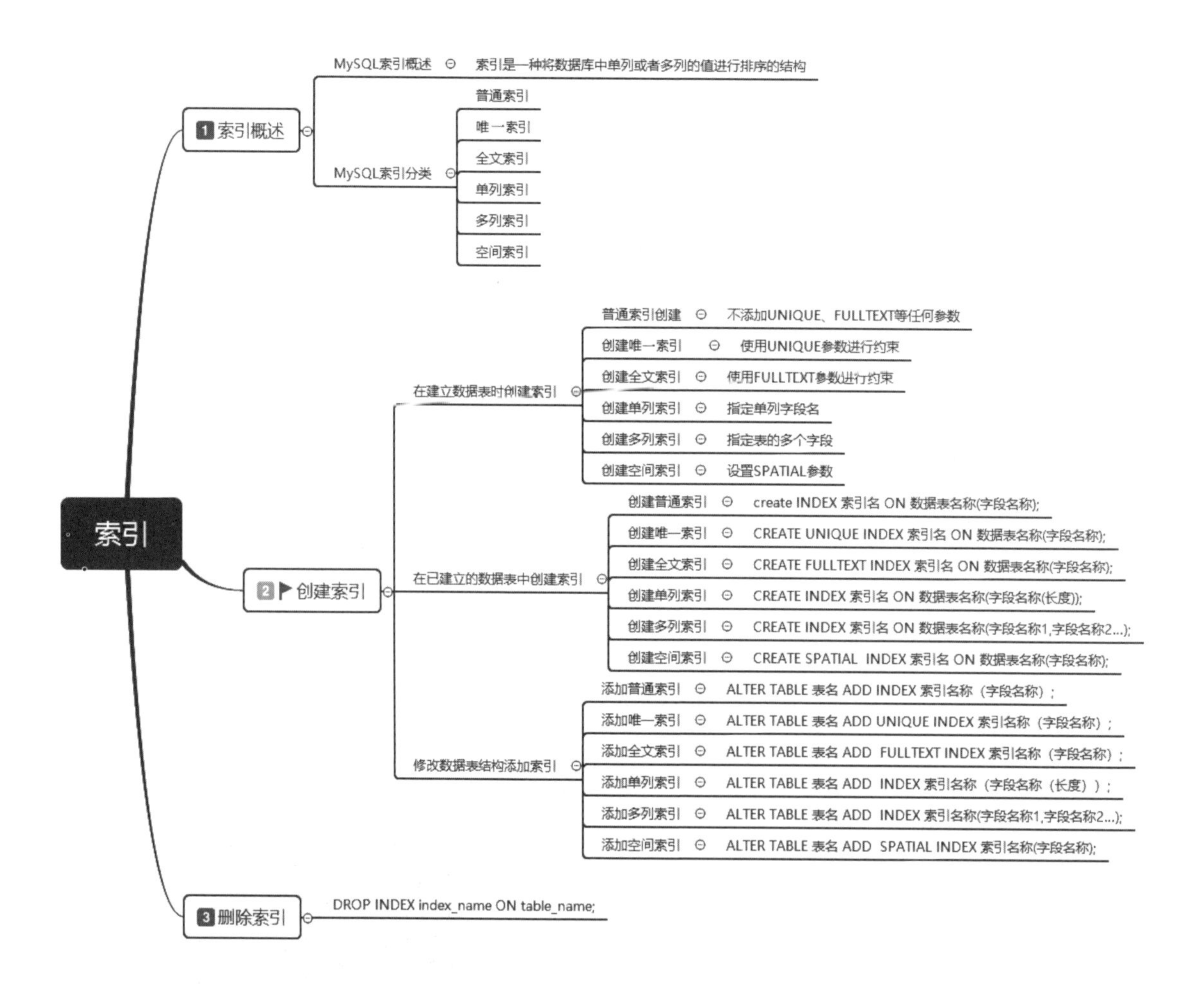

第 8 章

视图

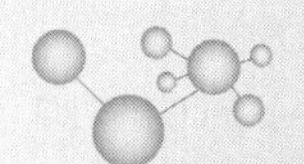

本章学习目标

- 了解使用 CREATE VIEW 语句创建视图
- 了解创建视图的注意事项
- 掌握 SHOW TABLE STATUS 语句查看视图
- 掌握 CREATE OR REPLACE VIEW 语句修改视图
- 掌握使用 ALTER VIEW 语句修改视图
- 掌握更新视图和使用 DROP VIEW 语句删除视图

8.1 视图概述

视图是由数据库中的一个表或多个表导出的虚拟表。其作用是方便用户对数据进行操作。本节将详细讲解视图的概念及作用。

8.1.1 视图的概念

视图是一个虚拟表，是从数据库中一个或多个表中导出来的表，其内容由查询定义。同真实的表一样，视图包含一系列带有名称的列和行数据。但是，数据库中只存放了视图的定义，而并没有存放视图中的数据，这些数据存放在原来的表中。使用视图查询数据时，数据库系统会从原来的表中取出对应的数据。因此，视图中的数据是依赖于原来的表中的数据的。一旦表中的数据发生改变，显示在视图中的数据也会发生改变。

视图是存储在数据库中的查询的 sql 语句，它主要出于两种原因：一种是安全原因，视图可以隐藏一些数据。例如：员工信息表，可以用视图只显示姓名、工龄、地址，而不显示社会保险号和工资数等。另一种原因是可使复杂的查询易于理解和使用。

8.1.2 视图的作用

对其中所引用的基础表来说，视图的作用类似于筛选。定义视图的筛选可以来自当前或其他数据库的一个或多个表，或者其他视图。通过视图进行查询没有任何限制，通过它们进行数据修改时的限制也很少。视图的作用归纳为如下几点。

（1）简单性

看到的就是需要的。视图不仅可以简化用户对数据的理解，也可以简化他们的操作。那些被经常使用的查询可以被定义为视图，从而使得用户不必为以后的操作每次指定全部的条件。

（2）安全性

视图的安全性可以防止未授权用户查看特定的行或列，权限用户只能看到表中特定行的方法如下。

① 在表中增加一个标志用户名的列。

② 建立视图，使用户只能看到标有自己用户名的行。

③ 把视图授权给其他用户。

（3）逻辑数据独立性

视图可以使应用程序和数据库表在一定程度上独立。如果没有视图，程序一定是建立在表上的。有了视图之后，程序可以建立在视图之上，从而程序与数据库表被视图分割开来。视图可以在以下几个方面使程序与数据独立。

① 如果应用建立在数据库表上，当数据库表发生变化时，可以在表上建立视图，通过视图屏蔽表的变化，从而应用程序可以不动。

② 如果应用建立在数据库表上，当应用发生变化时，可以在表上建立视图，通过视图屏蔽应用的变化，从而使数据库表不动。

③ 如果应用建立在视图上，当数据库表发生变化时，可以在表上修改视图，通过视图屏蔽表的变化，从而应用程序可以不动。

④ 如果应用建立在视图上，当应用发生变化时，可以在表上修改视图，通过视图屏蔽应用的变化，从而数据库可以不动。

8.2 创建视图

创建视图是指在已经存在的数据库表上建立视图。视图可以建立在一张表中，也可以建立在多张表中。本节主要讲解创建视图的方法。

8.2.1 查看创建视图的权限

创建视图需要具有 CREATE VIEW 的权限。同时应该具有查询涉及的列的 SELECT 权限。可以使用 SELECT 语句来查询这些权限信息，查询语法如下：

```
SELECT Selete_priv,Create_view_priv FROM mysql.user WHERE user='用户名';
```

- Selete_priv 属性表示用户是否具有 SELECT 权限，Y 表示拥有 SELECT 权限，N 表示没有；
- Create_view_priv 属性表示用户是否具有 CREATE VIEW 权限；mysql.user 表示 MySQL 数据库下面的 user 表；
- “用户名”参数表示要查询是否拥有 DROP 权限的用户，该参数需要用单引号引起来。

[实例 8.1] （源码位置：资源包 \Code\08\01）

查询 MySQL 中 root 用户是否具有创建视图的权限。

代码如下：

```
SELECT Selete_priv,Create_view_priv FROM mysql.user WHERE user='root;'
```

查看用户是否具有创建视图的权限，运行结果如图 8.1 所示。

```
mysql> SELECT Select_priv,Create_view_priv FROM mysql.user WHERE user='root';
+-------------+------------------+
| Select_priv | Create_view_priv |
+-------------+------------------+
| Y           | Y                |
| Y           | Y                |
| Y           | Y                |
+-------------+------------------+
3 rows in set (0.00 sec)
```

图 8.1　查看用户是否具有创建视图的权限

结果中“Select_priv”和“Create_view_priv”属性的值都为 Y，这表示 root 用户具有 SELECT 和 CREATE VIEW 权限。

8.2.2 创建视图

MySQL 中，创建视图是通过 CREATE VIEW 语句实现的。其语法如下：

```
CREATE [ALGORITHM={UNDEFINED|MERGE|TEMPTABLE}]
        VIEW 视图名[(属性清单)]
        AS SELECT语句
        [WITH [CASCADED|LOCAL] CHECK OPTION];
```

- ALGORITHM 是可选参数，表示视图选择的算法；
- “视图名”参数表示要创建的视图名称；
- “属性清单”是可选参数，指定视图中各个属性的名称，默认情况下与 SELECT 语句中查询的属性相同；
- SELECT 语句参数是一个完整的查询语句，表示从某个表中查出某些满足条件的记录，将这些记录导入视图中；
- WITH CHECK OPTION 是可选参数，表示更新视图时要保证在该视图的权限范围之内。

[实例 8.2]（源码位置：资源包 \Code\08\02）

在 tb_book 数据表中创建 view1 视图，视图命名为 book_view1，并设置视图属性分别为 a_sort、a_talk、a_books。

代码如下：

```
CREATE VIEW
book_view1(a_sort,a_talk,a_books)
AS SELECT sort,talk,books
FROM tb_book;
```

创建视图 book_view1 运行结果如图 8.2 所示。

如果要在 tb_book 表和 tb_user 表上创建名为 book_view1 的视图，运行代码如下：

```
CREATE ALGORITHM=MERGE VIEW
book_view1(a_sort,a_talk,a_books,a_name)
AS SELECT sort,talk,books,tb_user.name
FROM tb_book,tb_name WHERE tb_book.id=tb_name.id
WITH LOCAL CHECK OPTION;
```

```
mysql> CREATE VIEW
    -> book_view1(a_sort,a_talk,a_books)
    -> AS SELECT sort,talk,books
    -> FROM tb_book;
Query OK, 0 rows affected (0.09 sec)
```

图 8.2　创建视图 book_view1

建议读者自己上机实践一下，这样会加深记忆。

8.2.3　创建视图的注意事项

创建视图时需要注意以下几点。

① 运行创建视图的语句需要用户具有创建视图（create view）的权限，若加了 [or replace] 时，还需要用户具有删除视图（drop view）的权限。

② select 语句不能包含 from 子句中的子查询。

③ select 语句不能引用系统或用户变量。

④ select 语句不能引用预处理语句参数。

⑤ 在存储子程序内，定义不能引用子程序参数或局部变量。

⑥ 在定义中引用的表或视图必须存在。但是，创建了视图后，能够舍弃定义引用的表或视图。要想检查视图定义是否存在这类问题，可使用 check table 语句。

⑦ 在定义中不能引用 temporary 表，不能创建 temporary 视图。

⑧ 在视图定义中命名的表必须已存在。

⑨ 不能将触发程序与视图关联在一起。

⑩ 在视图定义中允许使用 order by，但是，如果从特定视图进行了选择，而该视图使用了具有自己 order by 的语句，它将被忽略。

8.3 管理视图

8.3.1 查看视图

查看视图是指查看数据库中已存在的视图。查看视图必须要有 SHOW VIEW 的权限。查看视图的方法主要包括使用 DESCRIBE 语句、SHOW TABLE STATUS 语句、SHOW CREATE VIEW 语句等。本节将主要介绍这几种查看视图的语句。

（1）DESCRIBE 语句

DESCRIBE 可以缩写成 DESC，DESC 语句的格式如下：

```
DESCRIBE 视图名;
```

下面使用 DESC 语句查看 book_view1 视图中的结构，结果如图 8.3 所示。

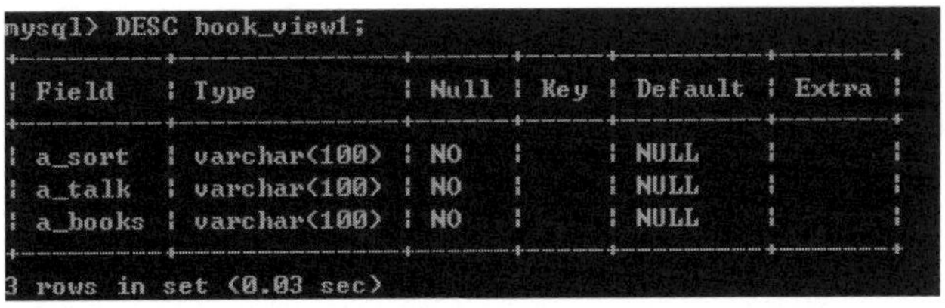

```
mysql> DESC book_view1;
+---------+--------------+------+-----+---------+-------+
| Field   | Type         | Null | Key | Default | Extra |
+---------+--------------+------+-----+---------+-------+
| a_sort  | varchar(100) | NO   |     | NULL    |       |
| a_talk  | varchar(100) | NO   |     | NULL    |       |
| a_books | varchar(100) | NO   |     | NULL    |       |
+---------+--------------+------+-----+---------+-------+
3 rows in set (0.03 sec)
```

图 8.3　使用 DESC 语句查看 book_view1 视图中的结构

结果中显示了字段的名称（Field）、数据类型（Type）、是否为空（Null）、是否为主外键（Key）、默认值（Default）和额外信息（Extra）。

说明：

如果只需了解视图中的各个字段的简单信息，可以使用 DESCRIBE 语句。DESCRIBE 语句查看视图的方式与查看普通表的方式是相同的，结果显示的方式也相同。通常情况下，都是使用 DESC 代替 DESCRIBE。

（2）SHOW TABLE STATUS 语句

在 MYSQL 中，可以使用 SHOW TABLE STATUS 语句查看视图的信息。其语法格式如下：

```
SHOW TABLE STATUS LIKE '视图名';
```

"LIKE"表示后面匹配的是字符串；

"视图名"参数指要查看的视图名称，需要用单引号定义。

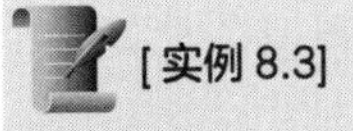

[实例 8.3]　（源码位置：资源包 \Code\08\03）

使用 SHOW TABLE STATUS 语句查看视图 book_view1 中的信息。

代码如下：

```
SHOW TABLE STATUS LIKE 'book_view1';
```

使用 SHOW TABLE STATUS 语句查看视图 book_view1 中的信息运行结果如图 8.4 所示。

从运行结果可以看出，存储引擎、数据长度等信息都显示为 NULL，则说明视图为虚拟表，与普通数据表是有区别的。下面使用 SHOW TABLE STATUS 语句来查看 tb_book 表的信息，运行结果如图 8.5 所示。

```
mysql> SHOW TABLE STATUS LIKE 'book_view1'\G;
*************************** 1. row ***************************
           Name: book_view1
         Engine: NULL
        Version: NULL
     Row_format: NULL
           Rows: NULL
 Avg_row_length: NULL
    Data_length: NULL
Max_data_length: NULL
   Index_length: NULL
      Data_free: NULL
 Auto_increment: NULL
    Create_time: NULL
    Update_time: NULL
     Check_time: NULL
      Collation: NULL
       Checksum: NULL
 Create_options: NULL
        Comment: VIEW
1 row in set (0.00 sec)
```

图 8.4　使用 SHOW TABLE STATUS 语句查看视图 book_view1 中的信息

```
mysql> SHOW TABLE STATUS LIKE 'tb_book'\G;
*************************** 1. row ***************************
           Name: tb_book
         Engine: MyISAM
        Version: 10
     Row_format: Dynamic
           Rows: 14
 Avg_row_length: 204
    Data_length: 2964
Max_data_length: 281474976710655
   Index_length: 2048
      Data_free: 96
 Auto_increment: 35
    Create_time: 2011-06-07 14:00:25
    Update_time: 2011-06-13 10:26:36
     Check_time: NULL
      Collation: utf8_general_ci
       Checksum: NULL
 Create_options:
        Comment:
1 row in set (0.00 sec)
```

图 8.5　使用 SHOW TABLE STATUS 语句来查看 tb_book 表的信息

从上面的结果中可以看出，数据表的信息都已经显示出来了，这就是视图和普通数据表的区别。

（3）SHOW CREATE VIEW 语句

在 MYSQL 中，SHOW CREATE VIEW 语句可以查看视图的详细定义。其语法格式如下：

```
SHOW CREATE VIEW 视图名
```

[实例 8.4]　　（源码位置：资源包 \Code\08\04）

使用 SHOW CREATE VIEW 语句查看视图 book_view1 的信息。

代码如下：

```
SHOW CREATE VIEW book_view1;
```

使用 SHOW CREATE VIEW 语句查看视图 book_view1 的信息，运行结果如图 8.6 所示。

```
mysql> SHOW CREATE VIEW book_view1\G;
*************************** 1. row ***************************
       View: book_view1
Create View: CREATE ALGORITHM=UNDEFINED DEFINER=`root`@`localhost` SQL SECURITY
DEFINER VIEW `book_view1` AS select `tb_book`.`sort` AS `a_sort`,`tb_book`.`talk
` AS `a_talk`,`tb_book`.`books` AS `a_books` from `tb_book`
1 row in set (0.00 sec)
```

图 8.6　使用 SHOW CREATE VIEW 语句查看视图 book_view1 的信息

通过 SHOW CREATE VIEW 语句，可以查看视图的所有信息。

8.3.2　修改视图

修改视图是指修改数据库中已存在的表的定义。当基本表的某些字段发生改变时，可以通过修改视图来保持视图和基本表之间一致。MySQL 中通过 CREATE OR REPLACE VIEW 语句和 ALTER VIEW 语句来修改视图。下面介绍这两种修改视图的语句。

（1）CREATE OR REPLACE VIEW 语句

在 MYSQL 中，CREATE OR REPLACE VIEW 语句使用非常灵活。在视图已经存在的情况下，对视图进行修改；视图不存在时，可以创建视图。CREATE OR REPLACE VIEW 语句的语法如下：

```
CREATE OR REPLACE [ALGORITHM={UNDEFINED | MERGE | TEMPTABLE}]
VIEW 视图[(属性清单)]
AS SELECT 语句
[WITH [CASCADED | LOCAL] CHECK OPTION];
```

[实例 8.5] （源码位置：资源包 \Code\08\05）

使用 CREATE OR REPLACE VIEW 语句将视图 book_view1 的字段修改为 a_sort 和 a_book。

使用 CREATE OR REPLACE VIEW 语句修改视图，运行结果如图 8.7 所示。

使用 DESC 语句查询 book_view1 视图，结果如图 8.8 所示。

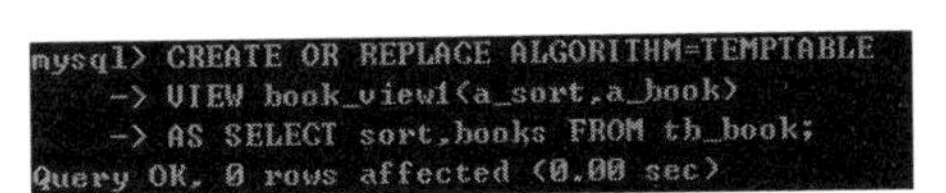

```
mysql> CREATE OR REPLACE ALGORITHM=TEMPTABLE
    -> VIEW book_view1(a_sort,a_book)
    -> AS SELECT sort,books FROM tb_book;
Query OK, 0 rows affected (0.00 sec)
```

图 8.7　使用 CREATE OR REPLACE VIEW 语句修改视图

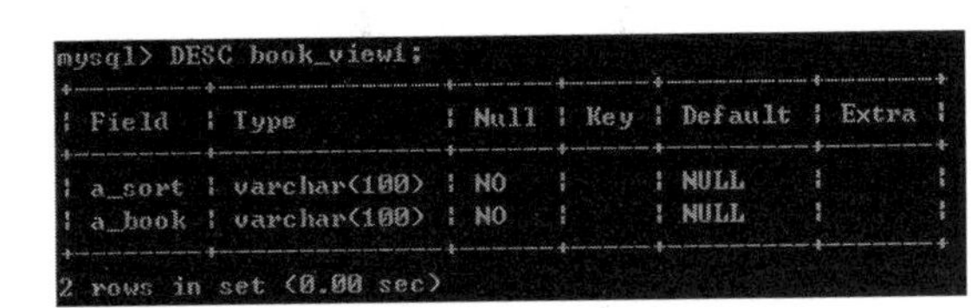

```
mysql> DESC book_view1;
+--------+--------------+------+-----+---------+-------+
| Field  | Type         | Null | Key | Default | Extra |
+--------+--------------+------+-----+---------+-------+
| a_sort | varchar(100) | NO   |     | NULL    |       |
| a_book | varchar(100) | NO   |     | NULL    |       |
+--------+--------------+------+-----+---------+-------+
2 rows in set (0.00 sec)
```

图 8.8　使用 DESC 语句查询 book_view1

从上面的结果中可以看出，修改后的 book_view1 中只有两个字段。

（2）ALTER VIEW 语句

ALTER VIEW 语句改变了视图的定义，包括被索引视图，但不影响所依赖的存储过程或触发器。该语句与 CREATE VIEW 语句有着同样的限制，如果删除并重建了一个视图，就必须重新为它分配权限。

ALTER VIEW 语句的语法如下：

```
ALTER VIEW [algorithm={merge | temptable | undefined} ]view view_name [(column_list)] as
select_statement[with [cascaded | local] check option]
```

- algorithm：该参数已经在创建视图中作了介绍，这里不再赘述。
- view_name：视图的名称。
- select_statement：SQL 语句用于限定视图。

注意：

在创建视图时，在使用了 WITH CHECK OPTION、WITH ENCRYPTION、WITH SCHEMABING 或 VIEW_METADATA 选项时，如果想保留这些选项提供的功能，必须在 ALTER VIEW 语句中将它们包括进去。

[实例 8.6] （源码位置：资源包 \Code\08\06）

将 book_view1 视图进行修改，将原有的 a_sort 和 a_book 两个属性更改为 a_sort 1 个属性。在更改前，先来查看一下 book_view1 视图此时包含的属性。

查看 book_view1 视图的属性，结果如图 8.9 所示。

从结果中可以看出，此时的 book_view1 视图中包含两个属性，下面对视图进行修改，结果如图 8.10 所示。

```
mysql> DESC book_view1;
+--------+--------------+------+-----+---------+-------+
| Field  | Type         | Null | Key | Default | Extra |
+--------+--------------+------+-----+---------+-------+
| a_sort | varchar(100) | NO   |     | NULL    |       |
| a_book | varchar(100) | NO   |     | NULL    |       |
+--------+--------------+------+-----+---------+-------+
2 rows in set (0.00 sec)
```

图 8.9　查看 book_view1 视图的属性

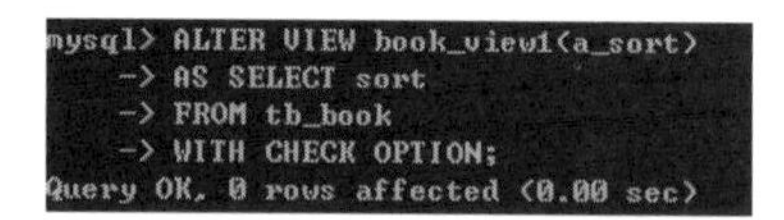

```
mysql> ALTER VIEW book_view1(a_sort)
    -> AS SELECT sort
    -> FROM tb_book
    -> WITH CHECK OPTION;
Query OK, 0 rows affected (0.00 sec)
```

图 8.10　修改视图属性

结果显示修改成功，下面再来查看一下修改后的视图属性，如图 8.11 所示。

结果显示，此时视图中只包含 1 个 a_sort 属性。

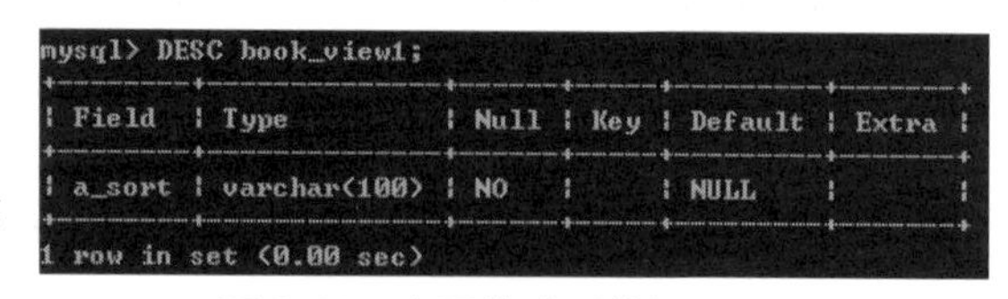

```
mysql> DESC book_view1;
+--------+--------------+------+-----+---------+-------+
| Field  | Type         | Null | Key | Default | Extra |
+--------+--------------+------+-----+---------+-------+
| a_sort | varchar(100) | NO   |     | NULL    |       |
+--------+--------------+------+-----+---------+-------+
1 row in set (0.00 sec)
```

图 8.11　查看修改后的视图属性

8.3.3　更新视图

对视图的更新其实就是对表的更新，更新视图是指通过视图来插入（INSERT）、更新（UPDATE）和删除（DELETE）表中的数据。因为视图是一个虚拟表，其中没有数据。通过视图更新时，都是转换到基本表来更新。更新视图时，只能更新权限范围内的数据。超出了范围，就不能更新。本节讲解更新视图的方法和更新视图的限制。

（1）更新视图实例

[实例 8.7]　（源码位置：资源包 \Code\08\07）

对 book_view1 视图中的数据进行更新，先来查看 book_view1 视图中的数据。

查看 book_view1 视图中的数据结果如图 8.12 所示。

下面更新视图中的第 27 条记录，a_sort 的值为“模块类”，a_book 的值为“PHP 典型模块”，更新语句后的结果如图 8.13 所示。

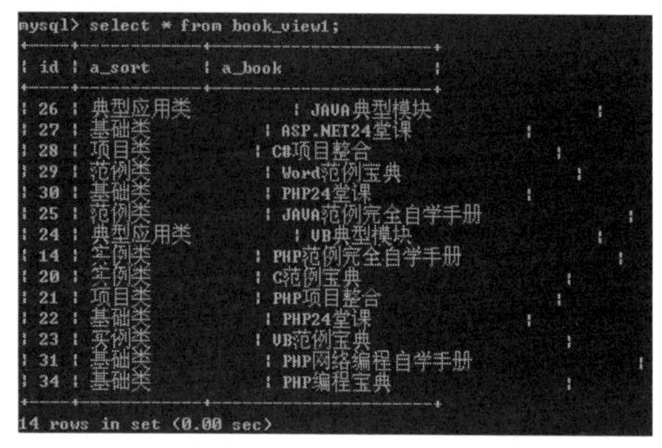

```
mysql> select * from book_view1;
+----+------------+----------------------+
| id | a_sort     | a_book               |
+----+------------+----------------------+
| 26 | 典型应用类 | JAVA典型模块 |
| 27 | 基础类 | ASP.NET24堂课 |
| 28 | 项目类 | C8项目整合 |
| 29 | 范例类 | Word范例宝典 |
| 30 | 基础类 | PHP24堂课 |
| 25 | 范例类 | JAVA范例完全自学手册 |
| 24 | 典型应用类 | VB典型模块 |
| 14 | 实例类 | PHP范例完全自学手册 |
| 20 | 实例类 | C范例宝典 |
| 21 | 项目类 | PHP项目整合 |
| 22 | 基础类 | PHP24堂课 |
| 23 | 实例类 | VB范例宝典 |
| 31 | 基础类 | PHP网络编程自学手册 |
| 34 | 基础类 | PHP编程宝典 |
+----+------------+----------------------+
14 rows in set (0.00 sec)
```

图 8.12　查看 book_view1 视图中的数据

```
mysql> UPDATE book_view1 SET a_sort='模块类',a_book='PHP典型模块' WHERE id=27;
Query OK, 1 row affected (0.03 sec)
Rows matched: 1  Changed: 1  Warnings: 0
```

图 8.13　更新视图中的数据

结果显示更新成功，下面再来查看一下 book_view1 视图中的数据是否有变化，结果如图 8.14 所示。

下面再来查看一下 tb_book 表中的数据是否有变化，结果如图 8.15 所示。

从上面的结果可以看出，对视图的更新其实就是对基本表的更新。

```
mysql> SELECT * FROM book_view1;
+----+------------+----------------------+
| id | a_sort     | a_book               |
+----+------------+----------------------+
| 26 | 典型应用类 | JAVA典型模块         |
| 27 | 模块类     | PHP典型模块          |
| 28 | 项目类     | C#项目整合           |
| 29 | 范例类     | Word范例宝典         |
| 30 | 基础类     | PHP24堂课            |
| 25 | 范例类     | JAVA范例完全自学手册 |
| 24 | 典型应用类 | VB典型模块           |
| 14 | 实例类     | PHP范例完全自学手册  |
| 20 | 实例类     | C范例宝典            |
| 21 | 项目类     | PHP项目整合          |
| 22 | 基础类     | PHP24堂课            |
| 23 | 实例类     | VB范例宝典           |
| 31 | 基础类     | PHP网络编程自学手册  |
| 34 | 基础类     | PHP编程宝典          |
+----+------------+----------------------+
14 rows in set (0.00 sec)
```

图 8.14　查看更新后视图中的数据

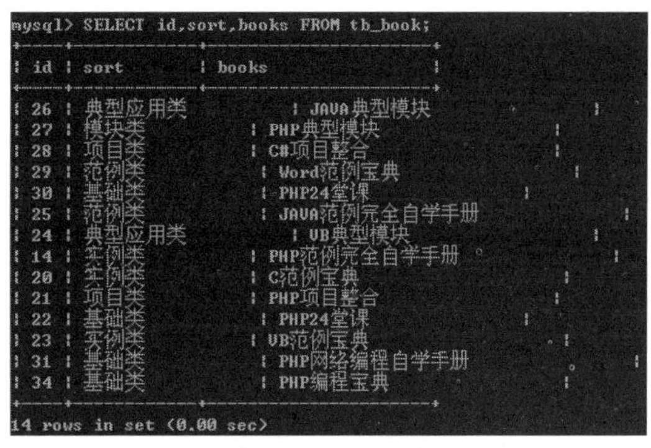

```
mysql> SELECT id,sort,books FROM tb_book;
+----+------------+----------------------+
| id | sort       | books                |
+----+------------+----------------------+
| 26 | 典型应用类 | JAVA典型模块         |
| 27 | 模块类     | PHP典型模块          |
| 28 | 项目类     | C#项目整合           |
| 29 | 范例类     | Word范例宝典         |
| 30 | 基础类     | PHP24堂课            |
| 25 | 范例类     | JAVA范例完全自学手册 |
| 24 | 典型应用类 | VB典型模块           |
| 14 | 实例类     | PHP范例完全自学手册  |
| 20 | 实例类     | C范例宝典            |
| 21 | 项目类     | PHP项目整合          |
| 22 | 基础类     | PHP24堂课            |
| 23 | 实例类     | VB范例宝典           |
| 31 | 基础类     | PHP网络编程自学手册  |
| 34 | 基础类     | PHP编程宝典          |
+----+------------+----------------------+
14 rows in set (0.00 sec)
```

图 8.15　查看 tb_book 表中的数据

（2）更新视图的限制

并不是所有的视图都可以更新，以下几种情况是不能更新视图的。

① 视图中包含 COUNT()、SUM()、MAX() 和 MIN() 等函数。例如：

```
CREATE VIEW book_view1(a_sort,a_book)
AS SELECT sort,books, COUNT(name) FROM tb_book;
```

② 视图中包含 UNION、UNION ALL、DISTINCT、GROUP BY 和 HAVIG 等关键字。例如：

```
CREATE VIEW book_view1(a_sort,a_book)
AS SELECT sort,books, FROM tb_book GROUP BY id;
```

③ 常量视图。例如：

```
CREATE VIEW book_view1
AS SELECT 'Aric' as a_book;
```

④ 视图中的 SELECT 中包含子查询。例如：

```
CREATE VIEW book_view1(a_sort)
AS SELECT (SELECT name FROM tb_book);
```

⑤ 由不可更新的视图导出的视图。例如：

```
CREATE VIEW book_view1
AS SELECT * FROM book_view2;
```

⑥ 创建视图时，ALGORITHM 为 TEMPTABLE 类型。例如：

```
CREATE ALGORITHM=TEMPTABLE
VIEW book_view1
AS SELECT * FROM tb_book;
```

⑦ 视图对应的表上存在没有默认值的列，而且该列没有包含在视图里。例如，表中包含的 name 字段没有默认值，但是视图中不包括该字段。那么这个视图是不能更新的。因为在更新视图时，这个没有默认值的记录将没有值插入，也没有 NULL 值插入。数据库系统是不会允许这样的情况出现的，其会阻止这个视图更新。

上面的几种情况其实就是一种情况，规则就是，视图的数据和基本表的数据不一样了。

注意：

视图中虽然可以更新数据，但是有很多的限制。一般情况下，最好将视图作为查询数据的虚拟表，而不是通过视图更新数据。因为使用视图更新数据时，如果没有全面考虑在视图中更新数据的限制，可能会造成数据更新失败。

8.3.4 删除视图

删除视图是指删除数据库中已存在的视图。删除视图时，只能删除视图的定义，不会删除数据。MySQL 中，使用 DROP VIEW 语句来删除视图。但是，用户必须拥有 DROP 权限。本节将介绍删除视图的方法。

DROP VIEW 语句的语法如下：

```
DROP VIEW IF EXISTS <视图名> [RESTRICT | CASCADE]
```

IF EXISTS 参数指判断视图是否存在，如果存在则执行，不存在则不执行。

“视图名”参数表示要删除的视图的名称和列表，各个视图名称之间用逗号隔开。

该语句从数据字典中删除指定的视图定义。如果该视图导出了其他视图，则使用 CASCADE 级联删除，或者先显式删除导出的视图，再删除该视图；删除基表时，由该基表导出的所有视图定义都必须显式删除。

[实例 8.8] （源码位置：资源包\Code\08\08）

删除前面实例中一直使用的 book_view1 视图。

运行语句如下：

```
DROP VIEW IF EXISTS book_view1;
```

删除视图运行结果如图 8.16 所示。

运行结果显示删除成功。下面验证一下视图是否真正被删除，运行 SHOW CREATE VIEW 语句查看，运行结果如图 8.17 所示。

```
mysql> DROP VIEW IF EXISTS book_view1;
Query OK, 0 rows affected (0.00 sec)
```

图 8.16　删除视图

```
mysql> SHOW CREATE VIEW book_view1;
ERROR 1146 (42S02): Table 'db_book.book_view1' doesn't exist
```

图 8.17　查看视图是否删除成功

结果显示，视图 book_view1 已经不存在了，说明 DROP VIEW 语句删除视图成功。

本章知识思维导图

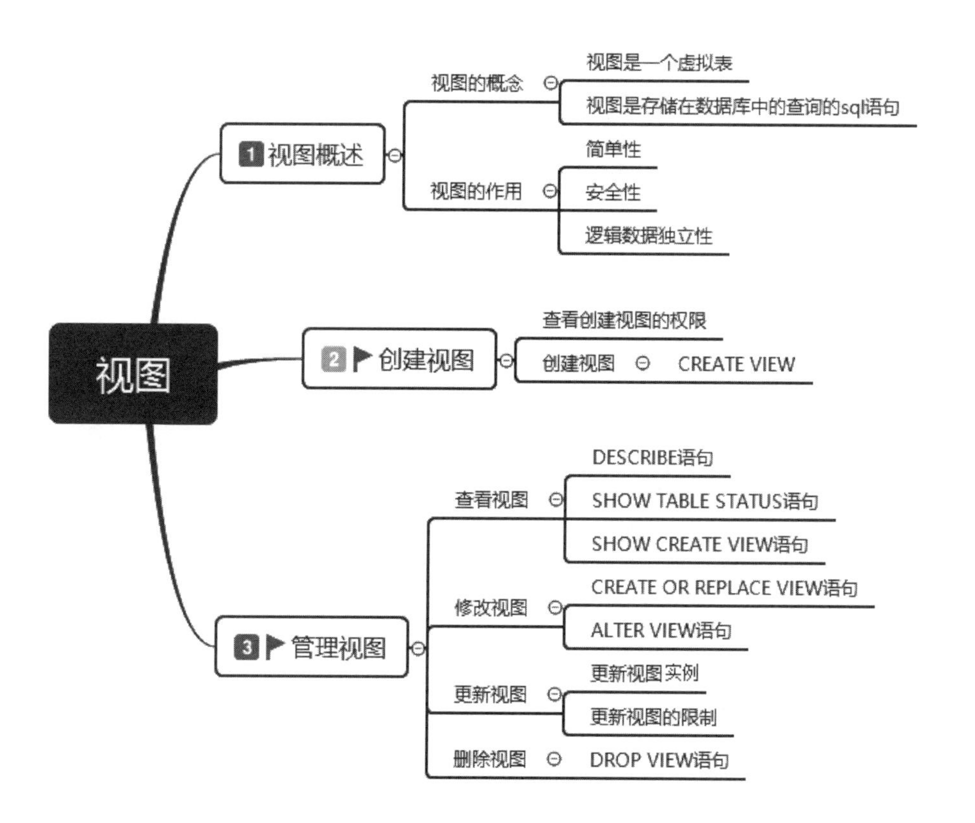
视图
1 视图概述
视图的概念
视图是一个虚拟表
视图是存储在数据库中的查询的sql语句
视图的作用
简单性
安全性
逻辑数据独立性
2 创建视图
查看创建视图的权限
创建视图
CREATE VIEW
3 管理视图
查看视图
DESCRIBE语句
SHOW TABLE STATUS语句
SHOW CREATE VIEW语句
修改视图
CREATE OR REPLACE VIEW语句
ALTER VIEW语句
更新视图
更新视图实例
更新视图的限制
删除视图
DROP VIEW语句

第 9 章

数据完整性约束

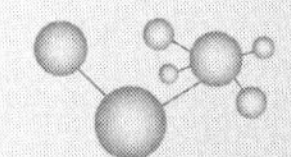

本章学习目标

- 掌握设置主键约束及必须遵守的规则
- 掌握完整性约束的定义及规则
- 熟悉命名完整性约束的方式
- 掌握删除完整性约束
- 掌握修改完整性约束

9.1 定义完整性约束

数据完整性是指数据的正确性和相容性。数据完整性约束是为了防止数据库中存在不符合语义的数据，也就是防止数据库中存在不正确的数据。为了维护数据库的完整性，数据库管理系统提供了以下几点处理方式。

- 提供定义完整性约束条件的机制。
- 提供完整性检查的方法。
- 违约处理。

在 MySQL 中提供了多种完整性约束，它们作为数据库关系模式定义的一部分，可以通过 CREATE TABLE 或 ALTER TABLE 语句来定义，其具体语法请参见 4.2 节。一旦定义了完整性约束，MySQL 服务器会随时检测处于更新状态的数据库内容是否符合相关的完整性约束，从而保证数据的一致性与正确性。这样，既能有效地防止对数据库的意外破坏，又能提高完整性检测的效率，还能减轻数据库编程人员的工作负担。

关系模型的完整性规则是对关系的某种约束条件。在关系模型中，提供了实体完整性、参照完整性和用户定义的完整性三项规则。下面将分别介绍 MySQL 中对数据库完整性三项规则的设置和实现方式。

9.1.1 实体完整性

实体（Entity）是一个数据对象，是指客观存在并可以相互区分的事物。例如，一个教师、一个学生、一个雇员等。一个实体在数据库中表现为表中的一条记录。通常情况下，它必须遵守实体完整性规则。

实体完整性规则（Entity Integrity Rule）是指关系的主属性，即主码（主键）的组成不能为空，也就是关系的主属性不能是空值（NULL）。关系对应于现实世界中的实体集，而现实世界中的实体是可区分的，即说明每个实例具有唯一性标识。在关系模型中，是使用主码（主键）作为唯一性标识的，若假设主码（主键）取空值，则说明这个实体不可标识，即不可区分，这个假设显然不正确，与现实世界应用环境相矛盾，因此不能存在这样的无标识实体，从而在关系模型中引入实体完整性约束。例如，学生关系（学号、姓名，性别）中，“学号”为主码（主键），则“学号”这个属性不能为空值，否则就违反了实体完整性规则。

在 MySQL 中，实体完整性是通过主键约束和候选键约束来实现的。

（1）主键约束

主键可以是表中的某一列，也可以是表中多个列所构成的一个组合。其中，由多个列组合而成的主键也称复合主键。在 MySQL 中，主键列必须遵守以下规则。

- 每一个表只能定义一个主键。
- 唯一性原则。主键的值，也称键值，必须能够唯一标识表中的每一行记录，且不能为 NULL。也就是说，一张表中两个不同的行在主键上不能具有相同的值。
- 最小化规则。复合主键不能包含不必要的多余列。也就是说，当从一个复合主键中删除一列后，如果剩下的列构成的主键仍能满足唯一性原则，那么这个复合主键是不正确的。

- 一个列名在复合主键的列表中只能出现一次。

在 MySQL 中，可以在 CREATE TABLE 或者 ALTER TABLE 语句中，使用 PRIMARY KEY 子句来创建主键约束，其实现方式有以下两种。

- 作为列的完整性约束。

在表的某个列的属性定义时，加上关键字 PRIMARY KEY 实现。

（源码位置：资源包 \Code\09\01）

在创建用户信息表 tb_user 时，将 id 字段设置为主键。

代码如下：

```
CREATE TABLE tb_user(
id int auto_increment primary key,
user varchar(30) not null,
password varchar(30) not null,
createtime datetime);
```

运行上述代码，其结果如图 9.1 所示。

- 作为表的完整性约束。

在表的所有列的属性定义后，加上 PRIMARY KEY(index_col_name,...) 子句实现。

（源码位置：资源包 \Code\09\02）

在创建学生信息表 tb_student 时，将学号（id）和所在班级号（classid）字段设置为主键。

代码如下：

```
CREATE TABLE tb_student (
id int auto_increment,
name varchar(30) not null,
sex varchar(2),
classid int not null,
birthday date,
PRIMARY KEY (id,classid)
);
```

运行上述代码，其结果如图 9.2 所示。

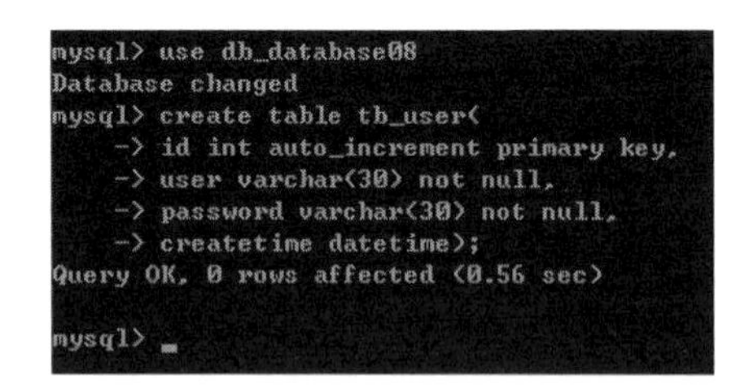

图 9.1 将 id 字段设置为主键

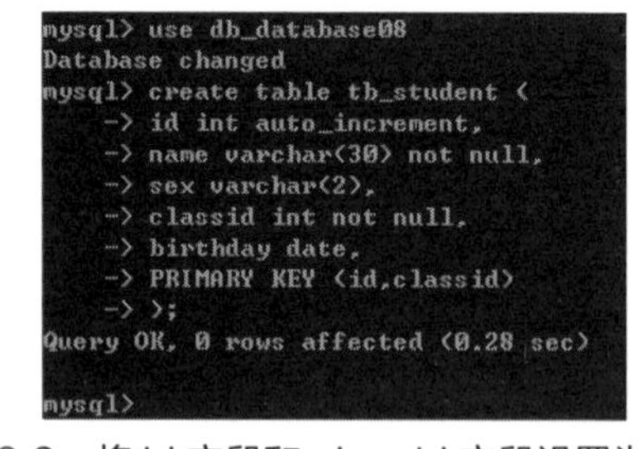

图 9.2 将 id 字段和 classid 字段设置为主键

说明：

如果主键仅由表中的某一列所构成，那么以上两种方法均可以定义主键约束；如果主键由表中多个列所构成，那么只能用第二种方法定义主键约束。另外，定义主键约束后，MySQL 会自动为主键创建一个唯一索引，默认名为 PRIMARY，也可以修改为其他名称。

（2）候选键约束

如果一个属性集能唯一标识元组，且又不含有多余的属性，那么这个属性集称为关系的候选键。例如，在包含学号、姓名、性别、年龄、院系、班级等列的“学生信息表”中，“学号”能够标识一名学生，因此，它可以作为候选键，而如果规定，不允许有同名的学生，那么姓名也可以作为候选键。

候选键可以是表中的某一列，也可以是表中多个列所构成的一个组合。任何时候，候选键的值必须是唯一的，且不能为空（NULL）。候选键可以在 CREATE TABLE 或者 ALTER TABLE 语句中使用关键字 UNIQUE 来定义，其实现方法与主键约束类似，也有可作为列的完整性约束或者表的完整性约束两种方式。

在 MySQL 中，候选键与主键之间存在以下两点区别。

- 一个表只能创建一个主键，但可以定义若干个候选键。
- 定义主键约束时，系统会自动创建 PRIMARY KEY 索引，而定义候选键约束时，系统会自动创建 UNIQUE 索引。

[实例 9.3]　（源码位置：资源包 \Code\09\03）

在创建用户信息表 tb_user1 时，将 id 字段和 user 字段设置为候选键。

代码如下：

```
CREATE TABLE tb_user1(
id int auto_increment UNIQUE,
user varchar(30) not null UNIQUE,
password varchar(30) not null,
createtime TIMESTAMP default CURRENT_TIMESTAMP);
```

运行上述代码，其结果如图 9.3 所示。

```
mysql> use db_database08
Database changed
mysql> create table tb_user1(
    -> id int auto_increment UNIQUE,
    -> user varchar(30) not null UNIQUE,
    -> password varchar(30) not null,
    -> createtime TIMESTAMP default CURRENT_TIMESTAMP);
Query OK, 0 rows affected (0.46 sec)

mysql> _
```

图 9.3　将 id 字段和 user 字段设置为候选键

9.1.2　参照完整性

现实世界中的实体之间往往存在着某种联系，在关系模型中，实体及实体之间的联系都是用关系来描述的，那么自然就存在着关系与关系之间的引用。例如，学生实体和班级实体可以分别用下面的关系表示，其中主码（主键）用下划线标识。

学生（学生证号，姓名，性别，生日，班级编号，备注）

班级（班级编号，班级名称，备注）

在这两个关系之间存在着属性的引用，即“学生”关系引用了“班级”关系中的主码（主键）“班级编号”。在两个实体之间，“班级编号”是“班级”关系的主码（主键），也是“学生”关系的外部码（外键）。显然，“学生”关系中的“班级编号”的值必须是确实存在的班级的“班级编号”，即“班级”关系中的该班级的记录。也就是说，“学生”关系中某个属性的取值需要参照“班级”关系的属性和值。

参照完整性规则（Referential Integrity Rule）就是定义外码（外键）和主码（主键）之间的引用规则，它是对关系间引用数据的一种限制。

参照完整性的定义为：若属性（或属性组）F 是基本关系 R 的外码，它与基本关系 S 的主码 K 相对应，则对于 R 中每个元组在 F 上的值只允许两种可能，即要么取空值（F 的每个属性值均为空值），要么等于 S 中某个元组的主码值。其中，关系 R 与 S 可以是不同的关系，也可以是同一关系，而 F 与 F 是定义在同一个域中。例如，在“学生”关系中每个学生的“班级编号”一项，要么取空值，表示该学生还没有分配班级；要么取值必须与“班级”关系中的某个元组的“班级编号”相同，表示这个学生分配到某个班级学习。这就是参照完整性。如果“学生”关系中，某个学生的“班级编号”取值不能与“班级”关系中任何一个元组的“班级编号”值相同，表示这个学生被分配到不属于所在学校的班级学习，这与实际应用环境不相符，显然是错误的，这就需要在关系模型中定义参照完整性进行约束。

与实体完整性一样，参照完整性也是由系统自动支持的，即在建立关系（表）时，只要定义了“谁是主码”“谁参照于认证”，系统将自动进行此类完整性的检查。在 MySQL 中，参照完整性可以通过在创建表（CREATE TABLE）或者修改表（ALTER TABLE）时定义一个外键声明来实现。

MySQL 有两种常用的引擎类型（MyISAM 和 InnoDB），目前，只有 InnoDB 引擎类型支持外键约束。InnoDB 引擎类型中声明外键的基本语法格式如下：

```
[CONSTRAINT [SYMBOL]]
FOREIGN KEY (index_col_name,...)  reference_definition
```

reference_definition 主要用于定义外键所参照的表、列、参照动作的声明和实施策略 4 部分内容。它的基本语法格式如下：

```
REFERENCES tbl_name [(index_col_name,...)]
                [MATCH FULL | MATCH PARTIAL | MATCH SIMPLE]
                [ON DELETE reference_option]
                [ON UPDATE reference_option]
```

index_col_name 的语法格式如下：

```
col_name [(length)] [ASC | DESC]
```

reference_option 的语法格式如下：

```
RESTRICT | CASCADE | SET NULL | NO ACTION
```

参数说明如下：

- index_col_name：用于指定被设置为外键的列。
- tbl_name：用于指定外键所参照的表名。这个表称为参照表（或父表），而外键所在的表称作参照表（或子表）。
- col_name：用于指定被参照的列名。外键可以引用被参照表中的主键或候选键，也可以引用被参照表中某些列的一个组合，但这个组合不能是被参照表中随机的一组列，必须保存该组合的取值在被参照表中是唯一的。外键中的所有列值被参照表的列中必须全部存在，也就是通过外键来对参照表某些列（外键）的取值进行限定与约束。
- ON DELETE| ON UPDATE：指定参照动作相关的 SQL 语句。可为每个外键指定对应于 DELETE 语句和 UPDATE 语句的参照动作。
- reference_option：指定参照完整性约束的实现策略。其中，当没有明确指定参照完整性的实现策略时，两个参照动作会默认使用 RESTRICT。具体的策略可选值如表 9.1 所示。

表 9.1　策略可选值

可选值	说明
RESTRICT	限制策略：当要删除或更新被参照表中被参照列上，并在外键中出现的值时，系统拒绝对被参照表的删除或更新操作
CASCADE	级联策略：从被参照表中删除或更新记录行时，自动删除或更新参照表匹配的记录行
SET NULL	置空策略：当从被参照表中删除或更新记录行时，设置参照表中与之对应的外键列的值为NULL。这个策略需要被参照表中的外键列没有声明限定词NOT NULL
NO ACTION	不采取实施策略：当一个相关的外键值在被参照表中时，删除或更新被参照表中键值的动作不被允许。该策略的动作语言与RESTRICT相同

[实例 9.4]　（源码位置：资源包 \Code\09\04）

在创建学生信息表 tb_student1，并为其设置参照完整性约束（拒绝删除或更新被参照表中被参照列上的外键值），即将 classid 字段设置为外键。

代码如下：

```
CREATE TABLE tb_student1 (
id int auto_increment,
name varchar(30) not null,
sex varchar(2),
classid int not null,
birthday date,
remark varchar(100),
primary key (id),
FOREIGN KEY (classid)
REFERENCES tb_class(id)
ON DELETE RESTRICT
ON UPDATE RESTRICT
);
```

运行上述代码，其结果如图 9.4 所示。

```
mysql> create table tb_student1 (
    -> id int auto_increment,
    -> name varchar(30) not null,
    -> sex varchar(2),
    -> classid int not null,
    -> birthday date,
    -> remark varchar(100),
    -> primary key (id),
    -> FOREIGN KEY (classid)
    -> REFERENCES tb_class(id)
    -> ON DELETE RESTRICT
    -> ON UPDATE RESTRICT
    -> );
Query OK, 0 rows affected (0.41 sec)

mysql>
```

图 9.4　将 classid 字段设置为外键

注意：

要设置为主外键关系的两张数据表必须具有相同的存储引擎，例如，都是 InnoDB，并且相关联的两个字段的类型必须一致。

设置外键时，通常需要遵守以下规则。

- 被参照表必须是已经存在的，或者是当前正在创建的表。如果是当前正在创建的表，也就是说被参照表与参照表是同一个表，这样的表称为自参照表（self-referencing table），这种结构称为自参照完整性（self-referential integrity）。
- 必须为被参照表定义主键。
- 必须在被参照表名后面指定列名或列名的组合。这个列或列组合必须是这个被参照表的主键或候选键。
- 外键中列的数目必须和被参照表中的列的数据相同。
- 外键中列的数据类型必须和被参照表的主键（或候选键）中的对应列的数据类型相同。

● 尽管主键是不能够包含空值的，但允许在外键中出现一个空值。这意味着，只要外键的每个非空值出现在指定的主键中，这个外键的内容就是正确的。

9.1.3 用户定义的完整性

用户定义完整性规则（User-defined Integrity Rule）是针对某一应用环境的完整性约束条件，它反映了某一具体应用所涉及的数据应满足的要求。关系模型提供了定义和检验这类完整性规则的机制，其目的是由系统来统一处理，而不再由应用程序来完成这项工作。在实际系统中，这类完整性规则一般是在建立数据表的同时进行定义，应用编程人员不需要再做考虑，如果某些约束条件没有建立在库表一级，则应用编程人员应在各模块的具体编程中通过程序进行检查和控制。

MySQL 支持非空约束、CHECK 约束和触发器 3 种用户自定义完整性约束。这里主要介绍非空约束和 CHECK 约束。

（1）非空约束

在 MySQL 中，非空约束可以通过在 CREATE TABLE 或 ALTER TABLE 语句中，某个列定义后面加上关键字 NOT NULL 来定义，用来约束该列的取值不能为空。

[实例 9.5] （源码位置：资源包\Code\09\05）

创建班级信息表 tb_class1，并为其 name 字段添加非空约束。

代码如下：

```
CREATE TABLE tb_class1 (
   id int(11) NOT NULL AUTO_INCREMENT,
   name varchar(45) NOT NULL,
   remark varchar(100) DEFAULT NULL,
   PRIMARY KEY (`id`)
);
```

运行上述代码，其结果如图 9.5 所示。

（2）CHECK 约束

与非空约束一样，CHECK 约束也可以通过在 CREATE TABLE 或 ALTER TABLE 语句中，根据用户的实际完整性要求来定义。它可以分别对列或表实施 CHECK 约束，其中使用的语法如下：

```
CHECK(expr)
```

其中，expr 是一个 SQL 表达式，用于指定需要检查的限定条件。在更新表数据时，MySQL 会检查更新后的数据行是否满足 CHECK 约束中的限定条件。该限定条件可以是简单的表达式，也可以复杂的表达式（如子查询）。

下面将分别介绍如何对列和表实施 CHECK 约束。

● 对列实施 CHECK 约束

将 CHECK 子句置于表的某个列的定义之后就是对列实施 CHECK 约束。下面将通过一个具体的实例来说明如何对列实施 CHECK 约束。

[实例 9.6]（源码位置：资源包 \Code\09\06）

创建学生信息表 tb_student2，限制其 age 字段的值只能是 7 ～ 18 之间（不包括 18）的数。

代码如下：

```
CREATE TABLE tb_student2 (
id int auto_increment,
name varchar(30) not null,
sex varchar(2),
age int not null CHECK(age>6 and age<18),
remark varchar(100),
primary key (id)
);
```

运行上述代码，其结果如图 9.6 所示。

```
mysql> use db_database08
Database changed
mysql> CREATE TABLE tb_class1 (
    ->  id int(11) NOT NULL AUTO_INCREMENT,
    ->  name varchar(45) NOT NULL,
    ->  remark varchar(100) DEFAULT NULL,
    ->  PRIMARY KEY (`id`)
    -> );
Query OK, 0 rows affected (0.40 sec)

mysql>
```

图 9.5　为 name 字段添加非空约束

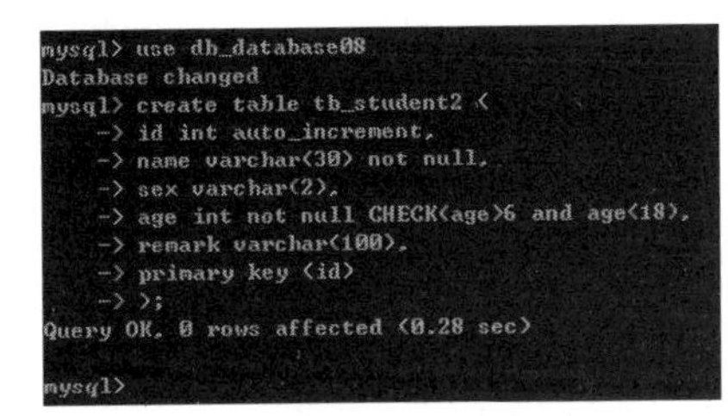

图 9.6　对列实施 CHECK 约束

说明：

目前的 MySQL 版本只是对 CHECK 约束进行了分析处理，但会被直接忽略，并不会报错。

- 对表实施 CHECK 约束

将 CHECK 子句置于表中所有列的定义以及主键约束和外键定义之后就是对表实施 CHECK 约束。下面将通过一个具体的实例来说明如何对表实施 CHECK 约束。

[实例 9.7]（源码位置：资源包 \Code\09\07）

创建学生信息表 tb_student3，限制其 classid 字段的值只能是 tb_class 表中 id 字段的某一个 id 值。

代码如下：

```
CREATE TABLE tb_student3 (
id int auto_increment,
name varchar(30) not null,
sex varchar(2),
classid int not null,
birthday date,
remark varchar(100),
primary key (id),
CHECK(classid IN (SELECT id FROM tb_class))
);
```

运行上述代码，其结果如图 9.7 所示。

```
mysql> use db_database08
Database changed
mysql> create table tb_student3 (
    -> id int auto_increment,
    -> name varchar(30) not null,
    -> sex varchar(2),
    -> classid int not null,
    -> birthday date,
    -> remark varchar(100),
    -> primary key (id),
    -> CHECK(classid IN (SELECT id FROM tb_class))
    -> );
Query OK, 0 rows affected (0.39 sec)

mysql> _
```

图 9.7　对表实施 CHECK 约束

9.2　命名完整性约束

在 MySQL 中，也可以对完整性约束进行添加、修改和删除等操作。其中，为了删除和修改完整性约束，需要在定义约束的同时对其进行命名。命名完整性约束的方式是在各种完整性约束的定义说明之前加上 CONSTRAINT 子句实现的。CONSTRAINT 子句的语法格式如下：

```
CONSTRAINT <symbol>
   [PRIMAR KEY 短语 |FOREIGN KEY 短语 |CHECK 短语]
```

参数说明如下：

- symbol：用于指定约束名称。这个名字是在完整性约束说明的前面被定义，在数据库里必须是唯一的。如果在创建时没有指定约束的名字，则 MySQL 将自动创建一个约束名字。
- PRIMAR KEY 短语：主键约束。
- FOREIGN KEY 短语：参照完整性约束。
- CHECK 短语：CHECK 约束。

说明：

在 MySQL 中，主键约束名称只能是 PRIMARY。

例如，对雇员表添加主键约束，并为其命名为 PRIMARY，可以使用下面的代码。

ALTER TABLE 雇员表 ADD CONSTRAINT PRIMARY

PRIMARY KEY (雇员编号)

（源码位置：资源包 \Code\09\08）

[实例 9.8] 修改例 9.4 的代码，重新创建学生信息表 tb_student1，命名为 tb_student1a，并为其参照完整性约束命名。

代码如下：

```
CREATE TABLE tb_student1a (
id int auto_increment PRIMARY KEY,
name varchar(30) not null,
sex varchar(2),
classid int not null,
birthday date,
remark varchar(100),
CONSTRAINT fk_classid FOREIGN KEY (classid)
REFERENCES tb_class(id)
ON DELETE RESTRICT
ON UPDATE RESTRICT
);
```

运行上述代码，其结果如图 9.8 所示。

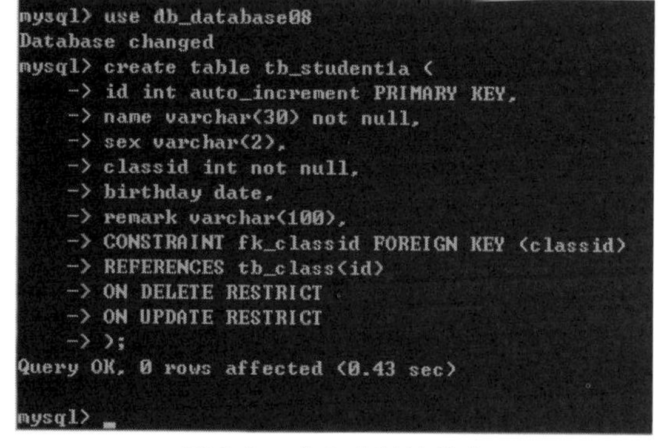

```
mysql> use db_database08
Database changed
mysql> create table tb_student1a (
    -> id int auto_increment PRIMARY KEY,
    -> name varchar(30) not null,
    -> sex varchar(2),
    -> classid int not null,
    -> birthday date,
    -> remark varchar(100),
    -> CONSTRAINT fk_classid FOREIGN KEY (classid)
    -> REFERENCES tb_class(id)
    -> ON DELETE RESTRICT
    -> ON UPDATE RESTRICT
    -> );
Query OK, 0 rows affected (0.43 sec)

mysql> _
```

图 9.8 命名完整性约束

说明：

在定义完整性约束时，应该尽可能为其指定名字，以便在需要对完整性约束进行修改或删除时，可以很容易地找到它们。

注意：

只能给基于表的完整性约束指定名字，无法给基于列的完整性约束指定名字。

9.3 更新完整性约束

对各种约束命名后，就可以使用 ALTER TABLE 语句来更新或删除与列或表有关的各种约束。下面将分别进行介绍。

9.3.1 删除完整性约束

在 MySQL 中，使用 ALTER TABLE 语句，可以独立地删除完整性约束，而不会删除表本身。如果使用 DROP TABLE 语句删除一个表，那么这个表中的所有完整性约束也会自动被删除。删除完整性约束需要在 ALTER TABLE 语句中使用 DROP 关键字来实现，具体的语法格式如下：

```
DROP [FOREIGN KEY| INDEX| <symbol>] |[PRIMARY KEY]
```

参数说明：

- FOREIGN KEY： 用于删除外键约束。
- PRIMARY KEY： 用于删除主键约束。需要注意的是：在删除主键时，必须再创建一个主键，否则不能删除成功。
- INDEX： 用于删除候选键约束。
- symbol： 要删除的约束名称。

[实例 9.9]　　（源码位置：资源包 \Code\09\09）

删除名称为 fk_classid 的外键约束。

代码如下：

```
ALTER TABLE tb_student1a DROP FOREIGN KEY fk_classid;
```

运行上述代码，其结果如图 9.9 所示。

```
mysql> ALTER TABLE tb_student1a DROP FOREIGN KEY fk_classid;
Query OK, 0 rows affected (0.08 sec)
Records: 0  Duplicates: 0  Warnings: 0

mysql> _
```

图 9.9　删除名称为 fk_classid 的外键约束

9.3.2 修改完整性约束

在 MySQL 中，完整性约束不能直接被修改，若要修改只能是用 ALTER TABLE 语句先删除除该约束，然后再增加一个与该约束同名的新约束。由于删除完整性约束的语法在 9.3.1 节已经介绍了，这里只给出在 ALTER TABLE 语句中添加完整性约束的语法格式。具体语法格式如下：

```
ADD CONSTRAINT <symbol> 各种约束
```

参数说明：

- symbol：为要添加的约束指定一个名称。
- 各种约束：定义各种约束的语句，具体内容请参见 9.1 和 9.2 节介绍的各种约束的添加语法。

[实例 9.10] （源码位置：资源包\Code\09\10）

更新名称为 fk_classid 的外键约束为级联删除和级联更新。

代码如下：

```
ALTER TABLE tb_student1a DROP FOREIGN KEY fk_classid;
ALTER TABLE tb_student1a
ADD CONSTRAINT fk_classid FOREIGN KEY (classid)
REFERENCES tb_class(id)
ON DELETE CASCADE
ON UPDATE CASCADE
;
```

运行上述代码，其结果如图 9.10 所示。

```
mysql> use db_database08
Database changed
mysql> create table tb_student1a (
    -> id int auto_increment,
    -> name varchar(30) not null,
    -> sex varchar(2),
    -> classid int not null,
    -> birthday date,
    -> remark varchar(100),
    -> CONSTRAINT pk_id PRIMARY KEY (id),
    -> CONSTRAINT fk_classid FOREIGN KEY (classid)
    -> REFERENCES tb_class(id)
    -> ON DELETE RESTRICT
    -> ON UPDATE RESTRICT
    -> );
Query OK, 0 rows affected (0.42 sec)

mysql> ALTER TABLE tb_student1a DROP FOREIGN KEY fk_classid;
Query OK, 0 rows affected (0.09 sec)
Records: 0  Duplicates: 0  Warnings: 0

mysql> ALTER TABLE tb_student1a
    -> ADD CONSTRAINT fk_classid FOREIGN KEY (classid)
    -> REFERENCES tb_class(id)
    -> ON DELETE CASCADE
    -> ON UPDATE CASCADE
    -> ;
Query OK, 0 rows affected (0.58 sec)
Records: 0  Duplicates: 0  Warnings: 0

mysql> _
```

图 9.10 更新外键约束

本章知识思维导图

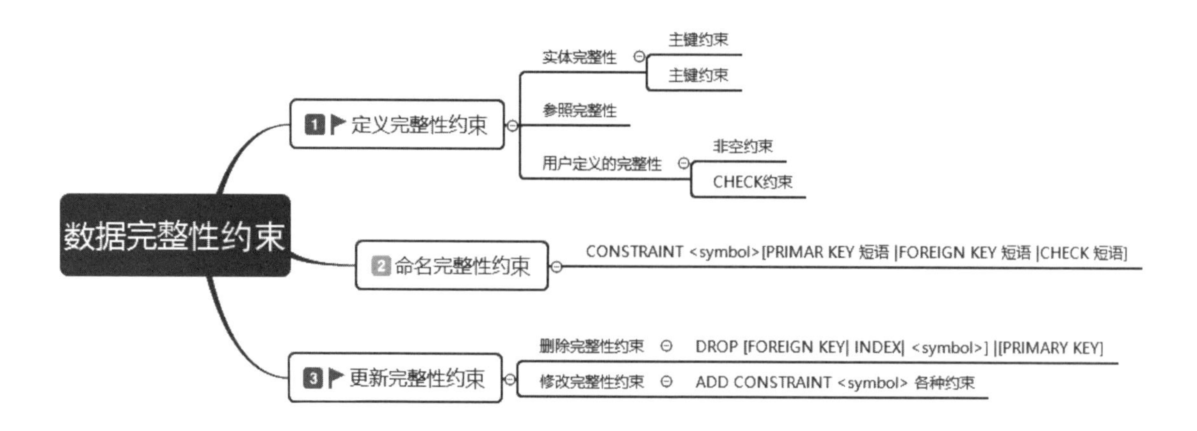

第 10 章

存储过程与存储函数

扫码领取

➤ 配套视频
➤ 配套素材
➤ 学习指导
➤ 交流社群

本章学习目标

- 了解流程控制语句的使用
- 了解 MySQL 存储过程以及存储函数中光标的使用和一般步骤
- 掌握 MySQL 中存储过程和存储函数的创建
- 掌握 MySQL 存储过程应用函数的参数使用方法
- 掌握存储过程和存储函数的调用、查看、修改和删除
- 掌握各种运算符的使用方法

10.1 创建存储过程和存储函数

在数据库系统中，为了保证数据的完整性、一致性，同时也为提高其应用性能，大多数据库常采用存储过程和存储函数技术。MySQL 在 5.0 版本后，也应用了存储过程和存储函数，存储过程和存储函数经常是一组 SQL 语句的组合，这些语句被当作整体存入 MySQL 数据库服务器中。用户定义的存储函数不能用于修改全局库状态，但该函数可从查询中被唤醒调用，也可以像存储过程一样通过语句执行。随着 MySQL 技术的日趋完善，存储过程将和存储函数在以后的项目中被得到广泛的应用。

10.1.1 创建存储过程

在 MySQL 中，创建存储过程的基本形式如下：

```
CREATE PROCEDURE sp_name ([proc_parameter[,...]])
  [characteristic ...] routine_body
```

其中 sp_name 参数是存储过程的名称；proc_parameter 表示存储过程的参数列表；characteristic 参数指定存储过程的特性；routine_body 参数是 SQL 代码的内容，可以用 BEGIN..END 来标识 SQL 代码的开始和结束。

说明：

proc_parameter 中的参数由 3 部分组成，它们分别是输入输出类型、参数名称和参数类型。其形式为 [IN | OUT | INOUT]param_name type。其中 IN 表示输入参数；OUT 表示输出参数；INOUT 表示既可以输入也可以输出；param_name 参数是存储过程参数名称；type 参数是指定存储过程的参数类型，该类型可以为 MySQL 数据库的任意数据类型。

一个存储过程包括名字、参数列表，还可以包括很多 SQL 语句集。下面创建一个存储过程，其代码如下：

```
delimiter //
create procedure proc_name (in parameter integer)
begin
declare variable varchar(20);
if parameter=1 then
set variable='MySQL';
else
set variable='PHP';
end if;
insert into tb (name) values (variable);
end;
```

MySQL 中存储过程的建立以关键字 create procedure 开始，后面紧跟存储过程的名称和参数。MySQL 的存储过程名称不区分大小写，例如 PROCE1() 和 proce1() 代表同一存储过程名。存储过程名或存储函数名不能与 MySQL 数据库中的内建函数重名。

MySQL 存储过程的语句块以 begin 开始，以 end 结束。语句体中可以包含变量的声明、控制语句、SQL 查询语句等。由于存储过程内部语句要以分号结束，所以在定义存储过程前，应将语句结束标志“;”更改为其他字符，并且应降低该字符在存储过程中出现的概率，更改结束标志可以用关键字“delimiter”定义，例如：

```
mysql>delimiter //
```

存储过程创建之后，可用如下语句进行删除，其中，参数 proc_name 指存储过程名。

```
drop procedure proc_name
```

下面创建一个名称为 count_of_student 的存储过程。首先，创建一个名称为 students 的 MySQL 数据库，然后创建一个名为 studentinfo 的数据表。数据表结构如表 10.1 所示。

表 10.1　studentinfo 数据表结构

字段名	类型（长度）	默认	额外	说明
sid	INT(11)		auto_increment	主键自增型sid
name	VARCHAR(50)			学生姓名
age	VARCHAR(11)			学生年龄
sex	VARCHAR(2)	M		学生性别
tel	BIGINT(11)			联系电话

[实例 10.1]　（源码位置：资源包 \Code\10\01）

创建一个名称为 count_of_student 的存储过程，统计 studentinfo 数据表中的记录数。

代码如下：

```
delimiter //
create procedure count_of_student(OUT count_num INT)
reads sql data
begin
select count(*) into count_num from studentinfo;
end
//
```

在上述代码中，定义一个输出变量 count_num。存储过程应用SELECT语句从studentinfo表中获取记录总数。最后将结果传递给变量 count_num。存储过程的运行结果如图 10.1 所示。

```
mysql> delimiter //
mysql> create procedure count_of_student(OUT count_num INT)
    -> reads sql data
    -> begin
    -> select count(*) into count_num from studentinfo;
    -> end
    -> //
Query OK, 0 rows affected (0.00 sec)
```

图 10.1　创建存储过程 count_of_student

代码运行完毕后，如果没有报出任何出错信息，就表示存储函数已经创建成功。以后就可以调用这个存储过程，数据库中会运行存储过程中的 SQL 语句。

说明：

MySQL 中默认的语句结束符为分号；存储过程中的 SQL 语句需要用分号来结束。为了避免冲突，首先用“DELIMITER //”将 MySQL 的结束符设置为 //。最后再用“DELIMITER;”来将结束符恢复成分号。这与创建触发器时是一样的。

10.1.2　创建存储函数

创建存储函数与创建存储过程大体相同。其创建存储函数的基本形式如下：

```
CREATE FUNCTION sp_name ([func_parameter[,...]])
   RETURNS type
   [characteristic ...] routine_body
```

创建存储函数的参数说明如表 10.2 所示。

表 10.2　创建存储函数的参数说明

参数	说明
sp_name	存储函数的名称
func_parameter	存储函数的参数列表
RETURNS type	指定返回值的类型
characteristic	指定存储过程的特性
routine_body	SQL 代码的内容

func_parameter 可以由多个参数组成，其中每个参数均由参数名称和参数类型组成，其结构如下：

```
param_name type
```

param_name 参数是存储函数的函数名称；type 参数用于指定存储函数的参数类型。该类型可以是 MySQL 数据库所支持的类型。

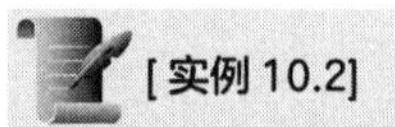

[实例 10.2]　（源码位置：资源包 \Code\10\02）

应用 studentinfo 表，创建名为 name_of_student 的存储函数。

代码如下：

```
delimiter //
create function name_of_student(std_id INT)
returns varchar(50)
begin
return(select name from studentinfo where sid=std_id);
end
//
```

上述代码中，存储函数的名称为 name_of_student；该函数的参数为 std_id；返回值是 VARCHAR 类型。该函数实现从 studentinfo 表查询与 std_id 相同 sid 值的记录。并将学生名称字段 name 中的值返回。存储函数的运行结果如图 10.2 所示。

```
mysql> delimiter //
mysql> create function name_of_student(std_id INT)
    -> returns varchar(50)
    -> begin
    -> return(select name from studentinfo where sid=std_id)
    -> end
    -> //
Query OK, 0 rows affected (0.03 sec)
```

图 10.2　创建 name_of_student() 存储函数

10.1.3　变量的应用

MySQL 存储过程中的参数主要有局部参数和会话参数两种，这两种参数又可以被称为局部变量和会话变量。局部变量只在定义该局部变量的 begin...end 范围内有效，会话变量在整个存储过程范围内均有效。

（1）局部变量

局部变量以关键字 declare 声明，后跟变量名和变量类型，例如：

```
declare a int
```

当然，在声名局部变量时，也可以用关键字 default 为变量指定默认值，例如：

```
declare a int default 10
```

下述代码为读者展示如何在 MySQL 存储过程中定义局部变量以及其使用方法。在该例中，分别在内层和外层 begin...end 块中都定义同名的变量 x，按照语句从上到下执行的顺序，如果变量 x 在整个程序中都有效，则最终结果应该都为 inner，但真正的输出结果却不同，这说明在内部 begin...end 块中定义的变量只在该块内有效。

[实例 10.3]　（源码位置：资源包 \Code\10\03）

说明局部变量只在某个 begin...end 块内有效。

代码如下：

```
delimiter //
create procedure p1()
begin
declare x char(10) default 'outer ';
begin
declare x char(10) default 'inner ';
select x;
end;
select x;
end;
//
```

上述代码的运行结果如图 10.3 所示。

应用 MySQL 调用该存储过程的运行结果如图 10.4 所示。

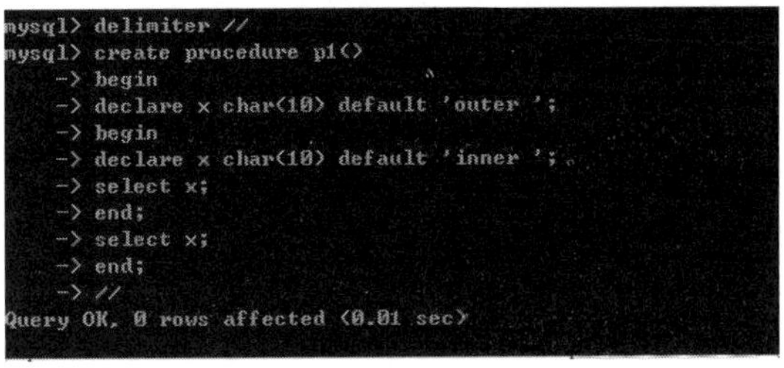

```
mysql> delimiter //
mysql> create procedure p1()
    -> begin
    -> declare x char(10) default 'outer ';
    -> begin
    -> declare x char(10) default 'inner ';
    -> select x;
    -> end;
    -> select x;
    -> end;
    -> //
Query OK, 0 rows affected (0.01 sec)
```

图 10.3　定义局部变量的运行结果

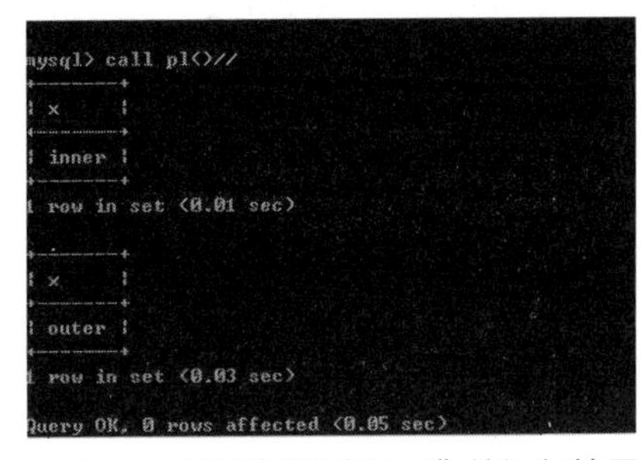

图 10.4　调用存储过程 pl() 的运行结果

（2）会话变量

MySQL 中的会话变量不必声明即可使用，会话变量在整个过程中均有效，会话变量名以字符“@”作为起始字符。下述代码为会话变量的使用方法。

[实例 10.4]　（源码位置：资源包 \Code\10\04）

应用会话变量。

在该例中，分别在内部和外部 begin...end 块中都定义了同名的会话变量 @t，并且最终输出结果相同，从而说明会话变量的作用范围为整个程序。设置全局变量的代码如下：

```
delimiter //
```

```
create procedure p2()
begin
set @t=1;
begin
set @t=2;
select @t;
end;
select @t;
end;
//
```

上述代码的运行结果如图 10.5 所示。

应用 MySQL 调用该存储过程的运行结果如图 10.6 所示。

```
mysql> delimiter //
mysql> create procedure p2()
    -> begin
    -> set @t=1;
    -> begin
    -> set @t=2;
    -> select @t;
    -> end;
    -> select @t;
    -> end;
    -> //
Query OK, 0 rows affected (0.00 sec)
```

图 10.5　设置会话变量

```
mysql> call p2()//
+------+
| @t   |
+------+
| 2    |
+------+
1 row in set (0.01 sec)

+------+
| @t   |
+------+
| 2    |
+------+
1 row in set (0.01 sec)

Query OK, 0 rows affected (0.03 sec)
```

图 10.6　调用存储过程 p2() 运行结果

（3）为变量赋值

MySQL 中可以使用 DECLARE 关键字来定义变量。定义变量的基本语法如下：

```
DECLARE var_name[,...] type [DEFAULT value]
```

DECLARE 是用来声明变量的；var_name 参数是设置变量的名称。如果用户需要，也可以同时定义多个变量；type 参数用来指定变量的类型；DEFAULT value 的作用是指定变量的默认值，不对该参数进行设置时，其默认值为 NULL。

MySQL 中可以使用 SET 关键字为变量赋值。SET 语句的基本语法如下：

```
SET var_name=expr[,var_name=expr]...
```

SET 关键字用来为变量赋值；var_name 参数是变量的名称；expr 参数是赋值表达式。一个 SET 语句可以同时为多个变量赋值，各个变量的赋值语句之间用“,”隔开。例如：为变量 mr_soft 赋值，代码如下：

```
SET mr_soft=10;
```

另外，MySQL 中还可以应用另一种方式为变量赋值。其语法结构如下：

```
SELECT col_name[,...] INTO var_name[,...] FROM table_name where condition
```

其中 col_name 参数标识查询的字段名称；var_name 参数是变量的名称；table_name 参数为指定数据表的名称；condition 参数为指定查询条件。例如：从 studentinfo 表中查询 name 为“LeonSK”的记录。将该记录下的 tel 字段内容赋值给变量 customer_tel。其关键代码如下：

```
SELECT tel INTO customer_tel FROM studentinfo WHERE name= 'LeonSK ';
```

说明:

上述赋值语句必须存在于创建的存储过程中。且需将赋值语句放置在 BEGIN...END 之间。若脱离此范围，该变量将不能使用或被赋值。

10.1.4 光标的运用

通过 MySQL 查询数据库，其结果可能为多条记录。在存储过程和函数中使用光标可以实现逐条读取结果集中的记录。光标使用包括声明光标（DECLARE CURSOR）、打开光标(OPEN CURSOR)、使用光标 (FETCH CURSOR) 和关闭光标 (CLOSE CURSIR)。值得一提的是，光标必须声明在处理程序之前，且声明在变量和条件之后。

（1）声明光标

在 MySQL 中，声明光标仍使用 DECLARE 关键字，其语法如下:

```
DECLARE cursor_name CURSOR FOR select_statement
```

cursor_name 是光标的名称，光标名称使用与表名同样的规则; select_statement 是一个 SELECT 语句，返回一行或多行数据。其中这个语句也可以在存储过程中定义多个光标，但是必须保证每个光标名称的唯一性。即每一个光标必须有自己唯一的名称。

通过上述定义来声明光标 info_of_student，其代码如下:

```
DECLARE info_of_student CURSOR FOR SELECT
sid,name,age,sex,age
FROM studentinfo
WHERE sid=1;
```

说明:

这里 SELECT 子句中不能包含 INTO 子句。并且光标只能在存储过程或存储函数中使用。上述代码并不能单独执行。

（2）打开光标

在声明光标之后，要从光标中提取数据，必须首先打开光标。在 MySQL 中，使用 OPEN 关键字来打开光标。其基本的语法如下:

```
OPEN cursor_name
```

其中 cursor_name 参数表示光标的名称。在程序中，一个光标可以打开多次。由于可能在用户打开光标后，其他用户或程序正在更新数据表。所以可能会导致用户在每次打开光标后，显示的结果都不同。

打开上面已经声明的光标 info_of_student，其代码如下:

```
OPEN info_of_student
```

（3）使用光标

光标在顺利打开后，可以使用 FETCH...INTO 语句来读取数据。其语法如下:

```
FETCH  cursor_name INTO var_name[,var_name]...
```

其中 cursor_name 代表已经打开光标的名称；var_name 参数表示将光标中的 SELECT 语句查询出来的信息存入该参数中。var_name 是存放数据的变量名，必须在声明光标前定义好。FETCH…INTO 语句与 SELECT...INTO 语句具有相同的意义。

将已打开的光标 info_of_student 中 SELECT 语句查询出来的信息存入 tmp_name 和 tmp_tel 中。其中 tmp_name 和 tmp_tel 必须在使用前定义。其代码如下：

```
FETCH info_of_student INTO tmp_name,tmp_tel;
```

（4）关闭光标

光标使用完毕后，要及时关闭，在 MySQL 中采用 CLOSE 关键字关闭光标，其语法格式如下：

```
CLOSE cursor_name
```

cursor_name 参数表示光标名称。下面关闭已打开的光标 info_of_student。代码如下：

```
CLOSE info_of_student
```

说明：
对于已关闭的光标，在其关闭之后，则不能使用 FETCH 来使用光标。光标在使用完毕后一定要关闭。

10.2　存储过程和存储函数的调用

存储过程和存储函数都是存储在服务器中的 SQL 语句的集合。若要使用这些已经定义好的存储过程和存储函数，就必须要通过调用的方式来实现。对存储过程和存储函数的操作主要可以包括调用、查看、修改和删除。

10.2.1　调用存储过程

存储过程的调用在前面的示例中多次被用到。MySQL 中使用 CALL 语句来调用存储过程。调用存储过程后，数据库系统将执行存储过程中的语句。然后将结果返回给输出值。CALL 语句的基本语法形式如下：

```
CALL sp_name([parameter[,...]]);
```

其中 sp_name 是存储过程的名称；parameter 是存储过程的参数。

10.2.2　调用存储函数

在 MySQL 中，存储函数的使用方法与 MySQL 内部函数的使用方法基本相同。用户自定义的存储函数与 MySQL 内部函数性质相同。区别在于，存储函数是用户自定义的。而内部函数由 MySQL 自带。其语法结构如下：

```
SELECT function_name([parameter[,...]]);
```

10.3 查看存储过程和存储函数

存储过程和存储函数创建以后，用户可以查看存储过程和存储函数的状态和定义。用户可以通过 SHOW STATUS 语句查看存储过程和存储函数状态，也可以通过 SHOW CREATE 语句来查看存储过程和存储函数的定义。

10.3.1 SHOW STATUS 语句

在 MySQL 中可以通过 SHOW STATUS 语句查看存储过程和存储函数的状态。其基本语法结构如下：

```
SHOW {PROCEDURE | FUNCTION}STATUS[LIKE 'pattern']
```

其中，PROCEDURE 参数表示查询存储过程；FUNCTION 参数表示查询存储函数；LIKE ‘pattern’ 参数用来匹配存储过程或存储函数名称。

10.3.2 SHOW CREATE 语句

MySQL 中可以通过 SHOW CREATE 语句来查看存储过程和存储函数的状态。其语法结果如下：

```
SHOW CREATE{PROCEDURE | FUNCTION } sp_name;
```

其中，PROCEDURE 参数表示查询存储过程；FUNCTION 参数表示查询存储函数；sp_name 参数表示存储过程或存储函数的名称。

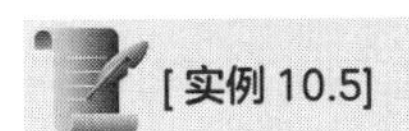
[实例 10.5]　（源码位置：资源包 \Code\10\05）

查询名为 count_of_student 的存储过程。

代码如下：

```
show create procedure count_of_student ;
```

应用 SHOW CREATE 语句查看存储过程运行结果如图 10.7 所示。

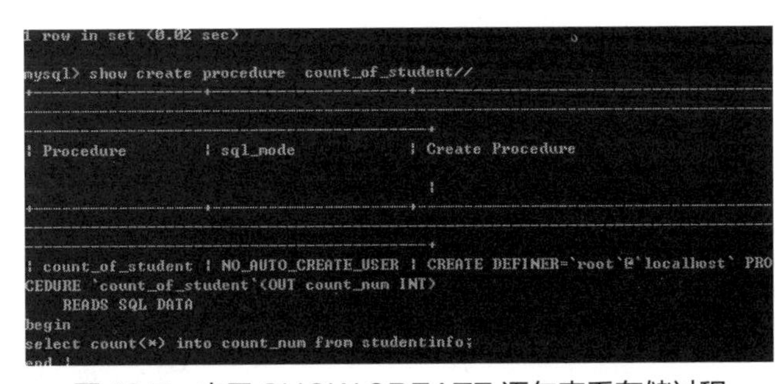

图 10.7　应用 SHOW CREATE 语句查看存储过程

查询结果显示存储过程的定义、字符集等信息。

说明：
SHOW STATUS 语句只能查看存储过程或存储函数所操作的数据库对象，如存储过程或存储函数的名称、类型、定义者、修改时间等信息，并不能查询存储过程或存储函数的具体定义。如果需要查看详细定义，需要使用 SHOW CREATE 语句。

10.4 修改存储过程和存储函数

修改存储过程和存储函数是指修改已经定义好的存储过程和存储函数。MySQL 中通过 ALTER PROCEDURE 语句来修改存储过程。通过 ALTER FUNCTION 语句来修改存储函数。

MySQL 中修改存储过程和存储函数的语句的语法形式如下：

```
ALTER {PROCEDURE | FUNCTION} sp_name [characteristic ...]
characteristic:
  { CONTAINS SQL | NO SQL | READS SQL DATA | MODIFIES SQL DATA }
  | SQL SECURITY { DEFINER | INVOKER }
  | COMMENT 'string'
```

修改存储过程和存储函数的语法的参数说明如表 10.3 所示。

表 10.3 修改存储过程和存储函数的语法的参数说明

参数	说明
sp_name	存储过程或存储函数的名称
characteristic	指定存储函数的特性
CONTAINS SQL	表示子程序包含 SQL 语句，但不包含读写数据的语句
NO SQL	表示子程序不包含 SQL 语句
READS SQL DATA	表示子程序中包含读数据的语句
MODIFIES SQL DATA	表示子程序中包含写数据的语句
SQL SECURITY{DEFINER|INVOKER}	指明权限执行。DEFINER 表示只有定义者自己才能够执行；INVOKER 表示调用者可以执行
COMMENT'string'	是注释信息

[实例 10.6]（源码位置：资源包 \Code\10\06）

修改存储过程 count_of_student。

代码如下：

```
alter procedure count_of_student
modifies sql data
sql security invoker;
```

修改存储过程 count_of_student 的定义运行结果如图 10.8 所示。

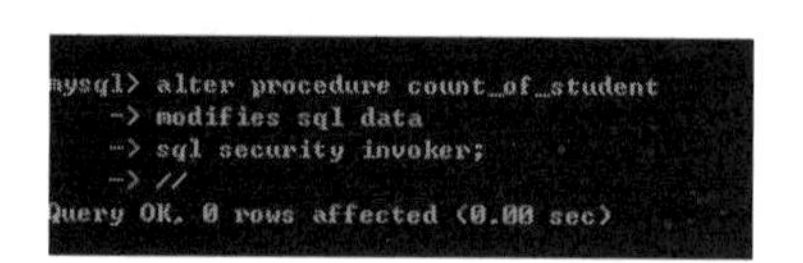

图 10.8 修改存储过程 count_of_student 的定义

说明：

如果读者希望查看修改后的结果。可以应用 SELECT ... FROM studentinfo.Ruotines WHERE ROUTINE_NAME='sp_name' 来查看表的信息。由于篇幅限制，这里不进行详细讲解。

10.5 删除存储过程和存储函数

删除存储过程和存储函数指删除数据库中已经存在的存储过程或存储函数。MySQL 中使用 DROP PROCEDURE 语句来删除存储过程。通过 DROP FUNCTION 语句来删除存储函数。在删除之前，必须确认该存储过程或存储函数没有任何依赖关系，否则可能会导致其他与其关联的存储过程无法运行。

删除存储过程和函数的语法如下：

```
DROP {PROCEDURE | FUNCTION} [IF EXISTS] sp_name
```

其中 sp_name 参数表示存储过程或存储函数的名称；IF EXISTS 是 MySQL 的扩展，判断存储过程或存储函数是否存在，以免发生错误。

[实例 10.7]　（源码位置：资源包 \Code\10\07）

删除名称为 count_of_student 的存储过程。

代码如下：

```
drop procedure count_of_student;
```

删除 count_of_student 的存储过程运行结果如图 10.9 所示。

[实例 10.8]　（源码位置：资源包 \Code\10\08）

删除名称为 name_of_student 的存储函数。

代码如下：

```
drop function name_of_student;
```

删除 name_of_student 存储函数的运行结果如图 10.10 所示。

```
mysql> drop procedure count_of_student//
Query OK, 0 rows affected (0.02 sec)

mysql>
```

图 10.9　删除 count_of_student 存储过程

```
mysql> drop function name_of_student
    -> //
Query OK, 0 rows affected (0.00 sec)

mysql>
```

图 10.10　删除 name_of_student 存储函数

当返回结果没有提示警告或报错时，则说明存储过程或存储函数已经被顺利删除。用户可以通过查询 students 数据库下的 Routines 表来确认上面的删除是否成功。

本章知识思维导图

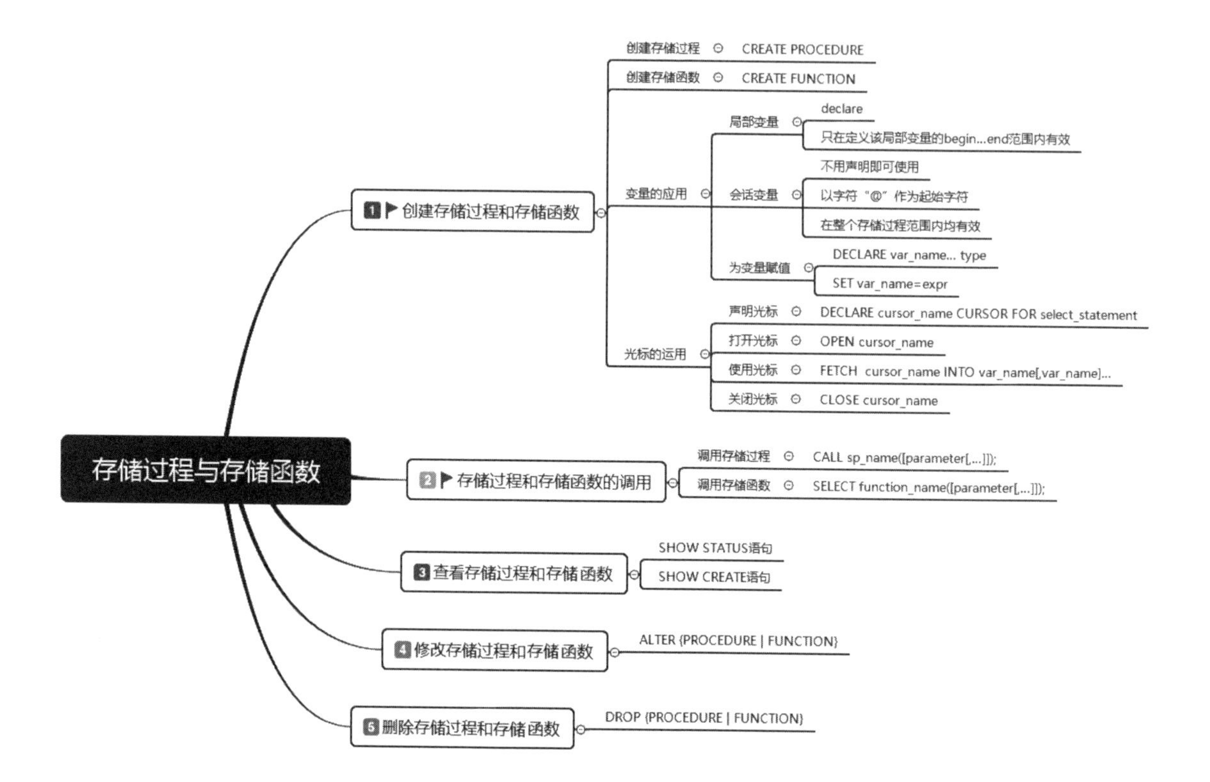
存储过程与存储函数
1 创建存储过程和存储函数
创建存储过程
CREATE PROCEDURE
创建存储函数
CREATE FUNCTION
变量的应用
局部变量
declare
只在定义该局部变量的begin...end范围内有效
会话变量
不用声明即可使用
以字符“@”作为起始字符
在整个存储过程范围内均有效
为变量赋值
DECLARE var_name... type
SET var_name=expr
光标的运用
声明光标
DECLARE cursor_name CURSOR FOR select_statement
打开光标
OPEN cursor_name
使用光标
FETCH cursor_name INTO var_name[,var_name]...
关闭光标
CLOSE cursor_name
2 存储过程和存储函数的调用
调用存储过程
CALL sp_name([parameter[,...]]);
调用存储函数
SELECT function_name([parameter[,...]]);
3 查看存储过程和存储函数
SHOW STATUS语句
SHOW CREATE语句
4 修改存储过程和存储函数
ALTER {PROCEDURE | FUNCTION}
5 删除存储过程和存储函数
DROP {PROCEDURE | FUNCTION}

第 11 章

触发器

扫码领取
- 配套视频
- 配套素材
- 学习指导
- 交流社群

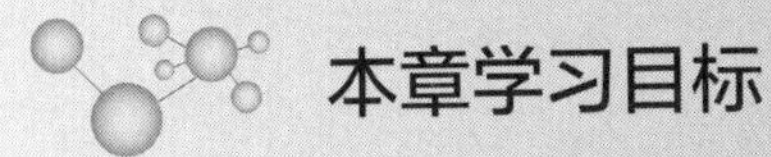

本章学习目标

- 了解 MySQL 触发器的概念
- 了解在 MySQL 中创建单个执行语句的触发器
- 掌握 MySQL 中创建多个语句的触发器
- 掌握在 MySQL 数据库中查看触发器
- 掌握删除触发器

11.1 创建触发器

触发器是由 MySQL 的基本命令事件来触发某种特定操作，这些基本的命令由 INSERT、UPDATE、DELETE 等事件来触发某些特定操作。满足触发器的触发条件时，数据库系统就会自动执行触发器中定义的程序语句。这样可以令某些操作之间的一致性得到协调。

11.1.1 创建单个执行语句的触发器

在 MySQL 中，创建只有一个执行语句的触发器的基本形式如下：

```
CREATE TRIGGER 触发器名称 BEFORE | AFTER 触发事件
ON 表名 FOR EACH ROW 执行语句
```

具体的参数说明如下：

- 触发器名称用于指定要创建的触发器名字。
- 参数 BEFORE 和 AFTER 用于指定触发器执行的时间。BEFORE 指在触发时间之前执行触发语句；AFTER 表示在触发时间之后执行触发语句。
- 触发事件参数用于指定数据库操作触发条件，其中包括 INSERT\UPDATE 和 DELETE。
- 表名用于指定触发时间操作表的名称。
- FOR EACH ROW 表示任何一条记录上的操作满足触发事件都会触发该触发器。
- 执行语句指触发器被触发后执行的程序。

[实例 11.1] （源码位置：资源包 \Code\11\01）

创建一个由插入命令“INSERT”触发的触发器 auto_save_time。

具体步骤如下：

① 创建一个名称为 timelog 的表格，该表的结构非常简单。相关代码如下：

```
create table timelog(
id int(11) primary key auto_increment not null,
savetime varchar(50) not null
);
```

② 创建名称为 auto_save_time 的触发器，其代码如下：

```
delimiter //
create trigger auto_save_time before insert
on studentinfo for each row
insert into timelog(savetime) values(now());
//
```

创建 auto_save_time 触发器代码的运行结果如图 11.1 所示。

auto_save_time 触发器创建成功，其具体的功能是当用户向 studentinfo 表中执行“INSERT”操作时，数据库系统会自动在插入语句执行之前向 timelog 表中插入当前时间。下面通过向 studentinfo 表中插入一条信息来查看触发器的作用。其代码如下：

```
insert into studentinfo(name) values ('Chris');
```

运行 SELECT 语句查看 timelog 表中是否执行 INSERT 操作，其结果如图 11.2 所示。

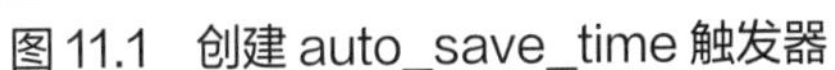

图 11.1　创建 auto_save_time 触发器

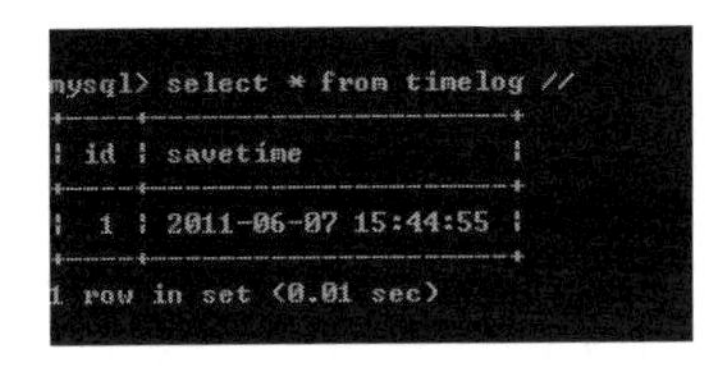

图 11.2　查看 timelog 表中是否执行插入操作

以上结果显示，在向 studentinfo 表中插入数据时，savetime 表中也会被插入一条当前系统时间的数据。

11.1.2　创建具有多个执行语句的触发器

11.1.1 小节中已经介绍了如何创建一个最基本的触发器，但是在实际应用中，往往触发器中包含多个执行语句。其中创建具有多个执行语句的触发器语法结构如下：

```
CREATE TRIGGER 触发器名称 BEFORE | AFTER 触发事件
ON 表名 FOR EACH ROW
BEGIN
执行语句列表
END
```

其中，创建具有多个执行语句触发器的语法结构与创建触发器的一般语法结构大体相同，其参数说明请参考 11.1.1 小节中的参数说明。这里不再赘述。在该结构中，将要执行的多条语句放入 BEGIN 与 END 之间。多条语句需要执行的内容，需要用结束分隔符“;”隔开。

说明：

一般放在 BEGIN 与 END 之间的多条执行语句必须用结束分隔符“;”分开。在创建触发器过程中，需要更改分隔符，故这里应用 DELIMITERT 语句，将结束符号变为“//”。当触发器创建完成后，读者同样可以应用该语句将结束符“;”换回。

下面创建一个由 DELETE 触发多个执行语句的触发器 delete_time_info。模拟一个删除日志数据表和一个删除时间表。当用户删除数据库中的某条记录后，数据库系统会自动向日志表中写入日志信息。创建具有多个执行语句的触发器过程如下：

[实例 11.2]　（源码位置：资源包 \Code\11\02）

创建具有多个执行语句的触发器 delete_time_info。

在上例中创建的 timelog 数据表基础上，另外创建一个名称为 timeinfo 的数据表。创建代码如下：

```
create table timeinfo(
id int(11), primary key auto_increment,
info varchar(50) not null
)//
```

创建一个由 DELETE 触发多个执行语句的触发器 delete_time_info。其代码如下：

```
delimiter //
create trigger delete_time_info after delete
on studentinfo for each row
begin
```

```
insert into timelog(savetime) values (now());
insert into timeinfo(info) values ('deleteact');
end
//
```

运行以上代码的结果如图 11.3 所示。

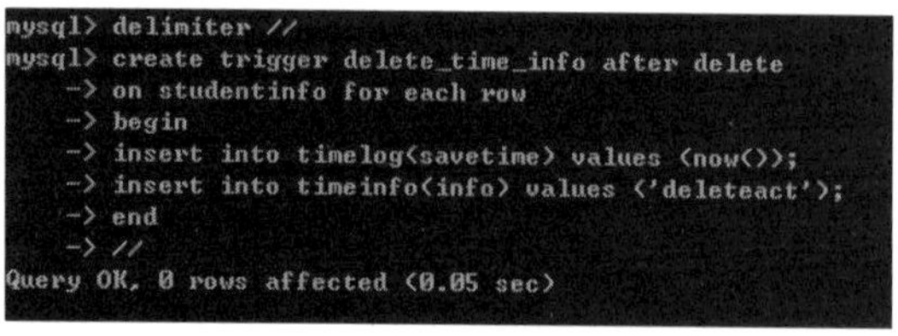

```
mysql> delimiter //
mysql> create trigger delete_time_info after delete
    -> on studentinfo for each row
    -> begin
    -> insert into timelog(savetime) values (now());
    -> insert into timeinfo(info) values ('deleteact');
    -> end
    -> //
Query OK, 0 rows affected (0.05 sec)
```

图 11.3　创建具有多个语句的触发器 delete_time_info

[实例 11.3]　（源码位置：资源包 \Code\11\03）

触发器创建成功，当执行删除操作后，timelog 与 timeinfo 表中将会插入两条相关记录。

执行删除操作的代码如下：

```
DELETE FROM studentinfo where sid=7;
```

删除成功后，应用 SELECT 语句分别查看 timelog 数据表与 timeinfo 数据表。其运行结果如图 11.4、图 11.5 所示。

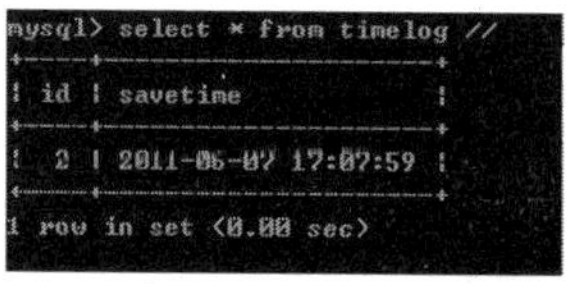

```
mysql> select * from timelog //
+----+---------------------+
| id | savetime            |
+----+---------------------+
|  2 | 2011-06-07 17:07:59 |
+----+---------------------+
1 row in set (0.00 sec)
```

图 11.4　查看 timelog 数据表信息

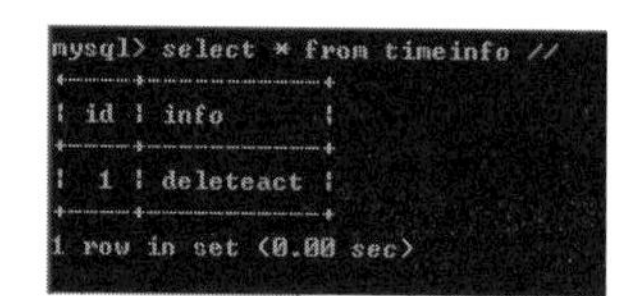

```
mysql> select * from timeinfo //
+----+-----------+
| id | info      |
+----+-----------+
|  1 | deleteact |
+----+-----------+
1 row in set (0.00 sec)
```

图 11.5　查看 timeinfo 数据表信息

从以上图中可以看出，触发器创建成功后，当用户对 students 表执行 DELETE 操作时，students 数据库中的 timelog 数据表和 timeinfo 数据表中分别被插入操作时间和操作信息。

说明：

在 MySQL 中，一个表在相同的时间和相同的触发时间只能创建一个触发器，如触发时间 INSERT，触发时间为 AFTER 的触发器只能有一个。但是可以定义 BEFORE 的触发器。

11.2　查看触发器

查看触发器是指查看数据库中已存在的触发器的定义、状态和语法等信息。查看触发器应用 SHOW TRIGGERS 语句。

11.2.1　SHOW TRIGGERS

在 MySQL 中，可以执行 SHOW TRIGGERS 语句查看触发器的基本信息，其基本形式如下：

```
SHOW TRIGGERS;
```

进入 MySQL 数据库，选择 students 数据库并查看该数据库中存在的触发器，其运行结果如图 11.6 所示。

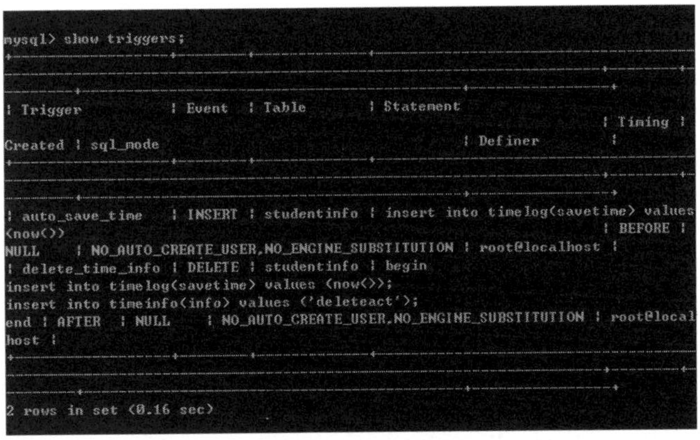

```
mysql> show triggers;
| Trigger            | Event  | Table       | Statement
                                                                   | Timing |
Created | sql_mode                                      | Definer       |
| auto_save_time     | INSERT | studentinfo | insert into timelog(savetime) values
(now())                                                            | BEFORE |
NULL    | NO_AUTO_CREATE_USER,NO_ENGINE_SUBSTITUTION | root@localhost |
| delete_time_info | DELETE | studentinfo | begin
insert into timelog(savetime) values (now());
insert into timeinfo(info) values ('deleteact');
end | AFTER  | NULL    | NO_AUTO_CREATE_USER,NO_ENGINE_SUBSTITUTION | root@local
host |
2 rows in set (0.16 sec)
```

图 11.6　查看触发器

在命令提示符中输入 SHOW TRIGGERS 语句即可查看选择数据库中的所有触发器，但是，应用该查看语句存在一定弊端，即只能查询所有触发器的内容，并不能指定查看某个触发器的信息。这样一来，就会在用户查找指定触发器信息的时候带来极大不便。故推荐读者只在触发器数量较少的情况下应用 SHOW TRIGGERS 语句查询触发器基本信息。

11.2.2　查看 triggers 表中触发器信息

在 MySQL 中，所有触发器的定义都存在该数据库的 triggers 表中。读者可以通过查询 triggers 表来查看数据库中所有触发器的详细信息。查询语句如下：

```
SELECT * FROM information_schema.triggers;
```

其中 information_schema 是 MySQL 中默认存在的库，而 information_schema 是数据库中用于记录触发器信息的数据表。通过 SELECT 语句查看触发器信息。其运行结果与图 11.6 相同。但是如果用户想要查看某个指定触发器的内容。可以通过 WHERE 子句应用 TRIGGER 字段作为查询条件。其代码如下所示：

```
SELECT * FROM information_schema.triggers WHERE TRIGGER_NAME= '触发器名称';
```

其中“触发器名称”这一参数为用户指定要查看的触发器名称，和其他 SELECT 查询语句相同，该名称内容需要用一对“''”（单引号）引用指定的文字内容。

说明：

如果数据库中存在数量较多的触发器，建议读者使用第二种查看触发器的方式。这样会在查找指定触发器过程中避免很多不必要的麻烦。

11.3　执行触发器

在 MySQL 中，触发器按以下顺序执行：BEFORE 触发器、表操作、AFTER 触发器操作，其中表操作包括常用的数据库操作命令，如 INSERT、UPDATE、DELETE。

[实例 11.4] （源码位置：资源包 \Code\11\04）

触发器与表操作存在执行顺序，下面通过创建一个示例向读者展示三者之间的执行顺序关系。

① 创建名称为 before_in 的 BEFORE INSERT 触发器，其代码如下：

```
create trigger before_in before insert on
studentinfo for each row
insert into timeinfo (info) values ('before');
```

② 创建名称为 after_in 的 AFTER INSERT 触发器，其代码如下：

```
create trigger after_in after insert on
studentinfo for each row
insert into timeinfo (info) values ('after');
```

运行步骤①、②的结果如图 11.7 所示。

③ 创建完毕触发器，向数据表 studentinfo 中插入一条记录。代码如下：

```
insert into studentinfo(name) values ('Nowitzki');
```

执行成功后，通过 SELECT 语句查看 timeinfo 数据表的插入情况。代码如下：

```
select * from timeinfo;
```

运行以上代码，其运行结果如图 11.8 所示。

```
mysql> create trigger before_in before insert on
    -> studentinfo for each row
    -> insert into timeinfo (info) values ('before');
Query OK, 0 rows affected (0.02 sec)

mysql> create trigger after_in after insert on
    -> studentinfo for each row
    -> insert into timeinfo (info) values ('after');
Query OK, 0 rows affected (0.00 sec)
```

图 11.7　创建触发器运行结果

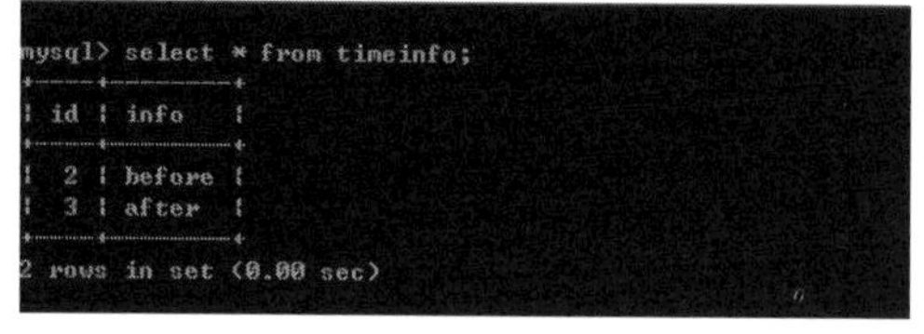

图 11.8　查看 timeinfo 表中触发器的执行顺序

查询结果显示 before 和 after 触发器被激活。Before 触发器首先被激活，然后 after 触发器再被激活。

说明：

触发器中不能包含 START TRANSCATION、COMMIT 或 ROLLBACK 等关键词，也不能包含 CALL 语句。触发器执行非常严密，每一环都息息相关，任何错误都可能导致程序无法向下执行。已经更新过的数据表是不能回滚的。故在设计过程中一定要注意触发器的逻辑严密性。

11.4　删除触发器

在 MySQL 中，既然可以创建触发器，同样也可以通过命令删除触发器。删除触发器指删除原来已经在某个数据库中创建的触发器，与 MySQL 中删除数据库的命令相似。删除触发器应用 DROP 关键字。其语法格式如下：

```
DROP TRIGGER 触发器名称
```

“触发器名称”参数为用户指定要删除的触发器名称，如果指定某个特定触发器名称，MySQL 在执行过程中将会在当前库中查找触发器。

说明：
在应用完触发器后，切记一定要将触发器删除，否则在执行某些数据库操作时，会造成数据的变化。

[实例 11.5] （源码位置：资源包 \Code\11\05）

将名称为 delete_time_info 的触发器删除。

代码如下：

```
DROP TRIGGER delete_time_info;
```

```
mysql> use students;
Database changed
mysql> drop trigger delete_time_info;
Query OK, 0 rows affected (0.11 sec)
```

图 11.9　删除触发器

运行上述代码，其运行结果如图 11.9 所示。

通过查看触发器命令来查看数据库 students 中的触发器信息。其代码如下：

```
SHOW TRIGGERS
```

查看触发器信息，可以从图 11.10 看出，名称为 delete_time_info 的触发器已经被删除。

```
mysql> show triggers;
| Trigger    | Event  | Table       | Statement
  | Timing | Created | sql_mode                                   | Definer
   |
| before_in  | INSERT | studentinfo | insert into timeinfo (info) values ('before
') | BEFORE | NULL    | NO_AUTO_CREATE_USER,NO_ENGINE_SUBSTITUTION | root@localh
ost |
| after_in   | INSERT | studentinfo | insert into timeinfo (info) values ('after'
)  | AFTER  | NULL    | NO_AUTO_CREATE_USER,NO_ENGINE_SUBSTITUTION | root@localh
ost |
2 rows in set (0.11 sec)
```

图 11.10　查看 students 数据库中的触发器信息

注意：
图 11.10 的返回结果显示，该数据库中存在两个触发器信息，这两个触发器是在 11.1.2 小节中被创建的，如果用户在 db_database09 数据库中未创建该触发器，则返回结果会是一个“Empty set”。

本章知识思维导图

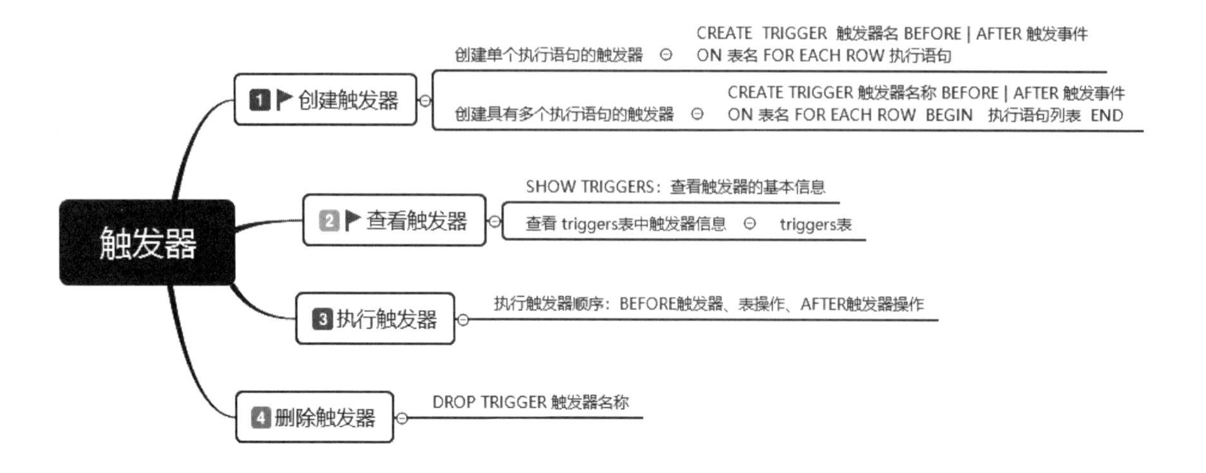
触发器
1 创建触发器
创建单个执行语句的触发器
CREATE TRIGGER 触发器名 BEFORE | AFTER 触发事件
ON 表名 FOR EACH ROW 执行语句
创建具有多个执行语句的触发器
CREATE TRIGGER 触发器名称 BEFORE | AFTER 触发事件
ON 表名 FOR EACH ROW BEGIN 执行语句列表 END
2 查看触发器
SHOW TRIGGERS：查看触发器的基本信息
查看 triggers表中触发器信息
triggers表
3 执行触发器
执行触发器顺序：BEFORE触发器、表操作、AFTER触发器操作
4 删除触发器
DROP TRIGGER 触发器名称

第 12 章
事件

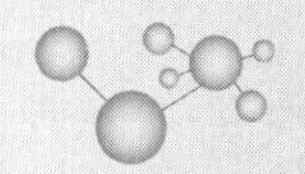

本章学习目标

- 如何查看事件是否开启
- 如何开启事件
- 使用创建事件语句创建事件
- 使用修改事件语句修改事件，以及临时关闭事件
- 如何删除事件

12.1 事件概述

在 MySQL 5.1 中新增了一个特色功能事件调度器（Event Scheduler），简称事件。它可以作为定时任务调度器，取代部分原来只能用操作系统的计划任务才能执行的工作。另外，值得一提的是，MySQL 的事件可以实现每秒执行一个任务，这在一些对实时性要求较高的环境下是非常实用的。

事件调试器是定时触发执行的，从这个角度上看也可以称作“临时触发器”。但是，它与触发器又有所区别，触发器只针对某个表产生的事件执行一些语句，而事件调度器则是在某一段（间隔）时间执行一些语句。

12.1.1 查看事件是否开启

事件由一个特定的线程来管理。启用事件调度器后，拥有 SUPER 权限的账户执行 SHOW PROCESSLIST 就可以看到这个线程了。

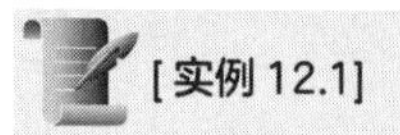

[实例 12.1]　　（源码位置：资源包 \Code\12\01）

查看事件是否开启举例。

代码如下：

```
SHOW VARIABLES LIKE 'event_scheduler';
SELECT @@event_scheduler;
SHOW PROCESSLIST;
```

运行以上代码的结果如图 12.1 所示。

```
mysql> SHOW VARIABLES LIKE 'event_scheduler';
+-----------------+-------+
| Variable_name   | Value |
+-----------------+-------+
| event_scheduler | OFF   |
+-----------------+-------+
1 row in set (0.00 sec)

mysql> SELECT @@event_scheduler;
+-------------------+
| @@event_scheduler |
+-------------------+
| OFF               |
+-------------------+
1 row in set (0.00 sec)

mysql> SHOW PROCESSLIST;
+----+------+-----------------+---------------------+---------+------+-------+------------------+
| Id | User | Host            | db                  | Command | Time | State | Info             |
+----+------+-----------------+---------------------+---------+------+-------+------------------+
| 72 | root | localhost:49245 | NULL                | Sleep   |  541 |       | NULL             |
| 73 | root | localhost:49246 | NULL                | Sleep   |  743 |       | NULL             |
| 93 | root | localhost:49266 | db_resourcelibrary  | Sleep   |   48 |       | NULL             |
| 94 | root | localhost:49267 | db_resourcelibrary  | Sleep   |   48 |       | NULL             |
| 95 | root | localhost:49268 | db_resourcelibrary  | Sleep   |   48 |       | NULL             |
| 96 | root | localhost:49269 | db_resourcelibrary  | Sleep   |   48 |       | NULL             |
| 97 | root | localhost:49270 | db_resourcelibrary  | Sleep   |   48 |       | NULL             |
| 98 | root | localhost:49271 | NULL                | Query   |    0 | init  | SHOW PROCESSLIST |
+----+------+-----------------+---------------------+---------+------+-------+------------------+
8 rows in set (0.00 sec)

mysql>
```

图 12.1　查看事件是否开启

从图 12.1 中可以看出，事件没有开启，因为参数 event_scheduler 的值为 OFF，并且在 PROCESSLIST 中查看不到 event_scheduler 的信息，而如果参数 event_scheduler 的值为 ON，或者在 PROCESSLIST 中显示了 event_scheduler 的信息，那么就说明事件已经开启。

12.1.2 开启事件

通过设定全局变量 event_scheduler 的值即可动态地控制事件调度器是否启用。开启 MySQL 的事件调度器，可以通过下面两种方式实现。

● 通过设置全局参数修改

在 MySQL 的命令行窗口中，使用 SET GLOBAL 命令可以开启或关闭事件。将 event_scheduler 参数的值设置为 ON，则开启事件；如果设置为 OFF，则关闭事件。例如，要开启事件，可以在命令行窗口中输入下面的命令。

```
SET GLOBAL event_scheduler = ON;
```

（源码位置：资源包 \Code\12\02）

[实例 12.2] 开启事件并查看事件是否已经开启。

代码如下：

```
SET GLOBAL event_scheduler = ON;
SHOW VARIABLES LIKE 'event_scheduler';
```

运行以上代码的结果如图 12.2 所示。

从图 12.2 中，可以看出 event_scheduler 的值为 ON，则表示事件已经开启。

注意：

如果想要始终开启事件，那么在使用 SET GLOBAL 开启事件后，还需要在 my.ini/my.cnf 中添加 event_scheduler=on。因为如果没有添加，MySQL 重启事件又会回到原来的状态。

● 更改配置文件

在 MySQL 的配置文件 my.ini（Windows 系统）/my.cnf（Linux 系统）中，找到 [mysqld]，然后添加以下代码开启事件。

```
event_scheduler=ON
```

在配置文件中添加代码并保存文件后，还需要重新启动 MySQL 服务器才能生效。通过该方法开启事件，重启 MySQL 服务器后，不恢复为系统默认的未开启状态。例如，此时重新连接 MySQL 服务器，然后使用下面的命令查看事件是否开启时，得到的结果将是参数 event_scheduler 的值为 ON，表示已经开启，如图 12.3 所示。

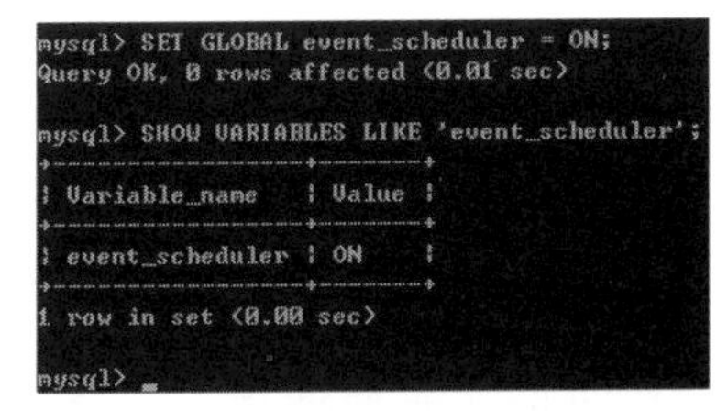

图 12.2 开启事件并查看事件是否已经开启

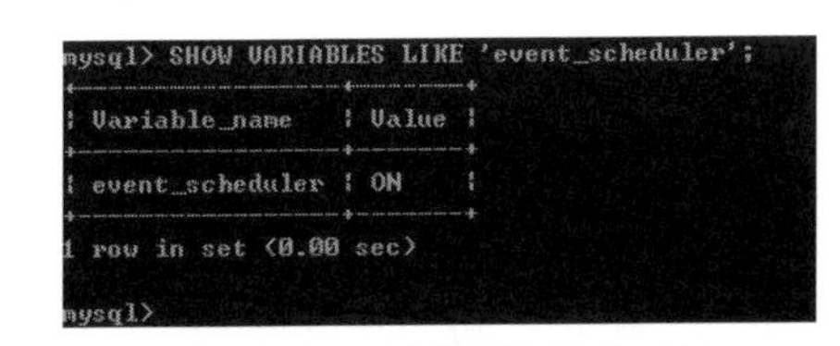

图 12.3 查看事件是否开启

12.2 创建事件

在 MySQL 5.1 以上版本中，可以通过 CREATE EVENT 语句来创建事件，其语句格式如下：

```
CREATE
    [DEFINER = { user | CURRENT_USER }]
    EVENT  [IF NOT EXISTS]  event_name
    ON SCHEDULE schedule
    [ON COMPLETION [NOT] PRESERVE]
    [ENABLE | DISABLE | DISABLE ON SLAVE]
    [COMMENT 'comment']
    DO event_body;
```

从上面的语法中，可以看出 CREATE EVENT 语句由多个子句组成，各子句的详细说明如表 12.1 所示。

表 12.1　CREATE EVENT 语句的子句

子句	说明
DEFINER	可选，用于定义事件执行时检查权限的用户
IF NOT EXISTS	可选，用于判断要创建的事件是否存在
EVENT event_name	必选，用于指定事件名，event_name的最大长度为64个字符，如果未指定event_name，则默认为当前的MySQL用户名（不区分大小写）
ON SCHEDULE schedule	必选，用于定义执行的时间和时间间隔
ON COMPLETION [NOT] PRESERVE	可选，用于定义事件是否循环执行，即是一次执行还是永久执行，默认为一次执行，即NOT PRESERVE
ENABLE | DISABLE | DISABLE ON SLAVE	可选，用于指定事件的一种属性。其中，关键字ENABLE表示该事件是活动的，也就是调度器检查事件是否必须调用；关键字DISABLE表示该事件是关闭的，也就是事件的声明存储到目录中，但是调度器不会检查它是否应该调用；关键字DISABLE ON SLAVE表示事件在从机中是关闭的。如果不指定这三个选项中的任何一个，则在一个事件创建之后，它立即变为活动的
COMMENT 'comment'	可选，用于定义事件的注释
DO event_body	必选，用于指定事件启动时所要执行的代码。可以是任何有效的SQL语句、存储过程或者一个计划执行的事件。如果包含多条语句，可以使用BEGIN...END复合结构

在 ON SCHEDULE 子句中，参数 schedule 的值为一个 AS 子句，用于指定事件在某个时刻发生，其语法格式如下：

```
AT timestamp [+ INTERVAL interval] ...
 | EVERY interval
[STARTS timestamp [+ INTERVAL interval] ...]
[ENDS timestamp [+ INTERVAL interval] ...]
```

参数说明如下：

- timestamp：表示一个具体的时间点，后面加上一个时间间隔，表示在这个时间间隔后事件发生；
- EVERY 子句：用于表示事件在指定时间区间内每隔多长时间发生一次，其中 STARTS 子句用于指定开始时间；ENDS 子句用于指定结束时间；
- interval：表示一个从现在开始的时间，其值由一个数值和单位构成。例如，使用“4 WEEK”表示 4 周；使用“'1:10' HOUR_MINUTE”表示 1 小时 10 分钟。间隔的距离用 DATE_ADD() 函数来支配。

interval 参数值的语法格式如下：

```
quantity {YEAR | QUARTER | MONTH | DAY | HOUR | MINUTE |
          WEEK | SECOND | YEAR_MONTH | DAY_HOUR |
          DAY_MINUTE |DAY_SECOND | HOUR_MINUTE |
          HOUR_SECOND | MINUTE_SECOND}
```

[实例 12.3] （源码位置：资源包 \Code\12\03）

在数据库 db_database11 中创建一个名称为 e_test 的事件，用于每隔 5 秒向数据表 tb_eventtest 中插入一条数据。

① 打开数据库 db_database11，代码如下：

```
use db_database11
```

② 创建名称为 e_test 的事件，用于每隔 5 秒向数据表 tb_eventtest 中插入一条数据，代码如下：

```
CREATE EVENT IF NOT EXISTS e_test ON SCHEDULE EVERY 5 SECOND
ON COMPLETION PRESERVE
DO INSERT INTO tb_eventtest(user,createtime) VALUES('root',NOW());
```

③ 创建事件后，编写以下查看数据表 tb_eventtest 中数据的代码。

```
select * from tb_eventtest;
```

创建事件 e_test 运行结果如图 12.4 所示，从图 12.4 中可以看出，每隔 5 秒插入一条数据，这说明事件已经创建成功。

```
mysql> use db_database11
Database changed
mysql> CREATE EVENT IF NOT EXISTS e_test ON SCHEDULE EVERY 5 SECOND
    -> ON COMPLETION PRESERVE
    -> DO INSERT INTO tb_eventtest(user,createtime) VALUES('root',NOW());
Query OK, 0 rows affected (0.15 sec)

mysql> select * from tb_eventtest;
+----+---------------------+------+
| id | createtime          | user |
+----+---------------------+------+
|  1 | 2013-12-31 09:58:25 | root |
|  2 | 2013-12-31 09:58:30 | root |
|  3 | 2013-12-31 09:58:35 | root |
|  4 | 2013-12-31 09:58:40 | root |
|  5 | 2013-12-31 09:58:45 | root |
|  6 | 2013-12-31 09:58:50 | root |
|  7 | 2013-12-31 09:58:55 | root |
|  8 | 2013-12-31 09:59:00 | root |
|  9 | 2013-12-31 09:59:05 | root |
+----+---------------------+------+
9 rows in set (0.00 sec)

mysql>
```

图 12.4 创建事件 e_test

12.3 修改事件

事件被创建之后，还可以使用 ALTER EVENT 语句修改其定义和相关属性，其语法格式如下：

```
ALTER
    [DEFINER = { user | CURRENT_USER }]
    EVENT event_name
    [ON SCHEDULE schedule]
    [ON COMPLETION [NOT] PRESERVE]
```

```
    [RENAME TO new_event_name]
    [ENABLE | DISABLE | DISABLE ON SLAVE]
    [COMMENT 'comment']
    [DO event_body]
```

ALTER EVENT 语句的使用语法与 CREATE EVENT 语句基本相同，这里不再赘述其语法。另外，ALTER EVENT 语句还有一个用法，就是让一个事件关闭或再次让其活动。但是需要注意的是，一个事件最后一次被调用后，它是无法被修改的，因为此时它已经不存在了。

[实例 12.4]　（源码位置：资源包 \Code\12\04）

修改例 12.3 中创建的事件，让其每隔 30 秒向数据表 tb_eventtest 中插入一条数据。

① 在 MySQL 的命令行窗口中，编写修改事件的代码，具体代码如下：

```
ALTER EVENT e_test ON SCHEDULE EVERY 30 SECOND
ON COMPLETION PRESERVE
DO INSERT INTO tb_eventtest(user,createtime) VALUES('root',NOW());
```

② 编写查询数据表中数据的代码，具体代码如下：

```
SELECT * FROM tb_eventtest;
```

修改名称为 e_test 的事件运行结果如图 12.5 所示。

```
mysql> ALTER EVENT e_test ON SCHEDULE EVERY 30 SECOND
    -> ON COMPLETION PRESERVE
    -> DO INSERT INTO tb_eventtest(user,createtime) VALUES('root',NOW());
Query OK, 0 rows affected (0.00 sec)

mysql> SELECT * FROM tb_eventtest;
+----+---------------------+------+
| id | createtime          | user |
+----+---------------------+------+
| 92 | 2013-12-31 10:06:00 | root |
| 93 | 2013-12-31 10:06:05 | root |
| 94 | 2013-12-31 10:06:10 | root |
| 95 | 2013-12-31 10:06:15 | root |
| 96 | 2013-12-31 10:06:20 | root |
| 97 | 2013-12-31 10:06:21 | root |
| 98 | 2013-12-31 10:06:51 | root |
+----+---------------------+------+
98 rows in set (0.00 sec)

mysql>
```

图 12.5　修改名称为 e_test 的事件

说明：

从图 12.5 的查询结果中可以看出，在修改事件后，表 tb_eventtest 中的数据由原来的每 5 秒插入一条，改变为每 30 秒插入一条。

应用 ALTER EVENT 语句，还可以临时关闭一个已经创建的事件，下面将举例进行说明。

[实例 12.5]　（源码位置：资源包 \Code\12\05）

临时关闭例 12.3 中创建的事件 e_test。

① 在 MySQL 的命令行窗口中，编写临时关闭事件 e_test 的代码，具体代码如下：

```
ALTER EVENT e_test DISABLE;
```

② 编写查询数据表中数据的代码，具体代码如下：

```
SELECT * FROM tb_eventtest;
```

为了查看事件是否关闭，可以运行两次（每次间隔 1 分钟）步骤②中的代码，运行结果如图 12.6 所示。

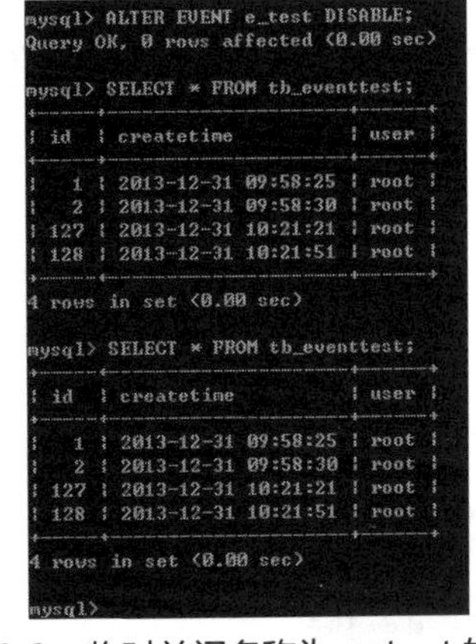

图 12.6　临时关闭名称为 e_test 的事件

说明：

从图 12.6 的查询结果中可以看出，临时关闭事件后，将不再继续向数据表 tb_eventtest 中插入数据。

12.4　删除事件

在 MySQL 5.1 及以后版本中，删除已经创建的事件可以使用 DROP EVENT 语句来实现。DROP EVENT 语句的语法格式如下：

```
DROP EVENT [IF EXISTS] event_name
```

[实例 12.6]　（源码位置：资源包 \Code\12\06）

删除事件 e_test。

代码如下：

```
use db_database11
DROP EVENT IF EXISTS e_test;
```

删除名称为 e_test 的事件运行结果如图 12.7 所示。

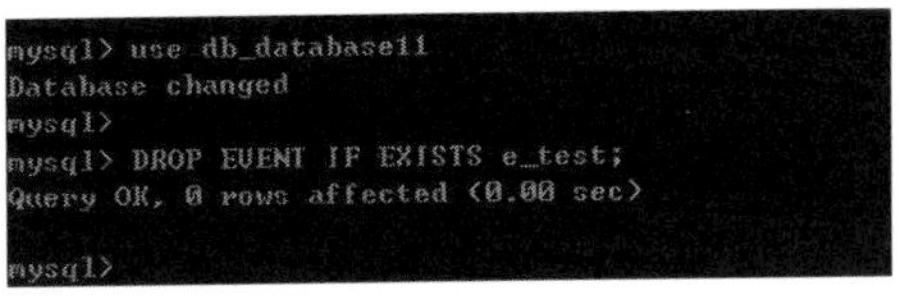

```
mysql> use db_database11
Database changed
mysql>
mysql> DROP EVENT IF EXISTS e_test;
Query OK, 0 rows affected (0.00 sec)

mysql>
```

图 12.7　删除名称为 e_test 的事件

本章知识思维导图

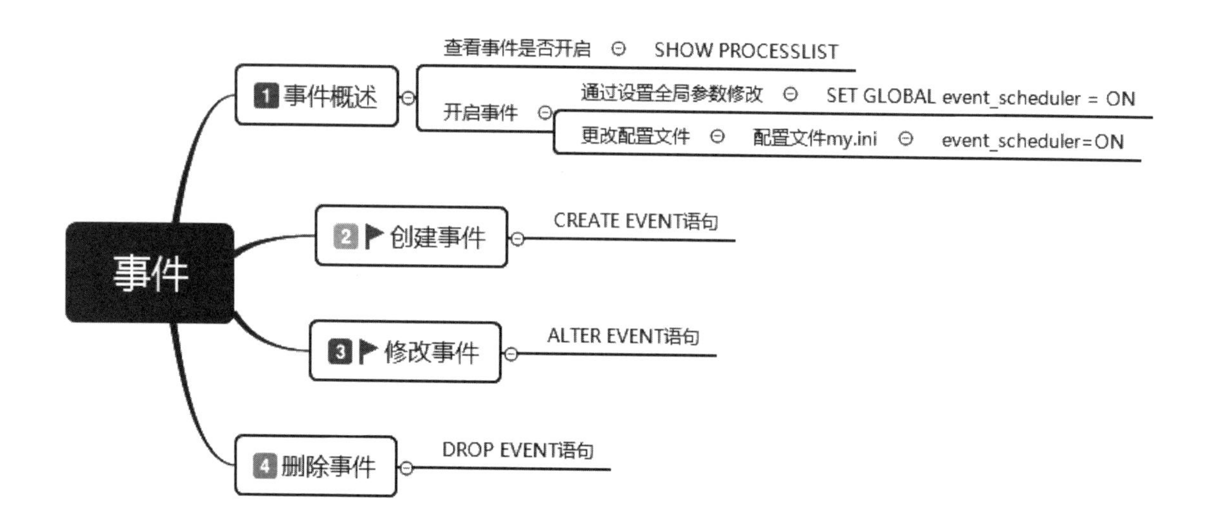
事件
1 事件概述
查看事件是否开启
SHOW PROCESSLIST
开启事件
通过设置全局参数修改
SET GLOBAL event_scheduler = ON
更改配置文件
配置文件my.ini
event_scheduler=ON
2 创建事件
CREATE EVENT语句
3 修改事件
ALTER EVENT语句
4 删除事件
DROP EVENT语句

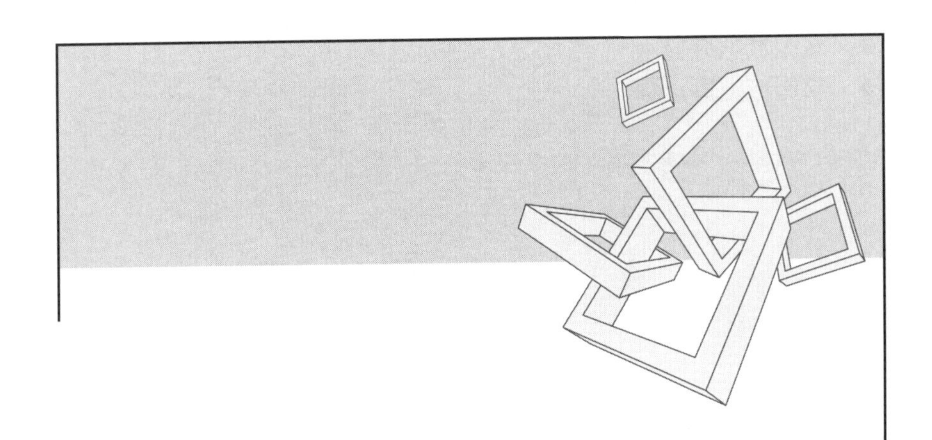

第3篇
系统管理篇

第 13 章

数据的备份与恢复

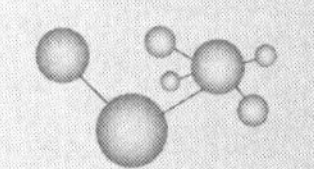

本章学习目标

- 熟悉每种备份与还原的使用
- 掌握用命令导出文本文件
- 掌握数据备份的使用
- 掌握数据恢复
- 掌握数据库迁移

13.1 数据备份

备份数据是数据库管理最常用的操作。为了保证数据库中数据的安全，数据管理员需要定期进行数据备份。一旦数据库遭到破坏，即通过备份的文件来还原数据库。因此，数据备份是很重要的工作。本节将为读者介绍数据备份的方法。

13.1.1 使用 mysqldump 命令备份

mysqldump 命令可以将数据库中的数据备份成一个文本文件。表的结构和表中的数据将存储在生成的文本文件中。本小节将为读者介绍 mysqldump 命令的工作原理和使用方法。

mysqldump 命令的工作原理很简单。它先查出需要备份的表的结构，再在文本文件中生成一个 CREATE 语句。然后，将表中的所有记录转换成一条 INSERT 语句。这些 CREATE 语句和 INSERT 语句都是还原时使用的。还原数据时就可以使用其中的 CREATE 语句来创建表。使用其中的 INSERT 语句来还原数据。

（1）备份一个数据库

使用 mysqldump 命令备份一个数据库的基本语法如下：

```
mysqldump -u username -p dbname table1 table2 ...>BackupName.sql
```

其中，dbname 参数表示数据库的名称；table1 和 table2 参数表示表的名称，没有该参数时将备份整个数据库；BackupName.sql 参数表示备份文件的名称，文件名前面可以加上一个绝对路径。通常将数据库备份成一个后缀名为 sql 的文件。

说明：

mysqldump 命令备份的文件并非一定要求后缀名为 .sql，备份成其他格式的文件也是可以的，例如，后缀名为 .txt 的文件。但是，通常情况下是备份成后缀名为 .sql 的文件。因为，后缀名为 .sql 的文件给人第一感觉就是与数据库有关的文件。

[实例 13.1] 使用 root 用户备份 test 数据库下的 order 表。（源码位置：资源包 \Code\13\01）

代码如下：

```
mysqldump -u root -p test order >D:\order.sql
```

在 DOS 命令窗口中执行上面的命令时，将提示输入连接数据库的密码，输入密码后将完成数据备份，这时可以在 D:\ 找到 student.sql 文件。order.sql 文件中的部分内容如图 13.1 所示。

```
student.sql - MR-N...XT.master (sa (51))
1  -- MySQL dump 10.13  Distrib 5.5.12, for
   Win32 (x86)
2  --
3  -- Host: localhost    Database: test
4  -- ------------------------------------------
   -------------
5  -- Server version   5.5.12
6
7  /*!40101 SET @OLD_CHARACTER_SET_CLIENT=@@
   CHARACTER_SET_CLIENT */;
8  /*!40101 SET @OLD_CHARACTER_SET_RESULTS=@@
   CHARACTER_SET_RESULTS */;
9  /*!40101 SET @OLD_COLLATION_CONNECTION=@@
   COLLATION_CONNECTION */;
10 /*!40101 SET NAMES utf8 */;
11 /*!40103 SET @OLD_TIME_ZONE=@@TIME_ZONE */;
12 /*!40103 SET TIME_ZONE='+00:00' */;
13 /*!40014 SET @OLD_UNIQUE_CHECKS=@@
```

图 13.1　备份一个数据库

文件开头记录了 MySQL 的版本、备份的主机名和数据库名。文件中，以“--”开头的都是 SQL 语言的注释。以“/*！ 40101”等形式开头的内容是只有 MySQL 版本大于或等于指定的版 4.1.1 才执行的语句。下面的“/*！ 40103”“/*！ 40014”也是这个作用。

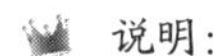

说明：

上面 student.sql 文件中没有创建数据库的语句，因此，student.sql 文件中的所有表和记录必须还原到一个已经存在的数据库中。还原数据时，CREATE TABLE 语句会在数据库中创建表，然后执行 INSERT 语句向表中插入记录。

（2）备份多个数据库

mysqldump 命令备份多个数据库的语法如下：

```
mysqldump -u username -p --databases dbname1 dbname2  >BackupName.sql
```

这里要加上“databases”这个选项，然后后面跟多个数据库的名称。

[实例 13.2]　（源码位置：资源包 \Code\13\02）

使用 root 用户备份 test 数据库和 mysql 数据库。

代码如下：

```
mysqldump -u root -p --databases test mysql  >D:\backup.sql
```

在 DOS 命令窗口中执行上面的命令时，将提示输入连接数据库的密码，输入密码后将完成数据备份，这时可以在 D:\ 下面看到名为 backup.sql 的文件，如图 13.2 所示。这个文件中存储着这两个数据库的所有信息。

（3）备份所有数据库

mysqldump 命令备份所有数据库的语法如下：

```
mysqldump -u username -p --all -databases >BackupName.sql
```

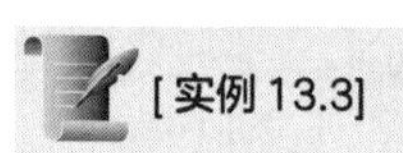

[实例 13.3]　（源码位置：资源包 \Code\13\03）

使用 root 用户备份所有数据库。

代码如下：

```
mysqldump -u root -p --all -databases  >D:\all.sql
```

在 DOS 命令窗口中执行上面的命令时，将提示输入连接数据库的密码，输入密码后将完成数据备份，这时可以在 D:\ 下面看到名为 all.sql 的文件，如图 13.3 所示。这个文件存储着所有数据库的所有信息。

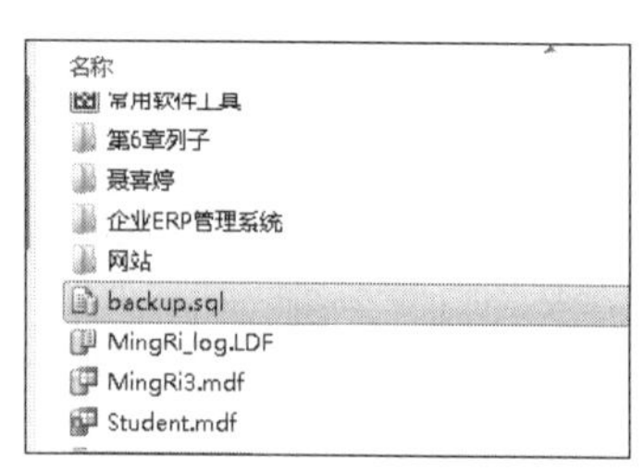

图 13.2　备份多个数据库

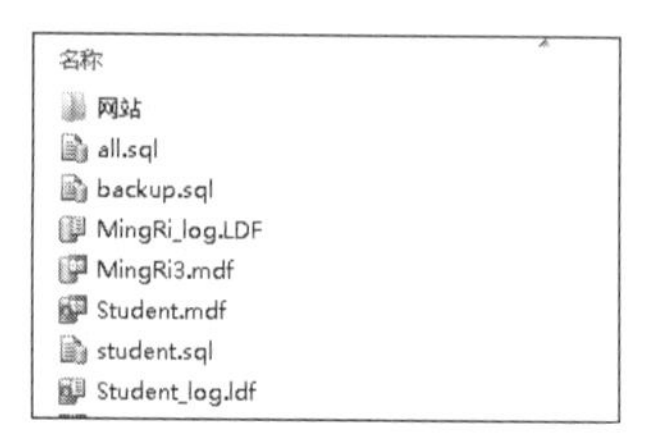

图 13.3　备份所有数据库

13.1.2 直接复制整个数据库目录

MySQL 有一种最简单的备份方法，就是将 MySQL 中的数据库文件直接复制出来。这种方法最简单，速度也最快。使用这种方法时，最好将服务器先停止。这样，可以保证在复制期间数据库中的数据不会发生变化。如果在复制数据库的过程中还有数据写入，就会造成数据不一致。

这种方法虽然简单快捷，但不是最好的备份方法。因为实际情况可能不允许停止 MySQL 服务器，而且这种方法对 INNODB 存储引擎的表不适用。对于 MyISAM 存储引擎的表，这样备份和还原很方便。但是还原时最好是相同版本的 MySQL 数据库，否则可能会存储文件类型不同的情况。

说明：

在 MySQL 的版本号中，第一个数字表示主版本号。主版本号相同的 MySQL 数据库的文件类型会相同。例如，MySQL5.1.39 和 MySQL5.1.40 这两个版本的主版本号都是 5，那么这两个数据库的数据文件拥有相同的文件格式。

13.1.3 使用 mysqlhotcopy 工具快速备份

如果备份时不能停止 MySQL 服务器，可以采用 mysqlhotcopy 工具。mysqlhotcopy 工具的备份方式比 mysqldump 命令快。下面介绍 mysqlhotcopy 工具的工作原理和使用方法。

mysqlhotcopy 工具是一个 Perl 脚本，主要在 Linux 操作系统下使用。mysqlhotcopy 工具使用 LOCK TABLES、FLUSH TABLES 和 cp 来进行快速备份。其工作原理是，先将需要备份的数据库加上一个读操作锁，然后，用 FLUSH TABLES 将内存中的数据写回到硬盘上的数据库中，最后，把需要备份的数据库文件复制到目标目录。使用 mysqlhotcopy 的命令如下：

```
[root@localhost ~]#mysqlhotcopy[option] dbname1 dbname2...backupDir/
```

其中，dbname1 等表示需要备份的数据库的名称；backupDir 参数指出备份到哪个文件夹下。这个命令的含义就是将 dbname1、dbname2 等数据库备份到 backDir 目录下。mysqlhotcopy 工具有一些常用的选项，这些选项的介绍如下。

- --help：用来查看 mysqlhotcopy 的帮助。
- --allowold：如果备份目录下存在相同的备份文件，将旧的备份文件名加上 _old。
- --keepold：如果备份目录下存在相同的备份文件，不删除旧的备份文件，而是将旧文件更名。
- --flushlog：本次备份之后，将对数据库的更新记录到日志中。
- --noindices：只备份数据文件，不备份索引文件。
- --user= 用户名：用来指定用户名，可以用 -u 代替。
- --password= 密码：用来指定密码，可以用 -p 代替。使用 -p 时，密码与 -p 紧挨着。或者只使用 -p，然后用交换的方式输入密码。这与登录数据库时的情况是一样的。
- --port= 端口号：用来指定访问端口，可以用 -P 代替。
- --socket=socket 文件：用来指定 socket 文件，可以用 -S 代替。

注意：

mysqlhotcopy 工具不是 MySQL 自带的，需要安装 Perl 的数据接口包，Perl 的数据库接口包可以在 MySQL 官方网站下载，网址是 http://dev.mysql.com/downloads/dbi.html。mysqlhotcopy 工具的工作原理是将数据库文件复制到目标目录。因此 mysqlhotcopy 工具只能备份 MyISAM 类型的表，不能用来备份 InnoDB 类型的表。

13.2 数据恢复

管理员的非法操作和计算机的故障都会破坏数据库文件。当数据库遇到这些意外时，可以通过备份文件将数据库还原到备份时的状态。这样可以将损失降到最小。本节介绍数据还原的方法。

13.2.1 使用 mysql 命令还原数据

通常使用 mysqldump 命令将数据库的数据备份成一个文本文件。通常这个文件的后缀名是 .sql。需要还原时，可以使用 mysql 命令来还原备份的数据。

备份文件中通常包含 CREATE 语句和 INSERT 语句。mysql 命令可以执行备份文件中的 CREATE 语句和 INSERT 语句。通过 CREATE 语句来创建数据库和表。通过 INSERT 语句来插入备份的数据。mysql 命令的基本语法如下：

```
mysql -uroot -p[dbname]  <backup.sql
```

其中，dbname 参数表示数据库名称。该参数时可选参数，可以指定数据库名，也可以不指定。指定数据库名时，表示还原该数据库下的表。不指定数据库名时，表示还原特定的一个数据库。而备份文件中有创建数据库的语句。

[实例 13.4]　（源码位置：资源包 \Code\13\04）

使用 root 用户备份所用数据库。

代码如下：

```
mysql -u root -p <D:\all.sql
```

在 DOS 命令窗口中执行上面的命令时，将提示输入连接数据库的密码，输入密码后将完成数据还原。这时，MySQL 数据库就已经还原了 all.sql 文件中的所有数据库。

注意：

如果使用 --all-databases 参数备份了所有的数据库，那么还原时不需要指定数据库。因为，其对应的 sql 文件包含有 CREATE DATABASE 语句，可以通过该语句创建数据库。创建数据库之后，可以执行 sql 文件中的 USE 语句选择数据库，然后在数据库中创建表并且插入记录。

13.2.2 直接复制到数据库目录

之前介绍过一种直接复制数据的备份方法。通过这种方式备份的数据，可以直接复制到 MySQL 的数据库目录下。通过这种方式还原时，必须保证两个 MySQL 数据库的主版本号是相同的。而且，这种方式对 MyISAM 类型的表比较有效。对于 InnoDB 类型的表则不可用。因为 InnoDB 表的表空间不能直接复制。

在 Windows 操作系统下，MySQL 的数据库目录通常存放下面 3 个路径的其中之一，分别是 C:\mysql\date、C:\Documents and Settings\All Users\Application Data\MySQL\MySQL Server5.1\data 或 C:\Program Files\MySQL Server 5.1\data。在 Linux 操作系统下，数据库目录通常在 /var/lib/mysql/、/usr/local/mysql/data 或 /usr/local/mysql/var 这 3 个目录下。上述位置只是数据

库目录最常用的位置。具体位置根据读者安装时设置的位置而定。

使用 mysqlhotcopy 命令备份的数据也是通过这种方式来还原的。在 Linux 操作系统下，复制到数据库目录后，一定要将数据库的用户和组变成 mysql。命令如下：

```
chown -R mysql.mysql dataDir
```

其中，两个 mysql 分别表示组和用户："-R"参数可以改变文件夹下的所有子文件的用户和组："dataDir"参数表示数据库目录。

注意：

Linux 操作系统下的权限设置非常的严格。通常情况下，MySQL 数据库只有 root 用户和 mysql 用户组下的 mysql 用户可以访问。因此，将数据库目录复制到指定文件夹后，一定要使用 chown 命令将文件夹的用户组变为 mysql，将用户变为 mysql。

13.3 数据库迁移

数据库迁移是指将数据库从一个系统移动到另一个系统上。数据库迁移的原因是多种多样的。可能是因为升级了计算机，或者是部署开发的管理系统，或者升级了 MySQL 数据库。甚至是换用其他的数据库。根据上述情况，可以将数据库迁移大致分为 3 类。这 3 类分别是在相同版本的 MySQL 数据库之间迁移、迁移到其他版本的 MySQL 数据库中和迁移到其他类型的数据库中。本节介绍数据库迁移的方法。

13.3.1 相同版本的 MySQL 数据库之间的迁移

相同版本的 MySQL 数据库之间的迁移就是在主版本号相同的 MySQL 数据库之间进行数据库移动。这种迁移的方式最容易实现。

相同版本的 MySQL 数据库之间进行数据库迁移的原因很多。通常的原因是换了新的机器，或者是装了新的操作系统。还有一种常见的原因就是将开发的管理系统部署到工作机器上。因为迁移前后 MySQL 数据库的主版本号相同，所以可以通过复制数据库目录来实现数据库迁移。但是，只有数据库表都是 MyISAM 类型的才能使用这种方式。

最常用和最安全的方式是使用 mysqldump 命令来备份数据库。然后使用 mysql 命令将备份文件还原到新的 MySQL 数据库中。这里可以将备份和迁移同时进行。假设从一个名为 host1 的机器中备份出所有数据库，然后，将这些数据库迁移到名为 host2 的机器上。命令如下：

```
mysqldump -h name1 -u root -password=password1 -all-databases |
mysql -h host2 -u root -password=password2
```

其中，"|" 符号表示管道，其作用是将 mysqldump 备份的文件送给 mysql 命令；"—password=password1"是 name1 主机上 root 用户的密码。同理，password2 是 name2 主机上的 root 用户的密码。通过这种方式可以直接实现迁移。

不同版本的 MySQL 数据库之间的数据迁移不能使用上面的命令，因为可能会因为字符集的不同而导致数据迁移之后出现乱码或是数据丢失等现象。可以借助 Navicat for mysql 工具来进行数据迁移，因为这不是 MySQL 数据库中的工具，所以本书中不做过多介绍。

13.3.2 不同数据库之间的迁移

不同数据库之间迁移是指从其他类型的数据库迁移到 MySQL 数据库，或者从 MySQL 数据库迁移到其他类型的数据库。例如，某个网站原来使用 Oracle 数据库，因为运营成本太高等诸多原因，希望改用 MySQL 数据库。或者，某个管理系统原来使用 MySQL 数据库，因为某种特殊性能的要求，希望改用 Oracle 数据库。这样的不同数据库之间的迁移也经常会发生。但是这种迁移没有普遍适用的解决方法。

MySQL 以外的数据库也有类似 mysqldump 这样的备份工具，可以将数据库中的文件备份成 sql 文件或普通文件。但是，因为不同数据库厂商没有完全按照 SQL 标准来设计数据库，这就造成了不同数据库使用的 SQL 语句的差异。例如，微软的 SQL Server 软件使用的是 T-SQL 语言。T-SQL 中包含了非标准的 SQL 语句。这就造成了 SQL Server 和 MySQL 的 SQL 语句不能兼容。

除 SQL 语句存在不兼容的情况外，不同的数据库之间的数据类型也有差异。例如，SQL Server 数据库中有 ntext、Image 等数据类型，这些 MySQL 数据库都没有。MySQL 支持的 ENUM 和 SET 类型，这些 SQL Server 数据库均不支持。数据类型的差异也造成了迁移的困难。从某种意义上说，这种差异是商业数据库公司故意造成的壁垒。这种行为是阻碍数据库市场健康发展的。

13.4 表的导出和导入

MySQL 数据库中的表可以导出成文本文件、XML 文件或者 HTML 文件。相应的文本文件也可以导入 MySQL 数据库中。在数据库的日常维护中，经常需要进行表的导出和导入的操作。本节介绍导出和导入文本文件的方法。

13.4.1 用 SELECT ...INTO OUTFILE 导出文本文件

MySQL 中，可以在命令行窗口（MySQL Commend Line Client）中使用 SELECT...INTO OUTFILE 语句将表的内容导出成一个文本文件。其基本语法形式如下：

```
SELECT[列名] FROM table[WHERE语句]
INTO OUTFILE '目标文件'[OPTION];
```

该语句分为两个部分：前半部分是一个普通的 SELECT 语句，通过这个 SELECT 语句来查询所需要的数据；后半部分用于导出数据。其中，“目标文件”参数指出将查询的记录导出到哪个文件；“OPTION”参数常用以下 6 个选项。

- FIELDS TERMINATED BY '字符串'：设置字符串为字段的分隔符，默认值是“\t”。
- FIELDS ENCLOSED BY '字符'：设置字符来括上字段的值。默认情况下不使用任何符号。
- FIELDS OPTIOINALLY ENCLOSED BY '字符'：设置字符来括上 CHAR、VARCHAR、和 TEXT 等字符型字段。默认情况下不使用任何符号。
- FIELDS ESCAPED BY '字符'：设置转义字符，默认值为“\”。
- LINES STARTING BY '字符串'：设置每行开头的字符，默认情况下无任何字符。
- LINES TERMINATED BY '字符串'：设置每行的结束符，默认值是“\n”。

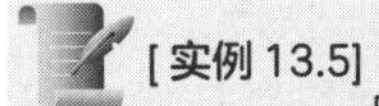

[实例 13.5]　　（源码位置：资源包 \Code\13\05）

用 SELECT...INTO OUTFILE 语句来导出 test 数据库下 order 表的记录。其中，字段之间用“、”隔开，字符型数据用双引号括起来。每条记录以“>”开头。

代码如下：

```
SELECT * FROM test.order INTO OUTFILE 'D:\order.txt'
FIELDS TERMINATED BY '\、' OPTIONALLY ENCLOSED BY '\"'
LINES STARTING BY '\>' TERMINATED BY '\r\n';
```

“TERMINATED BY '\r\n'”可以保证每条记录占一行。因为 Windows 操作系统下“\r\n”才是回车换行。如果不加这个选项，默认情况只是“\n”。用 root 用户登录到 MySQL 数据库中，然后执行上述命令。执行完后，可以在 D:\ 下看到一个名为 order.txt 的文本文件。order.txt 中的内容如图 13.4 所示。

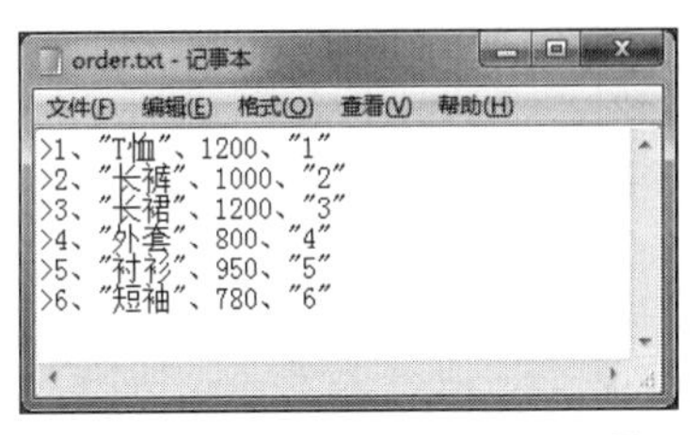

图 13.4　用 select...into outfile 导出文本文件

这些记录都是以“>”开头，每个字段之间以“、”隔开。而且，字符数据都加上了引号。

13.4.2　用 mysqldump 命令导出文本文件

mysqldump 命令可以备份数据库中的数据。但是，备份时是在备份文件中保存了 CREATE 语句和 INSERT 语句。不仅如此，mysqldump 命令还可以导出文本文件。其基本的语法形式如下：

```
mysqldump -u root -pPassword -T 目标目录 dbname table [option];
```

其中，Password 参数表示 root 用户的密码，密码紧挨着 -p 选项；目标目录参数是指导出的文本文件的路径；dbname 参数表示数据库的名称；table 参数表示表的名称；option 表示附件选项。这些选项介绍如下：

- --fields-terminated-by= 字符串：设置字符串为字段的分隔符，默认值是“\t”。
- --fields-enclosed-by= 字符：设置字符来括上字段的值。
- --fields-optionally-enclosed-by= 字符：设置字符括上 CHAR、VARCHAR 和 TEXT 等字符型字段。
- --fields-escaped-by= 字符：设置转义字符。
- --lines-terminated-by= 字符串：设置每行的结束符。

说明：
这些选项必须用双引号括起来，否则，MySQL 数据库系统将不能识别这几个参数。

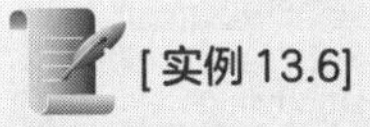

[实例 13.6]　　（源码位置：资源包 \Code\13\06）

用 mysqldump 语句来导出 test 数据库下 order 表的记录。其中，字段之间用“、”隔开，字符型数据用双引号括起来。

代码如下：

```
mysqldump -u root -p -T D:\ test order "--lines-terminated-by=\r\n"
"--fields-terminated-by=、" "--fields-optionally-enclosed-by=""
```

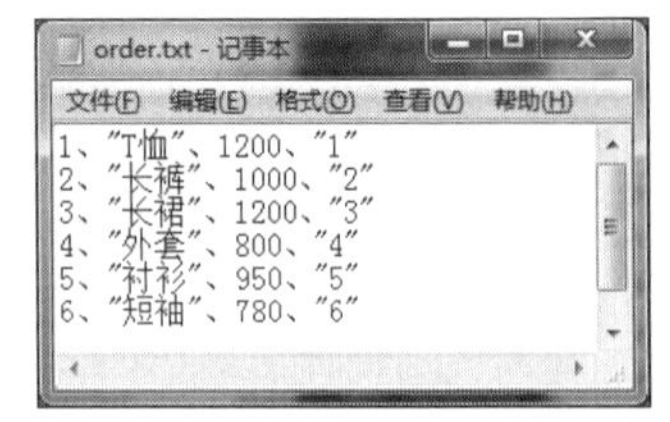

图 13.5 用 mysqldump 命令导出文本文件

其中，root 用户的密码为 111，密码紧挨着 -p 选项。--fields-terminated-by 等选项都用双引号括起来。命令执行完后，可以在 D:\ 下看到一个名为 order.txt 的文本文件和 order.sql 文件。order.txt 中的内容如图 13.5 所示。

这些记录都是以"、"隔开。而且，字符数据都是加上了引号。其实，mysqldump 命令也是调用 SELECT…INTO OUTFILE 语句来导出文本文件的。除此之外，mysqldump 命令同时还生成了 student.sql 文件。这个文件中有表的结构和表中的记录。

说明：

导出数据时，一定要注意数据的格式。通常每个字段之间都必须用分隔符隔开，可以使用逗号（,）、空格或者制表符（Tab 键）。每条记录占用一行，新记录要从下一行开始。字符串数据要使用双引号括起来。

mysqldump 命令还可以导出 xml 格式的文件，其基本语法如下：

```
mysqldump-u root -pPassword --xml|-X dbname table >D:\name.xml;
```

其中，Password 表示 root 用户的密码；使用 --xml 或者 -X 选项就可以导出 xml 格式的文件；dbname 表示数据库的名称；table 表示表的名称；D:\name.xml 表示导出的 xml 文件的路径。

13.4.3 用 mysql 命令导出文本文件

mysql 命令可以用来登录 MySQL 服务器，也可以用来还原备份文件。同时，mysql 命令也可以导出文本文件。其基本语法形式如下：

```
mysql -u root -pPassword -e "SELECT 语句" dbname >D:/name.txt;
```

其中，Password 表示 root 用户的密码；使用 -e 选项就可以执行 SQL 语句："SELECT 语句 " 用来查询记录；D:/name.txt 表示导出文件的路径。

[实例 13.7] （源码位置：资源包 \Code\13\07）

用 mysql 命令来导出 text 数据库下 student 表的记录。

代码如下：

```
mysql -u root -p111 -e"SELECT * FROM student" test > D:/student2.txt
```

mysql 命令导出文本文件运行结果如图 13.6 所示。

在 DOS 命令窗口中执行上述命令，可以将 student 表中的所有记录查询出来，然后写入 student2.txt 文档中。student2.txt 中的内容如图 13.7 所示。

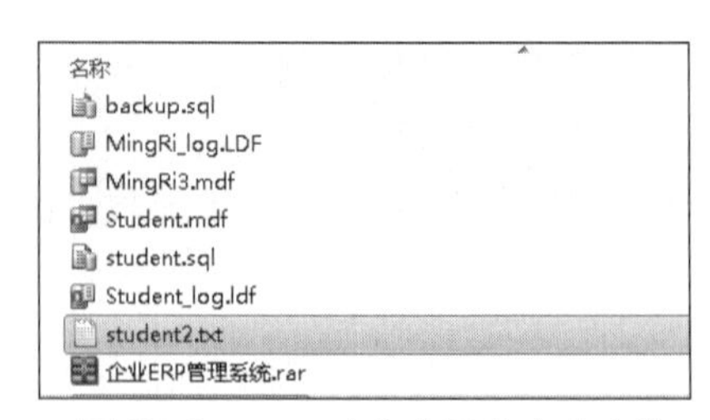

图 13.6 mysql 命令导出文本文件

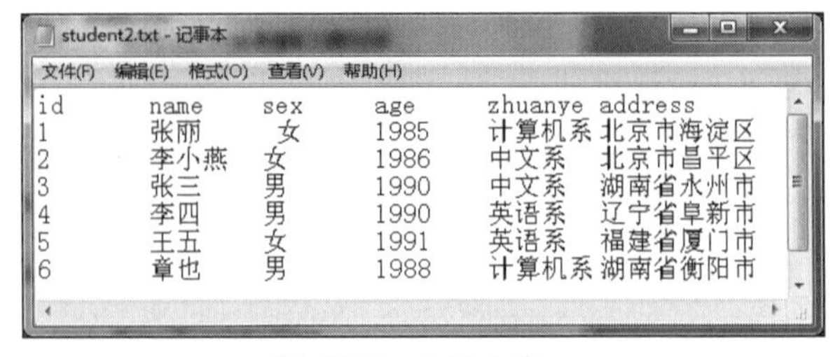

id	name	sex	age	zhuanye	address
1	张丽	女	1985	计算机系	北京市海淀区
2	李小燕	女	1986	中文系	北京市昌平区
3	张三	男	1990	中文系	湖南省永州市
4	李四	男	1990	英语系	辽宁省阜新市
5	王五	女	1991	英语系	福建省厦门市
6	章也	男	1988	计算机系	湖南省衡阳市

图 13.7 文档内容

mysql 命令还可以导出 XML 文件和 HTML 文件。mysql 命令导出 XML 文件的语法如下:

```
mysql -u root -pPassword --xml|-X -e "SELECT 语句" dbname >D:/filename.xml
```

其中，Password 表示 root 用户的密码；使用 --xml 或者 -X 选项就可以导出 xml 格式的文件；dbname 表示数据库的名称；D:/name.xml 表示导出的 XML 文件的路径。

例如，下面的命令可以将 test 数据库中的 student 表的数据导出到名称为 student.xml 的 XML 文件中。

```
mysql -u root -p111 --xml  -e "SELECT * from student" test >D:/ student.xml
```

mysql 命令导出 HTML 文件的语法如下:

```
mysql -u root -pPassword --html|-H -e "SELECT 语句" dbname >D:/filename.html
```

其中，使用 --html 或者 -H 选项就可以导出 HTML 格式的文件。

例如，下面的命令可以将 test 数据库中的 student 表的数据导出到名称为 student.html 的 HTML 文件中。

```
mysql -u root -p111 --html  -e "SELECT * from student" test >D:/student.html
```

本章知识思维导图

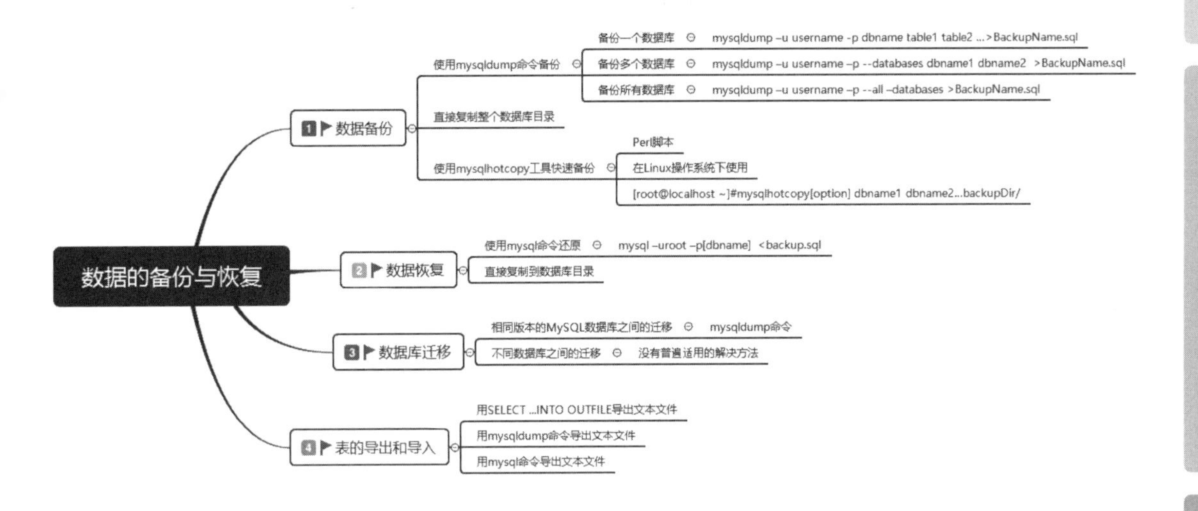

第 14 章

性能优化

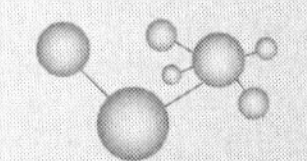

本章学习目标

- 了解使用索引优化查询
- 了解在 MySQL 中分析查询效率
- 掌握在 MySQL 中应用高速缓存提高查询性能
- 掌握如何在多表查询中提高查询性能
- 掌握在 MySQL 中使用临时表提高优化查询效率
- 掌握通过控制数据表的设计和处理，实现优化查询性能

14.1 优化概述

优化 MySQL 数据库是数据库管理员的必备技能。通过不同的优化方式达到提高 MySQL 数据库性能的目的。本节介绍优化的基本知识。

MySQL 数据库的用户和数据非常少的时候，很难判断一个 MySQL 数据库的性能的好坏。只有当长时间运行，并且有大量用户进行频繁操作时，MySQL 数据库的性能才能体现出来。例如，一个每天有几万用户同时在线的大型网站的数据库性能的优劣就很明显。这么多用户在同时连接 MySQL 数据库，并且进行查询、插入和更新的操作。如果 MySQL 数据库的性能很差，很可能无法承受如此多用户同时操作。试想用户查询一条记录需要花费很长时间，用户很难会喜欢这个网站。

因此，为了提高 MySQL 数据库的性能，需要进行一系列的优化措施。如果 MySQL 数据库需要进行大量的查询操作，那么就需要对查询语句进行优化。对于耗费时间的查询语句进行优化，可以提高整体的查询速度。如果连接 MySQL 数据库用户很多，那么就需要对 MySQL 服务器进行优化。否则，大量的用户同时连接 MySQL 数据库，可能会造成数据库系统崩溃。

数据库管理员可以使用 SHOW STATUS 语句查询 MySQL 数据库的性能。语法形式如下：

```
SHOW STATUS LIKE 'value';
```

其中，value 参数常用以下统计参数。

- Connections：连接 MySQL 服务器的次数；
- Uptime：MySQL 服务器的上线时间；
- Slow_queries：慢查询的次数；
- Com_select：查询操作的次数；
- Com_insert：插入操作的次数；
- Com_delete：删除操作的次数。

说明：

MySQL 中存在查询 InnoDB 类型的表的一些参数。例如，Innodb_rows_read 参数表示 SELECT 语句查询的记录数；Innodb_rows_inserted 参数表示 INSERT 语句插入的记录数；Innodb_rows_updated 参数表示 UPDATE 语句更新的记录数；Innodb_rows_deleted 参数表示 DELETE 语句删除的记录数。

如果需要查询 MySQL 服务器的连接次数，可以执行下面的 SHOW STATUS 语句：

```
SHOW STATUS LIKE 'Connections';
```

通过这些参数可以分析 MySQL 数据库性能。然后根据分析结果，进行相应的性能优化。

14.2 优化查询

查询是数据库最频繁的操作。提高了查询速度，可以有效地提高 MySQL 数据库的性能。本节介绍优化查询的方法。

14.2.1 分析查询语句

分析查询语句在前面小节中都有应用，在 MySQL 中，可以使用 EXPLAIN 语句和 DESCRIBE 语句来分析查询语句。

应用 EXPLAIN 关键字分析查询语句，其语法结构如下：

```
EXPLAIN  SELECT语句;
```

“SELECT 语句”参数为一般数据库查询命令，如“SELECT * FROM students”。

[实例 14.1] 使用 EXPLAIN 语句分析一个查询语句。 （源码位置：资源包 \Code\14\01）

代码如下：

```
EXPLAIN  SELECT *  FROM timeinfo ;
```

应用 EXPLAIN 分析查询语句运行结果如图 14.1 所示。

```
mysql> EXPLAIN  SELECT *  FROM timeinfo ;
+----+-------------+----------+------+---------------+------+---------+------+-r
ows+-------+
| id | select_type | table    | type | possible_keys | key  | key_len | ref  | r
ows | Extra |
+----+-------------+----------+------+---------------+------+---------+------+-
----+-------+
|  1 | SIMPLE      | timeinfo | ALL  | NULL          | NULL | NULL    | NULL |
  2 |       |
+----+-------------+----------+------+---------------+------+---------+------+-
----+-------+
1 row in set (0.02 sec)
```

图 14.1 应用 EXPLAIN 分析查询语句

其中各字段所代表的意义如下：

- id 列：指出在整个查询中 SELECT 的位置。
- table 列：存放所查询的表名。
- type 列：连接类型，该列中存储很多值，范围从 const 到 ALL。
- possible_keys 列：指出为了提高查找速度，在 MySQL 中可以使用的索引。
- key 列：指出实际使用的键。
- rows 列：指出 MySQL 需要在相应表中返回查询结果所检验的行数，为了得到该总行数，MySQL 必须扫描处理整个查询，再乘以每个表的行值。
- Extra 列：包含一些其他信息，设计 MySQL 如何处理查询。

在 MySQL 中，也可以应用 DESCRIBE 语句来分析查询语句。DESCRIBE 语句的使用方法与 EXPLAIN 语法是相同的，这两者的分析结果也大体相同。其中 DESCRIBE 的语法结构如下：

```
DESCRIBE SELECT 语句;
```

在命令提示符下输入如下命令：

```
DESCRIBE SELECT * FROM studentinfo;
```

应用 DESCRIBE 分析查询语句运行结果如图 14.2 所示。

将图 14.2 与图 14.1 对比，读者可以清楚地看出，其运行结果基本相同。分析查询也可以应用 DESCRIBE 关键字。

```
mysql> describe select * from timeinfo;
+----+-------------+----------+------+---------------+------+---------+------+------+-------+
| id | select_type | table    | type | possible_keys | key  | key_len | ref  | rows | Extra |
+----+-------------+----------+------+---------------+------+---------+------+------+-------+
|  1 | SIMPLE      | timeinfo | ALL  | NULL          | NULL | NULL    | NULL |    2 |       |
+----+-------------+----------+------+---------------+------+---------+------+------+-------+
1 row in set (0.00 sec)
```

图 14.2　应用 DESCRIBE 分析查询语句

说明：
“DESCRIBE”可以缩写成“DESC”。

14.2.2　索引对查询速度的影响

在查询过程中使用索引，势必会提高数据库查询效率，应用索引来查询数据库中的内容，可以减少查询的记录数，从而达到查询优化的目的。

下面将通过对使用索引和不使用索引进行对比，来分析查询的优化情况。

[实例 14.2]　分析索引对查询速度的影响。（源码位置：资源包 \Code\14\02）

首先，分析未使用索引时的查询情况，其代码如下：

```
explain select * from studentinfo where name= 'mrsoft ';
```

未使用索引的查询情况如图 14.3 所示。

```
mysql> explain select * from studentinfo where name='mrsoft';
+----+-------------+-------------+------+---------------+------+---------+------+------+-------------+
| id | select_type | table       | type | possible_keys | key  | key_len | ref  | rows | Extra       |
+----+-------------+-------------+------+---------------+------+---------+------+------+-------------+
|  1 | SIMPLE      | studentinfo | ALL  | NULL          | NULL | NULL    | NULL |    7 | Using where |
+----+-------------+-------------+------+---------------+------+---------+------+------+-------------+
1 row in set (0.00 sec)
```

查询7条记录

图 14.3　未使用索引的查询情况

上述结果表明，表格字段 rows 下为 7，这意味着在执行查询过程中，数据库存在的 7 条数据都被查询了一遍，这样在数据存储量小的时候，查询不会有太大影响，试想当数据库中存储庞大的数据资料时，用户为了搜索一条数据而遍历整个数据库中的所有记录，这将会耗费很多时间。现在，在 name 字段上建立一个名为 index_name 的索引。创建索引的代码如下：

```
CREATE INDEX index_name ON studentinfo(name);
```

上述代码的作用是在 studentinfo 表的 name 字段添加索引。在建立索引完毕后，再应用 EXPLAIN 关键字分析执行情况，其代码如下：

```
explain select * from studentinfo where name = 'mrsoft ';
```

使用索引后查询情况如图 14.4 所示。

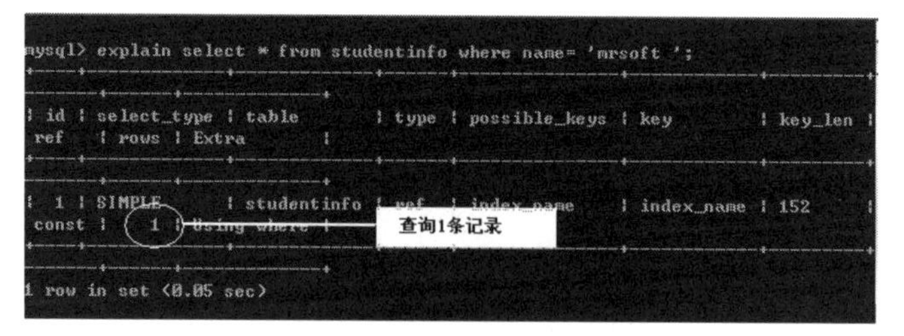

图 14.4　使用索引后查询情况

从上述结果可以看出，由于创建的索引使访问的行数由 7 行减少到 1 行。所以，在查询操作中，使用索引不但会自动优化查询效率，同时也会降低服务器的开销。

14.2.3　使用索引查询

在 MySQL 中，索引可以提高查询的速度。但并不能充分发挥其作用，所以在应用索引查询时，也可以通过关键字或其他方式来对查询进行优化处理。

（1）应用 LIKE 关键字优化索引查询

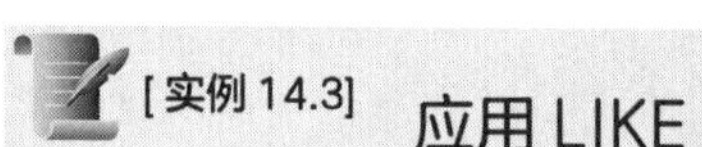

（源码位置：资源包 \Code\14\03）

[实例 14.3]　应用 LIKE 关键字，并且匹配字符串中含有百分号“%”符号，应用 EXPLAIN 语句执行如下命令。

```
EXPLAIN SELECT * FROM studentinfo WHERE name LIKE '%1';
```

应用 LIKE 关键字优化索引查询结果如图 14.5 所示。

```
mysql> explain select * from studentinfo where name like '%1';
| id | select_type | table       | type | possible_keys | key  | key_len | ref  |
 rows | Extra       |
| 1  | SIMPLE      | studentinfo | ALL  | NULL          | NULL | NULL    | NULL |
    7 | Using where |
1 row in set (0.22 sec)
```

图 14.5　应用 LIKE 关键字优化索引查询

从图 14.5 中可能看出，rows 参数仍为“7”，并没有起到优化作用，这是因为如果匹配字符串中，第一个字符为百分号“%”时，索引不会被使用；如果“%”所在匹配字符串中的位置不是第一位置，则索引会被正常使用。在命令提示符中输入如下命令：

```
EXPLAIN SELECT * FROM studentinfo WHERE name LIKE 'le%';
```

正常应用索引的 LIKE 子句运行结果如图 14.6 所示。

```
mysql> explain select * from studentinfo where name like 'le%';
| id | select_type | table       | type  | possible_keys | key        | key_len |
 ref  | rows | Extra       |
| 1  | SIMPLE      | studentinfo | range | index_name    | index_name | 152     |
 NULL |    1 | Using where |
1 row in set (0.00 sec)
```

图 14.6　正常应用索引的 LIKE 子句运行结果

（2）查询语句中使用多列索引

多列索引在表的多个字段上创建一个索引。只有查询条件中使用了这些字段中的一个字段时，索引才会被正常使用。

应用多列索引在表的多个字段中创建一个索引，其命令如下：

```
CREATE INDEX index_student_info ON studentinfo(name,sex);
```

说明：

在应用 sex 字段时，索引不能被正常使用。这就意味着索引并未在 MySQL 优化中起到任何作用，故必须使用第一字段 name 时，索引才可以被正常使用，有兴趣的读者可以实际动手操作一下。这里不再赘述。

（3）查询语句中使用 OR 关键字

在 MySQL 中，查询语句只有包含 OR 关键字时，要求查询的两个字段必须同为索引，如果所搜索的条件中，有一个字段不为索引，则在查询中不会应用索引进行查询。其中，应用 OR 关键字查询索引的命令如下：

```
SELECT * FROM studentinfo WHERE name='Chris' or sex='M';
```

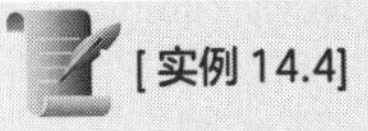

（源码位置：资源包 \Code\14\04）

[实例 14.4] 通过 EXPLAIN 来分析查询命令，在命令提示符中输入如下代码。

```
EXPLAIN SELECT * FROM studentinfo WHERE name='Chris' or sex='M';
```

应用 OR 关键字运行结果如图 14.7 所示。

```
mysql> explain select * from studentinfo where name='Chris' or sex='M';
+----+-------------+-------------+------+-------------------------------------+------+
---------+------+------+-------------+
| id | select_type | table       | type | possible_keys                       | key  |
 key_len | ref  | rows | Extra       |
+----+-------------+-------------+------+-------------------------------------+------+
---------+------+------+-------------+
|  1 | SIMPLE      | studentinfo | ALL  | index_name,index_student_info       | NULL |
 NULL    | NULL |    1 | Using where |
+----+-------------+-------------+------+-------------------------------------+------+
---------+------+------+-------------+
1 row in set (0.00 sec)
```

图 14.7　应用 OR 关键字

从图 14.7 中可以看出，由于两个字段均为索引，故查询被优化。如果在子查询中存在没有被设置成索引的字段，则将该字段作为子查询条件时，则查询速度不会被优化。

14.3　优化数据库结构

数据库结构是否合理，需要考虑是否存在冗余、对表的查询和更新的速度、表中字段的数据类型是否合理等多方面的内容。本节介绍优化数据库结构的方法。

14.3.1　将字段很多的表分解成多个表

有些表在设计时设置了很多的字段。这个表中有些字段的使用频率很低。当这个表的数据量很大时，查询数据的速度就会很慢。本小节介绍优化这种表的方法。

对于这种字段特别多且有些字段的使用频率很低的表，可以将其分解成多个表。

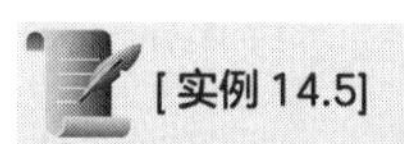

[实例 14.5]　（源码位置：资源包 \Code\14\05）

将字段很多的学生表分解成多个表。

```
mysql> desc student_extra;
+-------+---------+------+-----+---------+----------------+
| Field | Type    | Null | Key | Default | Extra          |
+-------+---------+------+-----+---------+----------------+
| id    | int(4)  | NO   | PRI | NULL    | auto_increment |
| extra | text    | YES  |     | NULL    |                |
+-------+---------+------+-----+---------+----------------+
2 rows in set (0.00 sec)

mysql> _
```

图 14.8　将字段很多的表分解成多个表

下面的学生表中有很多字段，其中在 extra 字段中存储着学生的备注信息。有些备注信息的内容特别多。但是，备注信息很少使用。这样就可以分解出另外一个表。将这个取名为 student_extra。表中存储两个字段，分别为 id 和 extra。其中，id 字段为学生的学号，extra 字段存储备注信息。student_extra 表的结构如图 14.8 所示。

如果需要查询某个学生的备注信息，可以用学号（id）来查询。如果需要将学生的学籍信息与备注信息同时显示，可以将 student 表和 student_extra 表进行联表查询，查询语句如下：

```
SELECT * FROM student,student_extra WHERE student.id=student_extra.id;
```

通过这种分解，可以提高 student 表的查询效率。因此，遇到这种字段很多，而且有些字段使用不频繁的情况，可以通过这种分解的方式来优化数据库的性能。

14.3.2　增加中间表

有时需要经常查询某两个表中的几个字段。如果经常进行联表查询，会降低 MySQL 数据库的查询速度。对于这种情况，可以建立中间表来提高查询速度。本小节介绍增加中间表的方法。

先分析经常需要同时查询哪几个表中的哪些字段。然后将这些字段建立一个中间表，并将原来那几个表的数据插入中间表中，之后就可以使用中间表来进行查询和统计。

[实例 14.6]　（源码位置：资源包 \Code\14\06）

增加中间学生表。

下面有两个表——学生表 student 和分数表 score，这两个表的结构如图 14.9 所示。

实际中经常要查学生的学号、姓名和成绩。根据这种情况可以创建一个 temp_score 表。temp_score 表中存储 3 个字段，分别是 id,name 和 grade。CREATE 语句执行如下：

```
CREATE TABLE temp_score(id INT NOT NULL,
Name VARCHAR(20) NOT NULL,
grade FLOAT);
```

```
mysql> desc student;
+----------+-------------+------+-----+---------+----------------+
| Field    | Type        | Null | Key | Default | Extra          |
+----------+-------------+------+-----+---------+----------------+
| id       | int(4)      | NO   | PRI | NULL    | auto_increment |
| name     | varchar(20) | NO   | MUL | NULL    |                |
| sex      | varchar(4)  | NO   |     | NULL    |                |
| age      | int(10)     | NO   |     | NULL    |                |
| zhuanye  | varchar(20) | NO   |     | NULL    |                |
| address  | varchar(30) | NO   |     | NULL    |                |
+----------+-------------+------+-----+---------+----------------+
6 rows in set (0.00 sec)

mysql> desc score;
+--------+-------------+------+-----+---------+----------------+
| Field  | Type        | Null | Key | Default | Extra          |
+--------+-------------+------+-----+---------+----------------+
| id     | int(4)      | NO   | PRI | NULL    | auto_increment |
| stu_id | int(4)      | NO   |     | NULL    |                |
| c_name | varchar(20) | YES  |     | NULL    |                |
| grade  | int(10)     | YES  |     | NULL    |                |
+--------+-------------+------+-----+---------+----------------+
4 rows in set (0.00 sec)

mysql> _
```

图 14.9　增加中间表

从 student 表和 score 表中将记录导入 temp_score 表中。INSERT 语句如下：

```
INSERT INTO temp_score SELECT student.id,student.name,score.grade
 FROM student,score WHERE student.id=score.stu_id;
```

将这些数据插入 temp_score 表中以后，可以直接从 temp_score 表中查询学生的学号、姓名和成绩。这样就省去了每次查询时进行表连接，可以提高数据库的查询速度。

14.3.3 优化插入记录的速度

插入记录时，索引、唯一性校验都会影响插入记录的速度。而且，一次插入多条记录和多次插入记录所耗费的时间是不一样的。根据这些情况，分别进行不同的优化。本小节介绍优化插入记录的速度的方法。

（1）禁用索引

插入记录时，MySQL 会根据表的索引对插入的记录进行排序。如果插入大量数据，这些排序会降低插入记录的速度。为了解决这种情况，在插入记录之前先禁用索引。等到记录都插入完毕后再开启索引。禁用索引的语句如下：

```
ALTER TABLE 表名 DISABLE KEYS;
```

重新开启索引的语句如下：

```
ALTER TABLE 表名 ENABLE KEYS;
```

对于新创建的表，可以先不创建索引，等到记录都导入以后再创建索引。这样可以提高导入数据的速度。

（2）禁用唯一性检查

插入数据时，MySQL 会对插入的记录进行校验。这种校验也会降低插入记录的速度。可以在插入记录之前禁用唯一性检查。等到记录插入完毕后再开启。禁用唯一性检查的语句如下：

```
SET UNIQUE_CHECKS=0;
```

重新开启唯一性检查的语句如下：

```
SET UNIQUE_CHECKS=1;
```

（3）优化 INSERT 语句

插入多条记录时，可以采取两种写 INSERT 语句的方式。第一种是一个 INSERT 语句插入多条记录。INSERT 语句的情形如下：

```
INSERT INTO food VALUES
(NULL,'果冻','CC果冻厂',1.8,'2011','北京'),
(NULL,'咖啡','CF咖啡厂',25,'2012','天津'),
(NULL,'奶糖','旺仔奶糖',15,'2013','广东');
```

第二种是一个 INSERT 语句只插入一条记录，执行多个 INSERT 语句来插入多条记录。INSERT 语句的情形如下：

```
INSERT INTO food VALUES(NULL,'果冻','CC果冻厂',1.8,'2011','北京');
INSERT INTO food VALUES(NULL,'咖啡','CF咖啡厂',25,'2012','天津');
INSERT INTO food VALUES(NULL,'奶糖','旺仔奶糖',15,'2013','广东');
```

第一种方式减少了与数据库之间的连接等操作，其速度比第二种方式要快。

说明：

当插入大量数据时，建议使用一个 INSERT 语句插入多条记录的方式。而且，如果能用 LOAD DATA INFILE 语句，就尽量用 LOAD DATA INFILE 语句。因为 LOAD DATA INFILE 语句导入数据的速度比 INSERT 语句快。

14.3.4 分析表、检查表和优化表

分析表主要作用是分析关键字的分布。检查表主要作用是检查表是否存在错误。优化表主要作用是消除删除或者更新造成的空间浪费。本小节介绍分析表、检查表和优化表的方法。

（1）分析表

MySQL 中使用 ANALYZE TABLE 语句来分析表，该语句的基本语法如下：

```
ANALYZE TABLE 表名1[,表名2...];
```

使用 ANALYZE TABLE 分析表的过程中，数据库系统会对表加一个只读锁。在分析期间，只能读取表中的记录，不能更新和插入记录。ANALYZE TABLE 语句能够分析 InnoDB 和 MyISAM 类型的表。

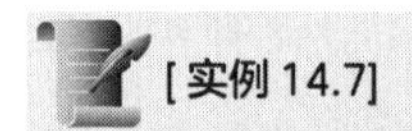

[实例 14.7] （源码位置：资源包 \Code\14\07）

使用 ANALYZE TABLE 语句分析 score 表。

分析表如图 14.10 所示。

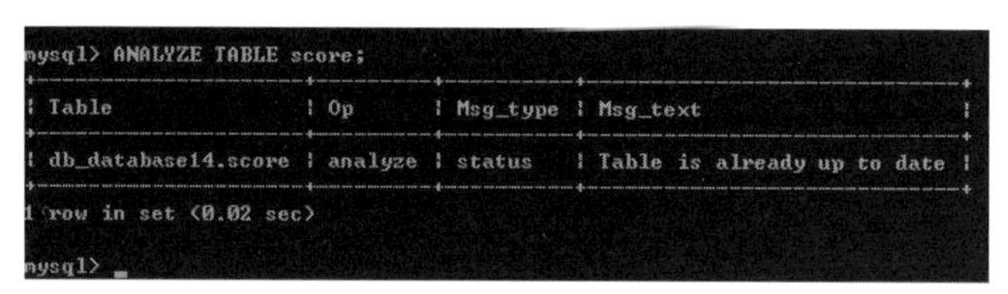

图 14.10 分析表

上面结果显示了 4 列信息，详细介绍如下。

- Table：表示表的名称。
- Op：表示执行的操作。analyze 表示进行分析操作。check 表示进行检查查找。optimize 表示进行优化操作。
- Msg_type：表示信息类型，其显示的值通常是状态、警告、错误和信息四者之一。
- Msg_text:：显示信息。

检查表和优化表之后也会出现这 4 列信息。

（2）检查表

MySQL 中使用 CHECK TABLE 语句来检查表。CHECK TABLE 语句能够检查 InnoDB 和 MyISAM 类型的表是否存在错误。而且，该语句还可以检查视图是否存在错误。该语句的基本语法如下：

```
CHECK TABLE 表名1[,表名2....][option];
```

其中，option 参数有 5 个参数，分别是 QUICK、FAST、CHANGED、MEDIUM 和 EXTENDED。这 5 个参数的执行效率依次降低。option 选项只对 MyISAM 类型的表有效，对 InnoDB 类型的表无效。CHECK TABLE 语句在执行过程中也会给表加上只读锁。

（3）优化表

MySQL 中使用 OPTIMIZE TABLE 语句来优化表。该语句对 InnoDB 和 MyISAM 类型的表都有效。但是，OPTILMIZE TABLE 语句只能优化表中的 VARCHAR、BLOB 或 TEXT 类型的字段。OPTILMIZE TABLE 语句的基本语法如下：

```
OPTIMIZE TABLE 表名1[,表名2...];
```

通过 OPTIMIZE TABLE 语句可以消除删除和更新造成的磁盘碎片，从而减少空间的浪费。OPTIMIZE TABLE 语句在执行过程中也会给表加上只读锁。

说明：

如果一个表使用了 TEXT 或者 BLOB 这样的数据类型，那么更新、删除等操作就会造成磁盘空间的浪费。因为更新和删除操作后，以前分配的磁盘空间不会自动收回。使用 OPTIMIZE TABLE 语句就可以将这些磁盘碎片整理出来，以便以后再利用。

14.4 查询高速缓存

在 MySQL 中，用户通过 SELECT 语句查询数据时，该操作将结果集保存到一个特殊的高级缓存中，从而实现查询操作。首次查询后，当用户再次做相同查询操作时，MySQL 即可从高速缓存中检索结果。这样一来，既提高了查询速率，同样起到优化查询的作用。

14.4.1 检验高速缓存是否开启

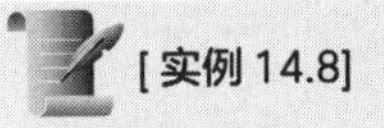

（源码位置：资源包 \Code\14\08）

应用 VARIABLES 关键字，以通配符形式查看服务器变量。

代码如下：

```
SHOW VARIABLES LIKE  ' %query_cache %';
```

运行上述代码，其结果如图 14.11 所示。

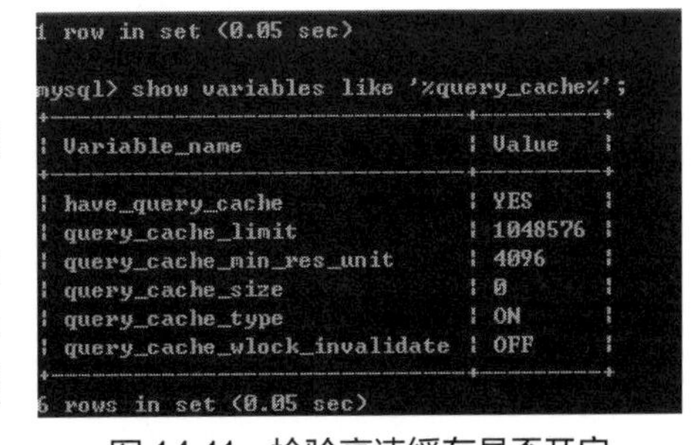
```
1 row in set (0.05 sec)

mysql> show variables like '%query_cache%';
+------------------------------+---------+
| Variable_name                | Value   |
+------------------------------+---------+
| have_query_cache             | YES     |
| query_cache_limit            | 1048576 |
| query_cache_min_res_unit     | 4096    |
| query_cache_size             | 0       |
| query_cache_type             | ON      |
| query_cache_wlock_invalidate | OFF     |
+------------------------------+---------+
6 rows in set (0.05 sec)
```

图 14.11 检验高速缓存是否开启

下面对主要的参数进行说明：

● have_query_cache：表明服务器在默认安装条件下，是否已经配置查询高速缓存。

● query_cache_size：高速缓存分配空间，如果该空间为 86，则证明分配给高速缓存空间的大小为 86MB。如果该值为 0，则表明查询高速缓存已经关闭。

● query_cache_type：判断高速缓存开启状态，其变量值范围为 0 ～ 2。其中当该值为 0 或 OFF 时，表明查询高速缓存已经关闭；当该值为 1 或 ON 时，表明高速缓存已经打开；其值为 2 或 DEMAND 时，表明要根据需要运行有 SQL_CACHE 选项的 SELECT 语句，提供查询高速缓存。

14.4.2 使用高速缓存

在 MySQL 中，查询高速缓存的具体语法结构如下：

```
SELECT SQL_CACHE * FROM 表名 ;
```

[实例 14.9]　（源码位置：资源包 \Code\14\09）

查询高速缓存运行中的反应结果。

在命令提示符下输入以下命令：

```
SELECT SQL_CACHE * FROM student ;
```

使用查询高速缓存运行结果如图 14.12 所示。

```
mysql> select sql_cache * from student;
+----+--------+-----+------+---------+----------------+
| id | name   | sex | age  | zhuanye | address        |
+----+--------+-----+------+---------+----------------+
|  1 | 张丽   | 女  | 1985 | 计算机系 | 北京市海淀区   |
|  2 | 李小燕 | 女  | 1986 | 中文系   | 北京市昌平区   |
|  3 | 张三   | 男  | 1990 | 中文系   | 湖南省永州市   |
|  4 | 李四   | 男  | 1990 | 英语系   | 辽宁省阜新市   |
|  5 | 王五   | 女  | 1991 | 英语系   | 福建省厦门市   |
|  6 | 章也   | 男  | 1988 | 计算机系 | 湖南省衡阳市   |
+----+--------+-----+------+---------+----------------+
6 rows in set (0.03 sec)
```

图 14.12　使用查询高速缓存运行结果

然后不使用高速缓存查询该数据表，其结果如图 14.13 所示。

```
mysql> select sql_no_cache * from student;
+----+--------+-----+------+---------+----------------+
| id | name   | sex | age  | zhuanye | address        |
+----+--------+-----+------+---------+----------------+
|  1 | 张丽   | 女  | 1985 | 计算机系 | 北京市海淀区   |
|  2 | 李小燕 | 女  | 1986 | 中文系   | 北京市昌平区   |
|  3 | 张三   | 男  | 1990 | 中文系   | 湖南省永州市   |
|  4 | 李四   | 男  | 1990 | 英语系   | 辽宁省阜新市   |
|  5 | 王五   | 女  | 1991 | 英语系   | 福建省厦门市   |
|  6 | 章也   | 男  | 1988 | 计算机系 | 湖南省衡阳市   |
+----+--------+-----+------+---------+----------------+
6 rows in set (0.00 sec)
```

图 14.13　未使用查询高速缓存运行结果

如果经常运行查询高速缓存，将会提高 MySQL 数据库的性能。

说明：

一旦表有变化，使用这个表查询高速缓存将会失效。且将从高速缓存中删除。这样放置查询从旧表中返回无效数据。另外，不使用高速缓存查找可以应用 SQL_NO_CACHE 关键字。

14.5 优化多表查询

在 MySQL 中，用户可以通过连接来实现多表查询，在查询过程中，用户将表中的一个或多个共同字段进行连接，定义查询条件，返回统一的查询结果。这通常用来建立 RDBMS 常规表之间的关系。在多表查询中，可以应用子查询来优化多表查询，即在 SELECT 语句中嵌套其他 SELECT 语句。采用子查询优化多表查询的好处有很多，其中，可以将分步查询的结果整合成一个查询，这样就不需要再执行多个单独查询，从而提高了多表查询的效率。

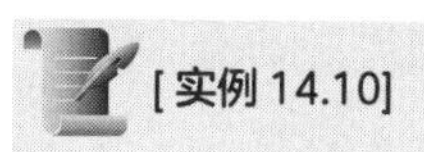

[实例 14.10] （源码位置：资源包 \Code\14\10）

优化多表查询举例。

在命令提示符输入如下命令：

```
select address from student where id=(select id from student_extra wh
ere name='nihao');
```

上述代码运行结果如图 14.14 所示。

```
mysql> select address from student where id=(select id from student_extra where
extra='nihao');
+---------------+
| address       |
+---------------+
| 北京市海淀区           |
+---------------+
1 row in set (0.03 sec)
```

图 14.14　应用一般 SELECT 嵌套子查询

下面应用优化算法，以便可以优化查询速度。在命令提示符输入以下命令：

```
select address from student as stu,student_extra as stu_e where stu.id=stu_e.id and stu_
e.extra='nihao';
```

以上命令的作用是将 student 和 student_extra 表分别设置别名 stu、stu_e，通过两个表的 id 字段建立连接，并判断 student_extra 表中是否含有名称为“nihao”的内容，并将地址在屏幕上输出。该语句已经将算法进行优化，以便提高数据库的效率，从而实现查询优化的效果。应用算法的优化查询运行结果如图 14.15 所示。

```
mysql> select address from student where id=(select id from student_extra where
extra='nihao');
+---------------+
| address       |
+---------------+
| 北京市海淀区           |
+---------------+
1 row in set (0.03 sec)
```

图 14.15　应用算法的优化查询

如果用户希望避免因出现 SELECT 嵌套而导致代码可读性下降，则用户可以通过服务器变量来进行优化处理，下面应用 SELECT 嵌套方式来查询数据，在命令提示符中输入如下命令：

```
select name from student where age> (select avg(age) from student_extra) ;
```

应用 SELECT 嵌套查询数据运行结果如图 14.16 所示。

```
mysql> select name from student where age >(select avg(age) from student_extra);

+---------+
| name    |
+---------+
| 张丽       |
| 李小燕       |
| 张三       |
| 李四       |
| 王五       |
| 章也       |
+---------+
6 rows in set (0.01 sec)
```

图 14.16　应用 SELECT 嵌套查询数据

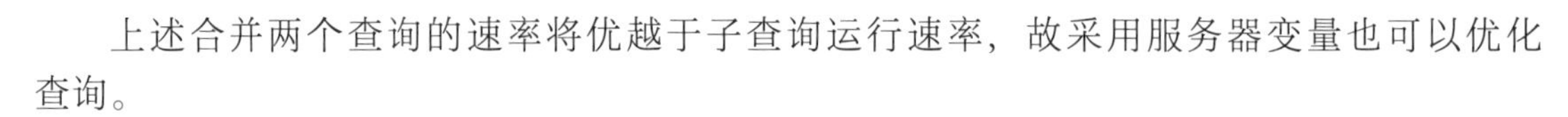

上述合并两个查询的速率将优越于子查询运行速率，故采用服务器变量也可以优化查询。

14.6 优化表设计

在 MySQL 数据库中，为了优化查询，使查询能够更加精炼、高效，在用户设计数据表的同时，也应该考虑以下因素。

首先，在设计数据表时，应优先考虑使用特定字段长度，后考虑使用变长字段，如在用户创建数据表时，考虑创建某个字段类型为 varchar 而设置其字段长度为 255，但是在实际应用时，该用户所存储的数据根本达不到该字段所设置的最大长度，另外，如设置用户性别的字段，往往可以用“M”表示男性，“F”表示女性，如果给该字段设置长度为 varchar(50)，则该字段占用了过多列宽，这样不仅浪费资源，也会降低数据表的查询效率。适当调整列宽，不仅可以减少磁盘空间，同时也可以使数据在进行处理时产生的 I/O 过程减少。将字段长度设置成其可能应用的最大范围，可以充分地优化查询效率。

改善性能的另一项技术是使用 OPTIMIZE TABLE 命令处理用户经常操作的表，频繁地操作数据库中的特定表会导致磁盘碎片的增加，这样会降低 MySQL 的效率，故可以应用该命令处理经常操作的数据表，以便优化访问查询效率。

在考虑改善表性能的同时，要检查用户已经建立的数据表，划分数据的优势在于可以使用户更好地设计数据表，但是，过多的表意味着性能降低，故用户应检查这些表，检查这些表是否有可能整合在一个表中，如没有必要整合，在查询过程中，用户可以使用连接，如果连接的列采用相同的数据类型和长度，同样可以达到查询优化的作用。

说明：

数据库表的类型 InnoDB 或 BDB 表处理行存储与 MyISAM 或 ISAM 表的情况不同。在 InnoDB 或 BDB 类型表中使用定长列，并不能提高其性能。

本章知识思维导图

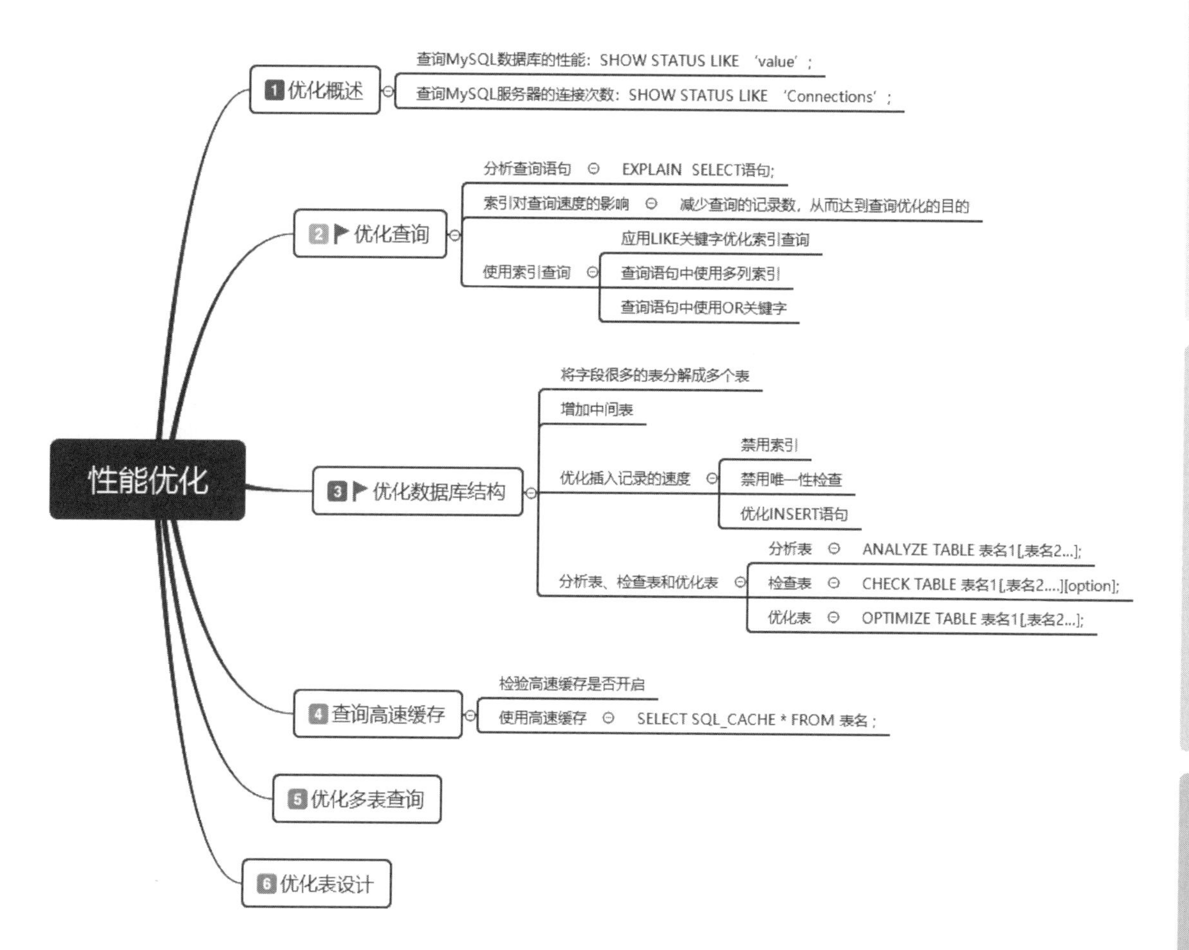
性能优化
1 优化概述
查询MySQL数据库的性能：SHOW STATUS LIKE 'value'；
查询MySQL服务器的连接次数：SHOW STATUS LIKE 'Connections'；
2 优化查询
分析查询语句
EXPLAIN SELECT语句;
索引对查询速度的影响
减少查询的记录数，从而达到查询优化的目的
使用索引查询
应用LIKE关键字优化索引查询
查询语句中使用多列索引
查询语句中使用OR关键字
3 优化数据库结构
将字段很多的表分解成多个表
增加中间表
优化插入记录的速度
禁用索引
禁用唯一性检查
优化INSERT语句
分析表、检查表和优化表
分析表
ANALYZE TABLE 表名1[,表名2...];
检查表
CHECK TABLE 表名1[,表名2....][option];
优化表
OPTIMIZE TABLE 表名1[,表名2...];
4 查询高速缓存
检验高速缓存是否开启
使用高速缓存
SELECT SQL_CACHE * FROM 表名；
5 优化多表查询
6 优化表设计

第 15 章
安全管理

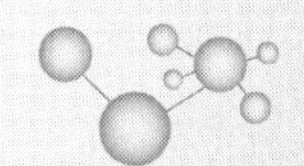

本章学习目标

- 了解应用 MySQL 最新版本的命令创建用户
- 了解如何用各种命令实现对 MySQL 数据库的权限管理
- 掌握如何设置账户密码
- 掌握如何使账户密码更安全

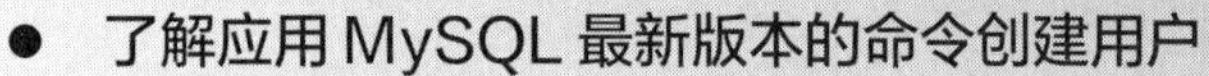

15.1 安全保护策略概述

要确保 MySQL 的安全，看看首先应当做点什么？

（1）为操作系统和所安装的软件打补丁

如今当您打开计算机的时候，都会弹出软件的安全警告。虽然有些时候这些警告会给我们带来一些困扰，但是采取措施确保系统打上所有的补丁是绝对有必要的。利用攻击指令和因特网上丰富的工具，即使恶意用户在攻击方面没有多少经验，也可以毫无阻碍地攻击未打补丁的服务器。即使用户在使用托管服务器，也不要过分依赖服务提供商来完成必要的升级；相反，要坚持间隔性手动更新，以确保和补丁相关的事情都被处理妥当。

（2）禁用所有不使用的系统服务

始终要注意在将服务器放入网络之前，已经消除所有不必要的潜在服务器攻击途径。这些攻击往往是不安全的系统服务带来的，通常运行在不为系统管理员所知的系统中。简言之，如果不打算使用一个服务，就禁用该服务。

（3）关闭端口

虽然关闭未使用的系统服务是减少成功攻击可能性的好方法，不过还可以通过关闭未使用的端口来添加第二层安全。对于专用的数据库服务器，可以考虑关闭除 SSH、3306(MySQL) 和一些“工具”［如 123（NTP）］等端口号在 1024 以下的端口。简言之，如果不希望在指定端口有数据通信，就关闭这个端口。除在专用防火墙工具或路由器上做这些调整之外，还可以考虑利用操作系统的防火墙。

（4）审计服务器的用户账户

特别是当已有的服务器再作为公司的数据库主机时，要确保禁用所有非特权用户，或者最好是全部删除。虽然 MySQL 用户和操作系统用户完全无关，但他们都要访问服务器环境，仅凭这一点就可能会有意地破坏数据库服务器及其内容。为完全确保在审计中不会有遗漏，可以考虑重新格式化所有相关的驱动器，并重新安装操作系统。

（5）设置 MySQL 的 root 用户密码

对所有 MySQL 用户使用密码。客户端程序不需要知道运行它的人员的身份。对于客户端 / 服务器应用程序，用户可以指定客户端程序的用户名。例如，如果 other_user 没有密码，任何人都可以简单地用 mysql -u other_user db_name 冒充他人调用 mysql 程序进行连接。如果所有用户账户均存在密码，使用其他用户的账户进行连接将困难得多。

15.2 用户和权限管理

MySQL 数据库中的表与其他任何关系表没有区别，都可以通过典型的 SQL 命令修改其结构和数据。随着版本 3.22.11 的发行，可以使用 GRANT 和 REVOKE 命令。通过这些命令，可以创建和禁用用户，可以在线授予和撤回用户访问权限。由于有语法严谨，这消除了由于不好的 SQL 查询（例如，忘记在 UPDATE 查询中加入 WHERE 字句）所带来的潜在危险的错误。

在 5.0 版本中，开发人员向 MySQL 管理工具又增加了两个新命令：CREATE USER 和 DROP USER，从而能更容易地增加新用户、删除和重命名用户，还增加了第三个命令 RENAME USER 用于重命名现有的用户。

15.2.1 使用 CREATE USER 命令创建用户

CREATE USER 用于创建新的 MySQL 账户。要使用 CREATE USER 语句，您必须拥有 mysql 数据库的全局 CREATE USER 权限，或拥有 INSERT 权限。对于每个账户，CREATE USER 会在没有权限的 mysql.user 表中创建一个新记录。如果账户已经存在，则出现错误。使用自选的 IDENTIFIED BY 子句，可以为账户设置一个密码。user 值和密码的设置方法和 GRANT 语句一样。其命令的原型如下：

```
CREATE USER user [IDENTIFIED BY[PASSWORD 'PASSWORD']
[, user [IDENTIFIED BY[PASSWORD 'PASSWORD']]....
```

[实例 15.1]　（源码位置：资源包 \Code\15\01）

应用 CREATE USER 命令创建一个新用户，用户名为 mrsoft，密码为 mr。

通过 CREATE USER 创建 mrsoft 的用户运行结果如图 15.1 所示。

15.2.2 使用 DROP USER 命令删除用户

如果存在一个或是多个账户被闲置，应当考虑将其删除，确保不会用于可能的违法的活动。利用 DROP USER 命令就能很容易地做到，它将从权限表中删除用户的所有信息，即来自所有授权表的账户权限记录。DROP USER 命令原型如下：

```
DROP USER user [, user] ...
```

说明：

DROP USER 不能自动关闭任何打开的用户对话。而且，如果用户有打开的对话，此时取消用户，则命令不会生效，直到用户对话被关闭后才生效。一旦对话被关闭，用户也被取消，此用户再次试图登录时将会失败。

[实例 15.2]　（源码位置：资源包 \Code\15\02）

应用 DROP USER 命令删除用户名为 mrsoft 的用户。

使用 DROP USER 删除 mrsoft 的用户运行结果如图 15.2 所示。

```
mysql> CREATE USER mrsoft IDENTIFIED BY 'mr';
Query OK, 0 rows affected (0.00 sec)
```

图 15.1　通过 CREATE USER 创建 mrsoft 的用户

```
mysql> DROP USER mrsoft;
Query OK, 0 rows affected (0.00 sec)
```

图 15.2　使用 DROP USER 删除 mrsoft 的用户

15.2.3 使用 RENAME USER 命令重命名用户

RENAME USER 语句用于对原有 MySQL 账户进行重命名。RENAME USER 语句的命令原型如下：

```
RENAME USER old_user TO new_user
[, old_user TO new_user] ...
```

说明：

如果旧账户不存在或者新账户已存在，则会出现错误。

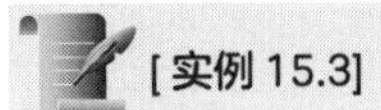

[实例 15.3]　（源码位置：资源包 \Code\15\03）

应用 RENAME USER 命令将用户名为 mrsoft 的用户重新命名为 lh。

使用 RENAME USER 对 mrsoft 的用户重命名运行结果如图 15.3 所示。

```
mysql> RENAME USER mrsoft TO lh;
Query OK, 0 rows affected (0.00 sec)
```

图 15.3　使用 RENAME USER 对 mrsoft 的用户重命名

15.2.4　GRANT 和 REVOKE 命令

GRANT 和 REVOKE 命令用来管理访问权限，也可以用来创建和删除用户，但在 MySQL5.0.2 中可以利用 CREATE USER 和 DROP USER 命令更容易地实现这些任务。GRANT 和 REVOKE 命令对于谁可以操作服务器及其内容的各个方面提供了多程度的控制，从谁可以关闭服务器，到谁可以修改特定表字段中的信息都能控制。表 15.1 中列出了使用这些命令可以授予或撤回的所有权限。

表 15.1　GRANT 和 REVOKE 管理权限

权限	意义
ALL [PRIVILEGES]	设置除 GRANT OPTION 之外的所有简单权限
ALTER	允许使用 ALTER TABLE
ALTER ROUTINE	更改或取消已存储的子程序
CREATE	允许使用 CREATE TABLE
CREATE ROUTINE	创建已存储的子程序
CREATE TEMPORARY TABLES	允许使用 CREATE TEMPORARY TABLE
CREATE USER	允许使用 CREATE USER, DROP USER, RENAME USER 和 REVOKE ALL PRIVILEGES
CREATE VIEW	允许使用 CREATE VIEW
DELETE	允许使用 DELETE
DROP	允许使用 DROP TABLE
EXECUTE	允许用户运行已存储的子程序
FILE	允许使用 SELECT...INTO OUTFILE 和 LOAD DATA INFILE
INDEX	允许使用 CREATE INDEX 和 DROP INDEX
INSERT	允许使用 INSERT
LOCK TABLES	允许对您拥有 SELECT 权限的表使用 LOCK TABLES
PROCESS	允许使用 SHOW FULL PROCESSLIST
REFERENCES	未被实施
RELOAD	允许使用 FLUSH
REPLICATION CLIENT	允许用户询问从属服务器或主服务器的地址
REPLICATION SLAVE	用于复制型从属服务器（从主服务器中读取二进制日志事件）

续表

权限	意义
SELECT	允许使用SELECT
SHOW DATABASES	SHOW DATABASES显示所有数据库
SHOW VIEW	允许使用SHOW CREATE VIEW
SHUTDOWN	允许使用mysqladmin shutdown
SUPER	允许使用CHANGE MASTER, KILL, PURGE MASTER LOGS和SET GLOBAL语句，mysqladmin debug命令；允许您连接（一次），即使已达到max_connections
UPDATE	允许使用UPDATE
USAGE	“无权限”的同义词
GRANT OPTION	允许授予权限

如果授权表拥有含有 mixed-case 数据库或表名称的权限记录，并且 lower_case_table_names 系统变量已设置，则不能使用 REVOKE 撤销权限，必须直接操纵授权表（当 lower_case_table_names 已设置时，GRANT 将不会创建此类记录，但是此类记录可能已经在设置变量之前被创建了）。

授予的权限可以分为多个层级。

- 全局层级

全局权限适用于一个给定服务器中的所有数据库。这些权限存储在 mysql.user 表中。GRANT ALL ON *.* 和 REVOKE ALL ON *.* 只授予和撤销全局权限。

- 数据库层级

数据库权限适用于一个给定数据库中的所有目标。这些权限存储在 mysql.db 和 mysql.host 表中。GRANT ALL ON db_name.* 和 REVOKE ALL ON db_name.* 只授予和撤销数据库权限。

- 表层级

表权限适用于一个给定表中的所有列。这些权限存储在 mysql.tables_priv 表中。GRANT ALL ON db_name.tbl_name 和 REVOKE ALL ON db_name.tbl_name 只授予和撤销表权限。

- 列层级

列权限适用于一个给定表中的单一列。这些权限存储在 mysql.columns_priv 表中。当使用 REVOKE 时，您必须指定与被授权列相同的列。

- 子程序层级

CREATE ROUTINE、ALTER ROUTINE、EXECUTE 和 GRANT 权限适用于已存储的子程序。这些权限可以被授予为全局层级和数据库层级。而且，除 CREATE ROUTINE 外，这些权限可以被授予子程序层级，并存储在 mysql.procs_priv 表中。

[实例 15.4] （源码位置：资源包\Code\15\04）

创建一个管理员，以此来讲解 GRANT 和 REVOKE 命令的用法。创建一个管理员。

可以输入如图 15.4 所示的命令。

以上命令授予用户名为 mr、密码为 mr 的用户使用所有数据库的所有权限，并允许他向其他人授予这些权限。如果不希望用户在系统中存在，可以按如图 15.5 所示的方式撤销。

现在，按如图 15.6 所示的方式创建一个没有任何权限的常规用户。

可以为用户 mrsoft 授予适当的权限，方式如图 15.7 所示。

```
mysql> grant all
    -> on *
    -> to mr identified by 'mr'
    -> with grant option;
```

图 15.4　创建管理员命令

图 15.5　撤销用户命令

图 15.6　创建没有任何权限的常规用户

图 15.7　授予用户适当的权限命令

说明：

要完成对 mrsoft 用户授予权限，并不需要指定 mrsoft 的密码。

如果我们认为 mrsoft 权限过高，可以按如图 15.8 所示的方式减少一些权限。

当用户 mrsoft 不再需要使用数据库时，可以按如图 15.9 所示的方式撤销所有的权限。

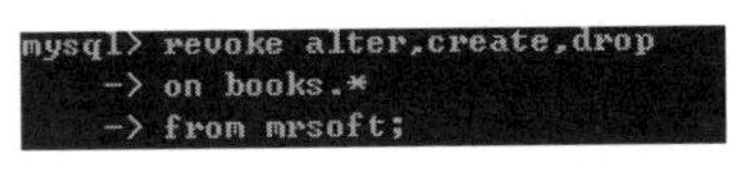

图 15.8　减少权限的命令

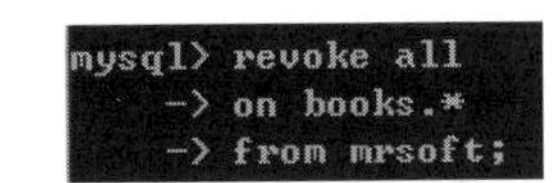

图 15.9　撤销用户的所有权限

15.3　MySQL 数据库安全常见问题

15.3.1　权限更改何时生效

MySQL 服务器启动的时候以及使用 GRANT 和 REVOKE 语句的时候，服务器会自动读取 grant 表。但是，既然我们知道这些权限保存在什么地方以及它们是如何保存的，就可以手动修改它们。当手动更新它们的时候，MySQL 服务器将不会注意到它们已经被修改了。

我们必须向服务器指出已经对权限进行了修改，以下 3 种方法可以实现这个任务。

在 MySQL 命令提示符下（必须以管理员的身份登录进入）输入如下命令：

```
flush privileges;
```

这是更新权限最常使用的方法。或者，还可以在操作系统中运行：

```
mysqladmin flush-privileges
```

或者是：

```
mysqladmin reload
```

此后，当用户下次再连接的时候，系统将检查全局级别权限；当下一个命令被执行时，将检查数据库级别的权限；而表级别和列级别权限将在用户下次请求的时候被检查。

15.3.2　设置账户密码

（1）用 mysqladmin 命令在 DOS 命令窗口中指定密码

```
mysqladmin -u user_name -h host_name password "newpwd"
```

mysqladmin 命令重设服务器为 host_name，且用户名为 user_name 的用户的密码，新密码为“newpwd”。

（2）通过 set password 命令设置用户的密码

```
set password for 'jeffrey'@'%' = password('biscuit');
```

只有以 root 用户（可以更新 mysql 数据库的用户）身份登录，才可以更改其他用户的密码。如果你没有以匿名用户连接，省略 for 子句便可以更改自己的密码：

```
set password = password('biscuit');
```

（3）在全局级别下使用 GRANT USAGE 语句（在 *.*）指定某个账户的密码，而不影响账户当前的权限

```
GRANT USAGE ON *.* TO 'jeffrey'@'%' IDENTIFIED BY 'biscuit';
```

（4）在创建新账户时建立密码，要为 password 列提供一个具体值

```
mysql -u root mysql
INSERT INTO user (Host,User,Password)
 -> VALUES('%','jeffrey',PASSWORD('biscuit'));
mysql> FLUSH PRIVILEGES;
```

（5）更改已有账户的密码，要应用 UPDATE 语句来设置 password 列值

```
mysql -u root mysql
UPDATE user SET Password = PASSWORD('bagel')
    -> WHERE Host = '%' AND User = 'francis';
FLUSH PRIVILEGES;
```

15.3.3　使密码更安全

① 在管理级别，切忌不能将 mysql.user 表的访问权限授予任何非管理账户。

② 采用下面的命令模式来连接服务器，以此来隐藏你的密码。

```
mysql -u francis -p db_name
Enter password: ********
```

“*”字符指示输入密码的地方，输入的密码是不可见的。因为它对其他用户不可见，与在命令行上指定它相比，这样进入你的密码更安全。

③ 如果想要从非交互式方式下运行一个脚本调用一个客户端，就没有从终端输入密码的机会。其最安全的方法是让客户端程序提示输入密码或在适当保护的选项文件中指定密码。

15.4　状态文件和日志文件

MySQL 数据目录里还包含许多状态文件和日志文件，如表 15.2 所示。这些文件默认存放位置是相应的 MySQL 服务器的数据目录，其默认文件名是在服务器主机名上增加一些后

缀得到的。

表 15.2　MySQL 的状态文件和日志文件

文件类型	默认名	文件内容
进程 ID 文件	HOSTNAME.pid	MySQL 服务器进程的 ID
常规查询日志	HOSTNAME.log	连接/断开连接时间和查询信息
慢查询日志	HOSTNAME-slow.log	耗时很长的查询命令的文本
变更日志	HOSTNAME.nnn	创建/变更了数据表的结构定义或者修改了数据表内容的查询命令的文本
二进制变更日志	HOSTNAME-bin.nnn	创建/变更了数据表的结构定义或者修改了数据表内容的查询命令的二进制表示法
二进制变更日志的索引文件	HOSTNAME-bin.index	使用中的“二进制变更日志文件”的清单
错误日志	HOSTNAME.err	“启动/关机”事件和异常情况

15.4.1　进程 ID 文件

MySQL 服务器会在启动时把自己的进程 ID 写入 PID 文件，等运行结束时又会删除该文件。PID 文件是允许服务器本身被其他进程找到的工具。例如，如果运行 mysql.server，在系统关闭时，关闭 MySQL 服务器的脚本检查 PID 文件以决定它需要向哪个进程发出一个终止信号。

15.4.2　日志文件管理

默认情况下，所有日志创建于 mysqld 数据目录中。通过刷新日志，你可以强制 mysqld 来关闭和重新打开日志文件（或者在某些情况下切换到一个新的日志）。当你执行一个 FLUSH LOGS 语句或执行 mysqladmin flush-logs、mysqladmin refresh 时，出现日志刷新。如果你正使用 MySQL 复制功能，从复制服务器将维护更多日志文件，被称为接替日志。日志文件的类型如表 15.3 所示。

表 15.3　日志文件的类型

日志文件	记入文件中的信息类型
错误日志	记录启动、运行或停止 mysqld 时出现的问题
查询日志	记录建立的客户端连接和执行的语句
更新日志	记录更改数据的语句。不赞成使用该日志
二进制日志	记录所有更改数据的语句。还用于复制
慢日志	记录所有执行时间超过 long_query_time 秒的所有查询或不使用索引的查询

（1）错误日志

错误日志（error log）记载着 MySQL 数据库系统的诊断和出错信息。如果 mysqld 莫名其妙地“死掉”并且 mysqld_safe 需要重新启动它，mysqld_safe 在错误日志中写入一条 restarted mysqld 消息。如果 mysqld 注意到需要自动检查或者修复一个表，则错误日志中写入一条消息。

在一些操作系统中，如果 mysqld “死掉”，错误日志包含堆栈跟踪信息。跟踪信息可以用来确定 mysqld “死掉”的地方。可以用 --log-error[=file_name] 选项来指定 mysqld 保存错误日志文件的位置。如果没有指定 file_name 值，mysqld 使用错误日志名 host_name.err，并在数据目录中写入日志文件。如果执行 FLUSH LOGS，错误日志用 -old 重新命名后缀，并且 mysqld 创建一个新的空日志文件 (如果未给出 --log-error 选项，则不会重新命名)。

如果不指定 --log-error，或者 (在 Windows 中) 使用 --console 选项，错误被写入标准错误输出 stderr。通常标准输出为服务器的终端。

在 Windows 中，如果未给出 --console 选项，错误输出总是写入 .err 文件。

(2) 常规查询日志

如果想要知道 mysqld 内部发生了什么，应该用 --log[=file_name] 或 -l [file_name] 选项启动它。如果没有指定 file_name 的值，默认名是 host_name.log。所有连接和语句被记录到日志文件。如果怀疑在客户端发生了错误并想确切地知道该客户端发送给 mysqld 的语句时，该日志可能非常有用。

mysqld 按照它接收的顺序记录语句到查询日志。这可能与执行的顺序不同。这与更新日志和二进制日志不同，它们在查询执行后，但是任何一个锁释放之前记录日志 (查询日志还包含所有语句，而二进制日志不包含只查询数据的语句)。

服务器重新启动和日志刷新不会产生一般的新查询日志文件 (尽管刷新关闭并重新打开一般查询日志文件)。在 Unix 中，可以通过下面的命令重新命名文件并创建一个新文件:

```
shell> mv hostname.log hostname-old.log
shell> mysqladmin flush-logs
shell> cp hostname-old.log to-backup-directory
shell> rm hostname-old.log
```

在 Windows 中，服务器打开日志文件期间不能重新命名日志文件。首先，必须停止服务器。然后重新命名日志文件。最后，重启服务器来创建新的日志文件。

(3) 二进制日志

二进制日志包含所有更新的数据或者已经潜在更新的数据（例如，没有匹配任何行的一个 DELETE）的所有语句。语句以“事件”的形式保存，它描述数据更改。

说明:

二进制日志已经代替了老的更新日志，更新日志在 MySQL 5.1 中不再使用。

二进制日志还包含关于每个更新数据库的语句的执行时间信息。它不包含没有修改任何数据的语句。如果想要记录所有语句（例如，为了识别有问题的查询），应使用一般查询日志。

二进制日志的主要目的是在恢复时能够最大可能地更新数据库，因为二进制日志包含备份后进行的所有更新。

二进制日志还用于在主复制服务器上记录所有将发送给从服务器的语句。

当用 --log-bin[=file_name] 选项启动时，mysqld 写入包含所有更新数据的 SQL 命令的日志文件。如果未给出 file_name 值，默认名为 -bin 后面所跟的主机名。如果给出了文件名，但没有包含路径，则文件被写入数据目录。如果在日志名中提供了扩展名 (例如，--log-bin=file_name.extension)，则扩展名会被忽略。

mysqld 在每个二进制日志名后面添加一个数字扩展名。每次启动服务器或刷新日志时，该数字则增加。如果当前的日志大小达到 max_binlog_size，还会自动创建新的二进制日志。如果正在使用大的事务，二进制日志超过 max_binlog_size，事务会写入一个二进制日志中，绝对不要写入不同的二进制日志中。为了能够使当前用户知道还使用哪个不同的二进制日志文件，mysqld 还创建一个二进制日志索引文件，包含所有使用的二进制日志文件的文件名。默认情况下与二进制日志文件的文件名相同，扩展名为“.index”。可以用 --log-bin-index[=file_name] 选项更改二进制日志索引文件的文件名。当 mysqld 在运行时，不应手动编辑该文件；如果这样做，将会使 mysqld 变得混乱。

可以用 RESET MASTER 语句删除所有二进制日志文件，或用 PURGE MASTER LOGS 只删除部分二进制文件。

如果系统正进行二进制文件复制，应确保没有从服务器在使用旧的二进制日志文件，方可删除它们。一种方法是每天执行一次 mysqladmin flush-logs 并删除三天前的所有日志。可以手动删除，或最好使用 PURGE MASTER LOGS 语句，该语句还会安全地更新二进制日志索引文件 (可以采用日期参数)。

具有 SUPER 权限的客户端可以通过 SET SQL_LOG_BIN=0 语句禁止将自己的语句记入二进制记录。可以用 mysqlbinlog 实用工具检查二进制日志文件。

如果想要重新处理日志的语句，这很有用。例如，可以从二进制日志更新 MySQL 服务器，方法如下：

```
shell> mysqlbinlog log-file | mysql -h server_name
```

如果用户正使用事务，必须使用 MySQL 二进制日志进行备份，而不能使用旧的更新日志。

查询结束后、锁定被释放前或提交完成后的事务，则立即将数据记入二进制日志。这样可以确保按执行顺序记入日志。

对非事务表的更新执行完毕后立即保存到二进制日志中。对于事务表，例如 BDB 或 InnoDB 表，所有更改表的更新 (UPDATE、DELETE 或 INSERT) 被存入缓存中，直到服务器接收到 COMMIT 语句。在该点，当用户执行完 COMMIT 之前，mysqld 将整个事务写入二进制日志。当处理事务的线程启动时，它为缓冲查询分配 binlog_cache_size 大小的内存。如果语句大于该值，线程则打开临时文件来保存事务。线程结束后，临时文件被删除。

Binlog_cache_use 状态变量显示使用该缓冲区 (也可能是临时文件) 保存语句的事务数量。Binlog_cache_disk_use 状态变量显示这些事务中实际上有多少必须使用临时文件。这两个变量可以用于将 binlog_cache_size 调节到足够大的值，以避免使用临时文件。

max_binlog_cache_size(默认 4GB) 可以用来限制缓存多语句事务的缓冲区总大小。如果某个事务大于该值，将会失败并执行回滚操作。

如果你正使用更新日志或二进制日志，当使用 CREATE ... SELECT or INSERT ... SELECT 时，并行插入被转换为普通插入。这样通过在备份时使用日志可以确保重新创建表的备份。

默认情况下，并不是每次写入时都将二进制日志与硬盘同步。因此如果操作系统或机器 (不仅是 MySQL 服务器) 崩溃，有可能二进制日志中最后的语句都丢失了。要想防止这种情况，你可以使用 sync_binlog 全局变量 (1 是最安全的值，但也是最慢的)，使二进制日志在每 N 次二进制日志写入后与硬盘同步。即使 sync_binlog 设置为 1, 出现崩溃时，也有可能表内容和二进制日志内容之间存在不一致性。例如，如果使用 InnoDB 表，MySQL 服务器处理 COMMIT 语句，它将整个事务写入二进制日志并将事务提交到 InnoDB 中。如果在两次操作之间出现崩溃，重启时，事务被 InnoDB 回滚，但仍然存在二进制日志中。可以用 --innodb-safe-binlog 选项解决该问题，可以增加 InnoDB 表内容和二进制日志之间的一致性。

说明：
在 MySQL 5.1 中不需要 --innodb-safe-binlog；由于引入了 XA 事务支持，该选项作废了。

该选项可以提供更大程度的安全，还应对 MySQL 服务器进行配置，使每个事务的二进制日志 (sync_binlog =1) 和 (默认情况为真)InnoDB 日志与硬盘同步。该选项的效果是崩溃后重启时，在滚回事务后，MySQL 服务器从二进制日志剪切回滚的 InnoDB 事务。这样可以确保二进制日志反馈 InnoDB 表的确切数据等，并使从服务器与主服务器保持同步 (不接收回滚的语句)。

注意：
即使 MySQL 服务器更新其他存储引擎而不是 InnoDB，也可以使用 --innodb-safe-binlog。在 InnoDB 崩溃恢复时，只从二进制日志中删除影响 InnoDB 表的语句 / 事务。如果崩溃恢复时，MySQL 服务器发现二进制日志变短了［即至少缺少一个成功提交的 InnoDB 事务，如果 sync_binlog =1 并且硬盘 / 文件系统的确能根据需要进行同步（有些不需要），则不会发生］，则会输出错误消息（" 二进制日志 < 名 > 比期望的要小 "）。在这种情况下，二进制日志不准确，复制应从主服务器的数据快照开始。

（4）慢查询日志

慢查询日志（slow-query log）记载着执行用时较长的查询命令，这里所说的“长”是由 MySQL 服务器变量 long_query_time（以秒为单位）定义的。每出现一个慢查询，MySQL 服务器就会给它的 Slow_queries 状态计算器加上一个 1。

用 --log-slow-queries[=file_name] 选项启动时，mysqld 写一个包含所有执行时间超过 long_query_time 秒的 SQL 语句的日志文件。

如果没有给出 file_name 值，默认为主机名，后缀为 -slow.log。如果给出了文件名，但不是绝对路径名，文件则写入数据目录。

语句执行完并且所有锁释放后记入慢查询日志。记录顺序可以与执行顺序不相同。

慢查询日志可以用来找到执行时间长的查询，可以用于优化。但是，检查又长又慢的查询日志会很困难。要想容易些，可以使用 mysqldumpslow 命令获得日志中显示的查询摘要来处理慢查询日志。

在 MySQL 5.1 的慢查询日志中，不使用索引的慢查询同使用索引的查询一样记录。要想防止不使用索引的慢查询记入慢查询日志，使用 --log-short-format 选项。

在 MySQL 5.1 中，通过 --log-slow-admin-statements 服务器选项，可以请求将慢管理语句，例如 OPTIMIZE TABLE、ANALYZE TABLE 和 ALTER TABLE 写入慢查询日志。

用查询缓存处理的查询不加到慢查询日志中，因为表有零行或一行而不能从索引中受益的查询也不写入慢查询日志。

（5）日志文件维护

MySQL 服务器可以创建各种不同的日志文件，从而可以很容易地看见所进行的操作。但是，必须定期清理这些文件，确保日志不会占用太多的硬盘空间。

当启用日志使用 MySQL 时，你可能想要不时地备份并删除旧的日志文件，并告诉 MySQL 开始记入新文件。在 Linux (Redhat) 的安装上，可为此使用 mysql-log-rotate 脚本。如果从 RPM 分发安装 MySQL，脚本应该自动被安装了。

在其他系统上，必须自己安装短脚本，可从 cron 等入手处理日志文件。可以通过 mysqladmin flush-logs 或 SQL 语句 FLUSH LOGS 来强制 MySQL 开始使用新的日志文件。

日志清空执行的操作如下。

如果使用标准日志 (--log) 或慢查询日志 (--log-slow-queries)，关闭并重新打开日志文件 (默认为 mysql.log 和 'hostname'-slow.log)。

如果使用更新日志 (--log-update) 或二进制日志 (--log-bin)，关闭日志并且打开有更高序列号的新日志文件。

如果只使用更新日志，只需要重新命名日志文件，然后在备份前清空日志。例如:

```
shell> cd mysql-data-directory
shell> mv mysql.log mysql.old
shell> mysqladmin flush-logs
```

然后做备份并删除“mysql.old”。

（6）日志失效处理

激活日志功能的弊病之一是随着日志的增加而产生的大量信息，生成的日志文件有可能会填满整个磁盘。如果 MySQL 服务器非常繁忙且需要处理大量的查询，用户既想保持有足够的空间来记录 MySQL 服务器的工作情况日志，又想防止日志文件无限制地增长，就需要应用一些日志文件的失效处理技术。进行日志失效处理的方式主要有以下几种。

- 日志轮转

该方法适用于常规查询日志和慢查询日志这些文件名固定的日志文件，在日志轮转时，应进行日志刷新操作 (mysqladmin flush-logs 命令或 flush logs 语句)，以确保缓存在内存中的日志信息写入磁盘。

日志轮转的操作过程是这样的（假设日志文件的名字是 log）：首先，第一次轮转时，把 log 更名为 log.1，然后服务器再创建一个新的 log 文件，在第二次轮转时，再把 log.1 更名为 log.2，把 log 更名为 log.1，然后服务器再创建一个新的 log 文件。如此循环，创建一系列的日志文件。当到达日志轮转失效位置时，下次轮转就不再对它进行更名，直接把最后一个日志文件覆盖掉。例如：如果每天进行一次日志轮转并想保留最后 7 天的日志文件，就需要保留 log.1--log.7 共七个日志文件，等下次轮转时，用 log.6 覆盖原来的 log.7 成新的 log.7，原来的 log.7 就自然失效。

日志轮转的频率和需要保留的老日志时间取决于 MySQL 服务器的繁忙程度（服务器越繁忙，生成的日志信息就越多）和用户分配用于存放老日志的磁盘空间。

UNIX 系统允许对 MySQL 服务器已经打开并正在使用的当前日志文件进行更名，日志刷新操作将关闭当前日志文件并打开一个新日志文件，用原来的名字创建一个新的日志文件。文件名固定不变的日志文件可以用下面这个 shell 脚本来进行轮转:

```
#!/bin/sh
# rotate_fixed_logs.sh - rotate MySQL log file that has a fixed name
# Argument 1:log file name
if [ $# -ne 1 ]; then
    echo "Usage: $0 logname" 1>&2
```

第3篇 系统管理篇

```
    exit 1
if
logfile=$1
mv $logfile.6 $logfile.7
mv $logfile.5 $logfile.6
mv $logfile.4 $logfile.5
mv $logfile.3 $logfile.4
mv $logfile.2 $logfile.3
mv $logfile.1 $logfile.2
mv $logfile $logfile.1
mysqladmin flush-logs
```

这个脚本以日志文件名作为参数，既可以直接给出日志文件的完整路径名，也可以先进入日志文件所在的目录再给出日志文件的文件名。例如，想对 /usr/mysql/data 目录名为 log 的日志进行轮转，可以使用下面这条命令:

```
% rotate_fixed_logs.sh /usr/mysql/data/log
```

也可以使用下面的命令:

```
% cd/usr/mysql/data
% rotate_fixed_logs.sh log
```

为确保管理员自己总是存在权限对日志文件进行更名，最好是在以 mysqladm 为登录名上机时运行这个脚本，这里需要注意的是，在这个脚本里的 mysqladmin 命令行上没有给出 -u 或 -p 之类的连接选项参数。

如果用户已经把执行 mysql 客户程序时要用到的连接参数保存到了 mysqladmin 程序的 my.cnf 选项文件里，就用不着在这个脚本中的 mysqladmin 命令行上再次给出它们。

如果用户没有使用选项文件，就必须使用 -u 和 -p 选项告诉 mysqladmin 使用哪个 MySQL 账户（这个 MySQL 账户必须具备日志刷新操作所需要的权限）去连接 MySQL 服务器。这样 MySQL 账户的口令将会出现在 rotate_fixed_logs.sh 脚本的代码里，所以，为了防止这个脚本成为一个安全漏洞，这里建议大家专门创建一个除能对日志进行刷新以外没有其他任何权限的 MySQL 账户（即一个具备且仅具备 RELOAD 权限的 MySQL 账户），将该账户的口令写到脚本代码里，最后再将这个脚本设置成只允许 mysqladm 用户去编辑和使用。下面这条 GRANT 语句将以“mrsoft”为用户名、以“mrsoftpass”为口令创建出一个如上所述的 MySQL 账户来:

```
GRANT RELOAD ON *.* TO 'flush'@'localhost' IDENTIFIED BY 'mrsoftpass';
```

创建出这个账户之后，再把 rotate_fixed_logs.sh 脚本中的 mysqladmin 命令行改写为如下所示的命令:

```
mysqladmin –u mrsoft -pmrsoftpass mrsoft-logs
```

在 Linux 系统上的 MySQL 发行版本中带有一个用来安装 mysql-log-rotate 日志轮转脚本的 logrotate 工具，所以不必非得使用 rotate_fixed_logs.sh 或者自行编写其他的类似脚本。如用 RPM 安装，则在 /usr/share/mysql 目录；如用二进制方式安装，则在 MySQL 安装目录的 support-files 目录；如用源码安装，则在安装目录的 share/mysql 目录中。

Windows 系统上的日志轮转与 UNIX 系统的不太一样。如果试图对一个已经被 MySQL 服务器打开并使用的日志文件进行更名操作，就会发生“file in use”（文件已被打开）错误。

要在 Windows 系统上对日志进行轮转，就得先停止 MySQL 服务器，然后对文件进行更名，最后再重新启动 MySQL 服务器，在 Windows 系统上启动和停止 MySQL 服务器的步骤前面已经介绍了。下面是一个进行日志更名的批处理文件：

```
@echo off
REM rotate_fixed_logs.bat - rotate MySQL log file that has a fixed name
if not "%1" == "" goto ROTATE
    @echo Usage: rotate_fixed_logs logname
    goto DONE
:ROTATE
set logfile=%1
erase %logfile%.7
rename %logfile%.6 %logfile%.7
rename %logfile%.5 %logfile%.6
rename %logfile%.4 %logfile%.5
rename %logfile%.3 %logfile%.4
rename %logfile%.2 %logfile%.3
rename %logfile%.1 %logfile%.2
rename %logfile% %logfile%.1
:DONE
```

这个批处理程序的用法与 rotate_fixed_logs.sh 脚本差不多，它也需要你提供一个将被轮转的日志文件名作为参数，如下所示：

```
c:\>rotate_log c:\mysql\data\log
```

或者如下所示：

```
c:\>cd\mysql\data
c:\> rotate_fixed_logs log
```

说明：

在最初几次执行日志轮转脚本的时候，日志文件的数量尚未达到预设的上限值，脚本会提示找不到某几个文件，这是正常的。

● 以时间为依据对日志进行失效处理

该方法将定期删除超过指定时间的日志文件，适用于变更日志和二进制日志等文件名用数字编号标识的日志文件。

下面是一个用来对以数字编号作为扩展名的日志文件进行失效处理的脚本：

```
#!/usr/bin/perl -w
# expire_numbered_logs.pl - look through a set of numbered MySQL
# log files and delete those that are more than a week old.
# Usage: expire_numbered_logs.pl  logfile ...
use strict;
die "Usage: $0 logfile ...\n" if @ARGV == 0;
my $max_allowed_age = 7;       #max allowed age in days
foreach my $file (@ARGV)       #check each argument
{
    unlink ($file) if -e $file && -M $file >= $max_allowed_age;
}
exit(0);
```

以上这个脚本是用 Perl 语言写的。Perl 是一种跨平台的脚本语言，用它编写出来的脚本在 UNIX 和 Windows 系统上皆可使用。这个脚本也需要提供一个被轮转的日志文件名作为参数，下面是在 UNIX 系统上的用法：

```
% expire_numbered_logs.pl /usr/mysql/data/update.[0-9]*
```

或者如下所示:

```
% cd/usr/mysql/data
% expire_numbered_logs.pl update.[0-9]*
```

- 镜像机制

将日志文件镜像到所有的从服务器上，就需要使用镜像机制，用户必须知道主服务器有多少个从服务器，哪些正在运行，并需依次连接每一个从服务器，同时发出 show slave status 语句以确定它正处理主服务器的哪个二进制日志文件（语句输出列表的 Master_Log_File 项），只有所有的从服务器都不会用到的日志文件才能删除。例如：本地 MySQL 服务器是主服务器，它有两个从 MySQL 服务器 S1 和 S2。在主服务器上有 5 个二进制日志文件。它们的名字是 mrlog0.38 ～ mrlog0.42。

SHOW SLAVE STATUS 语句在 S1 上的执行结果如下:

```
mysql> SHOW SLAVE STATUS\G
…
Master_Log_File:mrlog.41
…
```

在 S2 上的执行结果如下:

```
mysql> SHOW SLAVE STATUS\G
…
Master_Log_File:mrlog.40
…
```

这样，我们就知道从服务器仍在使用的、最低编号的二进制日志是 mrlog.40，而编号比它更小的那些二进制日志，因为不再有从服务器需要用到它们，所以可以安全地删掉。于是，连接到主服务器并发出下面的语句:

```
mysql> PURGE MASTER LOGS TO 'mrlog.040';
```

在主服务器上发出的这条命令将把编号小于 40 的二进制日志文件删除。

本章知识思维导图

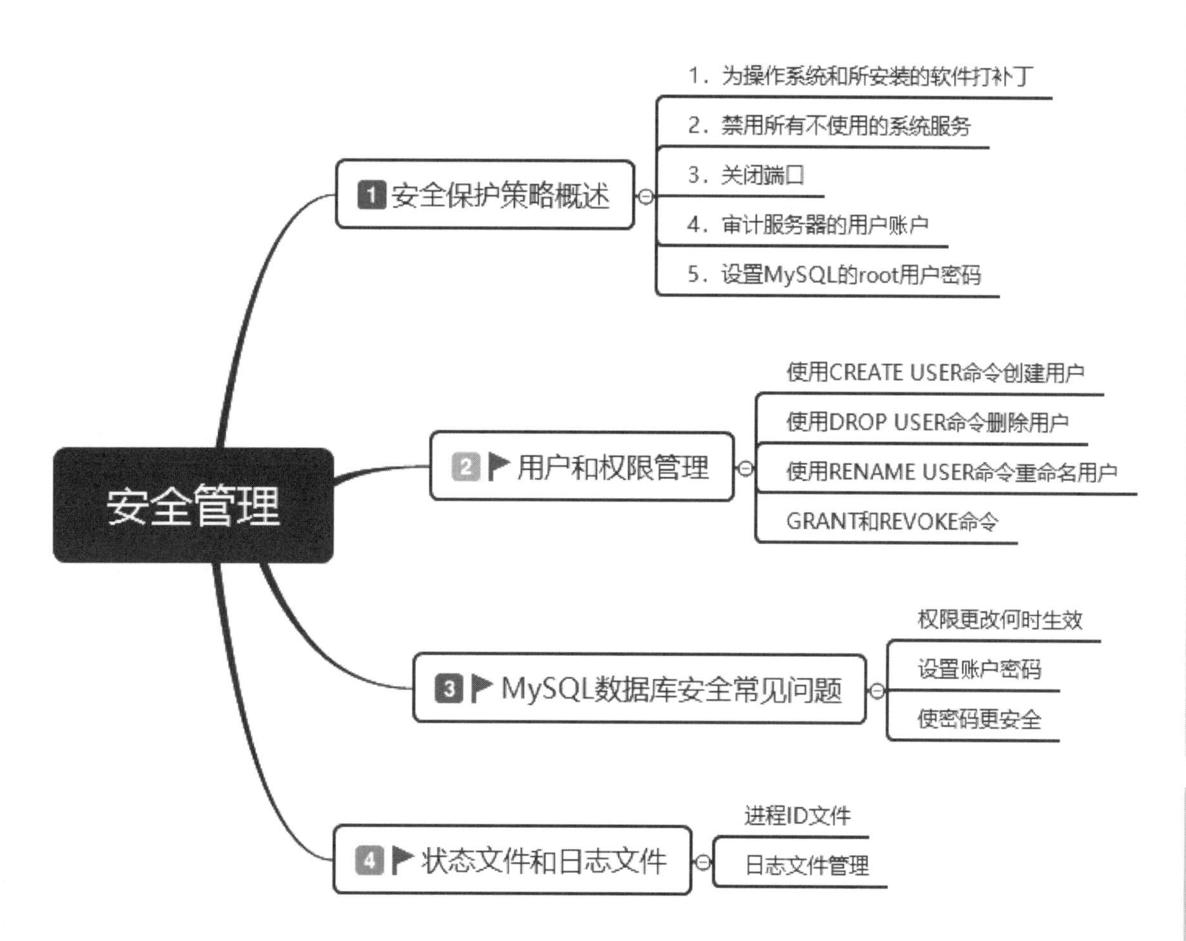
安全管理
1 安全保护策略概述
1．为操作系统和所安装的软件打补丁
2．禁用所有不使用的系统服务
3．关闭端口
4．审计服务器的用户账户
5．设置MySQL的root用户密码
2 用户和权限管理
使用CREATE USER命令创建用户
使用DROP USER命令删除用户
使用RENAME USER命令重命名用户
GRANT和REVOKE命令
3 MySQL数据库安全常见问题
权限更改何时生效
设置账户密码
使密码更安全
4 状态文件和日志文件
进程ID文件
日志文件管理

第 16 章

MySQL 系统管理

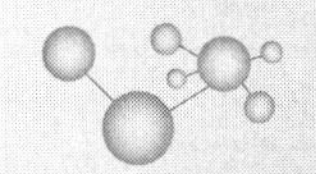

本章学习目标

- 掌握 MySQL 数据目录的位置
- 掌握服务器如何组织和管理数据库与数据表
- 了解服务器如何把数据库与数据表展现在用户面前
- 了解服务器生成的状态文件和日志文件以及这些文件的内容

16.1 MySQL 系统管理及安全问题

在各种数据库系统中，MySQL 是比较容易使用的，它的安装工作也不复杂。MySQL 具有易用性，即使不是计算机专家，你也能成功地运行一个 MySQL 数据库系统。为了让 MySQL 运行得平稳且有效率，就要好好对 MySQL 服务器进行管理。下面将详细介绍 MySQL 系统管理的一些常用知识。

16.1.1 管理职责概述

MySQL 数据库系统由多个组件构成。只有熟悉了这些组件和它们各自的用途，才会了解数据库系统管理工作的本质，才会选用正确的工具程序来帮助自己完成各项管理职责。应该熟知 MySQL 以下几个方面。

(1) MySQL 服务器

服务器程序 mysqld 是整个 MySQL 数据库系统的核心，所有的数据库和数据表操作都是由它来完成的。mysqld_safe 是一个用来启动、监控和（在出问题时）重新启动 mysqld 的相关程序（mysqld_safe 在 MySQL 4 之前的版本里叫做 safe_mysqld）。如果在同一台主机上运行了多个服务器，就需要用 mysqld_multi 程序来帮助自己管好它们。

(2) MySQL 客户程序和工具程序

有几个 MySQL 程序是用来与服务器进行通信的。就管理工作而言，最重要的是下面几个。

Mysql——这是一个用来把 SQL 语句发往服务器并让查看其结果的交互式程序。

Mysqladmin——这是一个用来完成关闭服务器或在服务器运行不正常时检查其运行状态等工作的管理性程序。

mysqlcheck、isamchk、myisamchk——这几个工具用来对数据表进行分析和优化。当数据表损坏时，还可以用它们来进行崩溃恢复工作。

mysqldump 和 mysqlhotcopy——用来备份数据库或者把数据库拷贝到另一个服务器的工具。

(3) 服务器的语言——SQL

有些管理工作可以只使用命令行工具程序 mysqladmin 完成，但如果能用服务器自己的语言与它“交谈”则效果更好。例如，想知道管理员为用户设置的权限为什么没有起到应有的作用，直接与服务器进行对话——用 mysql 客户程序发出 SQL 查询命令去检查权限表当然是最好的办法。如果用户的 MySQL 版本没有提供 GRANT 语句，mysql 程序还允许用直接修改权限表的办法设置各个用户的权限。

(4) MySQL 数据目录

数据目录是服务器用来保存数据库以及各种状态文件的地方。只有熟悉了数据目录的结构与内容，才能明白服务器是如何用文件系统来表示数据库和数据表的，才能知道各种状态文件（如日志文件）的存放位置及其内容，才能在数据目录所在的文件系统空间不足时，用最适当的手段去调整磁盘空间。

16.1.2 日常管理

日常管理的主要职责是对 MySQL 服务器程序 mysqld 的运行情况进行管理，使数据库用户能够顺利地访问 MySQL 服务器。下面是这项工作的主要职责。

（1）服务器的启动与关闭

这项内容主要包括：①从命令行以手动方式启动和关闭 MySQL 服务器；②安排 MySQL 服务器在系统的开机和关机过程中自动地启动和关闭；③在 MySQL 服务器崩溃或者非正常启动时把它恢复到正常的运行状态。

（2）对用户账户进行管理

这项内容主要包括：①了解 MySQL 用户账户与 UNIX 或 windows 注册账户之间的区别；②设置 MySQL 用户账户，限制用户只能从指定的机器上去连接 MySQL 服务器；③把正确的连接参数通知给新用户，使他们能顺利地连接上 MySQL 服务器，注意他们的工作是使用数据库而不是设置账户；④如果用户忘记了口令，还要知道怎么才能重新设置一个新口令。

（3）对日志文件进行管理

这项内容主要包括：①知道自己都能对哪些类型的日志文件进行管理；②在什么时候以及如何去进行管理；③制定并实施日志循环和失效机制，防止日志文件把文件系统的可用空间消耗殆尽。

（4）对数据库进行备份和搬迁

当系统发生崩溃时，对数据库的备份就显得尤为重要了。但是需要注意的是，数据库备份工作与普通意义上的系统备份工作（如用 UNIX 工具程序 dump 进行的备份工作）是有区别的。系统备份工作通常由系统管理员负责，他在备份工作开始之前不一定把 MySQL 服务器关闭掉。于是，在系统备份工作的进行过程中，可能会有某些数据表的内容因为 MySQL 服务器仍在对它们进行着读写而发生变化，用这样的备份来恢复系统，将导致那些数据表的内容发生错乱。

Mysqldump 程序生成的备份文件更适用于数据库恢复操作，而且它不要求必须在备份工作开始之前先关闭 MySQL 服务器。

数据库的搬迁指的是数据库从一个硬盘转移到另一个硬盘上去。当磁盘的可用空间所剩无几时或者当你想把某些数据库转移到另一台速度更快的主机上时，就需要对有关的数据库进行搬迁。这里要提醒大家注意这样一个问题：数据库文件依赖于具体的操作系统，所以数据库的搬迁操作不一定总能用简单的文件拷贝命令来完成。

（5）建立数据库镜像

如果把对数据库进行备份或者拷贝比喻为给数据库拍“照片”的话，建立数据库镜像就相当于给数据库拍“视频”了。建立数据库镜像需要同时运行两个数据库服务器并使它们构成主、从关系，这样对主服务器所管理的某个数据库所做的修改，将同步地（可能稍有延迟）反映在从服务器所管理的与之对应的数据库里。

（6）对服务器进行配置和优化

数据库用户都希望数据库服务器运行在最佳状态，而改善服务器性能的最简单方法是添置更多的内存和更高速的硬盘。对服务器的优化是非常必要的。对服务器的优化主要包括：①知道有哪些参数可以用来对服务器进行优化；②如何根据具体情况来进行这些优化。某些站点上的查询多为数据检索操作，而另一些站点上的查询却多为数据插入和修改操作；③对数据库服务器进行“本地化”配置（如设置适当的字符集和时区等）。

（7）同时运行多个服务器

在某些时候需要同时运行多个服务器，你或许是想对 MySQL 软件的一个新版本进行测试但又必须让现有的服务器保持运行，或许是想通过让不同的用户组去使用不同的服务器以便为各组用户提供更好的隐私保护机制。无论哪一种情况，都需要你掌握同时安装并启动多个 MySQL 服务器的技术。

（8）对 MySQL 软件进行升级

与其他软件产品一样，MySQL 也在不断地更新换代。不断更新能减少漏洞，增加新的功能。对软件的更新要注意以下几项：①知道如何对 MySQL 软件进行升级；②在哪些情况下不进行升级更合理；③如何在稳定版本和测试版本之间做出选择。

16.1.3 安全问题

无论由谁来负责 MySQL 服务器的管理工作，保证 MySQL 服务器的安全运行是必须的职责。对数据目录和服务器的访问情况进行控制是 MySQL 数据库管理员的重要职责之一。为了做好这项工作，必须知道如何完成以下工作。

（1）加强文件系统的安全性

UNIX 计算机往往有多个系统管理员账户，但对 MySQL 服务器进行管理却不是所有这些账户的职责之一。必须保证与 MySQL 服务器管理工作无关的 UNIX 系统管理员账户不具备访问 MySQL 数据目录的权限，让它们既不能拷贝或删除数据库文件，也不能读取 MySQL 日志文件里的敏感信息。这样，别人就无法在文件系统层次上盗取或者破坏数据库里的数据了。这一职责的具体内容包括：①建立一个专门用来运行 MySQL 服务器的 UNIX 用户账户；②把该用户设置为 MySQL 数据目录的属主；③在该用户的权限范围内启动 MySQL 服务器运行。

（2）加强 MySQL 服务器的安全性

这一职责的具体内容包括：①了解 MySQL 安全系统的工作原理；②为新建立的用户账户分配适当的权限。必须特别留意那些用网络来连接 MySQL 服务器的账户，分配给这类账户的权限绝不能超出它们在正常使用时所必需的权限等级。

16.1.4 数据库修复和维护

作为 MySQL 数据库管理员，都不希望遇上错误百出或者被人为破坏的数据表，这就要求采用措施降低这种风险，同时还要知道在意外发生时应该如何去应对，需要采取的措施包括以下几种。

（1）崩溃恢复

① 熟练掌握对 MySQL 数据表进行检查和修复的工具程序；②知道如何利用备份文件来恢复受损数据；③知道如何利用 MySQL 变更日志来恢复最近一次备份后又发生的数据修改操作。

（2）预防性维护

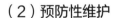

为了降低数据库出现故障或被破坏的可能性，应该提前制定出一份预防性的维护制度。备份工作也应该制度化，但预防性维护可以减少使用备份的机会。

16.2 数据目录

16.2.1 数据目录的位置

MySQL 数据目录的默认位置已经被编译到 MySQL 服务器程序里了。在 UNIX 系统上，这个默认位置通常是 /usr/local/mysql/var（如果是用一个源代码发行版本来安装 MySQL 的话）；如果从 RPM 文件安装，则为 /var/lib/mysql；如果从一个二进制分发安装，则是 /usr/local/mysql/data。在 Windows 系统上，默认的数据目录是 C：\mysql\data。

在启动服务器时，通过使用一个 --datadir=dir_name 选项可以明确指定数据目录位置。这在需要把 MySQL 数据目录安排到默认位置以外的某个地方时很有用。还有一种办法可以把 MySQL 数据目录安排到其他地方那就是把它列在 MySQL 服务器在启动时会读取的某个选项文件里。这样就不必在每次启动 MySQL 服务器时，都在命令行上写出其数据目录的路径了。

作为一名 MySQL 管理员，你应该知道你的数据目录在哪里。如果你运行多个服务器，你应该知道它们各自的数据目录在什么地方，但是如果你不知道确切的位置，可以用下面几种方法把它查出来。

① 使用 mysqladmin variables 从服务器直接获得数据目录路径名。查找 datadir 变量的值，在 Unix 上，其输出类似于：

```
%mysqladmin variables
+---------------------+---------------------+
| variable_name       | Value               |
+---------------------+---------------------+
….
| datadir             | /usr/local/mysql/var/ |
....
```

在 Windows 系统上，输出可能看上去像这样：

```
c:\>mysqladmin variables
+---------------------+---------------------+
| variable_name       | Value               |
+---------------------+---------------------+
….
| datadir             | c:\ mysql\data\     |
....
```

在 mysql 程序里，可以像下面这样来查知这个变量值：

```
mysql>SHOW VARIABLES LIKE 'datadir';
+---------------------+---------------------+
| variable_name       | Value               |
+---------------------+---------------------+
| datadir             |/usr/local/mysql/var/ |
+---------------------+---------------------+
```

如果有多个服务器在运行，它们将在不同的 TCP/IP 端口或套接字上监听，通过提供连接服务器正在监听的端口或套接字的 --port 或 --socket 选项，可以轮流获得它们每一个的数据目录信息，如下所示：

```
%msqladmin --host=127.0.01 --port=port_num  variables
```

在 UNIX 系统上，如果给出的 --host 选项值是 localhost，系统将使用一个 UNIX 套接字去连接 MySQL 服务器。如果是通过一个套接字文件来连接本地主机，请使用 --socket 选项，如下所示：

```
%mysqladmin --host=localhost  --socket=/path/to/socket variables
```

在基于 Windows NT 的系统上，可以使用“.”作为一条命名管道连接的主机名，也可用 --soket 选项来给出命令管道的名字，如下所示：

```
C: \>mysqladmin --host=. --socket=pipe_name  variables
```

无论何种平台，都可以通过 --host 选项来给出服务器主机名的办法，使用一条 TCP/IP 连接到运行在另一台主机上的远程 MySQL 服务器，如下所示：

```
%mysqladmin --host=host_name  variables
```

当需要连接到某个非默认端口时，还需要使用相应的 --port 选项给出具体的端口号。

② 在 UNIX 系统上，可以用 ps 命令查看当前执行的 mysqld 进程或其他进程的命令行。通过查找有关的 --datadir 选项值，能确定 MySQL 数据目录的位置。例如：使用的是 BSD 风格的 ps 命令：

```
%ps axww | grep mysql BSD风格
```

使用 System V 风格的 ps 命令：

```
%ps -ef | grep mysqld System V风格
```

如果系统里运行有多个 MySQL 服务器，ps 命令将特别有用，因为能一次查明多个 MySQL 数据目录的位置。这个办法的缺点是只能在服务器主机上执行 ps 命令，而且除非在 mysqld 命令行上明确地给出 --datadir 选项，否则 ps 命令的输出就不会有你想要的信息。

③ 查看服务器在启动时所读取的选项文件，例如，查看 UNIX 系统上的 /etc/my.cnf 文件或者 Windows 系统上的 C : \my.cnf 文件，通常可以在 [mysqld] 选项组里看到一个下面这样的 datadir 行：

```
[mysqld]
datadir=/path/to/data/directory
```

这里给出的路径名就是 MySQL 数据目录的位置。

④ MySQL 服务器的帮助信息里有一个在该服务器被编译时确定的数据目录默认位置。如果你在启动 MySQL 服务器时没有用另外一个路径来覆盖它的话，这个默认位置就应该是这个服务器在运行时实际使用的 MySQL 数据目录位置。下面这条命令可以查出 MySQL 数据目录的默认位置：

```
% mysqld --help
```

```
…
datadir  /usr/local/mysql/var/
…
```

⑤ 如果 MySQL 软件是用某个源代码发行版本安装的，可以通过检查其配置信息确定数据目录位置。例如，位置可从顶级 Makefile 中获得，但是应注意，位置是 Makefile 中的 localstatedir 值，不是 datadir，而且，如果源代码发行版本是被保存在一个 NFS 文件系统并用来为多个主机构建 MySQL，配置信息反映了分发被最新构建的主机，这可能不能提供你感兴趣的主机的数据目录信息。

⑥ 如果上面的方法都失败了，还可以通过使用 find 命令搜索数据库文件的办法来查明 MySQL 服务器的数据目录位置。下面这条命令将寻找 .frm（数据库定义）文件：

```
% find / -name "*.frm" -print
```

在 .frm 文件里存放着某 MySQL 服务器所管理的数据表的定义，也就是说，.frm 文件肯定是某个 MySQL 安装的组成部分。这些 .frm 文件通常都有一个相同的父目录，而这个父目录就应该是 MySQL 服务器的数据目录。

16.2.2 数据目录的结构

MySQL 数据目录收录着 MySQL 服务器所管理的全部数据库和数据表，这些文件被组织成一个树状结构，通过利用 Unix 或 Windows 文件系统的层次结构直接实现。

① 每个数据库对应数据目录下的一个目录。

② 同一个数据库里的数据表对应数据库目录中的各有关文件。

这种以目录和文件来实现数据库和数据表的层次化的做法有一个例外，即 InnoDB 数据表处理程序把所有数据库里的所有 InnoDB 数据表全部存放在同一个公共表空间里。这个表空间是用一个或者多个非常大的文件实现的，这些文件将被视为一个连接统一的数据结构，各 InnoDB 数据表的数据和索引都将存放在这个连接统一的数据结构中。在默认的情况下，InnoDB 表空间文件也都存放在 MySQL 数据目录里。

MySQL 数据目录还可能包含其他一些文件，例如：

① MySQL 服务器的选项文件 my.cnf。

② MySQL 服务器的进程 ID（PID）文件。

③ MySQL 服务器所生成的状态和日志文件。

④ 把 DES 密钥文件或服务器的 SSL 证书与密钥文件存放在 MySQL 数据目录也是常见的做法。

16.3 MySQL 服务器如何提供对数据的访问

在数据目录下的一切由一个单独的实体 MySQL 服务器 mysqld 管理，客户程序绝不直接操作数据。相反，服务器提供数据可访问的切入点，它是客户程序与它们想使用的数据之间的中介。

当服务器启动时，MySQL 服务器将根据命令行（或选项文件）的要求打开一些日志文件，然后通过监听网络连接为数据目录呈现一个网络接口。要访问数据，客户程序建立对服务器的一个连接，然后以 MySQL 查询传输请求来执行有关的操作。服务器执行每一个操作并将结果发回用户。服务器是多线程的并能服务多个同时的客户连接。然而，因为 MySQL 服务器每次只能执行一个修改操作，所以实际效果是顺序化请求，以使两个客户决不能在同一时刻改变同一记录。

在正常的情况下，让服务器作为数据库访问的唯一仲裁者提供了避免可从同时访问数据库表的多个进程的破坏的保证。管理员应该知道有时服务器没有对数据目录进行独裁控制。

① 当在一个单个数据目录上运行多个服务器时。一般来说，人们只会运行一个 MySQL 服务器来管理同一台主机上的所有数据库，但偶尔也会出现在同一台主机上运行了多个 MySQL 服务器的情况。如果这些服务器都有它们各自专用的数据目录，就不会出现彼此干扰的问题。但是，启动多个 MySQL 服务器并让它们都指向同一个数据目录的情况也并非不可能发生，这通常不是一个好方法。如果有必要，则需要系统具备良好的文件级锁定机制；否则，多个 MySQL 服务器就很难得到协调。如果允许多个 MySQL 服务器同时向同一组日志文件中写入数据，这些日志文件就会变成一个混乱之源。

② 当运行各种数据表修复工具程序时。有些工具程序（例如，用来对数据表进行维护、故障排除和修复的 isamchk 和 myisamchk 等）是直接在有关的数据表文件上进行操作的。因为它们会改变数据表的内容，所以如果在 MySQL 服务器正对某数据表进行存取的同时，使用这些工具程序去修改该数据表，就可能导致数据表被损坏。要想避免这类问题，最好的办法就是在运行任何一种数据表修复工具程序之前关闭 MySQL 服务器。如果做不到这一点，至少也要保证 MySQL 服务器不会在用户使用某个数据表修复工具程序的时候去访问有关的数据表。

16.4 MySQL 数据库 / 数据表在文件系统里的表示

16.4.1 MySQL 数据库在文件系统里的表示

MySQL 服务器所管理的每一个数据库都有它自己的数据库目录，这个数据库目录其实是 MySQL 数据目录中的一个子目录，这个子目录的名字与它代表的数据库名字相同。例如，对应于数据库 mydb 的数据库目录就是 DATADIR/my_db。这种表示方法使 MySQL 数据库系统中一些与数据库有关的语句实现起来相当简单。

例如，CREATE DATABASE db_name 命令将在 MySQL 数据目录里创建一个名为 db_name 的空目录。在 UNIX 系统上，新创建的目录的属主就是启动 MySQL 服务器时使用的登录账户，并且只能通过该登录账户去访问它。换而言之，CREATE DATABASE 命令相当于在使用那个账户登录到 MySQL 服务器主机上之后执行下列 shell 命令：

```
% cd DATADIR
% mkdir db_name
% chmod u=rwx, go-rwx db_name
```

用一个空目录来代表一个新数据库可以说是最简单的做法了。与此形成鲜明对照的是，在其他的数据库系统里，即使是创建一个“空的”数据库，也需要创建好几个控制文件或系统文件。

DROP DATABASE 语句实现同样简单。DROP DATABASE db_name 用于删除数据库中的 db_name 目录和所有表文件，这几乎与下列命令一样：

```
% cd DATADIR
% rm -rf DATADIR/db_name
```

也与下面这几条 Windows 命令效果几乎相同：

```
C: \>cd DATADIR
C: \>del /s db_name
```

DROP DATABASE 语句与 shell 命令之间的区别如下。

① 如果使用的是 DROP DATABASE 命令，MySQL 服务器仅通过查看有关文件的扩展名删除那些与数据表有关的文件。如果还在数据库目录里创建过其他文件，MySQL 服务器将保留这些文件，而且目录本身也不会被删除。

② InnoDB 数据表及其索引的内容都存放在 InnoDB 表空间里，而不是被存放为 MySQL 数据目录中的文件。如果某个数据库里包含着 InnoDB 数据表，就必须使用 DROP DATABASE 语句，才能让 InnoDB 处理程序从 InnoDB 表空间里把该数据表删掉，用 rm 或 del 命令删除数据库目录的方法对 InnoDB 数据表是无效的。

16.4.2 MySQL 数据表在文件系统里的表示

MySQL 支持以下几种针对不同数据表类型的处理程序：ISAM、MyISAM、MERGE、BOB、InnoDB 和 HEAP。MySQL 中的每一个数据表在磁盘上至少被表示为一个文件，即存放着该数据表的结构定义的 .frm 文件；大部分数据表类型还有其他几个用来存放数据行和索引信息的文件。这些文件会随着数据表类型的不同而变化。

（1）ISAM 数据表

MySQL 中最原始的数据表类型就是 ISAM 类型。在 MySQL 里，每个 ISAM 数据表用包含着该数据表的数据库目录里的三个文件来代表。这些文件的基本名与数据表的名字相同，扩展名则分别表明了有关文件的具体用途。例如：名为 mytb1 的 ISAM 数据表将被表示为以下三个文件。

mytb1.frm——定义文件，存放着该数据表的格式（结果）定义。

mytb.ISD——ISAM 数据文件，存放着该数据表中的各个数据行的内容。

mytb.ISM——ISAM 索引文件，存放着该数据表的全部索引的信息。

（2）MyISAM 数据表

MySQL3.23 版本引入了 MyISAM 数据表类型作为 ISAM 类型的后继者，MyISAM 数据表类型也要使用三个文件来代表一个数据表，这三个文件的扩展名分别是 .frm（结构定义文件）、.MYD（数据文件）和 .MYI（索引文件）。

（3）MERGE 数据表

MERGE 数据表其实是一个逻辑结构。它代表着由一组结构完全相同的 MyISAM 数据表所构成的集合；有关的查询命令将把它当做一个大数据表来对待。在数据库目录里，每一个 MERGE 数据表将被表示为一个 .frm 文件和一个 .MRG 文件，.MRG 文件其实就是一份由各

MyISAM 数据表的名单构成的 MERGE 数据表。

(4) BDB 数据表

BDB 处理程序用两个文件来代表每个数据表，其一是用来存放数据表结构定义的 .frm 文件，其二是用来存放数据表的数据和索引信息的 .db 文件。

(5) InnoDB 数据表

上述几种数据表类型都是用多个文件来表示一个数据表的。InnoDB 数据表与它们有所不同。与一个给定InnoDB数据表直接对应的文件只有一个，即数据表的.frm结构定义文件，这个文件存放在包含着数据表的数据库目录里。所有 InnoDB 数据表的数据和索引都被存放到同一个专用的表空间里进行统一管理。一般来说，这个表空间本身将被表示为 MySQL 数据目录里的一个或者多个大文件。构成表空间的这些文件将形成一个在逻辑上连续不断的存储区域，表空间的总长度等于各组成文件的长度之和。

(6) HEAP 数据表

HEAP 数据表是创建在内存中的数据表。因为 MySQL 服务器把 HEAP 数据表的数据和索引都存放在内存里而不是存放在硬盘上，所以除相应的 .frm 文件外，HEAP 数据表在文件系统里根本没有相应的代表文件。

16.5 SQL 语句如何映射为数据表文件操作

每一种数据表类型都要使用一个 .frm 文件来保存数据表的机构定义，所以，应用 SHOW TABLE my_name 命令所得到的输出结果，与列出数据库目录 db_name 中所有 .frm 文件基本名所得到的结果是相同的。有些数据库系统使用一个注册表来记录某数据库里的所有数据表，但 MySQL 没有这样做，因为系统不需要这样设置，MySQL 数据目录的层次结构已经把“注册表”隐藏在其中了。

16.5.1 创建数据表

要想创建一个 MySQL 所支持的任意类型的数据表，需要发出一条 CREATE TABLE 语句定义数据表的结构。无论采用哪一种数据表类型，MySQL 服务器都将创建一个 .frm 文件来保存数据表的结构定义的内部编码。MySQL 服务器还会根据指定数据表的具体类型创建出其他必要的文件。例如，它将为一个 MyISAM 数据表创建出一个 .MYD 数据文件和一个 .MYI 索引文件；为一个 BDB 数据表创建出一个 .db 数据 / 索引文件。对于 InnoDB 数据表，InnoDB 处理程序将在 InnoDB 表空间里为数据表初始化一些数据和索引信息。在 UNIX 系统上为新数据表而创建的各个文件的属主和存在模式将被设置为只允许用来运行 MySQL 服务器的账户进行访问。

16.5.2 更新数据表

当发出一条 ALTER TABLE tbl_name 语句时，MySQL 服务器将对有关数据表的 .frm 文件重新进行编码，以反映出这条语句所表明的结构性变化，还要对有关的数据文件和索引文件的内容进行相应的修改。CREATE INDEX 和 DROP INDEX 也是一样能引起类似的动作，因为 MySQL 服务器在内部是把它们当做等效的 ALTER TABLE 预计来处理的。改变 InnoDB 数据表的结构会引起 InnoDB 处理程序修改 InnoDB 表空间中数据表的数据，同时也对索引做出相应的修改。

16.5.3 删除数据表

DROP TABLE 语句是通过删除代表该数据表的各种有关文件而实现的。丢弃一个 InnoDB 数据表，将使数据表在 InnoDB 表空间里占用的空间被标注为“未使用”。

对于某些数据表类型，可以通过在相应的数据库目录里删除与数据表有关的各个文件的办法来手动地删除这个数据表，例如，假设 mydb 是当前数据库，mytb1 是一个 ISAM、MyISAM、BOB 或 MERGE 数据表，那么 DROP TABLE mytb1 语句就大致等效于下面这两条 UNIX 命令：

```
% cd DATADIR
% rm -f mydb/mytb1.*
```

也大致等效于下面这两条 Windows 命令：

```
C: \>cd DATADIR
C: \>del mydb\mytb1.*
```

对于 InnoDB 或 HEAP 数据表，因为它们的某些组成部分在文件系统里没有实体性的文件来代表，所以针对这两种数据表类型的 DROP TABLE 语句没有等效的文件系统级命令。例如，InnoDB 数据表在文件系统里只有一个相应的 .frm 文件，用文件系统级命令删除这个文件，将使该数据表在 InnoDB 表空间数据和索引成为“流离失所的孤儿”。

16.6 操作系统对数据库和数据表命名的限制

MySQL 对数据库和数据表的命名有其自己的一套命名规则，下面是命名中的几个要点。

① 名字可以由当前字符集中的字母和数字字符以及下划线（_）和美元符号（$）构成。

② 名字的最大长度是 64 个字符。

从 MySQL3.23.6 版本开始，其他字符也可以出现在名字里，但它们必须用反引号引起来。如果想把保留字用作数据列的名字，那么最好用反引号把它们引起来。但是，因为数据库和数据表的名字将被 MySQL 用作相应的目录和文件的基本文件名，所以数据库和数据表的名字往往还要遵守 MySQL 服务器在其运行的操作系统中的文件系统命名规则的限制。

① 只能用合法的文件名字符来给数据库和数据表命名。因为每种数据表类型在文件系统里至少都会被表示为一个 .frm 文件，所以各种数据表类型都要遵守这一规定。例如，按照 MySQL 的命令规则，数据库和数据表的名字里允许出现“$”字符，可如果操作系统不允许文件名里出现该字符，也就不能把它用在数据库目录或数据表名称中。在实际工作中，文件名中的“$”字符对 UNIX 或 Windows 本身都不构成问题，但它很有可能会让你在 shell 里直接使用这种名字来进行数据库管理操作时遇到大麻烦。例如：UNIX shell 大都把“$”字符当做一个特殊字符来使用，如果给数据库起的名字里带有这个字符（如 $mydb），那么，当在命令行上使用这个名字时，shell 就会把它解释为变量引用，如下所示：

```
% ls $mydb
mydb: Undefined variable.
```

如果遇到这种情况，就必须对这个“$”字符进行转义或者使用引号来抑制其特殊含义，如下所示：

```
% ls \$mydb
% ls'$mydb'
```

② 数据库或数据表的名字里不允许出现路径名分隔符，把它用引号引起来也不行。例如，UNIX 和 Windows 路径名的各组成部分分别用“/”和“\”来分割，所以这两个字符都不能出现在数据库和数据表的名称中。这两种平台上都不允许使用这两个字符的原因是为了便于把数据库和数据表从一个平台迁移到另一个平台去。例如：如果允许在 Windows 系统上的数据表名字里使用“/”字符，就不能把数据表迁移到 UNIX 系统上。

③ 虽然 MySQL 所允许的数据库和数据表名字的最大长度是 64 个字符，但名字的实际长度还要受到操作系统所允许的文件名长度不得超过 14 个字符的限制。对于这种情况，数据库名字的最大长度就是 14 个字符；而数据表名字的最大长度将是 10 个字符，因为必须为数据表文件名留出 4 个字符来容纳最末尾的一个句点和最多 3 个字符的扩展名。

④ 基本文件系统是否区分字母的大小写情况，这同样也会影响到用户对数据库和数据表的命名。如果文件系统区分字母的大小写情况（UNIX 就是一个典型），mytb1 和 MYTBL 这两个名字就将代表不同的数据表。如果文件系统不区分字母的大小写（如 windows 或 Mac OS X 的 HFS+ 文件系统），mytb1 和 MYTBL 就将被视为同一个数据表。当在区分文件名中的字母大小写情况的服务器上，开发一个有可能会在今后被迁移到不区分文件名中的字母大小写情况的服务器上去的数据库时，请一定要注意这一点。处理字母大小写问题的办法之一是固定使用大写或者小写字母来命名数据库和数据表。办法之二是把 MySQL 服务器变量 lower_case_table_names 设置为 1，这将产生两个效果：

在创建有关的磁盘文件之前，MySQL 服务器会把数据表的名字转换为小写字母。

当在查询命名中引用某个数据表时，MySQL 服务器会在磁盘上寻找有关文件之前把它们的名字转换为小写字母。

这两个效果结合起来就是不再把数据库和数据表的名字按区分字母大小写情况的做法来处理。但大家在使用服务器变量 lower_case_table_names 时，还应该注意这样两个问题：第一，在 MySQL4.0.2 版本之前，这个办法只适用于数据表的名字，不适用于数据库的名字；第二，必须在开始创建数据库或数据表之前激活这个变量，而不是在之后激活该变量。如果在创建包含有大写字母的名字之后才想起要设置这个变量，是不能达到预期效果，因为包含着大写字母的名字已经被保存到磁盘中。为了避免今后有此类问题发生，应该在激活这个变量之前，将数据库或数据表中含有大写字母的名字全部改成小写字母的名称。

16.7 MySQL 状态文件和日志文件

除数据库目录外，MySQL 数据目录里还包含许多状态文件和日志文件，如表 16.1 所示。这些文件默认存放位置是相应的 MySQL 服务器的数据目录，其默认文件名是在服务器主机名上增加一些后缀而得到的。

表 16.1　MySQL 的状态文件和日志文件

文件类型	默认名	文件内容
进程 ID 文件	HOSTNAME.pid	MySQL 服务器进程的 ID
常规查询日志	HOSTNAME.log	连接/断开连接时间和查询信息
慢查询日志	HOSTNAME-slow.log	耗时很长的查询命令的文本
变更日志	HOSTNAME.nnn	创建/变更了数据表的结构定义或者修改了数据表内容的查询命令的文本
二进制变更日志	HOSTNAME-bin.nnn	创建/变更了数据表的结构定义或者修改了数据表内容的查询命令的二进制表示法
二进制变更日志的索引文件	HOSTNAME-bin.index	使用中的“二进制变更日志文件”的清单
错误日志	HOSTNAME.err	“启动/关机”事件和异常情况

（1）进程 ID 文件

MySQL 服务器会在启动时把自己的进程 ID 写入 PID 文件，等运行结束时又会删除该文件。PID 文件是允许服务器本身被其他进程找到的工具。例如，运行 mysql.server，在系统关闭时，关闭 MySQL 服务器的脚本检查 PID 文件，以决定它需要向哪个进程发出一个终止信号。

（2）MySQL 日志文件

MySQL 能够维护多个不同的日志文件。大多数日志功能都是可选的，不仅可以在启动 MySQL 服务器时，利用各种启动选项来激活日志（对不常用的日志可以不启用），还可以指定日志文件的名字。

① 常规日志记录服务器操作的综合性信息，以及哪些人正从哪些地方试图连接 MySQL 服务器、他们发出哪些查询命令等。

② 变更日志记录查询命令信息，但它只记录那些对数据库内容做出可修改的查询命令。变更日志的内容是一些 SQL 语句，可以把这些语句提供给 mysql 客户程序作为输入以执行。

③ 二进制变更日志与变更日志作用相同，但其内容是用效率更高的二进制格式写出来的。附属的二进制日志索引文件列出了 MySQL 服务器当前正在维护着哪些二进制日志文件。

变更日志和二进制变更日志主要用于 MySQL 数据库系统的崩溃恢复工作中，在发生系统崩溃后，先用备份文件把数据库恢复到当初进行备份时的状态，再把变更日志或二进制变更日志的内容写入 MySQL 服务器，让它再次执行日志中记载的各种修改操作，把数据库恢复到崩溃发生时所处的状态。

例如：下面的日志记录了在 test 数据库中创建一个 my_tabl 表，插入一行数据，然后删除表的会话：

```
990509 7:37:09      492 Connect    Paul@localhost on test
                     492 Query      CREATE TABLE my_tbl (val INT)
                     492 Query      INSERT INTO my_tbl values (1)
                     492 Query      DROP TABLE my_tbl
                     492 Quit
```

常规日志中的信息由以下几项内容组成：日期 / 时间、服务器线程（连接）ID、事情的类型、事情的具体信息。如果后一事件与前一事件的发生日期 / 时间相同，则后一事件在常规日志中的记录项将省略日期 / 时间字段。

同一个会话出现在更新日志中看上去如下所示：

```
use test;
CREATE TABLE my_tbl (val int);
INSERT INTO my_tbl VALUES(1);
DROP TABLE my_tbl;
```

④ 对更新日志，用 --log-long-format 选项获得一个扩展形式的日志，扩展日志提供有关谁何时发出每一条查询，这将使用更多的磁盘空间，但如果你想知道谁在做什么，而不用将更新日志对照一般日志的内容找到连接事件。对上面的会话，扩展更新日志产生这样的信息：

```
# Time: 990507 7:32:42
# User@Host: paul [paul] @ localhost []
use test;
CREATE TABLE my_tbl (val int);
# User@Host: paul [paul] @ localhost []
INSERT INTO my_tbl VALUES(1);
# Time: 990507 7:32:43
# User@Host: paul [paul] @ localhost []
DROP TABLE my_tbl;
```

说明：

新增加的记载内容都写在了以“#”字符开头的行上。这样，当把变更日志馈入 mysql 客户程序以传递给 MySQL 服务器去执行时，它们将被解释为注释。

⑤ 错误日志记载着 MySQL 服务器在发生异常情况时生成的诊断信息。如果 MySQL 服务器启动失败或意外退出，通常可以从这个日志里了解到其原因。

日志文件的尺寸有可能变得非常大，一定要保证它们不至于填满文件系统。可以定期使一些日志文件失效，以保证它们使用的空间总量不会超过一定的界限。

因为日志文件中记载的查询命令里可能会有口令之类的敏感信息，所以应该注意加强日志文件的安全保护工作，避免它们遭受意外破坏或者被无关用户读取。例如，下列日志项里就用 root 用户的口令，这一定不是想让任何人都看到的信息：

```
990509 7:23:31     4 Query UPDATE user SET
 Password=PASSWORD("secret")
                    WHERE user="root"
```

在默认的情况下，日志将被写到 MySQL 数据目录里，所以加强日志文件的安全保护工作的主要措施之一就是不让 MySQL 管理员的登录账户进入并看到 MySQL 数据目录里的内容。

本章知识思维导图

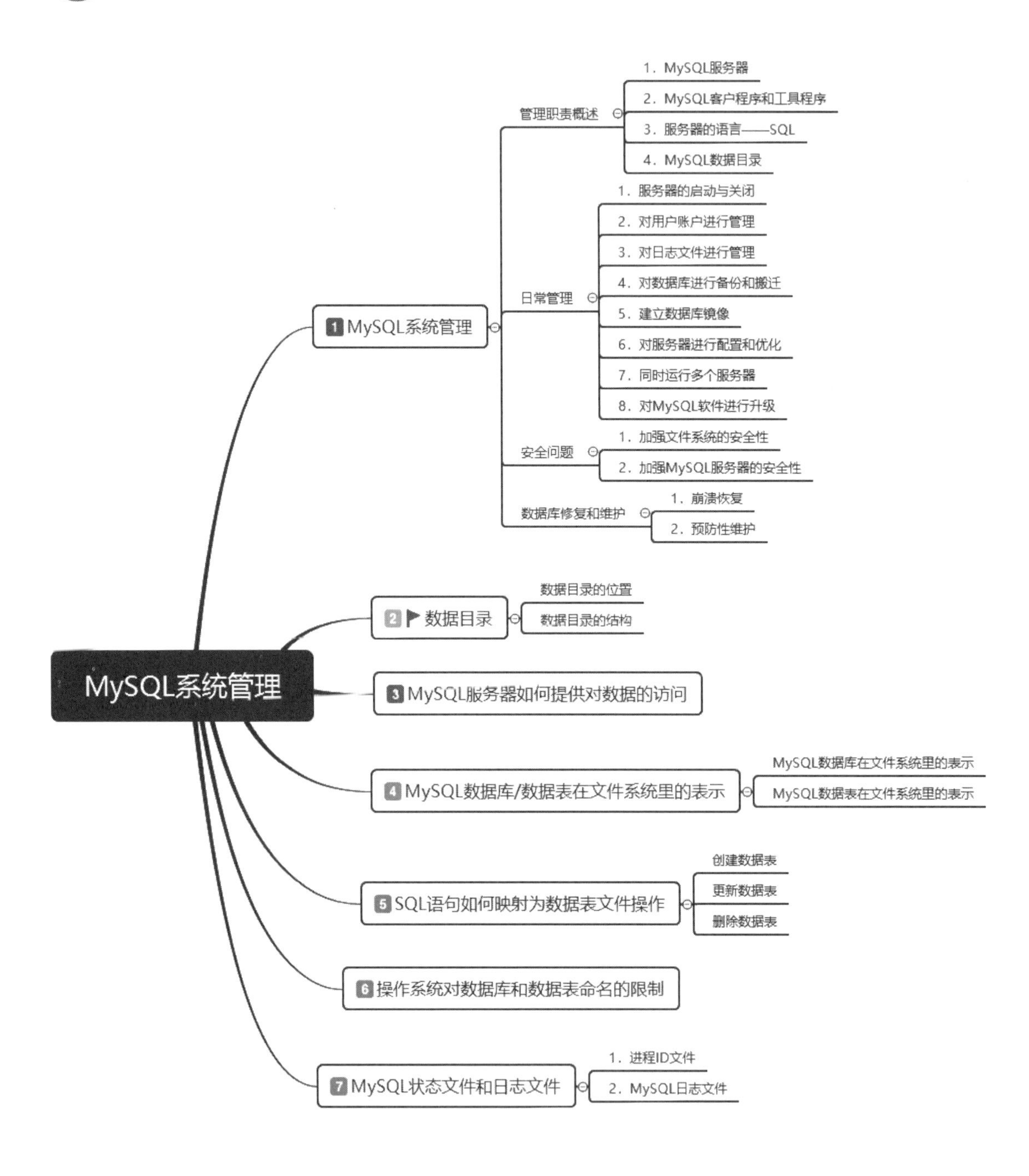
MySQL系统管理
1 MySQL系统管理
管理职责概述
1. MySQL服务器
2. MySQL客户程序和工具程序
3. 服务器的语言——SQL
4. MySQL数据目录
日常管理
1. 服务器的启动与关闭
2. 对用户账户进行管理
3. 对日志文件进行管理
4. 对数据库进行备份和搬迁
5. 建立数据库镜像
6. 对服务器进行配置和优化
7. 同时运行多个服务器
8. 对MySQL软件进行升级
安全问题
1. 加强文件系统的安全性
2. 加强MySQL服务器的安全性
数据库修复和维护
1. 崩溃恢复
2. 预防性维护
2 数据目录
数据目录的位置
数据目录的结构
3 MySQL服务器如何提供对数据的访问
4 MySQL数据库/数据表在文件系统里的表示
MySQL数据库在文件系统里的表示
MySQL数据表在文件系统里的表示
5 SQL语句如何映射为数据表文件操作
创建数据表
更新数据表
删除数据表
6 操作系统对数据库和数据表命名的限制
7 MySQL状态文件和日志文件
1. 进程ID文件
2. MySQL日志文件

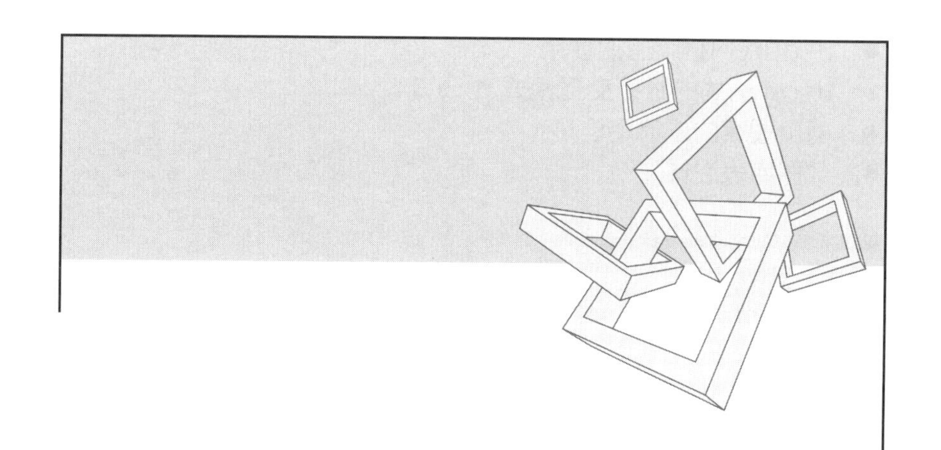

第4篇

项目实战篇

第 17 章

基于 Java+MySQL 的看店宝（京东版）

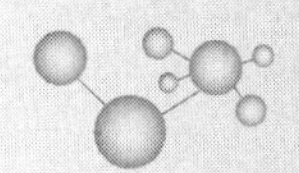

本章学习目标

- 使用 Java 技术作为网页服务器
- 数据库设计
- Jsoup 网络爬虫的使用
- Json 格式的数据交互模式
- 网页图表的设计
- 数据库表设计

说到爬虫技术，很多人第一个想到的是 Python 语言，其实 Java 语言也有比较完善的爬虫技术。本章将以 Java 爬虫技术为基础开发一个包含抓取数据、加工数据和展示结果为一体的 Web 程序——看店宝系统。通过本系统示例，重点熟悉爬虫插件、前台与后台数据库交互的使用开发过程，掌握 Java 语言在实际项目开发中的综合应用。

17.1 需求分析

电商平台上的商品价格不是固定的，电商活动、供应商调价都会影响商品的实时价格。一些企业和个人对电商平台的商品价格比较关心，因为从这些浮动的价格可以分析出商品销量的淡季、旺季。淡季时可以买入，旺季时可以大量发售。

因此需要一个可以自动抓取商品价格等信息程序，将抓取到的数据自动保存在数据库中，最后分析数据库中的所有记录，通过图表展示分析结果。本系统以京东图书为例，抓取图书信息并记录图书价格数据，展示价格走势和用户评价等数据。

17.2 系统设计

17.2.1 系统目标

本系统属于小型的爬虫和报表系统。通过本系统可以达到以下目标。

- 系统自动抓取网络数据，并保存至数据库。
- 可以抓取销量排行榜的前 100 本图书和热评排行榜的前 100 本图书。
- 系统提供“关注图书”功能，用户可选择关注排行榜中的图书，也可以取消图书的关注状态。
- 可以抓取对应图书的最新差评和最新中评。
- 将关注图书的历史价格数据以饼图的方式展示。
- 将关注图书的出版社分布以柱图的方式展示。
- 将关注图书的好评比率以饼图的方式展示。

17.2.2 构建开发环境

- 系统开发平台：Eclipse Java EE IDE for Web Developers。
- 系统开发语言：Java。
- 数据库管理软件：MySQL 8.0。
- 运行平台：Windows 7（SP1）/ Windows 8/Windows 8.1/Windows 10。
- 运行环境：JDK 11。

17.2.3 系统功能结构

看店宝系统是一个典型 MVC 框架的网页程序。MVC 的全称为 Model View Controller，即模型、视图、控制器。下面分别介绍这三种结构的对应功能。

- Model（模型）

Model 层包含持久层接口设计、数据库模型设计。

数据库采用 DAO 作为持久层接口，所有处理后台数据库的方法均在 DAO 中定义，DaoImpl 类做 DAO 的实现类实现这些方法。MysqlDBUtil 类是链接数据库的工具类，数据库的 IP、端口、账号和密码均在此类中定义。

数据库模型设计参照 JavaBean 的打包标准，所有前台数据都会打包成数据库模型类。

- View（视图）

View 层包含所有的前台页面，包含网首页、图书排行页面、营销预警页面、图表分析页面和我的关注页面。页面还包括嵌套网页头和网页尾。

- Controller（控制器）

Controller 层是本系统的核心。在这一层中包括所有页面的跳转服务，同时还提供爬虫服务和数据加工服务。

看店宝系统功能结构如图 17.1 所示。

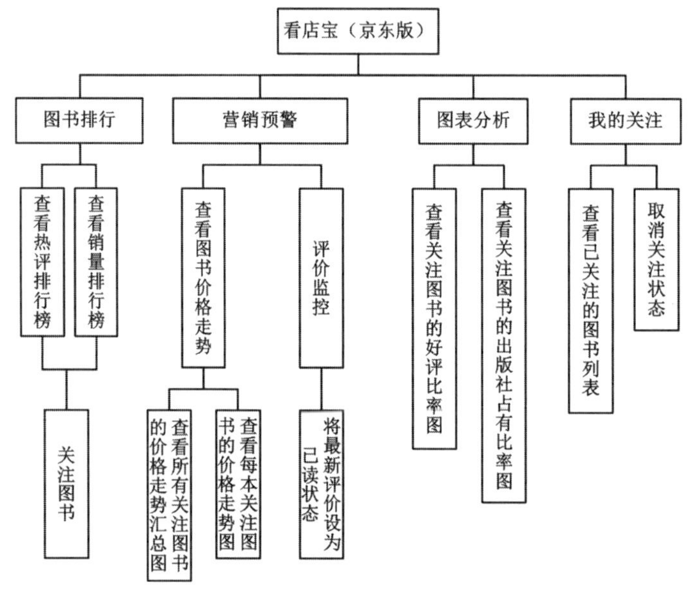

图 17.1　看店宝系统功能结构

17.2.4　业务流程图

看店宝系统的业务流程图如图 17.2 所示。

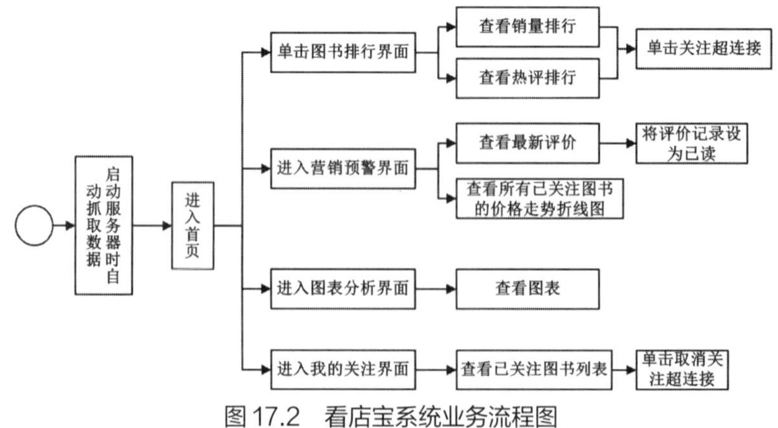

图 17.2　看店宝系统业务流程图

17.2.5 系统预览

看店宝（京东版）系统界面如图 17.3 ～图 17.11 所示。

图 17.3 首页

销售排行榜　　2019-01-31数据

热评排行榜

排名	书名	出版社	京东价	原价	
1	Word Excel PPT应用与技巧大全	中国水利水电出版社	69.80	69.80	关注
2	Python编程从零基础到项目实战（微课视频版）	中国水利水电出版社	79.80	79.80	关注
3	Python编程 从入门到实践	人民邮电出版社	71.00	89.00	已关注
4	数学之美（第二版）	人民邮电出版社	39.10	49.00	关注
5	PPT设计思维：教你又好又快搞定幻灯片	电子工业出版社	59.00	59.00	关注
6	Python从入门到项目实践（全彩版）	吉林大学出版社	72.40	99.80	关注
7	零基础学Python（全彩版）	吉林大学出版社	57.90	79.80	已关注
8	机器学习【首届京东文学奖-年度新锐入围作品】	清华大学出版社	77.00	88.00	已关注
9	C++ Primer Plus（第6版 中文版）	人民邮电出版社	79.00	99.00	已关注
10	深度学习	人民邮电出版社	134.00	168.00	关注
11	从零开始学架构：照着做，你也能成为架构师	电子工业出版社	99.00	99.00	关注
12	Excel 高效数据处理分析 效率是这样炼成的！	中国水利水电出版社	59.80	59.80	关注
13	SQL即查即用 （全彩版）	吉林大学出版社	36.10	49.80	关注
14	一图抵万言 从Excel数据到分析结果可视化	中国水利水电出版社	49.80	49.80	关注
15	Word Excel PPT 2016办公应用从入门到精通（附光盘）	人民邮电出版社	39.10	49.00	关注

图 17.4 销量排行榜页面

销售排行榜　　2019-01-31数据

热评排行榜

排名	书名	出版社	京东价	原价	
1	深入理解Java虚拟机：JVM高级特性与最佳实践（第2版）	机械工业出版社	65.20	79.00	已关注
2	架构即未来：现代企业可扩展的Web架构、流程和组织（原书第2版）	机械工业出版社	81.70	99.00	关注
3	鸟哥的Linux私房菜（基础学习篇 第三版）	人民邮电出版社	70.20	88.00	关注
4	鸟哥的Linux私房菜：服务器架设篇（第三版）	机械工业出版社	89.10	108.00	关注
5	数学之美（第二版）	人民邮电出版社	39.10	49.00	关注
6	C Primer Plus 第6版 中文版	人民邮电出版社	71.00	89.00	关注
7	C Primer Plus（第5版 中文版）	人民邮电出版社	47.90	60.00	关注
8	锋利的jQuery（第2版）	人民邮电出版社	39.10	49.00	关注
9	JavaScript DOM编程艺术（第2版）	人民邮电出版社	39.10	49.00	关注
10	Java从入门到精通（第4版 附光盘）	清华大学出版社	59.20	69.60	关注
11	机器学习【首届京东文学奖-年度新锐入围作品】	清华大学出版社	77.00	88.00	已关注
12	人工智能：一种现代的方法（第3版 影印版）	清华大学出版社	138.30	158.00	关注
13	视觉机器学习20讲	清华大学出版社	41.70	49.00	关注
14	Word Excel PPT 2010办公应用从入门到精通（附DVD光盘1张）	人民邮电出版社	39.10	49.00	关注
15	Python基础教程（第2版 修订版）	人民邮电出版社	64.50	79.00	关注

图 17.5　热评排行榜

序号	书名	出版社	京东价	原价	操作
1	Python编程 从入门到实践	人民邮电出版社	71.00	89.00	取消关注
2	零基础学Java（全彩版）（附光盘小白手册）	吉林大学出版社	50.60	69.80	取消关注
3	Java项目开发实战入门（全彩版）	吉林大学出版社	37.40	59.80	取消关注
4	深入理解Java虚拟机：JVM高级特性与最佳实践（第2版）	机械工业出版社	65.20	79.00	取消关注
5	零基础学Python（全彩版）	吉林大学出版社	57.90	79.80	取消关注
6	机器学习【首届京东文学奖 年度新锐入围作品】	清华大学出版社	77.00	88.00	取消关注
7	零基础学C语言（全彩版 附光盘小白手册）	吉林大学出版社	50.60	69.80	取消关注
8	C++ Primer Plus（第6版 中文版）	人民邮电出版社	79.00	99.00	取消关注
9	百面机器学习 算法工程师带你去面试	人民邮电出版社	71.00	89.00	取消关注

图 17.6　我的关注

评论监控

图书价格走势

书名	最新中评	最新差评	操作
Python编程从入门到实践	无	无	
零基础学Java（全彩版）（附光盘小白手册）	挺好	这并不是一本面向新手的入门书籍。至少不可能零基础学好。通过一段时间的阅读，发现它是我买过最差的语言入门书籍。我学过c和Python，书中对每一个关键词和知识点都会有详尽的讲解，并能保证给出的例子你都能分析出没一行的作用。但是这本书很是奇葩，首先是一个e学码，你非得一边看书一边看手机一边写代码才行，有这功夫，上维基百科上查的岂不是更详细？很多代码和关键词通篇都没有解释，一个new，出现了几十次都没个用法说明，到后面直接注释一个“构造方法”，什么是构造？除了new还有其他关键字能够实现这个功能么？new还能做什么？这些答案你或许得上维基百科或者~百科上寻找答案了。这本书对新手来说相当不友好，不推荐作为入门书籍，如果有学过类JAVA语言还是可以的，上面实例很多，只要有一定的编程基础，配合网络来学习还是不错的（有这功夫何不换一本很好的？）。这本书只有420页不到，但是内容却多得吓人，可见对新手的引导作用不过杯水车薪。	已读
Java项目开发实战入门（全彩版）	一套买的，还没有看呢。	DV影碟是空白，播放不了……里面什么内容都没有……就是冲着影碟去的……差评……	已读

图 17.7　评价监控

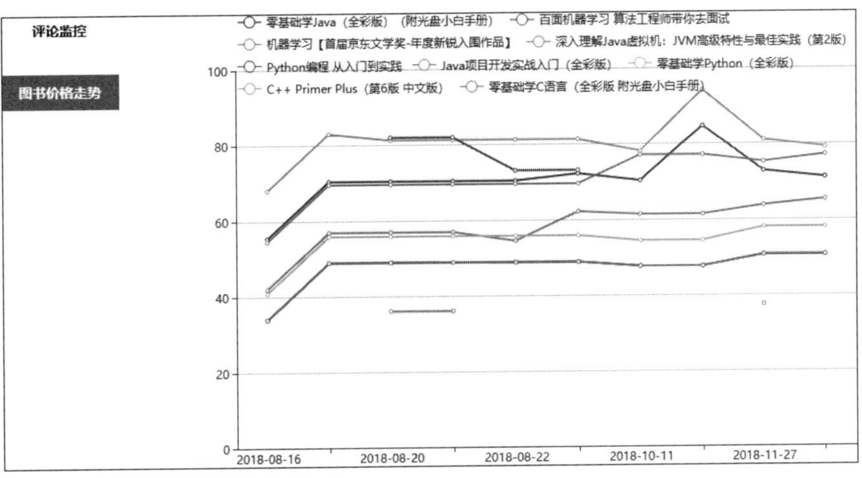

图 17.8　总体价格走势

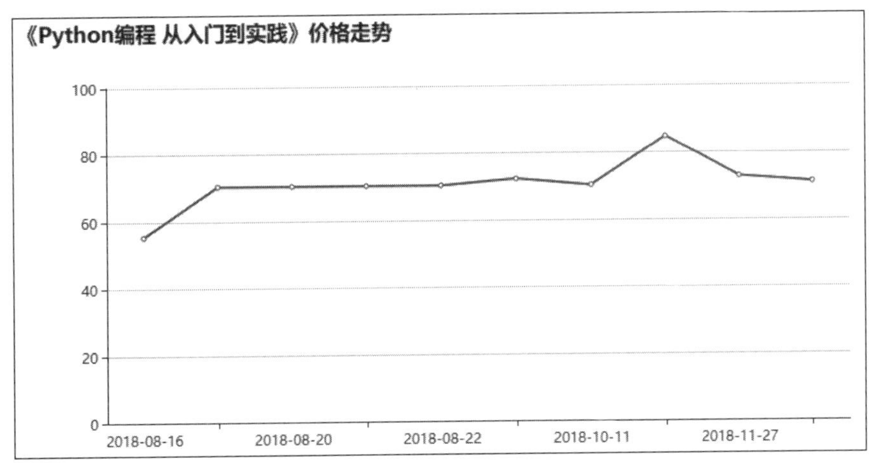

图 17.9　单本图书的价格走势

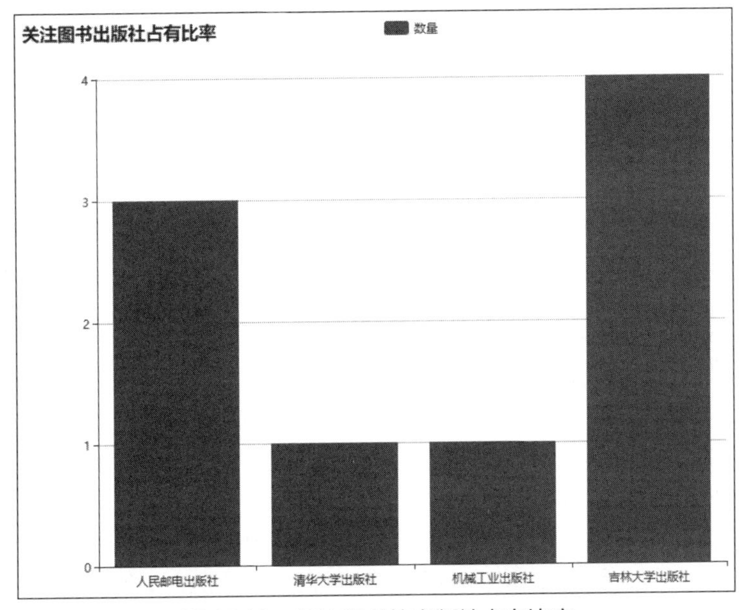

图 17.10　关注图书的出版社占有比率

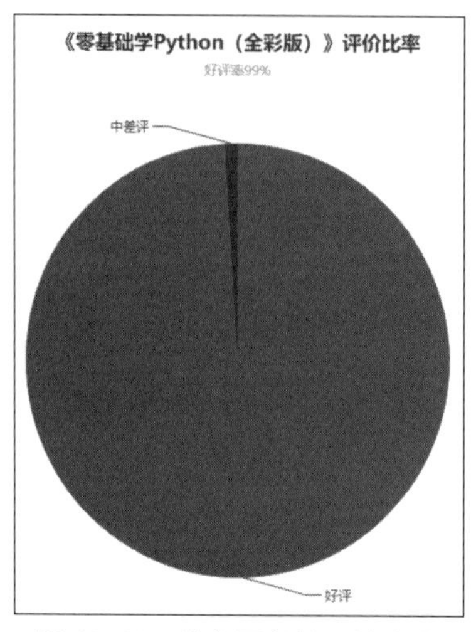

图 17.11　单本图书的评价比率

17.3　数据库设计

一个成功的项目是由 50% 的业务 +50% 的软件所组成，而 50% 的成功软件又是由 25% 的数据库 +25% 的程序所组成，因此，数据库设计的好坏是非常重要的一环。看店宝系统采用 MySQL 数据库，名称为 db_books，其中包含 6 张数据表。下面分别给出数据库概要说明、数据库 E-R 图分析及主要数据表的结构。

17.3.1　数据库概要说明

从读者角度出发，为了使读者对本网站数据库中的数据表有更清晰的认识，我们在此设计了数据表树形结构图，如图 17.12 所示，其中包含对系统中所有数据表的相关描述。

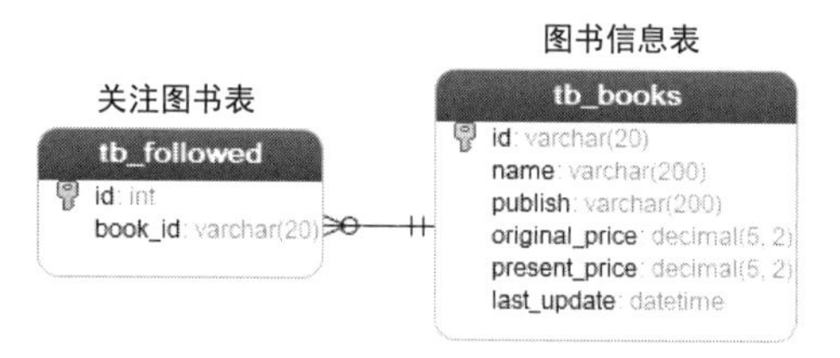

图 17.12　数据表树形结构

17.3.2　数据库 E-R 图分析

通过对系统进行的需求分析、业务流程设计以及系统功能结构的确定，规划出系统中使用的数据库实体对象及实体 E-R 图。

看店宝系统的主要功能是抓取电商平台上的图书数据，因为图书数量太多，所以只抓取排行榜前 100 本的图书，因此在保存排行榜信息时，应规划好排行榜实体，只保留关键数据。排行榜实体主要包括排行榜类型、排行日期、图书编号、图书排名。

排行榜实体 E-R 图如图 17.13 所示。

排行榜不仅会列出图书的名称和排名，还会列出图书的原价、现价、出版社等信息，这些图书信息都要保存到数据库中，所以也应该规划好相应的实体。图书信息实体 E-R 图如图 17.14 所示。

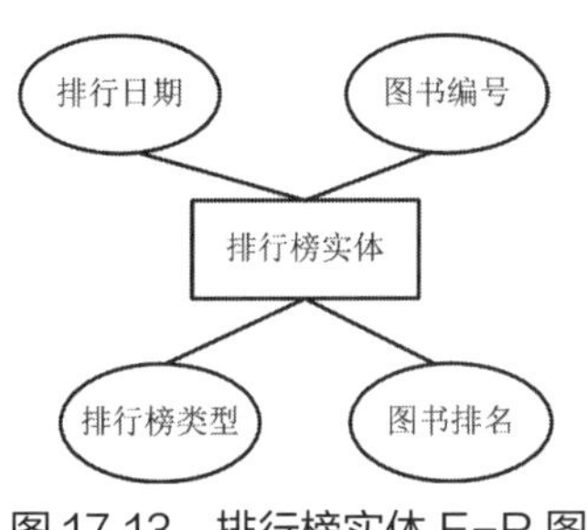

图 17.13　排行榜实体 E-R 图

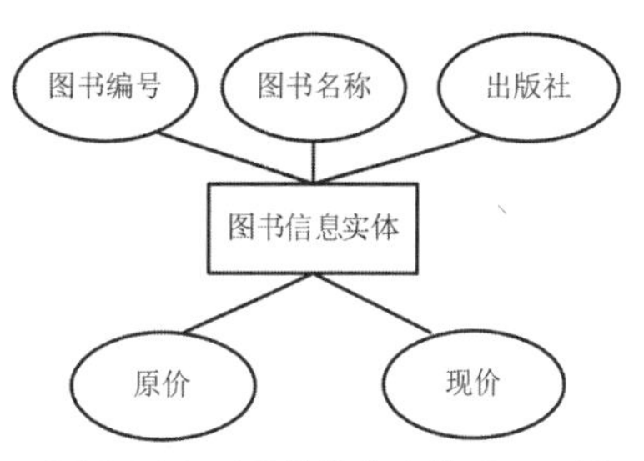

图 17.14　图书信息实体 E-R 图

系统还会抓取每本图书最新的中评和差评，用户评价的内容和一些用户资料都要保存到数据库表中，所以评价信息也应该规划好相应的实体。用户评价信息实体 E-R 图如图 17.15 所示。

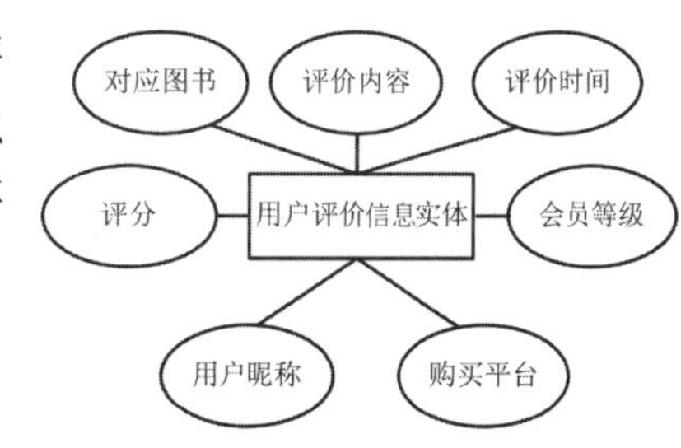

图 17.15　用户评价信息实体 E-R 图

17.3.3　数据表结构

根据设计好的 E-R 图在数据库中创建数据表，下面给出比较重要的数据表结构，其他数据表结构可参见本书附带的光盘。

（1）tb_books（图书信息表）

图书信息表用于记录图书的基本信息，该表的结构如表 17.1 所示。

表 17.1　图书信息表

字段名称	数据类型	字段大小	说明
id	varchar	20	图书编号
name	varchar	200	图书名称
publish	varchar	200	出版社
original_price	decimal	(5,2)	原价
present_price	decimal	(5,2)	现价
last_update	datetime	0	最后更新日期

（2）tb_book_price（图书历史价格表）

图书历史价格表用于记录各时期抓取到的图示价格信息，该表的结构如表 17.2 所示。

表 17.2　图书历史价格表

字段名称	数据类型	字段大小	说明
id	int	11	价格编号
book_id	varchar	20	图书编号
present_price	decimal	(5,2)	现价
last_update	date	0	最后更新日期

（3）tb_comments（用户评价信息表）

用户评价信息表用于记录关注图书最新的中评、差评信息，该表的结构如表 17.3 所示。

表 17.3　用户评价信息表

字段名称	数据类型	字段大小	说明
id	int	11	评价编号
book_id	varchar	20	图书编号
content	varchar	5000	评价内容
create_time	datetime	0	评价时间
nickname	varchar	50	昵称
user_client_show	varchar	100	购买平台
user_level_name	varchar	20	会员等级
score	int	11	评级

（4）tb_followed（关注图书表）

关注图书表用于记录用户关注的图书列表，该表的结构如表 17.4 所示。

表 17.4　关注图书表

字段名称	数据类型	字段大小	说明
id	int	11	评价编号
book_id	varchar	20	图书编号

（5）tb_ranking_list（排行榜明细表）

排行榜明细表用于记录抓取到的各种图书排行榜列表数据，该表的结构如表 17.5 所示。

表 17.5　排行榜明细表

字段名称	数据类型	字段大小	说明
id	int	11	明细编号
book_id	int	11	图书编号
ranking_index	int	11	图书排名
date	date	0	排行榜所属日期
ranking_type	int	11	排行榜类型

（6）tb_ranking_type（排行榜类型表）

排行榜类型表用于存储排行榜类型，该表的结构如表 17.6 所示。

表 17.6　排行榜类型表

字段名称	数据类型	字段大小	说明
id	int	11	类型编号
Name	varchar	20	类型名称

17.4　技术准备

17.4.1　Servlet 3.0 服务

创建 Servlet 的方法十分简单，主要有两种创建方法：第一种方法为创建一个普通的

Java 类，使这个类继承 HttpServlet 类，再注册 Servlet 对象，可以通过用 @WebServlet 注解声明的方式实现，也可以通过配置 web.xml 文件的方式实现。此方法操作比较烦琐，在快速开发中通常不被采纳，而是使用第二种方法——直接通过 IDE 集成开发工具进行创建。

使用集成开发工具创建 Servlet 非常方便，下面以 Eclipse 为例介绍 Servlet 的创建过程，其他开发工具大同小异。

① 在项目中包的位置上使用鼠标右键单击，依次选择“new”-“Other”选项，在打开的“New”窗体中选择“Web”标签下的“Servlet”选项，并单击“Next”按钮，如图 17.16 所示。

② 打开创建 Servlet 的窗口后，首先输入新建的 Servlet 类名，单击“Next”按钮，如图 17.17 所示。

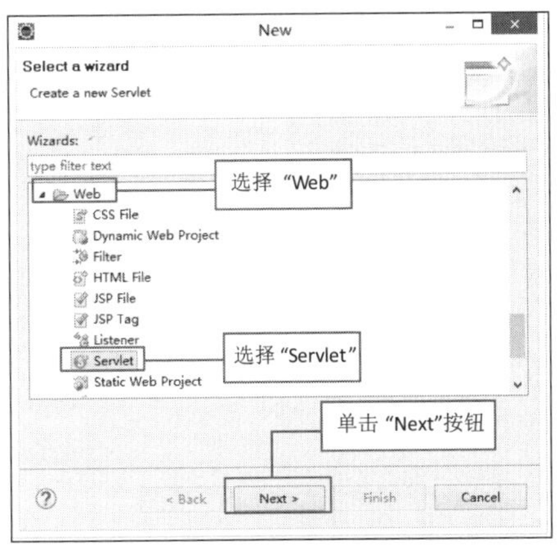

图 17.16　创建 Servlet 文件

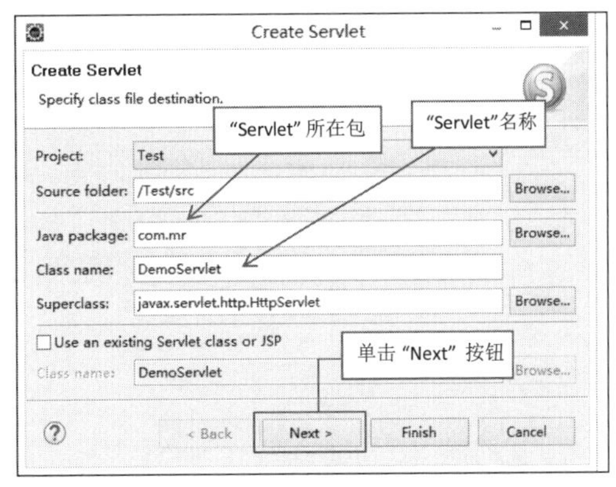

图 17.17　填写 Servlet 名称

③ 在设置 Servlet 映射路径的面板中，保持默认设置不变，直接单击“Next”按钮，如图 17.18 所示。

④ 最后一步可以选择生成 Servlet 文件时自动创建的内容，打开 Servlet 配置对话框，读者可以根据自己的需求进行选择，或保持默认设置不变。单击“Finish”按钮，完成 Servlet 的创建，如图 17.19 所示。

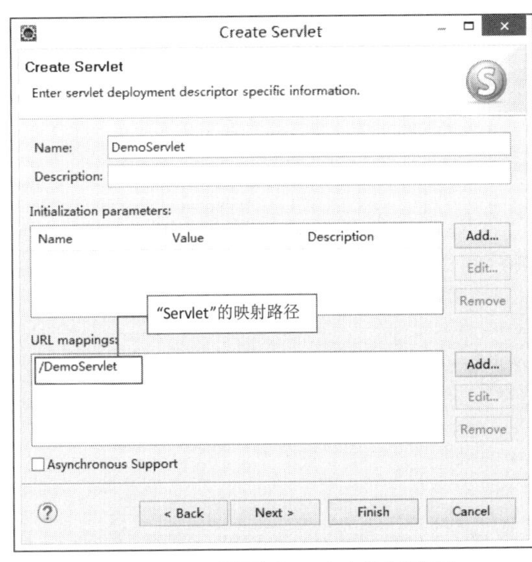

图 17.18　设置 Servlet 映射路径

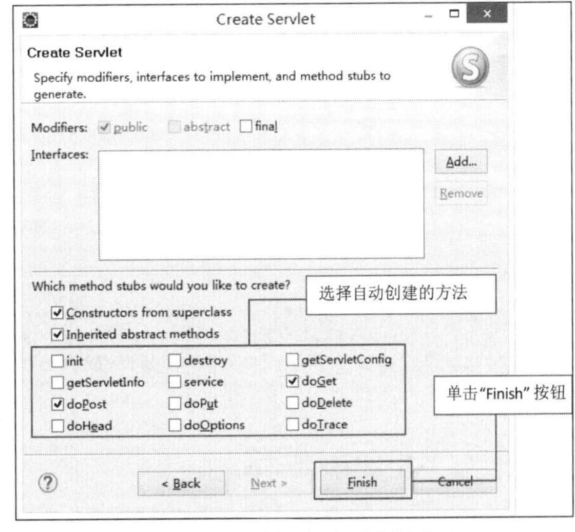

图 17.19　选择自动创建的内容

例如，创建 DemoServlet，在处理 get 请求的方法中，获取 to 参数值，根据 to 参数值选择跳转到其他网址，具体代码如下:

```
package com.mr;                                          // Servlet所在的包
import java.io.IOException;
import javax.servlet.ServletException;
import javax.servlet.annotation.WebServlet;
import javax.servlet.http.HttpServlet;
import javax.servlet.http.HttpServletRequest;
import javax.servlet.http.HttpServletResponse;

@WebServlet("/DemoServlet")                              // Servlet的映射路径
public class DemoServlet extends HttpServlet {
     private static final long serialVersionUID = 1L;    // 自动生成的序列化编号

     public Demo2Servlet() {
         super();
     }

     protected void doGet(HttpServletRequest request, HttpServletResponse response)
               throws ServletException, IOException {
         String address = request.getParameter("to");    // 获取参数to
         address = (address == null) ? "" : address;     // 对to进行非null处理
         String url = null;                              // 跳转地址
         switch (address) {                              // 判断传入的参数值
         case "baidu":                                   // 如果是baidu
              url = "http://www.baidu.com";              // 跳转到百度
              break;
         case "qq":                                      // 如果是qq
              url = "http://www.qq.com/";                // 跳转到腾讯
              break;
         default:                                        // 没有匹配的值
              url = "http://www.mingrisoft.com/";        // 跳转到明日学院
              break;
         }
         response.sendRedirect(url);
     }

     protected void doPost(HttpServletRequest request, HttpServletResponse response)
               throws ServletException, IOException {
        doGet(request, response);                        // post请求与get请求使用相同的逻辑
    }
}
```

程序运行之后，访问的 URL 地址如下:

```
http://127.0.0.1:8080/[项目名]/DemoServlet?to=[参数值]
```

项目名表示 DemoServlet 所属的项目名称，参数值就是由 switch 语句判断跳转目标。在浏览器中输入已补充完整的 URL 地址后，就可以看到网页的跳转结果。补充完整的 URL 路径例如:

```
http://127.0.0.1:8080/MyWebProject/DemoServlet?to=baidu
http://127.0.0.1:8080/Test/DemoServlet?to=mingrisoft
```

17.4.2 Jsoup 爬虫

Jsoup 是一款 Java 的 HTML 解析器，可直接解析 URL 地址或本地的 HTML 文本文件。它可以自动解析所有超文本标签，提取出这些标签的属性或值，甚至可以遍历子标签。

Jsoup 的官方网址是 https://jsoup.org/，在这里可以下载 jsoup.jar 文件和阅读相关帮助文档。

使用 Jsoup 解析一个网页分为两步：第一步是输入；第二步是抽取。

① 所谓的输入，就是捕捉网页超文本，这一步只需要一行代码。例如解析百度首页的代码如下：

```
Document doc = Jsoup.connect("http://www.baidu.com").get();
```

返回的类型是 Jsoup 包中提供的 org.jsoup.nodes.Document 类，该类用于储存 HTML 超文本。

如果输入的是 HTML 文本，则代码如下：

```
String html = "<html><head></head><body><p>This is HTML.</p></body></html>";
Document doc = Jsoup.parse(html);
```

如果输入的是一个 HTML 文本文件，则需要使用 File 类，并制定读取的字符编码，代码如下：

```
File input = new File("D:/demo.html");
Document doc = Jsoup.parse(input, "UTF-8");
```

② 获得网页超文本之后，第二步就是抽取。抽取超文本数据的方法有很多，例如抽取网址“example.com”的超文本数据的代码如下：

```
Document doc = Jsoup.connect("example.com").get();
Element users= doc.getElementById("users");              // 获取id='users'的元素
Elements account = users.getElementsByClass("a");        // 获取该集合下class ='a'的元素集合
for (Element info: account ) {
  String infoHref = info.attr("href");                   // 获取该元素href属性中的值
  String infoText = info.text();                         // 获取该元素的文本值
}
```

除例子中的用法之外，还可以获取以下更多数据。

- getElementById(String id)：获取 id='id' 的元素。
- getElementsByClass(String className)：获取 class='className' 的元素。
- getElementsByAttribute(String key)：获取含有 key 名称属性的元素。
- attr(String key)：获取属性 attr 对应的值。
- attributes()：获取所有属性。
- id()：获取 id 的值。
- className()：获取 class 的值。
- and classNames()：获取所有 class 的值的 Set 集合。
- text()：获取文本内容。
- html()：获取元素内 HTML 内容。
- outerHtml()：获取元素外 HTML 内容。
- data()：获取数据内容。

抽取数据的时候，还可以对数据进行筛选，例如：

```
Document doc = Jsoup.connect("example.com").get();
Elements links = doc.select("a[href]");                  //带有href属性的a元素
Elements gifs = doc.select("img[src$=.gif]");            // 所有动图的标签
Element masthead = doc.select("div.head").first();       // class='head'的div标签
```

除例子中的用法之外，Selector 选择器还提供以下用法。

- tagname: 通过标签查找元素。例如: a。
- ns|tag: 通过标签在命名空间查找元素。例如: 可以用 fb|name 语法来查找 <fb:name> 元素。
- #id: 通过 ID 查找元素。例如: #username。
- .class: 通过 class 名称查找元素。例如: .head。
- [attribute]: 利用属性查找元素。例如: [href]。
- [^attr]: 利用属性名前缀来查找元素。例如: 可以用 [^data-] 来查找带有 HTML5 Dataset 属性的元素。
- [attr=value]: 利用属性值来查找元素。例如: [width=200]。
- [attr^=value], [attr$=value], [attr*=value]: 利用匹配属性值开头、结尾或包含属性值来查找元素。例如: [href*=/mp4/]。
- [attr ~ =regex]: 利用属性值匹配正则表达式来查找元素。例如: img[src ~ =(?i)\.(png|jpe?g)]。
- *: 这个符号将匹配所有元素。
- el#id: 元素 +ID。例如: div#images。
- el.class: 元素 +class。例如: div.head。
- el[attr]: 元素 +class。例如: a[href]。
- 任意组合。例如: a[href].login。
- ancestor child: 查找某个元素下子元素。例如: 可以用 .body p 查找在“body”元素下的所有 p 元素。
- parent > child: 查找某个父元素下的直接子元素。例如: 可以用 div.content > p 查找 p 元素，也可以用 body > * 查找 body 标签下所有直接子元素。
- siblingA + siblingB: 查找在 A 元素之前第一个同级元素 B。例如: div.head + div。
- siblingA ~ siblingX: 查找 A 元素之前的同级 X 元素。例如: h1 ~ p。
- el, el, el: 多个选择器组合，查找匹配任一选择器的唯一元素。例如: div.head, div.videos。

17.5 数据模型设计

17.5.1 模块概述

将同一类数据封装到一个类的对象中，这种只用来保存数据的类可以被称为 POJO 类。POJO 实质上可以理解为简单的实体类，POJO 类的作用是方便程序员使用数据库中的数据表，这种模式符合面向对象开发模式，同时也能降低代码量。为了方便理解，本章将程序中出现的 POJO 类统称为数据模型类。

程序中用到数据模型类包括图书类、用户评价类和数据类型类。图书类和用户评价类采用标准的 JavaBean 模式、属性用来保存数据，并提供相应的 getter/setter 方法。数据类型类更像一个枚举类，用户保存排行类型常量和评价类型常量。

17.5.2　代码实现

下面分别介绍图书类、用户评价类和数据类型类的主要代码。

① 项目 com.mr.pojo 包下的 Book.java 是图书类。图书类对应 tb_books 图书信息表，类中的属性映射表中的关键列，每个属性都有对应的 getter/setter 方法，代码如下：

```
public class Book {
    private String id;                                              // 图书编号
    private String name;                                            // 图书名称
    private String publish;                                         // 出版社
    private String originalPrice = "0.0";                           // 原价
    private String presentPrice = "0.0";                            // 现价
    private boolean followed;                                       // 是否被关注
    private int goodRate;                                           // 好评率

    （此处省略getter/setter方法）
}
```

图书类还重写 hashCode() 和 equals() 方法，在这两个方法中以 id 属性作为图书对象的判断条件。重写这两个方法之后，可以直接利用集合的 contains() 方法判断集合中是否存在图书编号相同的图书。重写的 hashCode() 和 equals() 方法的代码如下：

```
public int hashCode() {
     final int prime = 31;
     int result = 1;
     result = prime * result + ((id == null) ? 0 : id.hashCode());
     return result;
}
public boolean equals(Object obj) {
     if (this == obj)
           return true;
     if (obj == null)
           return false;
     if (getClass() != obj.getClass())
           return false;
     Book other = (Book) obj;
     if (id == null) {
            if (other.id != null)
                   return false;
     } else if (!id.equals(other.id))
           return false;
     return true;
}
```

② 项目 com.mr.pojo 包下的 Comment.java 是用户评价类。用户评价类对应 tb_comments 用户评价信息表，类中的属性映射表中的关键列，每个属性都有对应的 getter/setter 方法，代码如下：

```
public class Comment {
     private Book book;                                             // 对应图书
     private String content;                                        // 内容
     private String creationTime;                                   // 时间
     private String nickname;                                       // 昵称
     private String userClientShow;                                 // 购买平台
     private String userLevelName;                                  // 会员等级
     private int score;                                             // 评级
（此处省略getter/setter方法）
}
```

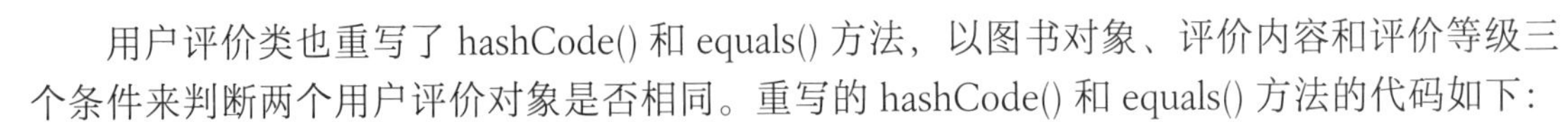

用户评价类也重写了 hashCode() 和 equals() 方法，以图书对象、评价内容和评价等级三个条件来判断两个用户评价对象是否相同。重写的 hashCode() 和 equals() 方法的代码如下：

```
public int hashCode() {
     final int prime = 31;
     int result = 1;
     result = prime * result + ((book == null) ? 0 : book.hashCode());
     result = prime * result + ((content == null) ? 0 : content.hashCode());
     result = prime * result + score;
     return result;
}
public boolean equals(Object obj) {
     if (this == obj)
           return true;
     if (obj == null)
           return false;
     if (getClass() != obj.getClass())
           return false;
     Comment other = (Comment) obj;
     if (book == null) {
           if (other.book != null)
                 return false;
     } else if (!book.equals(other.book))
           return false;
     if (content == null) {
           if (other.content != null)
                 return false;
     } else if (!content.equals(other.content))
           return false;
     if (score != other.score)
           return false;
     return true;
}
```

③ 项目 com.mr.pojo 包下的 Types.java 就是数据类型类。数据类型类中有两个内部类，分别是 Tanking 排行类型类和 Comment 评价类型类，两个内部类中各自保存了自己的类型常量。在数据类型类的静态代码块中，为这两个内部类创建了对象，好让其他代码直接调用内部类的属性。

数据类型类的具体代码如下：

```
public class Types {
    public static final Tanking TANKING;                    // 排行类型
    public static final Comment COMMENT;                    // 评价类型
    static {                                                // 在静态代码块中初始化内部类
        Types t = new Types();
        TANKING = t.new Tanking();
        COMMENT = t.new Comment();
    }
    public class Tanking {                                  // 排行类型内部类
         public static final int SALES_RANKING = 1;         // 销售排行榜
         public static final int COMMENTARY_RANKING = 2;    // 热评排行榜
    }
    public class Comment {                                  // 在评价类型内部类
         public static final int POSITIVE = 3;                       // 好评
         public static final int MODERATE = 2;                       // 中评
         public static final int NEGATIVE = 1;                       // 差评
         public static final int ALL_TYPE = 0;                       // 全部评价
    }
}
```

17.6 持久层接口设计

17.6.1 模块概述

将内存中数据保存到硬盘的操作被叫做“持久化”操作，顾名思义，就是把临时数据变成可持久保存的数据。数据库就是专门用来保存数据的软件，持久化接口就是系统专门用来对数据进行持久化增、删、改、查的接口。

看店宝系统中的 DAO 接口就是持久化接口，在该接口中定义了所有保存、修改和读取数据的方法，这些方法可以满足系统中所有业务。系统中任何服务想要修改或读取已有的数据，必须通过 DAO 接口对象才能操作。

DaoImpl 类则是 DAO 接口的实现类，所有 SQL 语句都封装在 DaoImpl 类中。

17.6.2 代码实现

Dao 接口中定义了系统使用到所有保存、修改和读取数据的方法，代码如下：

```
public interface Dao {
void saveBooks(Collection<Book> books);                                     // 保存图书
     void saveComments(Collection<Comment> comments);                       // 保存评价记录
     void saveRankingList(ArrayList<Book> rankingList, int tankingType); // 保存排行榜
     ArrayList<Book> getRankingList(String date, int tankingType);          // 获取排行榜
     Set<Book> getFollowedBooks();                                          // 获取关注图书集合
     void addFollow(String bookID);                                         // 添加关注
     void removeFollowed(String bookID);                                    // 删除关注
     Map<String, Integer> getFollowedPublishCount();    // 获取所有关注图书的出版社名称和数量
Map<Book, List<String[]>> getBookPriceHistory();// 获取关注图书历史价格记录。返回值中的Book作为key,
String[]中保存两个值，[0]是book的当日最低价格记录，[1]是记录价格的日期
      Set<Comment> getCurrentDBComments();     // 从数据库中获取每本关注图书的最新评价
      List<String> getFollowedPriceDate();     // 获取所有关注图书有价格记录的日期列表，按降序排列
}
```

17.7 爬虫服务设计

17.7.1 模块概述

爬虫功能是本系统系统的核心功能。本系统使用第三方插件 jsoup.jar 实现解析超文本功能。

17.7.2 代码实现

项目中 com.mr.service 包下的 CrawlerService.Java 是爬虫服务类，所有爬虫相关功能都在这个类中。下面分别介绍。

① CrawlerService 类定义了四个字符串常量，这四个常量记录了爬取的目标 URL 地址。

SALES_VOLUME_URL 属性是销售排行榜网页的 URL 地址，字符串中的 {page} 是网页的分页页码的占位符，每一页会显示 20 本图书，在后面的方法中会将占位符替换成指定 1 ～ 5 的数字，共取出 100 本图书的数据。代码如下：

```
private final String SALES_VOLUME_URL = "http://book.jd.com/booktop/0-0-0.html?category=3287-0-0-0-10001-{page}";
```

HEAT_RANKINGS_URL 属性是热评排行榜网页的 URL 地址，其网页数据与销量排行榜类似，{page} 也是网页的分页页码的占位符，代码如下：

```
private final String HEAT_RANKINGS_URL = "http://book.jd.com/booktop/0-0-1.html?category=3287-0-0-1-10001-{page}";
```

PRICE_URL 属性是获取商品价格的 URL 地址。因为商品价格属于敏感信息，且一直浮动，所以电商平台通常对商品价格提供单独的获取接口，通过这个接口可以获取商品的原价和现价。字符串中的 {id} 是商品编号的占位符，后面的方法中会替换成指定商品编号。代码如下：

```
private final String PRICE_URL = "http://p.3.cn/prices/mgets?type=1&skuIds={id}";
```

COMMENTS_URL 属性是商品的用户评价的 URL 地址，页面中的评价内容会自动按时间降序排列，字符串中的 {id} 是商品编号的占位符，{score} 是评价等级的占位符，商品评级对应数据类型类 Types.COMMENT 下的四个静态常量值，即差评、中评、好评和全部评价。代码如下：

```
private final String COMMENTS_URL = "https://club.jd.com/comment/skuProductPageComments.action?callback=fetchJSON_comment98vv10635&sortType=6&pageSize=10&isShadowSku=0&page=0&productId={id}&score={score}";
```

② connectionURL() 是 CrawlerService 类获取网页超文本的方法。该方法有一个字符串参数 url，url 就是访问的目标 URL 地址，然后通过 URLConnection 类将网页中的所有内容以流的方式写入一个字符串对象中，最后将保存网页数据的字符串返回。方法的具体代码如下：

```
private String connectionURL(String url) {
    URL realUrl;                                                    // 链接地址对象
    BufferedReader in = null;
    StringBuilder result = new StringBuilder();                     // 访问地址返回的结果
    try {
        realUrl = new URL(url);                                     // 链接参数地址
        // 打开和URL之间的连接
        URLConnection conn = realUrl.openConnection();
        // 获取该地址返回的流
        in = new BufferedReader(new InputStreamReader(conn.getInputStream()));
        String line;                                                // 临时行字符串
        while ((line = in.readLine()) != null) {                    // 如果读出的一行不为null
            result.append(line);// 结果字符串添加行数据
        }
    } catch (IOException e) {
        e.printStackTrace();
    }
    return result.toString();
}
```

③ getAllBooksIntoDB() 方法是抓取所有排行榜的图书信息并保存到数据库的方法。在该方法中首先会创建 DAO 接口对象，然后通过 getBooksInfo() 方法将排行榜中的数据封装成 ArrayList<Book> 列表对象，分别保存两个排行榜的数据，接着爬取每个图书的价格数据并填充到图书对象中，最后将两个排行榜中所有的图书放到一个集合里，统一将图书数据保

存到数据库中。getAllBooksIntoDB() 方法的代码如下：

```
public void getAllBooksIntoDB() {
    Dao dao = new DaoImpl();                                         // 创建数据库接口对象
    ArrayList<Book> b1 = getBooksInfo(SALES_VOLUME_URL);             // 获取销售排行列表
    ArrayList<Book> b2 = getBooksInfo(HEAT_RANKINGS_URL);            // 获取热评排行列表
    if (!b1.isEmpty()) {                                             // 如果列表不为空
        dao.saveRankingList(b1, Types.TANKING.SALES_RANKING);        // 销售排行保存至数据库
    }
    if (!b2.isEmpty()) {                                             // 如果列表不为空
dao.saveRankingList(b2, Types.TANKING.COMMENTARY_RANKING);           //热评排行保存至数据库
    }
    Set<Book> books = new HashSet<>();                       // 使用哈希集合，自动删除重复数据
    books.addAll(getBookPrice(b1));                          // 添加销售排行榜书籍，并给图书添加价格
    books.addAll(getBookPrice(b2));                          // 添加热评排行榜书籍，并给图书添加价格
    if (!books.isEmpty()) {                                  // 如果抓取的图书集合不是空的
        dao.saveBooks(books);                                // 将这些图书写入数据库
    }
}
```

④ getBooksInfo() 方法是通过 Jsoup 解析排行榜页面并封装图书信息的方法。方法有一个字符串参数 itemurl，该参数表示排行榜的 URL 地址。因为销量排行榜和热评排行榜不在同一个网址，所以这里选择用参数传入。方法会循环 5 次，并把循环次数当做网页的分页页码参数，抓取排行榜前 100 本书的数据，将这些数据封装成 Book 对象保存到图书列表中。

getBooksInfo() 方法的代码如下：

```
public ArrayList<Book> getBooksInfo(String itemurl) {
    ArrayList<Book> list = new ArrayList<>();                // 图书列表
    Document doc = null;                                     // 网页超文本
    for (int i = 1; i <= 5; i++) {                           // 抓取5页排行列表（每页20本书，共100本）
          // 替换URL中的分页页码参数占位符
          String url = itemurl.replace("{page}", String.valueOf(i));
          try {
              doc = Jsoup.connect(url).get();                // 获取URL返回的超文本
          } catch (IOException e) {
              e.printStackTrace();
              return null;
          }
          // 获取class="m m-list"的第一个标签
          Element table = doc.getElementsByClass("m m-list").first();
          Elements li = table.select("li");                  // 获取<li>表现下的元素集合
          for (Element l : li) {                             // 遍历元素集合
               // 获取class="m m-list"标签的文本值
               String name = l.getElementsByClass("p-name").text();
               // 获取class="btn btn-default follow"标签的data-id属性值
               String id = l.getElementsByClass("btn btn-default follow").attr("data-id");
               // 获取href属性中包含"/publish/"内容的<a>标签中的文本值
               String publish = l.select("a[href*=/publish/]").text();
               Book book = new Book();                       // 创建Book对象
               book.setId(id);
               book.setName(name);
               book.setPublish(publish);
               list.add(book);                               // 列表添加Book对象
        }
    }
    return list;
}
```

⑤ getBookPrice() 方法是获取图书价格的方法，方法有一个 List<Book> 类型的参数 books，该参数是要被抓取价格的图书列表。抓取的 URL 地址使用 PRICE_URL 常量，并将

URL 中的 {id} 占位符替换成具体图书编号，最后交给 getBookPriceFromJson() 方法分析价格数据并填充到 book 对象中。

getBookPrice() 方法的代码如下：

```
public List<Book> getBookPrice(List<Book> books) {
    StringBuilder bookID = new StringBuilder();                    // 图书编号字符序列
    for (Book book : books) {                                      // 遍历图书列表
        bookID.append("J_" + book.getId() + ",");                  // 在图书编号前加"J_"
    }
    bookID.deleteCharAt(bookID.length() - 1);                      // 删除字符串末尾的逗号
    String url = PRICE_URL.replace("{id}", bookID.toString());     // 替换URL中的id占位符
    String json = connectionURL(url);                    // 获取商品价格的URL，记录返回的json
    try {
        books = getBookPriceFromJson(json, books);                 // 获取填补价格后的新图书列表
    } catch (JSONException e) {
        e.printStackTrace();
    }
    return books;
}
```

⑥ getBookPriceFromJson() 方法会根据电商平台返回的 json 结果和图书列表，将图书价格添加到对应图书对象中，最后会返回一个新的包含原价和现价的图书列表。方法中的字符串参数 jsonString 是电商返回的商品价格字符串，参数 books 是图书列表。

程序使用 org.json.jar 包提供的方法解析 json 数据。

getBookPriceFromJson() 方法的代码如下：

```
private List<Book> getBookPriceFromJson(String jsonString, List<Book> books)
throws JSONException {
    List<Book> newBooks = new ArrayList<>();                  // 新图书列表
    JSONArray arr = new JSONArray(jsonString);                // json数组对象
    for (int i = 0, length = arr.length(); i < length; i++) {
        JSONObject tempJson = arr.getJSONObject(i);           // 从数组中获取一个json对象
        String presentPrice = tempJson.getString("op");// 获取key为op的值作为现价
        String id = tempJson.getString("id");                 // 获取key为id的值作为图书编号
        id = id.substring(2);                                 // 删除"J_"前缀
        String originalPrice = tempJson.getString("m");  // 获取key为m的值作为原价
        for (int k = 0; k < books.size(); k++) {              // 循环原图书列表
            Book book = books.get(k);                         // 取出图书对象
            if (book.getId().equals(id)) {                    // 如果与json中的图书编号一致
                book.setOriginalPrice(originalPrice);// 设置原价
                book.setPresentPrice(presentPrice); // 设置现价
                newBooks.add(book);                           // 将修改后的图书对象保存至新图书列表
                books.remove(k);                              // 在原图书列表中删除该对象
                break;
            }
        }
    }
    return newBooks;
}
```

⑦ getCommentsFromWeb() 方法用于从网络中获取图书最新的中评和差评（各一条），参数 books 是要抓取评价的图书集合。中评和差评要分别获取，所以需要通过 getUserComment() 方法抓取两次，最后将两次抓取的结果汇总到一个集合里。

getCommentsFromWeb() 方法的代码如下：

```
public Set<Comment> getCommentsFromWeb(Set<Book> books) {
    // 获取图书的最新差评
```

```
    Set<Comment> negatives = getUserComment(books, Types.COMMENT.NEGATIVE);
    // 获取图书的最新中评
    Set<Comment> moderates = getUserComment(books, Types.COMMENT.MODERATE);
    Set<Comment> allComment = new HashSet<>();          // 评价汇总集合
    allComment.addAll(negatives);                       // 集合添加差评
    allComment.addAll(moderates);                       // 集合添加中评
    return allComment;
}
```

⑧ getUserComment() 方法用于从网页中抓取某些书的用户评价数据。方法有两个参数，参数 books 表示被抓取的图书集合，参数 commentScore 表示抓取的评价评级，该参数建议采用 Types.COMMENT 提供的属性。方法会将 COMMENTS_URL 中的 {id} 占位符替换成具体图书编号，并将 {score} 替换成具体评价等级。电商平台会以 json 的形式返回图书的全部评价数据，最后还需要通过 getFirstUserCommentFromJson() 解析这些数据。

getUserComment() 方法的代码如下：

```
public Set<Comment> getUserComment(Set<Book> books, int commentScore) {
    Set<Comment> all = new HashSet<>();                          // 全部评价集合
    for (Book book : books) {                                    // 遍历图书
        String id = book.getId();                                // 获取图书ID
        String url = COMMENTS_URL.replace("{id}", id);           // 替换URL中的占位符
        url = url.replace("{score}", String.valueOf(commentScore));
        String json = connectionURL(url);                        // 链接URL地址，记录返回的json
        try {
            // 将json解析成评价集合，并添加进全部评价集合中
            all.addAll(getFirstUserCommentFromJson(book, json));
        } catch (JSONException e) {
            e.printStackTrace();
           System.out.println(book);
           System.out.println(json);
        }
    }
    return all;
}
```

⑨ getFirstUserCommentFromJson() 方法用于解析结果 json，在所有评价中提取最新的一条评价，并将所有评价封装成 Comment 对象保存到集合中。方法中有两个参数，参数 book 表示评价属于哪本图书，参数 json 是电商平台返回的结果数据字符串。该方法同样适用 org.json.jar 包提供的方法解析 json 字符串。

getFirstUserCommentFromJson() 方法的代码如下：

```
private Set<Comment> getFirstUserCommentFromJson(Book book, String jsonString)
throws JSONException {
    // 截取json中第一个"("和最后一个")"之间的内容
    jsonString = jsonString.substring(jsonString.indexOf("(") + 1,
jsonString.lastIndexOf(")"));
    Set<Comment> comments = new HashSet<>();                    // 评价对象集合
    JSONObject jsonObject = new JSONObject(jsonString);         // 转换成json对象
// 获取comments键对应的数组对象
    JSONArray arr = jsonObject.getJSONArray("comments");
    if (arr.length() == 0) {                                    // 如果无评价记录
        return new HashSet<>();                                 // 返回空集合
    }
    JSONObject tempJson = arr.getJSONObject(0);                 // 获取第一个数组元素
    Comment comment = new Comment();                            // 评价对象
    comment.setBook(book);                                      // 设置对应图书
```

```
    comment.setContent(tempJson.getString("content"));                    // 设置评价内容
    comment.setCreationTime(tempJson.getString("creationTime"));          // 设置创建时间
    comment.setNickname(tempJson.getString("nickname"));                  // 设置昵称
    int score = 0;                                                        // 评级
    switch (tempJson.getInt("score")) {                                   // 获取评级并进行判断
    case 1:                                                               // 数字1代表差评
        score = Types.COMMENT.NEGATIVE;                                   // 赋值为差评
        break;
    case 2:                                                               // 数字2和数字3代表中评
    case 3:
        score = Types.COMMENT.MODERATE;                                   // 赋值为中评
        break;
    case 4:                                                               // 数字4和数字5代表中评
    case 5:
        score = Types.COMMENT.POSITIVE;                                   // 赋值为好评
        break;
    default:
        score = Types.COMMENT.ALL_TYPE;                                   // 默认评级
    }
    comment.setScore(score);                                              // 设置评级
    comment.setUserClientShow(tempJson.getString("userClientShow"));      // 设置购买平台
    comment.setUserLevelName(tempJson.getString("userLevelName"));        // 设置会员等级
    comments.add(comment);
    return comments;
}
```

⑩ getGoodRateShow() 方法用于抓取获取图书的好评率。同样是通过 COMMENTS_URL 抓取评价数据，但这次要抓取全部评价，然后通过 getGoodRateShowFromJson() 方法获取好评率，将好评率写入 book 对象中，将添加好评率的图书放到新的集合中最后返回新集合。

getGoodRateShow() 方法的代码如下：

```
public Set<Book> getGoodRateShow(Set<Book> books) {
    Set<Book> newBooks = new HashSet<>();
    for (Book book : books) {
        String id = book.getId();
        String url = COMMENTS_URL.replace("{id}", id);
        url = url.replace("{score}", "0");
        String json = connectionURL(url);
        int goodRate = 100;
        try {
            goodRate = getGoodRateShowFromJson(json);
        } catch (JSONException e) {
            e.printStackTrace();
        }
        book.setGoodRate(goodRate);
        newBooks.add(book);
    }
    return newBooks;
}
```

⑪ getGoodRateShowFromJson() 方法用于解析电商返回的全部评价 json 结果，然后在结果中提取出好评率并返回。getGoodRateShowFromJson() 方法的代码如下：

```
private int getGoodRateShowFromJson(String jsonString) throws JSONException {
    // 截取json中第一个"("和最后一个")"之间的内容
    jsonString = jsonString.substring(jsonString.indexOf("(") + 1,
jsonString.lastIndexOf(")"));
    JSONObject jsonObject = new JSONObject(jsonString);          // 转换成json对象
    // 获取productCommentSummary键对应的json
```

```
    JSONObject grsObject = jsonObject.getJSONObject("productCommentSummary");
    int goodRateShow = grsObject.getInt("goodRateShow");        // 获取goodRateShow对应的值
    return goodRateShow;
}
```

17.8 数据加工处理服务设计

17.8.1 模块概述

从电商平台爬取的数据需要进一步加工处理才能满足系统的业务需求，例如判断图书的关注状态，计算图表的数据等。网页和后台服务只要涉及数据的存取，都需要通过数据加工处理服务操作，这样确保数据集中在一处进行加工，不会因为处理方法分散各处而导致程序难以维护。

说明：
ECharts 采用的 json 格式可以参照官方实例，网址是 https://echarts.baidu.com/echarts2/doc/example.html。

17.8.2 代码实现

项目中 com.mr.service 包下的 DataProcessingService 类就是数据加工处理服务类，这是一个工具类，提供所有加工数据的方法。该类的属性和方法如下。

① DataProcessingService 类有两个属性：一个是爬虫服务对象；另一个是数据库接口（持久层接口）对象。爬虫服务用来实时抓取图书的好评率和评价数据，数据库接口用来增删改查数据库中的数据。属性代码如下：

```
private CrawlerService crawl = new CrawlerService();            // 爬虫服务
private Dao dao = new DaoImpl();                                // 数据库接口
```

② getAllPriceHistoryJson() 方法用于加工所有关注图书历史价格的数据，将这些数据加工成网页中 ECharts 折线图所使用的 json 格式。该方法首先从数据库中读取全部已关注图书对象，然后再取出所有关注图书的价格记录日期，按照日期对图书价格进行分组，最后调用 getJsonFromCollection() 方法将数据对象转为 json 字符串。

getAllPriceHistoryJson() 方法的代码如下：

```
public String getAllPriceHistoryJson() {
    // 获取关注图书历史价格记录
    Map<Book, List<String[]>> map = dao.getBookPriceHistory();
    if (map.isEmpty()) {
        return null;
    }
    // 获取所有关注图书有价格记录的日期列表，按降序排列
    List<String> dates = dao.getFollowedPriceDate();
    // 图书名称集合，用于整体折线图的图例
    Set<String> bookNameSet = new HashSet<>();
    Set<Book> books = map.keySet();                    // 获取图书价格记录的键集合，也是图书集合
    for (Book book : books) {                          // 遍历图书集合
        bookNameSet.add(book.getName());               // 记录出现过的图书名称
    }
```

```
    // 创建与关注图书历史价格记录结构相同的新键值对
    // 原键值对中，只记录有效价格数据及其对应日期，在新键值对中会列出所有日期，
// 若对应日期无价格记录，则用"-"代替价格
    Map<Book, List<String>> newBookPriceData = new HashMap<>();
    for (Book book : books) {                              // 遍历图书集合
         List<String> prices = new LinkedList<>();         // 创建价格记录列表
         int dateIndex = 0;                                // 日期索引
         for (String date : dates) {                       // 遍历日期列表
              List<String[]> list = map.get(book);         // 获取一本书的价格与日期数组列表
              String[] values = list.get(dateIndex);       // 获取第一组价格与日期
              if (date.equals(values[1])) {                // 如果图书存在该日期下有价格记录
                   prices.add(values[0]);                            // 价格列表按顺序保存价格记录
// 若日期索引没有到达价格与日期数组列表的末尾
               if (dateIndex < list.size() - 1) {
                      dateIndex++;                         // 索引向右移动
               }
           } else {// 如果图书没有该日期的价格记录
                prices.add("-");                           // 价格记录为"-"
           }
        }
        newBookPriceData.put(book, prices);                // 记录该图书，与对应的新价格列表
    }
    // 将新键值对封装成json并返回
    return getJsonFromCollection(bookNameSet, dates, newBookPriceData);
}
```

③ getJsonFromCollection() 方法用于将集合数据加工成 json 字符串。方法有三个参数，参数 bookName 表示书名集合，参数 dates 存在记录的日期集和，参数 newBookPriceData 是图书对应的价格键值对，键中的价格个数、顺序与日期集合中元素一一对应。

getJsonFromCollection() 方法的代码如下：

```
private String getJsonFromCollection(Set<String> bookNames, List<String> dates,
                       Map<Book, List<String>> newBookPriceData) {
    JSONObject json = new JSONObject();                    // 根节点
    JSONObject tooltip = new JSONObject();                 // 鼠标提示
    JSONObject legend = new JSONObject();                  // 图例
    JSONObject xAxis = new JSONObject();                   // X轴
    JSONObject yAxis = new JSONObject();                   // Y轴
    JSONArray series = new JSONArray();                    // 图形数据数组
    try {
        JSONArray legendArr = new JSONArray(bookNames);    // 图形数据数组
        legend.put("data", legendArr);                     // data标签对应图形数据数组
        json.put("legend", legend);                        // 根节点添加标题
        tooltip.put("trigger", "axis");                    // 鼠标提示触发类型为axis
        json.put("tooltip", tooltip);                      // 根节点添加鼠标提示
        JSONArray xAxisData = new JSONArray(dates);        // X轴数组，使用日期列表
        xAxis.put("type", "category");                     // X轴类型为类目性
        xAxis.put("data", xAxisData);                      // X轴添加数据
        json.put("xAxis", xAxis);                          // 根节点添加X轴
        yAxis.put("type", "value");                        // Y轴类型为值类型
        json.put("yAxis", yAxis);                          // 根节点添加Y轴
        for (Book book : newBookPriceData.keySet()) {      // 遍历键值对中的图书集合
            JSONObject seriesData = new JSONObject();      // 创建一条数据
            seriesData.put("type", "line");                // 折线图
            seriesData.put("name", book.getName());        // 对应的图书名称
            // 图书对应的价格集合，价格个数、顺序与日期集合中元素填充成数组
            JSONArray publishCount = new JSONArray(newBookPriceData.get(book));
            seriesData.put("data", publishCount);          // 添加出版社数量数组
            series.put(seriesData);                        // 将数据放入图形数据数组
        }
```

```
        json.put("series", series);                        // 根节点添加图形数据数组
    } catch (JSONException e) {
        e.printStackTrace();
    }
    return json.toString();
}
```

④ 价格图表中除有汇总图表以外，还有每本关注图书的价格走势折线图。getBookPriceHistoryJsons() 方法就是用来获取每一本已关注图书的价格折线图数据的方法。该方法会获取所有已关注的图书，然后按照汇总折线图的格式将数据对象解析成 json 字符串。

getBookPriceHistoryJsons() 方法的代码如下：

```
public Set<String> getBookPriceHistoryJsons() {
    Set<String> jsons = new HashSet<>();                   // 保存json集合
    // 获取关注图书历史价格记录
    Map<Book, List<String[]>> map = dao.getBookPriceHistory();
    if (map.isEmpty()) {                                   // 如果没有任何记录
         return jsons;                                     // 返回空集合
    }
    Set<Book> books = map.keySet();                        // 获取图书集合
    Iterator<Book> it = books.iterator();                  // 获取集合迭代器
    while (it.hasNext()) {                                 // 迭代集合
        Book book = it.next();                             // 获取迭代出的图书对象
        List<String[]> priceAndDate = map.get(book);       // 获取图书对象对应的价格与日期列表
        List<String> priceList = new LinkedList<>();       // 保存价格的列表
        List<String> dateList = new LinkedList<>();        // 保存日期的列表
        for (String[] values : priceAndDate) {             // 遍历价格与日期列表
            priceList.add(values[0]);                      // 记录价格
            dateList.add(values[1]);                       // 记录日期
        }
        // 编写图表json数据
        JSONObject json = new JSONObject();                // 根节点
        JSONObject title = new JSONObject();               // 标题
        JSONObject tooltip = new JSONObject();             // 鼠标提示
        JSONObject xAxis = new JSONObject();               // X轴
        JSONObject yAxis = new JSONObject();               // Y轴
        JSONArray series = new JSONArray();                // 图形数据数组

        try {
            // 标题文本使用动态书名
            title.put("text", "《" + book.getName() + "》价格走势");
            json.put("title", title);// 根节点添加标题

            tooltip.put("trigger", "axis");                        // 鼠标提示触发类型为axis
            json.put("tooltip", tooltip);                          // 根节点添加鼠标提示

            JSONArray xAxisData = new JSONArray(dateList);         // X轴数组，使用日期列表
            xAxis.put("type", "category");                         // X轴类型为类目性
            xAxis.put("data", xAxisData);                          // X轴添加数据
            json.put("xAxis", xAxis);                              // 添加X轴数据

            yAxis.put("type", "value");                            // Y轴类型为值类型
            json.put("yAxis", yAxis);                              // 根节点添加Y轴

            JSONObject seriesData = new JSONObject();              // 创建一条数据
            seriesData.put("type", "line");                        // 折线图
            JSONArray publishCount = new JSONArray(priceList);     // 图表数据采用价格列表
            seriesData.put("data", publishCount);                  // 添加出版社数量数组
            series.put(seriesData);                                // 将数据放入图形数据数组
            json.put("series", series);                            // 根节点添加图形数据数组
```

```
        } catch (JSONException e) {
            e.printStackTrace();
        }
        jsons.add(json.toString());                         // 保存该图书的图表json字符串
    }
    return jsons;
}
```

⑤ 除价格走势折线图以外，程序还提供所有关注图书的出版社占有比率柱图。getBarChartJson() 方法就是加工柱状图的数据的方法。通过调用数据库结构的 getFollowedPublishCount() 方法即可获取所有关注图书的出版社及对应个数。

getBarChartJson() 方法的代码如下：

```
public String getBarChartJson() {
    // 获取所有关注图书的出版社名称和数量
    Map<String, Integer> map = dao.getFollowedPublishCount();
    if (map.isEmpty()) {                                    // 如果记录是空的
        return null;                                        // 结束方法
    }
    // 出版社名称列表
    List<String> publishNames = new LinkedList<>();
    // 出版社数量列表，顺序与出版社名称列表一一对应
    List<Integer> counts = new LinkedList<>();
    // 迭代键值对中的出版社名称集合
    Iterator<String> it = map.keySet().iterator();
    while (it.hasNext()) {
        String publishName = it.next();                     // 获取迭代出的出版社名称
        publishNames.add(publishName);                      // 记录出版社名称
        counts.add(map.get(publishName));                   // 记录对应的数量
    }
    // 编写图表json数据
    JSONObject json = new JSONObject();                     // 根节点
    JSONObject title = new JSONObject();                    // 标题
    JSONObject tooltip = new JSONObject();                  // 鼠标提示
    JSONObject legend = new JSONObject();                   // 图例
    JSONObject xAxis = new JSONObject();                    // X轴
    JSONObject yAxis = new JSONObject();                    // Y轴
    JSONArray series = new JSONArray();                     // 图形数据数组
    try {
        title.put("text", "关注图书出版社占有比率");              // 图表标题
        json.put("title", title);                           // 根节点添加标题
        tooltip.put("trigger", "axis");                     // 鼠标提示触发类型为axis
        json.put("tooltip", tooltip);                       // 根节点添加鼠标提示

        JSONArray legendData = new JSONArray();             // 图例数组
        legendData.put("数量");                              // 添加元素
        legend.put("data", legendData);                     // 图例添加数组
        json.put("legend", legend);                         // 根节点添加图例

        // X轴数组，使用日期列表
        JSONArray xAxisData = new JSONArray(publishNames);
        xAxis.put("data", xAxisData);                       // X轴添加数据
        json.put("xAxis", xAxis);                           // 根节点添加X轴

        yAxis.put("minInterval", 1);                        // Y轴最小数字间隔为1
        json.put("yAxis", yAxis);                           // 根节点添加Y轴

        JSONObject seriesData = new JSONObject();           // 数组中只有一条数据
        seriesData.put("name", "数量");                      // 数据对应数量
        seriesData.put("type", "bar");                      // 柱图
```

```
        JSONArray publishCount = new JSONArray(counts);          // 出版社数量数组
        seriesData.put("data", publishCount);                    // 添加出版社数量数组
        series.put(seriesData);                                  // 将数据放入图形数据数组
        json.put("series", series);                              // 根节点添加图形数据数组
    } catch (JSONException e) {
        e.printStackTrace();
    }
    return json.toString();
}
```

⑥ getPieChartJsons() 方法用于加工评价比率饼图的 json 数据。在该方法中不仅会用到数据库接口，还会用到爬虫服务，因此这些饼图的数据都是实时的。该方法会获取所有已关注的图书，然后分别获取这些图书的评价数据，虽然评价类型包含好评、中评和差评，但为了减少爬取次数，仅仅计算好评率即可，中评和差评整合成“中差评”在饼图中显示。

getPieChartJsons() 方法代码如下：

```
public Set<String> getPieChartJsons() {
    // 获取关注图书集合
    Set<Book> books = dao.getFollowedBooks();
    crawl.getGoodRateShow(books);                                // 为图书添加好评率
    Set<String> jsons = new HashSet<>();                         // 好评率图表json
    for (Book book : books) {                                    // 遍历图书集合
        JSONObject json = new JSONObject();                      // 根节点
        JSONObject title = new JSONObject();                     // 标题
        JSONObject tooltip = new JSONObject();                           // 鼠标提示
        JSONArray series = new JSONArray();                      // 图形数据数组
        int goodRate = book.getGoodRate();                       // 图书好评率
        try {
          // 设置标题内容
          title.put("text", "《" + book.getName() + "》评价比率");
          title.put("subtext", "好评率" + goodRate + "%");       // 副标题内容
          title.put("x", "center");                              // 居中显示
          json.put("title", title);                              // 根节点添加标题

          tooltip.put("trigger", "item");                        // 根据值触发
          tooltip.put("formatter", "{b}:({d}%)");                // 格式为书名:(好评率%)
          json.put("tooltip", tooltip);                          // 根节点添加鼠标提示

          JSONObject seriesData = new JSONObject();              // 创建一条数据
          seriesData.put("name", "访问来源");                    // 数据名称
          seriesData.put("type", "pie");                         // 拼图
          seriesData.put("radius", "65%");                       // 半径长度为65%

          JSONObject goodRateObj = new JSONObject();             // 好评率对象
          goodRateObj.put("value", goodRate);                    // 数值
          goodRateObj.put("name", "好评");                       // 名称

          JSONObject badRateObj = new JSONObject();              // 中差评率对象
          badRateObj.put("value", 100 - goodRate);               // 数值
          badRateObj.put("name", "中差评");                      // 名称

          JSONArray commentRateArr = new JSONArray();            // 出版社数量数组
          commentRateArr.put(goodRateObj);                       // 添加好评率对象
          commentRateArr.put(badRateObj);                        // 添加中差评率对象

          seriesData.put("data", commentRateArr);                // 添加出版社数量数组
          series.put(seriesData);                                // 将数据放入图形数据数组
          json.put("series", series);                            // 根节点添加图形数据数组
        } catch (JSONException e) {
          e.printStackTrace();
```

```
        }
        jsons.add(json.toString());                               // json集合添加json
    }
    return jsons;
}
```

⑦ getBookComenetMonitoringData() 方法用于加工网页所有需要的最新中评和差评的数据，并按照网页表格顺序存储到数组中。方法有一个参数 newCom，该参数表示用户评价集合，包括所有类型的评价，方法会筛选出中评和差评，与对应图书名称放到数组的同一行中。

getBookComenetMonitoringData() 方法的代码如下：

```
public List<String[]> getBookComenetMonitoringData(Set<Comment> newCom) {
    Map<String, String> moderate = new HashMap<>();              // 中评键值对
    Map<String, String> negative = new HashMap<>();              // 差评键值对
    Set<Book> booksTmp = new HashSet<>();                        // 临时图示集合
    List<String[]> tableItems = new ArrayList<>();               // 表格元素列表
    // 从数据库中获取每本关注图书的最新评价
    Set<Comment> oldCom = dao.getCurrentDBComments();
    for (Comment n : newCom) {                                   // 遍历评价
        String message = null;                                   // 评价内容
        Book book = n.getBook();                                 // 获取评价所属图书
        booksTmp.add(book);                                      // 添加图书对象
        if (!oldCom.contains(n)) {                               // 如果数据库中没有该新评价的记录
            message = n.getContent();                            // 获取评价内容
            // 如果是中评
            if (n.getScore() == Types.COMMENT.MODERATE) {
                moderate.put(book.getId(), message);             // 记录在中评键值对中
                // 如果是差评
            } else if (n.getScore() == Types.COMMENT.NEGATIVE) {
                negative.put(book.getId(), message);             // 记录在差评键值对中
            }
        }
    }
    for (Book tmp : booksTmp) {                                  // 遍历图书集合
        // 创建前台表格显示的文本数组
        // 第一个值为图书编号，第二个值为图书名称，第三个值为最新中评，第四个值为最新差评，第五个值为
已读超链接
        String[] items = { tmp.getId(), tmp.getName(), "无", "无", "" };
        // 迭代中评键值对
        for (String id : moderate.keySet()) {
            if (tmp.getId().equals(id)) {                        // 图书编号一致
                items[2] = moderate.get(id);                     // 记录中评内容
                items[4] = "已读";                               // 显示已读超链接
                break;
            }
        }
        // 迭代差评键值对
        for (String id : negative.keySet()) {
            if (tmp.getId().equals(id)) {                        // 图书编号一致
                items[3] = negative.get(id);                     // 记录差评内容
                items[4] = "已读";                               // 显示已读超链接
                break;
            }
        }
        tableItems.add(items);                                   // 表格元素列表添加已填好的数据
    }
    return tableItems;
}
```

17.9　运行项目

因为看店宝系统是 JavaWeb 程序，所以在运行前要确保 Eclipse 具备服务器环境，并且项目引用了正确的服务器运行库，如果 Eclipse 中已完成这两步配置，则可以忽略本章（1）、（2）步的操作。

（1）添加 Tomcat 服务器

Eclipse 运行 Java Web 程序前必须使用网络服务器，本节介绍如何为 Eclipse 添加 Tomcat 服务器。添加之前要确保本地已下载完 Tomcat 9 版本压缩包，并解压到本地硬盘中。添加 Tomcat 服务器的操作如下。

① 选择“Window”菜单下的“Preferences”菜单，该菜单中为 Eclipse 的首选项菜单，所有属性均可在此配置，操作如图 17.20 所示。

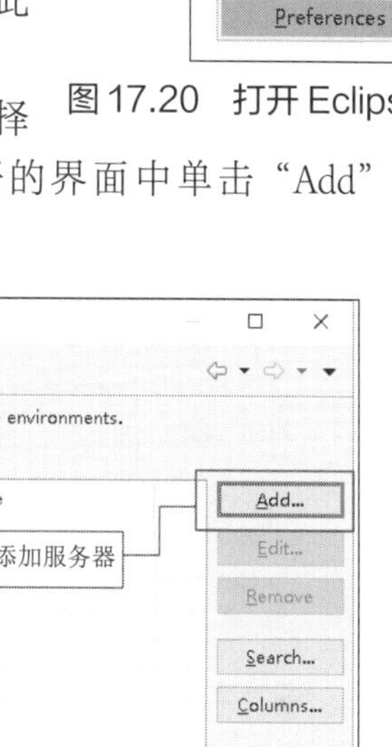

图 17.20　打开 Eclipse 的首选项菜单

② 在打开的窗口左侧树状菜单中，依次选择“Server”-“Runtime Environments”选项，然后在打开的界面中单击“Add”按钮，操作如图 17.21 所示。

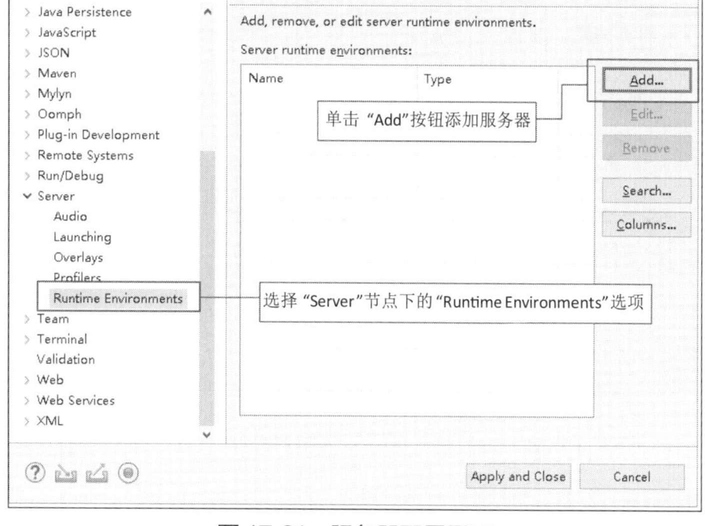

图 17.21　服务器配置界面

③ 选择“Apache”分类下的“Apache Tomcat v9.0”（可选其他版本，但必须与本地使用 Tomcat 版本一致），选择好后单击“Next”按钮，操作如图 17.22 所示。

④ 在添加本地服务器界面中单击“Browse”按钮，选择本地硬盘上的 Tomcat 根目录，Tomcat 根目录地址会自动填写到界面中，然后单击“Finish”按钮完成操作，操作如图 17.23 所示。

⑤ 最后可以在“Server Runtime Environments”界面中看到已添加完的 Tomcat 服务器，单击“Apply and Close”按钮完成所有操作，操作如图 17.24 所示。

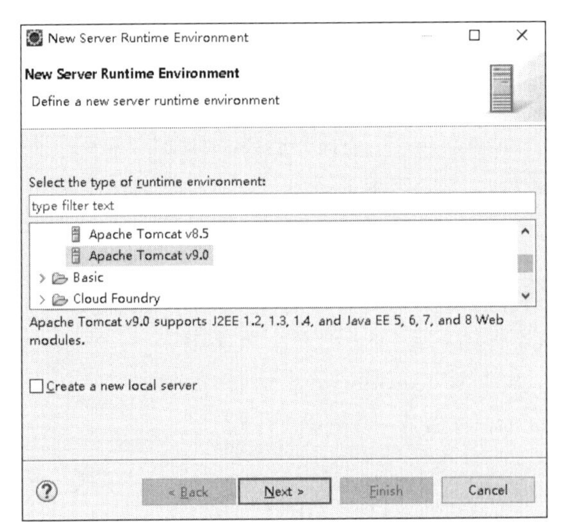

图 17.22　添加 Tomcat 9 版本服务器

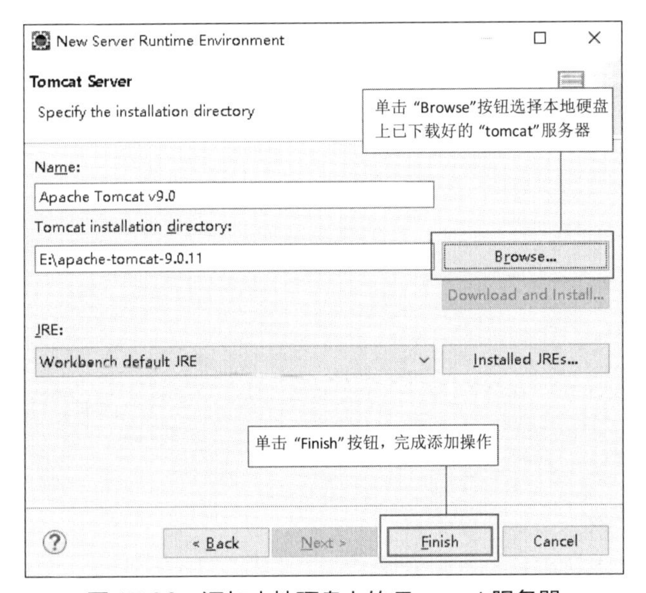

图 17.23　添加本地硬盘上的 Tomcat 服务器

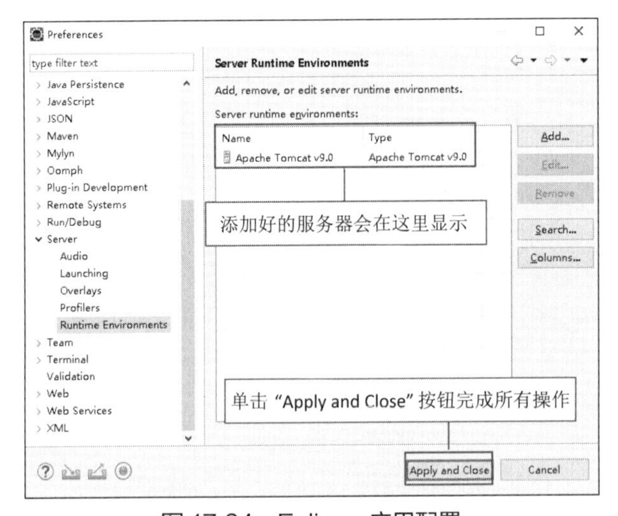

图 17.24　Eclipse 应用配置

（2）补充服务器运行库（可选）

如果 Java Web 项目没有服务器运行库，会出现大量编译错误，所有 Java EE 的 API 均无法使用，这时需要重新为项目添加服务器运行库，操作如下。

① 在项目上使用鼠标右键单击，依次选择“Build Path” - “Add Libraries”选项，操作如图 17.25 所示。

② 在添加库的窗口中，选中“Server Runtime”选项，然后单击“Next”按钮，操作如图 17.26 所示。

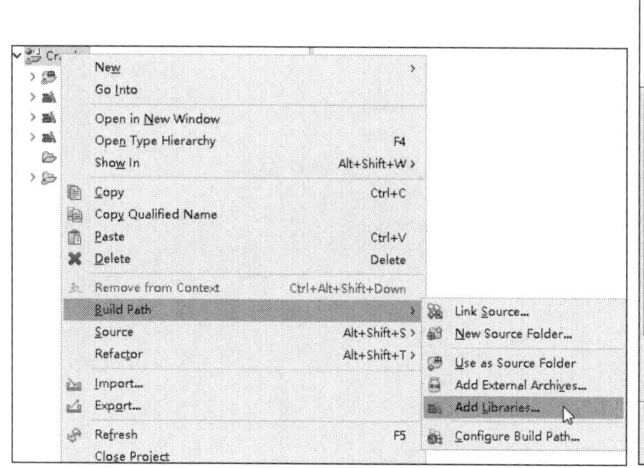

图 17.25　为项目构建路径添加库

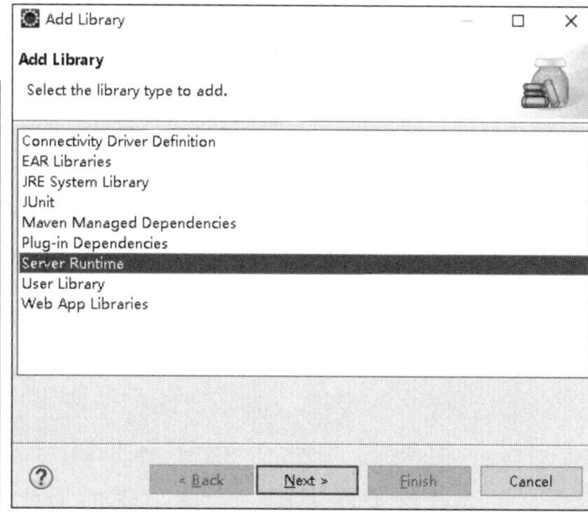

图 17.26　选择服务器运行库

③ 如果已经为 Eclipse 添加了 Tomcat 服务器，在打开的窗口中就可以看到添加好的 Tomcat 服务器，这个服务器可以为 Eclipse 提供运行库。用鼠标指针选中服务器名，然后单击“Finish”按钮，操作如图 17.27 所示。完成这一步之后，项目就补充了服务器运行库。

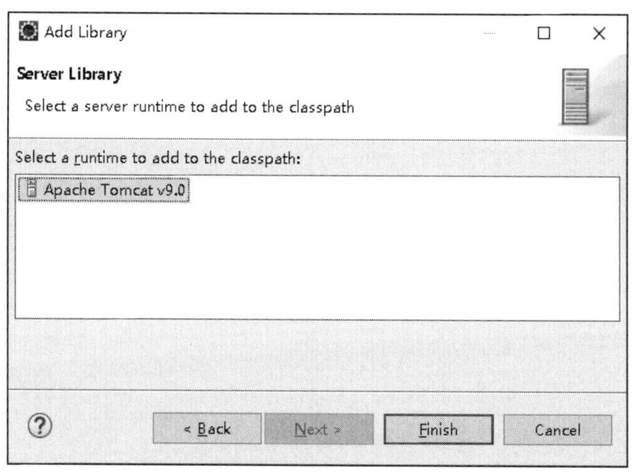

图 17.27　选择以配置好的 Tomcat9 服务器

（3）启动服务器

在 Eclipse 中运行 Java Web 项目需要以启动服务器的方式运行，运行方法如下。

① 在项目上使用鼠标右键单击，依次选择“Run As” - “Run on Server”选项，操作如图 17.28 所示。

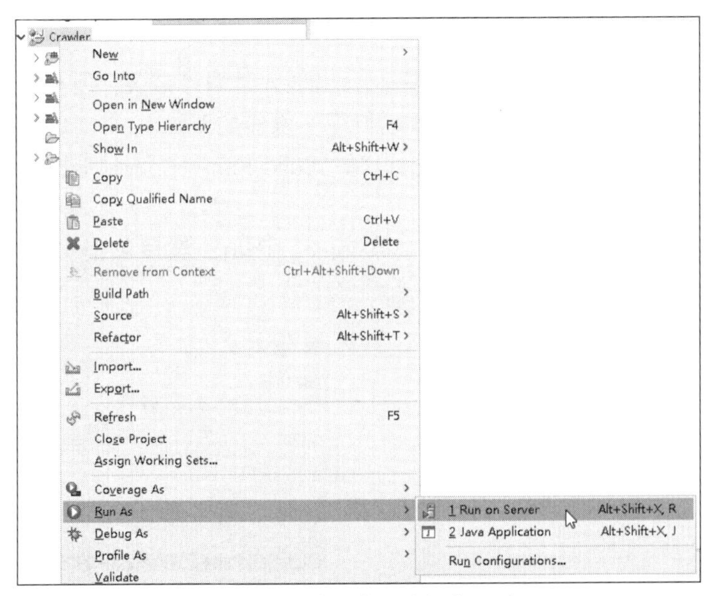

图 17.28　在服务器上运行程序

② 运行之前会提示选择启动哪个服务器，在弹出的窗口中选中已配置好的 Tomcat 服务器，单击“Next”按钮，弹出的界面如图 17.29 所示。

③ 选好服务器之后，会弹出界面显示本次启动会部署的项目，此时不用做任何设置，单击“Finish”按钮启动服务器即可。弹出的界面如图 17.30 所示。

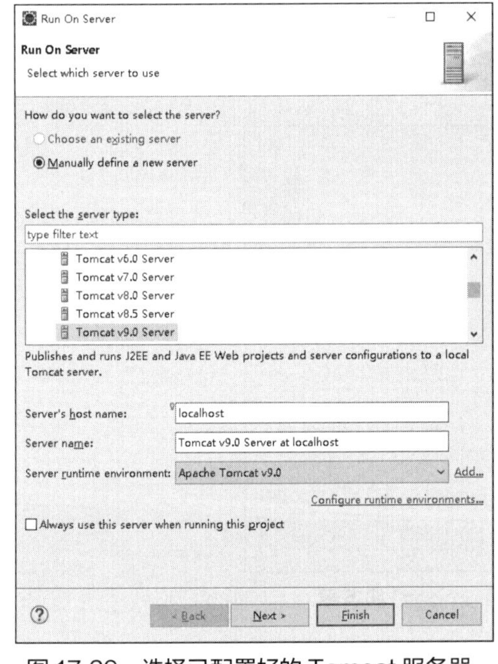

图 17.29　选择已配置好的 Tomcat 服务器

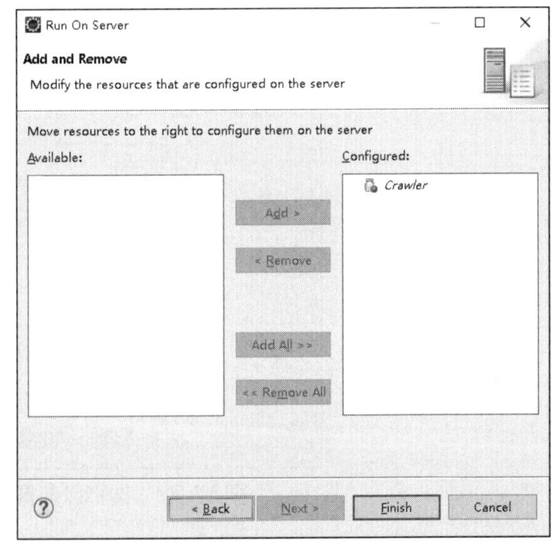

图 17.30　本次启动会部署的项目显示在右侧列表栏中

④ 服务器启动时，会在 Console 窗口中输出启动日志，当输出“Server startup in ××× ms”信息，表示服务器启动成功。本程序启动成功的效果如图 17.31 所示。

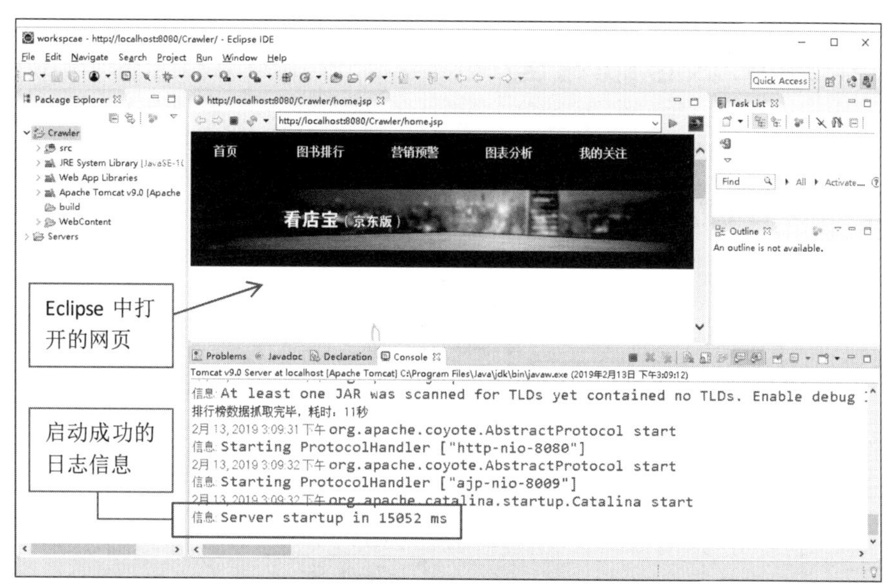

图 17.31　成功运行项目

本章知识思维导图

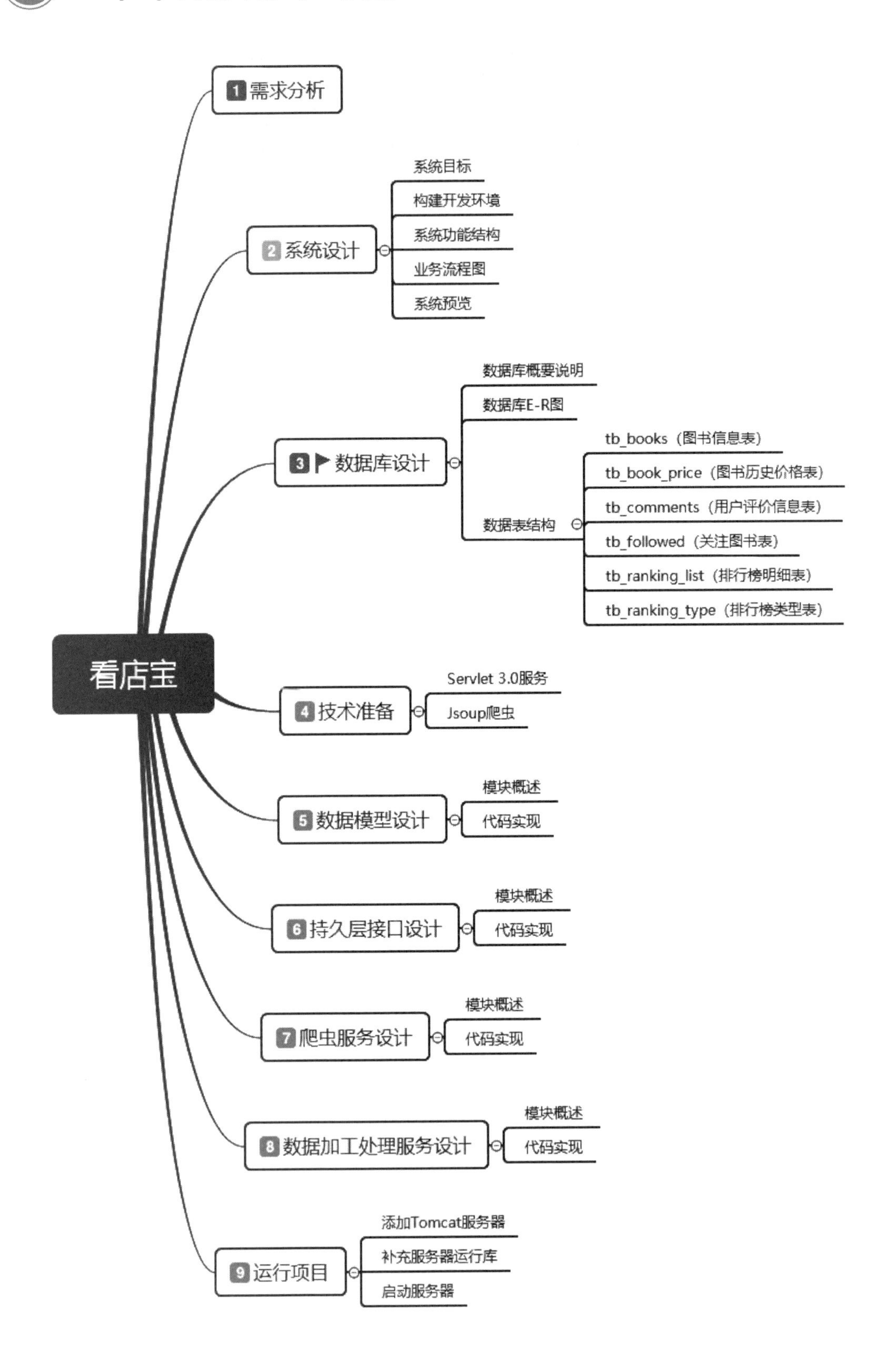

看店宝
1 需求分析
2 系统设计
系统目标
构建开发环境
系统功能结构
业务流程图
系统预览
3 数据库设计
数据库概要说明
数据库E-R图
数据表结构
tb_books（图书信息表）
tb_book_price（图书历史价格表）
tb_comments（用户评价信息表）
tb_followed（关注图书表）
tb_ranking_list（排行榜明细表）
tb_ranking_type（排行榜类型表）
4 技术准备
Servlet 3.0服务
Jsoup爬虫
5 数据模型设计
模块概述
代码实现
6 持久层接口设计
模块概述
代码实现
7 爬虫服务设计
模块概述
代码实现
8 数据加工处理服务设计
模块概述
代码实现
9 运行项目
添加Tomcat服务器
补充服务器运行库
启动服务器

第 18 章

基于 Python+MySQL 的智慧校园考试系统

扫码领取

- 配套视频
- 配套素材
- 学习指导
- 交流社群

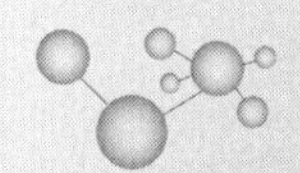

本章学习目标

- 了解使用 Python 语言开发网页
- 掌握数据库设计
- 掌握数据库表设计
- 掌握 Django 框架开发 Web 技术
- 熟悉 Python 项目开发流程

18.1 需求分析

为实现用户在线考试答题的需求，智慧校园考试系统需要具备如下功能：

- 具备用户管理功能，包括用户注册、登录和退出等功能；
- 具备邮件激活功能，用户注册完成后，需要登录邮箱激活；
- 具备分类功能，用户选择某类知识进行答题；
- 具备机构注册功能，允许机构用户进行注册，注册成功后可自主出题；
- 具备快速出题功能，机构用户可下载题库模板，根据模板创建题目，上传题库；
- 具备配置考试功能，机构用户可以配置考试信息，如设置考试题目、时间等内容；
- 具备答题功能，用户参与考试后，可以选择上一题和下一题；
- 具备评分功能，用户答完所有题目后，显示用户考试结果；
- 具备排行榜功能，用户可以通过排行榜，查看考试成绩。

18.2 系统功能设计

18.2.1 系统功能结构

智慧校园考试系统功能结构如图 18.1 所示。

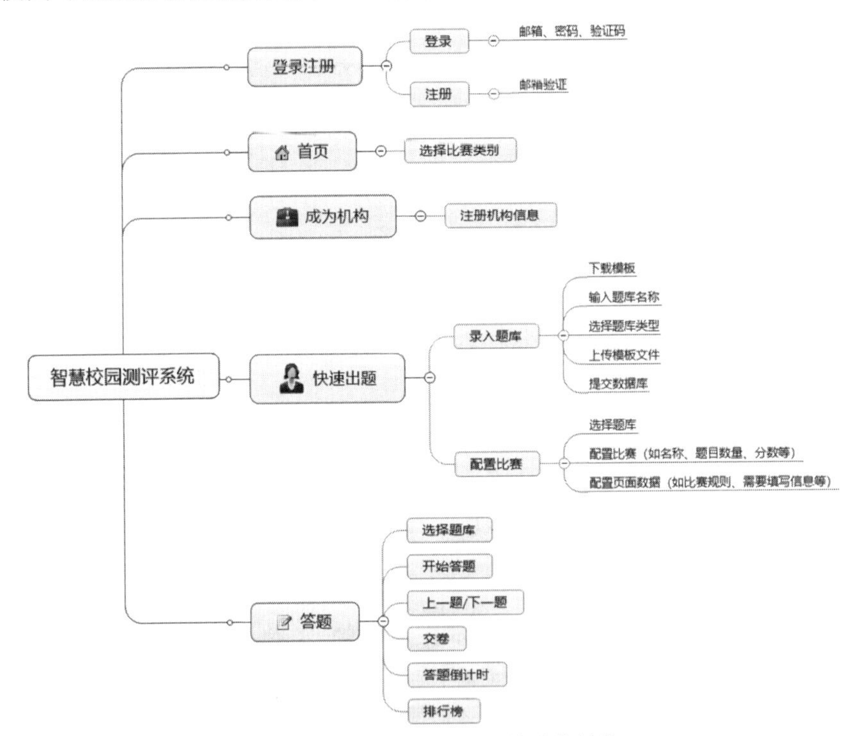

图 18.1 智慧校园考试系统功能结构

18.2.2 系统业务流程

智慧校园考试系统业务流程如图 18.2 所示。

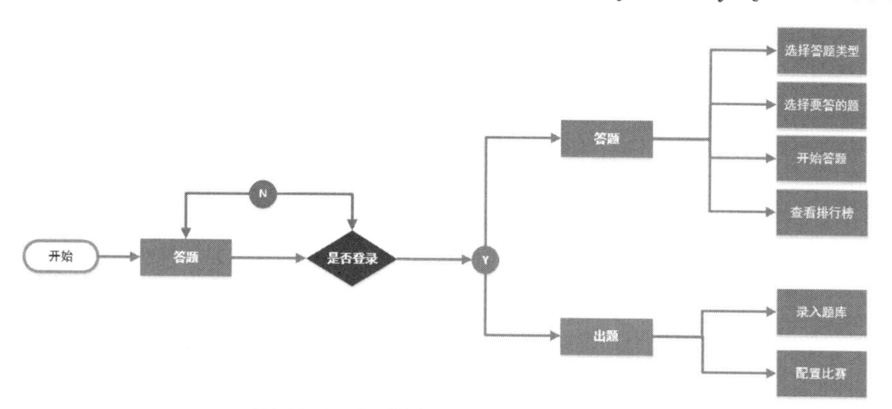

图 18.2　智慧校园考试系统业务流程

18.2.3　系统预览

智慧校园考试系统是一个答题出题一站式管理平台，该系统中包含很多页面，下面展示几个比较重要的页面。

智慧校园考试系统首页如图 18.3 所示。

图 18.3　智慧校园考试系统首页

智慧校园考试系统考试列表页面效果如图 18.4 所示。

图 18.4　考试列表页面

智慧校园考试系统答题页面效果如图 18.5 所示。

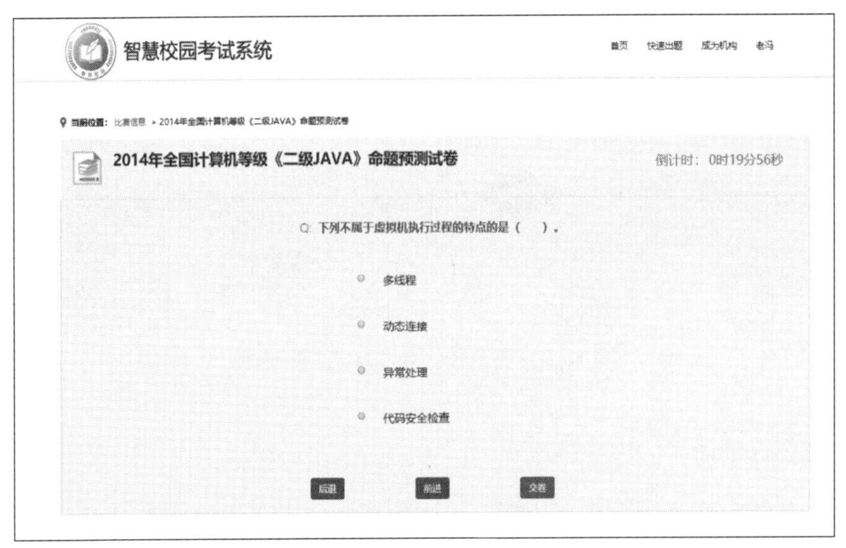

图 18.5　答题页面

18.3　系统开发必备

18.3.1　系统开发环境

本系统的软件开发及运行环境具体如下。

- 操作系统：Windows 7 及以上或者 Ubuntu。
- 虚拟环境：virtualenv 或者 Anaconda。
- 数据库和驱动：MySQL + PyMySQL、Redis。
- 开发工具：PyCharm。
- 开发框架：Django 2.1 + Bootstrap + jQuery。
- 浏览器：Chrome 浏览器。

18.3.2　文件夹组织结构

智慧校园考试系统项目目录结构如图 18.6 所示。

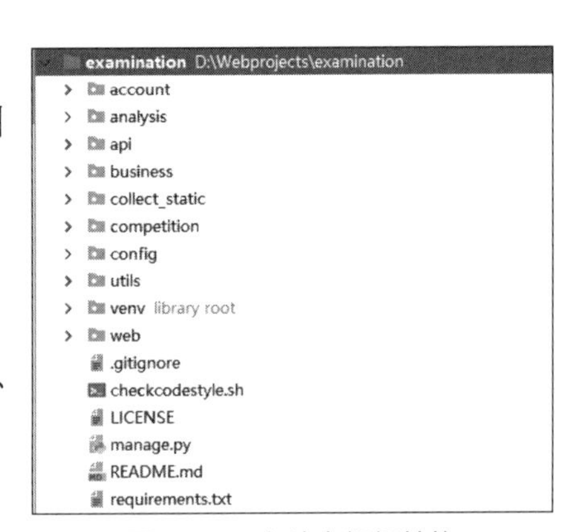

图 18.6　文件夹组织结构

图 18.6 所示结构中的文件夹及文件的作用分别如下：

- account：配置用户属性和用户信息数据的 app，其中视图包含登录视图和首页渲染视图。
- api：RESTfull API 的接口路由包，不包含视图。
- business：机构账户，应用配置和固定的额外配置数据 app，包含机构数据渲染的视图。
- collect_static：Django 的 STATIC_ROOT 目录，用来配置 nginx 路由的目录。

- competition： 核心考试功能 app，包含考试数据渲染和答题信息，录入题库等接口视图。
- config： 项目配置文件目录，包含公共配置文件、本地配置文件和数据库配置文件等。
- utils： 包含封装后的 mysql 模块，扩展的 Redis 接口，装饰器，封装的响应类、中间件、题库上传工具和错误码等工具。
- venv：virtualenv 项目虚拟环境包。
- web： 项目前端代码。
- .gitignore，README.md，LICENSE： 项目代码版本控制的配置文件。
- checkcodestyle.sh：shell 下检查代码 pep8 规范和执行 isort.py 工具的脚本。
- requirements.txt： 项目所依赖的 Python 包的 pip 安装列表。
- manage.py：Django 命令入口。

智慧校园考试系统使用 Django 框架进行开发，该框架中的 manage.py 提供了众多管理命令接口，方便执行数据库迁移和静态资源收集等工作，本项目中使用的主要命令如下:

```
python manage.py makemigrations       # 生成数据库迁移脚本
python manage.py migrate              # 根据makemigrations命令生成的脚本，创建或修改数据库表结构
python manage.py migrate migrate_name # 回滚到指定迁移版本
python manage.py collectstatic        # 生成静态资源目录，根据settings.py中STATIC_ROOT设置
python manage.py shell                # 打开Django解释器，可以引入项目包
python manage.py dbshell              # 打开Django数据库连接，可以执行原生SQL命令
python manage.py startproject         # 创建一个Django项目
python manage.py startapp             # 创建一个app
python manage.py createsuperuser      # 创建一个管理员超级用户，使用django.contrib.auth认证
python manage.py runserver            # 运行开发服务器
```

18.4 数据库设计

18.4.1 数据库概要说明

智慧校园考试系统使用 MySQL 数据库来存储数据，数据库名为 exam，共包含 22 张数据表，其数据库表结构如图 18.7 所示。

exam 数据库中的数据表对应中文表名及主要作用如表 18.1 所示。

account_profile
account_userinfo
auth_group
auth_group_permissions
auth_permission
auth_user
auth_user_groups
auth_user_user_permissions
business_appconfiginfo
business_businessaccountinfo
business_businessappinfo
business_userinfoimage
business_userinforegex
competition_bankinfo
competition_choiceinfo
competition_competitionkindinfo
competition_competitionqainfo
competition_fillinblankinfo
django_admin_log
django_content_type
django_migrations
django_session

图 18.7　数据库表结构

表 18.1　exam 数据库中的数据表及作用

英文表名	中文表名	描述
account_profile	用户信息表	保存授权后的账户信息
account_userinfo	用户填写信息表	保存用户填写的表单信息
auth_group	授权组表	django 默认的授权组
auth_group_permissions	授权组权限表	django 默认的授权组权限信息

续表

英文表名	中文表名	描述
auth_permission	授权权限表	django默认的权限信息
auth_user	授权用户表	django默认的用户授权信息
auth_user_groups	授权用户组表	django默认的用户组信息
auth_user_user_permissions	授权用户权限表	django默认的用户权限信息
business_appconfiginfo	机构app配置表	保存机构app配置信息
business_businessaccountinfo	机构账户表	保存机构账户信息
business_businessappinfo	机构app表	保存机构app信息，与配置信息关联
business_userinfoimage	表单图片链接表	保存每个表单字段的图片链接
business_userinforegex	表单验证正则表	保存每个表单字段的正则表达式信息
competition_bankinfo	题库信息表	保存题库信息
competition_choiceinfo	选择题表	保存选择题信息
competition_competitionkindinfo	考试信息表	保存考试信息和考试配置信息
competition_competitionqainfo	答题记录表	保存答题记录
competition_fillinblankinfo	填空题表	保存填空题信息
django_admin_log	django日志表	保存django管理员登录日志
django_content_type	django contenttype表	保存django默认的content type
django_migrations	django迁移表	保存django的数据库迁移记录
django_session	django session表	保存django默认的授权等session记录

18.4.2 数据表模型

Django 框架自带的 ORM 可以满足绝大多数数据库开发的需求，在没有达到一定的数量级时，我们完全不需要担心 ORM 为项目带来的瓶颈。下面是智慧校园考试系统中使用 ORM 来管理一个考试信息的数据模型，关键代码如下：

```
class CompetitionKindInfo(CreateUpdateMixin):
    """比赛类别信息类"""
    IT_ISSUE = 0
    EDUCATION = 1
    CULTURE = 2
    GENERAL = 3
    INTERVIEW = 4
    REAR = 5
    GEO = 6
    SPORT = 7

    KIND_TYPES = (
        (IT_ISSUE, u'技术类'),
        (EDUCATION, u'教育类'),
        (CULTURE, u'文化类'),
        (GENERAL, u'常识类'),
        (GEO, u'地理类'),
        (SPORT, u'体育类'),
        (INTERVIEW, u'面试题')
    )
```

```
    kind_id = ShortUUIDField(_(u'比赛id'), max_length=32, blank=True, null=True,
                             help_text=u'比赛类别唯一标识', db_index=True)
    account_id = models.CharField(_(u'出题账户id'), max_length=32, blank=True, null=True,
                                  help_text=u'商家账户唯一标识', db_index=True)
    app_id = models.CharField(_(u'应用id'), max_length=32, blank=True, null=True,
                              help_text=u'应用唯一标识', db_index=True)
    bank_id = models.CharField(_(u'题库id'), max_length=32, blank=True, null=True,
                               help_text=u'题库唯一标识', db_index=True)
    kind_type = models.IntegerField(_(u'比赛类型'), default=IT_ISSUE, choices=KIND_TYPES,
                                    help_text=u'比赛类型')
    kind_name = models.CharField(_(u'比赛名称'), max_length=32, blank=True, null=True,
                                 help_text=u'竞赛类别名称')
    sponsor_name = models.CharField(_(u'赞助商名称'), max_length=60, blank=True, null=True,
                                    help_text=u'赞助商名称')
    total_score = models.IntegerField(_(u'总分数'), default=0, help_text=u'总分数')
    question_num = models.IntegerField(_(u'题目个数'), default=0, help_text=u'出题数量')
    # 周期相关
    cop_startat = models.DateTimeField(_(u'比赛开始时间'), default=timezone.now,
                                       help_text=_(u'比赛开始时间'))
    period_time = models.IntegerField(_(u'答题时间'), default=60, help_text=u'答题时间(min)')
    cop_finishat = models.DateTimeField(_(u'比赛结束时间'), blank=True, null=True,
                                        help_text=_(u'比赛结束时间'))

    # 参与相关
    total_partin_num = models.IntegerField(_(u'total_partin_num'), default=0,
                                           help_text=u'总参与人数')
    class Meta:
        verbose_name = _(u'比赛类别信息')
        verbose_name_plural = _(u'比赛类别信息')

    def __unicode__(self):
        return str(self.pk)

    @property
    def data(self):
        return {
            'account_id': self.account_id,
            'app_id': self.app_id,
            'kind_id': self.kind_id,
            'kind_type': self.kind_type,
            'kind_name': self.kind_name,
            'total_score': self.total_score,
            'question_num': self.question_num,
            'total_partin_num': self.total_partin_num,
            'cop_startat': self.cop_startat,
            'cop_finishat': self.cop_finishat,
            'period_time': self.period_time,
            'sponsor_name': self.sponsor_name,
        }
```

与 Competition 类相似，本项目中的其他类也继承基类 CreateUpdateMixin。在基类中主要定义一些通用的信息，关键代码如下：

```
from django.db import models # 基础模型
from django.utils.translation import ugettext_lazy as _  # 引入延迟加载方法，只有在视图渲染时该字段才会呈现出翻译值
from TimeConvert import TimeConvert as tc

class CreateUpdateMixin(models.Model):
    """模型创建和更新时间戳Mixin"""
    status = models.BooleanField(_(u'状态'), default=True, help_text=u'状态', db_index=True)
```

```
# 状态值，True和False
    created_at = models.DateTimeField(_(u'创建时间'), auto_now_add=True, editable=True, help_
text=_(u'创建时间'))                                                    # 创建时间
    updated_at = models.DateTimeField(_(u'更新时间'), auto_now=True, editable=True, help_text=_
(u'更新时间'))                                                          # 更新时间

    class Meta:
        abstract = True                                                 # 抽象类，只用作继承用，不会生成表
```

18.5 用户登录模块设计

18.5.1 用户登录模块概述

用户登录模块主要对进入智慧校园考试系统的用户信息进行验证，本项目中使用邮箱和密码的方式进行登录，登录流程如图 18.8 所示，登录运行效果如图 18.9 所示。

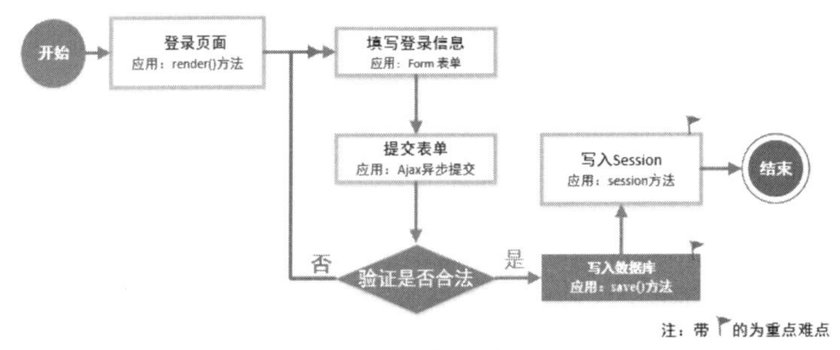

图 18.8　登录流程

图 18.9　使用邮箱和密码方式登录

18.5.2 使用 Django 默认授权机制实现普通登录

Django 默认的用户授权机制可以提供绝大多数场景的登录功能，为了更加适应智慧校园答题系统的需求，这里对其进行简单修改。

(1) 用户登录接口

在 account app 下创建一个 login_views.py 文件，用来作为接口视图，该文件中编写一个

normal_login 方法，用来实现用户正常的用户名和密码登录功能，代码如下：

```
@csrf_exempt
@transaction.atomic
def normal_login(request):
    """
    普通登录视图
    :param request: 请求对象
    :return: 返回json数据: user_info: 用户信息;has_login: 用户是否已登录
    """
    email = request.POST.get('email', '')                        # 获取email
    password = request.POST.get('password', '')                  # 获取password
    sign = request.POST.get('sign', '')                          # 获取登录验证码的sign
    vcode = request.POST.get('vcode', '')                        # 获取用户输入的验证码
    result = get_vcode(sign)                                     # 从redis中校验sign和vcode
    if not (result and (result.decode('utf-8') == vcode.lower())):
        return json_response(*UserError.VeriCodeError)           # 校验失败返回错误码300003
    try:
        user = User.objects.get(email=email)                     # 使用email获取Django用户
    except User.DoesNotExist:
        return json_response(*UserError.UserNotFound)            # 获取失败返回错误码300001
    user = authenticate(request, username=user.username, password=password)  # 授权校验
    if user is not None:                                         # 校验成功，获得返回用户信息
            login(request, user)                                 # 登录用户，设置登录session
            # 获取或创建Profile数据
            profile, created = Profile.objects.select_for_update().get_or_create(
                email=user.email,
            )
            if profile.user_src != Profile.COMPANY_USER:
                profile.name = user.username
                profile.user_src = Profile.NORMAL_USER
                profile.save()
            request.session['uid'] = profile.uid                 # 设置Profile uid的session
            request.session['username'] = profile.name           # 设置用户名的session
            set_profile(profile.data)            # 将用户信息保存到redis，用户信息从redis中查询
    else:
            return json_response(*UserError.PasswordError)       # 校验失败，返回错误码300002
    return json_response(200, 'OK', {                            # 返回JSON格式数据
            'user_info': profile.data,
            'has_login': bool(profile),
        })
```

以上实现的是用户登录的接口，编写完上面代码后，需要在 api 模块下的 urls.py 中添加路由，代码如下：

```
path('login_normal', login_views.normal_login, name='normal_login'),
```

在 web 目录下的 base.html 文件中，定义一个使用 jQuery 实现的 Ajax 异步请求方法，用来处理用户登录的表单，代码如下：

```
$('#signInNormal').click(function () {                    // 单击“登录”按钮
      refreshVcode('signin');                             // 刷新验证码
      $('#signInModalNormal').modal('show');              // 显示弹窗
      $('#signInVcodeImg').click(function () {            // 点击验证码图片，刷线验证码
          refreshVcode('signin');
      });
      $('#signInPost').click(function () {                // 单击“登录”按钮
          // 获取表单数据
          var email = $('#signInId').val();
          var password = $('#signInPassword').val();
          var vcode = $('#signInVcode').val();
```

```
    // 验证Email
    if(!checkEmail(email)){
        $('#signInId').val('');
        $('#signInId').attr('placeholder', '邮件格式错误');
        $('#signInId').css('border', '1px solid red');
        return false;
    }else{
        $('#signInId').css('border', '1px solid #C1FFC1');
    }
    // 验证密码
    if(!password){
        $('#signInPassword').attr('placeholder', '请填写密码');
        $('#signInPassword').css('border', '1px solid red');
    }else{
        $('#signInPassword').css('border', '1px solid #C1FFC1');
    }
    // Ajax 异步提交
    $.ajax({
    url: '/api/login_normal',                               // 提交地址
    data: {                                                  // 提价数据
        'email': email,
        'password': password,
        'sign': loginSign,
       'vcode': vcode
    },
    type: 'post',                                            // 提交类型
    dataType: 'json',                                        // 返回数据类型
    success: function(res){                                  // 回调函数
        if (res.status === 200){                             // 登录成功
            $('#signInModalNormal').modal('hide');           // 隐藏弹窗
            window.location.href = '/';                      // 跳转到首页
        }
        else if(res.status === 300001) {
            alert('用户名错误');
        }
        else if(res.status === 300002) {
            alert('密码错误');
        }
        else if(res.status === 300003) {
            alert('验证码错误');
        }
        else {
            alert('登录错误');
        }
    }
})
});
```

登录使用异步方式来实现，当用户单击页面上“登录”按钮时，弹出 Bootstrap 框架的 modal 插件，用户输入邮箱账户、密码和验证码时，会根据不同的错误信息给用户一个友好的提示。

当前端验证全部通过时，Ajax 发起请求，后台会校验用户输入的数据是否合理有效，如果验证全部通过，将在用户单击“登录”按钮时，显示出存储在 session 中的用户名。用户登录界面如图 18.10 所示。

说明：

在登录过程中刷新验证码，我们也提供了一个接口，本项目中通过创建 utils/codegen.py/CodeGen 类，来实现验证码生成和保存到流的过程，具体代码请查看资源包中的源码文件。

图 18.10　用户登录窗口

(2) 用户注册接口

用户注册同样是使用 Ajax 异步请求的方式，在弹出的 modal 中输入表单内容。然后通过正则表达式规则进行校验，如果校验成功，会将输入提交到后台进行校验，如果校验通过，将会返回一个新渲染的视图，并提示用户发送邮件去验证邮箱。用户注册流程如图 18.11 所示。

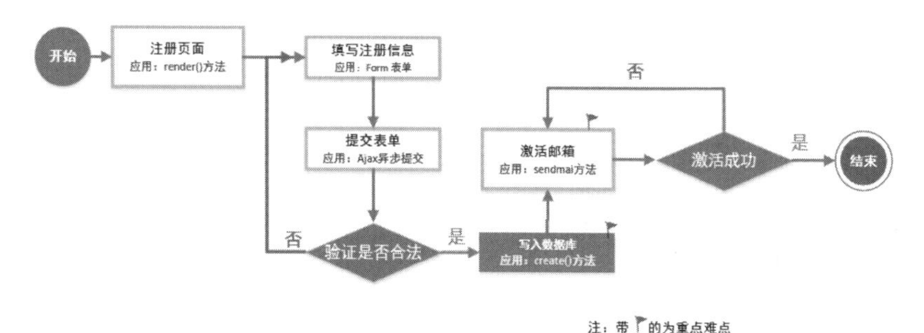

图 18.11　注册流程图

发送邮件同样需要通过异步请求的接口实现，用户注册的视图函数代码如下：

```
@csrf_exempt
@transaction.atomic
def signup(request):
    email = request.POST.get('email', '')                           # 邮箱
    password = request.POST.get('password', '')                     # 密码
    password_again = request.POST.get('password_again', '')         # 确认密码
    vcode = request.POST.get('vcode', '')                           # 注册验证码
    sign = request.POST.get('sign')                                 # 注册验证码检验位
    if password != password_again:                       # 两次密码不一样，返回错误码300002
        return json_response(*UserError.PasswordError)
    result = get_vcode(sign)                             # 校验vcode，逻辑和登录视图相同
    if not (result and (result.decode('utf-8') == vcode.lower())):
        return json_response(*UserError.VeriCodeError)
    if User.objects.filter(email__exact=email).exists():            # 检查数据库是否存在该用户
        return json_response(*UserError.UserHasExists)# 返回错误码300004
    username = email.split('@')[0]                       # 生成一个默认的用户名
    if User.objects.filter(username__exact=username).exists():
        username = email                                 # 默认用户名已存在，使用邮箱作为用户名
```

```
    User.objects.create_user(                            # 创建用户，并设置为不可登录
        is_active=False,
        is_staff=False,
        username=username,
        email=email,
        password=password,
    )
    Profile.objects.create(                              # 创建用户信息
        name=username,
        email=email
    )
    sign = str(uuid.uuid1())                             # 生成邮箱校验码
    set_signcode(sign, email)                            # 在redis设置30min时限的验证周期
    return json_response(200, 'OK', {                    # 返回JSON数据
        'email': email,
        'sign': sign
    })
```

编写完上面的视图函数后，需要在 api 的 urls.py 中加入如下路由：

```
path('signup', login_views.signup, name='signup'),
```

响应接口数据后，注册过程并未完成，需要用户手动触发邮箱验证。当用户单击“发送邮件”按钮时，Ajax 将会提交数据到以下接口路由，代码如下：

```
path('sendmail', login_views.sendmail, name='sendmail'),
```

上面路由对应的视图函数为 sendmail，该函数仅完成了一个使用 django.core.sendmail 发送邮件的过程，其实现代码如下：

```
def sendmail(request):
    to_email = request.GET.get('email', '')              # 在url中获取的注册邮箱地址
    sign = request.GET.get('sign', '')                   # 在url中获取的sign标识
    if not get_has_sentregemail(to_email):               # 检查用户是否在同一时间多次单击发送邮件
        title = '[Quizz.cn用户激活邮件]'                   # 定义邮件标题
        sender = settings.EMAIL_HOST_USER                # 获取发送邮件的邮箱地址
        # 回调函数
        url = settings.DOMAIN + '/auth/email_notify?email=' + to_email + '&sign=' + sign
        # 邮件内容
        msg = '您好，Quizz.cn管理员想邀请您激活您的用户，单击链接激活。{}'.format(url)
        # 发送邮件并获取发送结果
        ret = send_mail(title, msg, sender, [to_email], fail_silently=True)
        if not ret:
            return json_response(*UserError.UserSendEmailFailed) # 发送出错，返回错误码300006
        set_has_sentregemail(to_email)                   # 正常发送，设置3分钟的继续发送限制
        return json_response(200, 'OK', {})              # 返回空JSON数据
    else:
        # 如果用户同一时间多次单击发送，返回错误码300005
        return json_response(*UserError.UserHasSentEmail)
```

说明：

在上面发送邮件的视图函数 sendmail 中添加了一个回调函数，用来检查用户是否确认邮件。回调函数是一个普通的视图渲染函数。

在 config 模块的 urls.py 中添加总的授权路由，代码如下：

```
urlpatterns += [
            path('auth/', include(('account.urls','account'), namespace='auth')),
    ]
```

在 account 的 urls.py 中添加授权回调函数的路由:

```
path('email_notify', login_render.email_notify, name='email_notify'),
```

授权回调函数 email_notify 的实现代码如下:

```
@transaction.atomic
def email_notify(request):
    email = request.GET.get('email', '')                          # 获取要验证的邮箱
    sign = request.GET.get('sign', '')                            # 获取校验码
    signcode = get_signcode(sign)                                 # 在redis校验邮箱
    if not signcode:
        return render(request, 'err.html', VeriCodeTimeOut)       # 校验失败返回错误视图
    if not (email == signcode.decode('utf-8')):
        return render(request, 'err.html', VeriCodeError)         # 校验失败返回错误视图
    try:
        user = User.objects.get(email=email)                              # 获取用户
    except User.DoesNotExist:
        user = None
    if user is not None:                                          # 激活用户
        user.is_active = True
        user.is_staff = True
        user.save()
        login(request, user)                                      # 登录用户
        profile, created = Profile.objects.select_for_update().get_or_create(    # 配置用户信息
            name=user.username,
            email=user.email,
        )
        profile.user_src = Profile.NORMAL_USER                    # 配置用户为普通登录用户
        profile.save()

        request.session['uid'] = profile.uid                      # 配置session
        request.session['username'] = profile.name
        return render(request, 'web/index.html', {                # 渲染视图，并返回已登录信息
            'user_info': profile.data,
            'has_login': True,
            'msg': "激活成功",
        })
    else:
        return render(request, 'err.html', VerifyFailed)          # 校验失败返回错误视图
```

前端单击注册连接的 Ajax 请求如下:

```
$('#signUpPost').click(function () {                              // 单击"注册"按钮
    // 获取表单数据
    var email = $('#signUpId').val();
    var password = $('#signUpPassword').val();
    var passwordAgain = $('#signUpPasswordAgain').val();
    var vcode = $('#signUpVcode').val();
    // 验证邮箱
    if(!checkEmail(email)) {
        $('#signUpId').val('');
        $('#signUpId').attr('placeholder', '邮箱格式错误');
        $('#signUpId').css('border', '1px solid red');
        return false;
    }else{
        $('#signUpId').css('border', '1px solid #C1FFC1');}
    // 验证2次密码是否一致
    if(!(password === passwordAgain)) {
        $('#signUpPasswordAgain').val('');
        $('#signUpPasswordAgain').attr('placeholder', '两次密码输入不一致');
        $('#signUpPassword').css('border', '1px solid red');
```

```
        $('#signUpPasswordAgain').css('border', '1px solid red');
        return false;
    }else{
        $('#signUpPassword').css('border', '1px solid #C1FFC1');
        $('#signUpPasswordAgain').css('border', '1px solid #C1FFC1');}
    // Ajax 异步请求
    $.ajax({
        url: '/api/signup',                                  // 请求URL
        type: 'post',                                        // 请求方式
        data: {                                              // 请求数据
            'email': email,
            'password': password,
            'password_again': passwordAgain,
            'sign': loginSign,
            'vcode': vcode},
        dataType: 'json',                                    // 返回数据类型
        success: function (res) {                            // 回调函数
            if(res.status === 200) {                         // 注册成功
                sign = res.data.sign;
                email = res.data.email;
                // 拼接验证邮箱URL
                window.location.href = '/auth/signup_redirect?email=' + email +
                '&sign=' + sign;
            }else if(res.status === 300002) {
                alert('两次输入密码不一致');
            }else if(res.status === 300003) {
                alert('验证码错误');
            }else if(res.status === 300004) {
                alert('用户名已存在');
            }
        }
    })
});
```

发送邮件的 Ajax 请求代码如下：

```
$('#sendMail').click(function () {                          // 单击发送邮件
    $('#sendMailLoading').modal('show');                     // 显示弹窗
    // Ajax 异步请求
    $.ajax({
        url: '/api/sendmail',                                // 请求URL
        type: 'get',                                         // 请求方式
        data: {                                              // 请求数据
            'email': '{{ email|safe }}',
            'sign': '{{ sign|safe }}'
        },
        dataType: 'json',                                    // 返回数据类型
        success: function (res) {                            // 回调函数
            if(res.status === 200) {                         // 请求成功
                $('#sendMailLoading').modal('hide');
                alert('发送成功，快去登录邮箱激活账户吧');
            }
            else if(res.status === 300005) {
                $('#sendMailLoading').modal('hide');
                alert('您已经发送过邮件，请稍等再试');
            }
            else if(res.status === 300006) {
                $('#sendMailLoading').modal('hide');
                alert('验证邮件发送失败!');
            }
        }
    })
});
```

说明：

修改密码和重置密码的实现方式与用户注册的实现方式类似，这里不再赘述。

用户注册页面效果如图 18.12 所示。

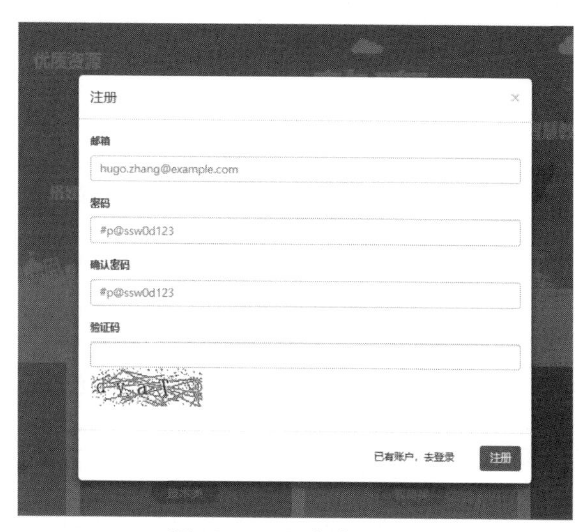

图 18.12　用户注册页面

18.5.3　机构注册功能的实现

在智慧校园考试系统中还提供了机构注册的功能，当单击“成为机构”导航按钮时，需要根据用户的 uid 来判断用户是否已经注册过机构账户。如果没有注册过，渲染一个表单，这个表单使用 Ajax 来异步请求；如果已经注册过，则返回一个信息提示，引导用户重定向到出题页面。下面讲解详细实现过程。

在 config/urls.py 中添加机构 app 的路由，代码如下：

```
path('biz/', include(('business.urls','business'), namespace='biz')),  # 机构
```

在 bisiness 下面的 urls.py 中添加渲染机构页面的路由，代码如下：

```
path('^$', biz_render.home, name='index'),
```

上面的代码中用到了页面渲染视图函数，函数名称为 index，其具体实现如下：

```
def home(request):
    uid = request.GET.get('uid', '')                          # 获取uid
    try:
        profile = Profile.objects.get(uid=uid)                # 根据uid获取用户信息
    except Profile.DoesNotExist:
        profile = None                                        # 未获取到用户信息profile变量置空
    types = dict(BusinessAccountInfo.TYPE_CHOICES)            # 所有的机构类型
    # 渲染视图，返回机构类型和是否存在该账户绑定过的机构账户
    return render(request, 'bussiness/index.html', {
        'types': types,
        'is_company_user': bool(profile) and (profile.user_src == Profile.COMPANY_USER)
    })
def home(request):
    uid = request.GET.get('uid', '')

    try:
```

```
        profile = Profile.objects.get(uid=uid)
    except Profile.DoesNotExist:
        profile = None

    types = dict(BusinessAccountInfo.TYPE_CHOICES)

    return render(request, 'bussiness/index.html', {
        'types': types,
        'is_company_user': bool(profile) and (profile.user_src == Profile.COMPANY_USER)
    })
```

在 web/business/index.html 页面中添加一个 Bootstrap 框架的 panel 控件，用来存放机构注册表单，代码如下：

```
<div class="panel panel-info">
        <div class="panel-heading"><h3 class="panel-title">注册成为机构</h3></div>
        <div class="panel-body">
          <form id="bizRegistry" class="form-group">
              <label for="bizEmail">邮箱</label>
              <input type="text" class="form-control" id="bizEmail"
                      placeholder="填写机构邮箱" />
              <label for="bizCompanyName">名称</label>
              <input type="text" class="form-control" id="bizCompanyName"
                      placeholder="填写机构名称" />
              <label for="bizCompanyType">类型</label>
              <select id="bizCompanyType" class="form-control">
                  {% for k, v in types.items %}
                      <option value="{{ k }}">{{ v }}</option>
                  {% endfor %}
              </select>
              <label for="bizUsername">联系人</label>
              <input type="text" class="form-control" id="bizUsername"
                      placeholder="填写机构联系人" />
              <label for="bizPhone">手机号</label>
              <input type="text" class="form-control" id="bizPhone"
                      placeholder="填写联系人手机" />
              <input type="submit" id="bizSubmit" class="btn btn-primary"
                      value="注册机构" style="float: right;margin-top: 20px" />
          </form>
        </div>
    </div>
</div>
```

在 JavaScript 脚本中添加申请成为机构的请求方法，代码如下：

```
$('#bizSubmit').click(function () {                              // 单击注册机构
    // 获取表单信息
    var email = $('#bizEmail').val();
    var name = $('#bizCompanyName').val();
    var type = $('#bizCompanyType').val();
    var username = $('#bizUsername').val();
    var phone = $('#bizPhone').val();
    // 正则表达式验证邮箱
    if(!email.match('^\\w+([-+.]\\w+)*@\\w+([-.]\\w+)*\\.\\w+([-.]\\w+)*$')) {
         $('#bizEmail').val('');
         $('#bizEmail').attr('placeholder', '邮箱格式错误');
         $('#bizEmail').css('border', '1px solid red');
         return false;
    }else{
        $('#bizEmail').css('border', '1px solid #C1FFC1');
    }
```

```
// 正则表达式验证机构名称
if(!(name.match('^[a-zA-Z0-9_\\u4e00-\\u9fa5]{4,20}$'))) {
      $('#bizCompanyName').val('');
      $('#bizCompanyName').attr('placeholder', '请填写4～20中文字母数字或者下划线机构名称');
      $('#bizCompanyName').css('border', '1px solid red');
      return false;
}else{
    $('#bizCompanyName').css('border', '1px solid #C1FFC1');
}
 // 正则表达式验证用户名
if(!(username.match('^[\u4E00-\u9FA5A-Za-z]+$'))){
      $('#bizUsername').val('');
      $('#bizUsername').attr('placeholder', '联系人姓名应该为汉字或大小写字母');
      $('#bizUsername').css('border', '1px solid red');
      return false;
}else{
    $('#bizUsername').css('border', '1px solid #C1FFC1');
}
// 正则表达式验证手机
if(!(phone.match('^1[3|4|5|8][0-9]\\d{4,8}$'))){
      $('#bizPhone').val('');
      $('#bizPhone').attr('placeholder', '手机号不符合规则');
      $('#bizPhone').css('border', '1px solid red');
      return false;
}else{
      $('#bizPhone').css('border', '1px solid #C1FFC1');
}
// Ajax 异步请求
$.ajax({
     url: '/api/checkbiz',                              // 请求URL
     type: 'get',                                       // 请求方式
     data: {                                            // 请求数据
          'email': email
     },
     dataType: 'json',                                  // 返回数据类型
     success: function (res) {                          // 回调函数
          if(res.status === 200) {                      // 注册成功
               if(res.data.bizaccountexists) {
                    alert('您的账户已存在，请直接登录');
                    window.location.href = '/';
               }
               else if(res.data.userexists && !res.data.bizaccountexists) {
                 if(confirm('您的邮箱已被注册为普通用户，我们将会为您绑定该用户。')){
                     bizPost(email, name, type, username, phone, 1);
                     window.location.href = '/biz/notify?email=' + email + '&bind=1';
                 }else {
                     window.location.href = '/{% if request.session.uid %} ?
                      uid={{ request.session.uid }}{% else %}{% endif %}';
                 }
             }
             else{
                 bizPost(email, name, type, username, phone, 2);
                 window.location.href = '/biz/notify?email=' + email;
             }
         }
     }
});
// 验证邮箱方法
function bizPost(email, name, type, username, phone, flag) {
    // Ajax 异步请求
    $.ajax({
        url: '/api/regbiz',                             // 请求URL
```

```
            data: {                                        // 请求数据
                'email': email,
                'name': name,
                'type': type,
                'username': username,
                'phone': phone,
                'flag': flag
            },
            type: 'post',                                  // 请求类型
            dataType: 'json'                               // 返回数据类型
        })
    }
});
```

单击“注册”按钮时，首先验证表单是否符合正则表达式，当这些验证都通过时，先请求一个 /api/check_biz 接口，这个方法对应的路由和接口函数如下：

```
def check_biz(request):
    email = request.GET.get('email', '')                  # 获取邮箱
    try:  # 检查数据库中是否由该邮箱注册过的数据
        biz = BusinessAccountInfo.objects.get(email=email)
    except BusinessAccountInfo.DoesNotExist:
        biz = None
    return json_response(200, 'OK', {                     # 返回是否已经被注册过和是否已经有此用户
        'userexists': User.objects.filter(email=email).exists(),
        'bizaccountexists': bool(biz)
    })
```

上面的接口用来检查用户填写的邮箱是否存在登录账户和机构账户，这里的实现是：如果用户登录账户存在，但是机构账户不存在（第一种情况），那么会提示用户绑定已有账户，注册成为机构账户；如果用户账户不存在，并且机构账户也不存在（第二种情况），则会在请求下一个接口中，为该邮箱创建一个未激活的登录账户和一个机构账户，所以该用户务必要走第三个步骤，就是去自己的邮箱里面验证该账户并激活。

那么，如果是上面说的第一种情况，就没有必要再次验证邮箱了。

而如果是第二种情况，用户会将表单信息提交到 /api/regbiz 接口，因此，首先在 api 模块的 urls.py 中添加路由，代码如下：

```
# bussiness
urlpatterns += [
     path('regbiz', biz_views.registry_biz, name='registry biz'),
     path('checkbiz', biz_views.check_biz, name='check_biz'),
]
```

然后在 business 的 biz_views.py 中添加如下方法：

```
@csrf_exempt
@transaction.atomic
def registry_biz(request):
    email = request.POST.get('email', '')                                  # 获取填写的邮箱
    name = request.POST.get('name', '')                                    # 获取填写的机构名
    username = request.POST.get('username', '')                            # 获取填写的机构联系人
    phone = request.POST.get('phone', '')                                  # 获取填写的手机号
    ctype = request.POST.get('type', BusinessAccountInfo.INTERNET)        # 获取机构类型
    # 获取一个标记位，代表用户是创建新用户还是使用绑定老用户的方式
    flag = int(request.POST.get('flag', 2))
```

```
    uname = email.split('@')[0]              # 和之前的注册逻辑没什么区别，创建一个账户名
    if not User.objects.filter(username__exact=name).exists():
        final_name = username
    elif not User.objects.filter(username__exact=uname).exists():
        final_name = uname
    else:
        final_name = email
    if flag == 2:                            # 如果标记位是2，那么将为他创建新用户
        user = User.objects.create_user(
            username=final_name,
            email=email,
            password=settings.INIT_PASSWORD,
            is_active=False,
            is_staff=False
        )
    if flag == 1:                            # 如果标记位是1，那么为他绑定老用户
        try:
            user = User.objects.get(email=email)
        except User.DoesNotExist:
            return json_response(*UserError.UserNotFound)
    pvalues = {
        'phone': phone,
        'name': final_name,
        'user_src': Profile.COMPANY_USER,
    }
    # 获取或创建用户信息
    profile, _ = Profile.objects.select_for_update().get_or_create(email=email)
    for k, v in pvalues.items():
        setattr(profile, k, v)
    profile.save()
    bizvalues = {
        'company_name': name,
        'company_username': username,
        'company_phone': phone,
        'company_type': ctype,
    }
    # 获取或创建机构账户信息
    biz, _ = BusinessAccountInfo.objects.select_for_update().get_or_create(
        email=email,
        defaults=bizvalues
    )
    return json_response(200, 'OK', {  # 响应JSON格式数据，这个标记位在发送验证邮件的时候还有用
        'name': final_name,
        'email': email,
        'flag': flag
    })
```

表单提交后，如果是新创建的用户，验证用户的邮件，这个步骤和之前雷同，所以不做赘述。整个过程完成，如果用户注册成为机构用户，那么他就可以在快速出题的导航页中录制题库，并且生成一个考试了。登录账户会根据注册渠道的不同，标记为普通用户和机构账户用户。机构注册页面效果如图 18.13 所示。

图 18.13　机构注册页面效果

18.6 核心答题功能的设计

18.6.1 答题首页设计

答题首页主题呈现为考试的分类，我们将其划分为 6 个类别和 1 个热门考试。对应的参数及说明如下：

- hot：代表所有热门考试前十位；
- tech：代表技术类热门考试前十位；
- culture：代表文化类考试前十位；
- edu：代表教育类考试前十位；
- sport：代表体育类考试前十位；
- general：代表常识类考试前十位；
- interview：代表面试类考试前十位。

答题模块是本项目的核心功能，答题模块的流程图如图 18.14 所示。

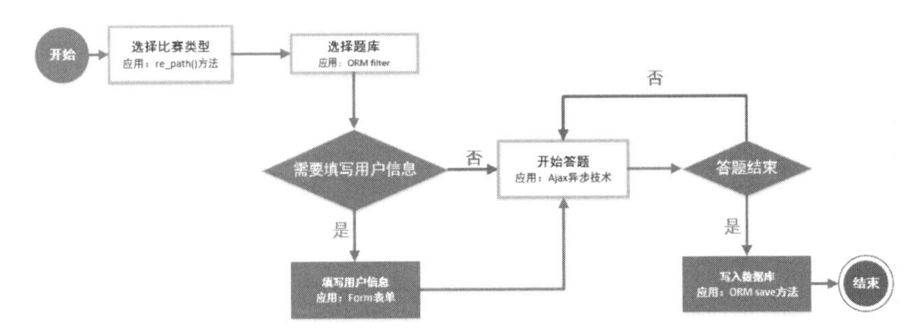

图 18.14　答题模块流程图

首页运行效果如图 18.15 所示。

图 18.15　考试分类

当单击某一个类别后，将进入该类别下的考试列表。其对应的路由如下：

```
re_path('games/s/(\w+)', cop_render.games, name='query_games'),
```

这里使用 re_path() 函数来进行正则匹配，如我们单击“热门比赛”按钮，则进入如下 URL：

```
/bs/games/s/hot
```

通过以上方式，我们就可以根据 URL 中最后一个参数的值来判断用户选择的是哪一类考试。下面看一下如何获取对应分类的数据信息。代码如下：

```
def games(request, s):
    """
    获取所有考试接口
    :param request: 请求对象
    :param s: 请求关键字
    :return: 返回该请求关键字对应的所有考试类别
    """

    if s == 'hot':
        #筛选条件：完成时间大于当前时间;根据参与人数降序排序;根据创建时间降序排序;筛选10个
        kinds = CompetitionKindInfo.objects.filter(
            cop_finishat__gt=datetime.datetime.now(tz=datetime.timezone.utc),
        ).order_by('-total_partin_num').order_by('-created_at')[:10]

    elif s == 'tech':                                   #获取所有技术类比赛
        kinds = CompetitionKindInfo.objects.filter(
            kind_type=CompetitionKindInfo.IT_ISSUE,
            cop_finishat__gt=datetime.datetime.now(tz=datetime.timezone.utc)
        ).order_by('-total_partin_num').order_by('-created_at')

    elif s == 'edu':                                    #获取所有教育类比赛
        kinds = CompetitionKindInfo.objects.filter(
            kind_type=CompetitionKindInfo.EDUCATION,
            cop_finishat__gt=datetime.datetime.now(tz=datetime.timezone.utc)
        ).order_by('-total_partin_num').order_by('-created_at')

    elif s == 'culture':                                #获取所有文化类比赛
        kinds = CompetitionKindInfo.objects.filter(
            kind_type=CompetitionKindInfo.CULTURE,
            cop_finishat__gt=datetime.datetime.now(tz=datetime.timezone.utc)
        ).order_by('-total_partin_num').order_by('-created_at')

    elif s == 'sport':                                  #获取所有体育类比赛
        kinds = CompetitionKindInfo.objects.filter(
            kind_type=CompetitionKindInfo.SPORT,
            cop_finishat__gt=datetime.datetime.now(tz=datetime.timezone.utc)
        ).order_by('-total_partin_num').order_by('-created_at')

    elif s == 'general':                                #获取所有常识类比赛
        kinds = CompetitionKindInfo.objects.filter(
            kind_type=CompetitionKindInfo.GENERAL,
            cop_finishat__gt=datetime.datetime.now(tz=datetime.timezone.utc)
        ).order_by('-total_partin_num').order_by('-created_at')

    elif s == 'interview':                              #获取所有面试类比赛
        kinds = CompetitionKindInfo.objects.filter(
            kind_type=CompetitionKindInfo.INTERVIEW,
            cop_finishat__gt=datetime.datetime.now(tz=datetime.timezone.utc)
        ).order_by('-total_partin_num').order_by('-created_at')

    else:
        kinds = None
    return render(request, 'competition/games.html', {
        'kinds': kinds,
    })
```

上述代码中，我们根据参数 s 的值来获取对应的考试数据信息。运行结果如图 18.16 所示。

图 18.16　考试列表

18.6.2　考试详情页面

考试详情页面用来展示考试的信息，包括考试名称、出题机构、考试题目数量和题库大小等信息，其效果如图 18.17 所示。

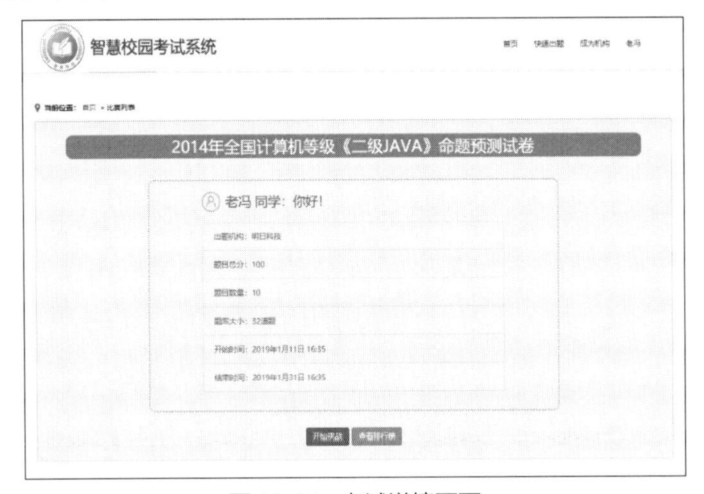

图 18.17　考试详情页面

在 competition 应用下面添加一个 cop_render.py 文件，用来存放考试页面的视图渲染函数，代码如下：

```
def home(request):
    """
    比赛首页视图
    :param request: 请求对象
    :return: 渲染视图: user_info: 用户信息; kind_info: 比赛信息;is_show_userinfo: 是否展示用户信
息表单;user_info_has_entered: 是否已经录入表单;
             userinfo_fields: 表单字段;option_fields: 表单字段中呈现为下拉框的字段;
    """
    uid = request.GET.get('uid', '')                              # 获取uid
    kind_id = request.GET.get('kind_id', '')                      # 获取kind_id
    created = request.GET.get('created', '0')                     # 获取标志位, 以后会用到
    try:                                                          # 获取比赛数据
        kind_info = CompetitionKindInfo.objects.get(kind_id=kind_id)
    except CompetitionKindInfo.DoesNotExist:                      # 不存在渲染错误视图
        return render(request, 'err.html', CompetitionNotFound)
    try:                                                          # 获取题库数据
        bank_info = BankInfo.objects.get(bank_id=kind_info.bank_id)
    except BankInfo.DoesNotExist:                                 # 不存在渲染错误视图
        return render(request, 'err.html', BankInfoNotFound)
    try:                                                          # 获取用户数据
```

```
        profile = Profile.objects.get(uid=uid)
    except Profile.DoesNotExist:                                # 不存在渲染错误视图
        return render(request, 'err.html', ProfileNotFound)
    if kind_info.question_num > bank_info.total_question_num:   # 比赛出题数量是否小于题库总大小
        return render(request, 'err.html', QuestionNotSufficient)
    show_info = get_pageconfig(kind_info.app_id).get('show_info', {})  # 从redis获取页面配置信息
    # 页面配置信息，用来控制答题前是否展示一张表单
    is_show_userinfo = show_info.get('is_show_userinfo', False)
    form_fields = collections.OrderedDict()    # 生成一个有序的用来保存表单字段的字典
    form_regexes = []                                           # 生成一个空的正则表达式列表
    if is_show_userinfo:
        # 从页面配置中获取userinfo_fields
        userinfo_fields = show_info.get('userinfo_fields', '').split('#')
        for i in userinfo_fields:                # 将页面配置的每个正则表达式取出来放入正则表达式列表
            form_regexes.append(get_form_regex(i))
        userinfo_field_names = show_info.get('userinfo_field_names', '').split('#')
        for i in range(len(userinfo_fields)):  # 将每个表单字段信息保存到有序的表单字段字典中
            form_fields.update({userinfo_fields[i]: userinfo_field_names[i]})
    return render(request, 'competition/index.html', {           # 渲染页面
        'user_info': profile.data,
        'kind_info': kind_info.data,
        'bank_info': bank_info.data,
        'is_show_userinfo': 'true' if is_show_userinfo else 'false',
        'userinfo_has_enterd': 'true' if get_enter_userinfo(kind_id, uid) else 'false',
        'userinfo_fields': json.dumps(form_fields) if form_fields else '{}',
        'option_fields': json.dumps(show_info.get('option_fields', '')),
        'field_regexes': form_regexes,
        'created': created
    })
```

详情页除了返回考试的信息，还需要返回页面的配置信息。本项目中，在 business app 的数据模型中创建一个 AppConfigInfo，关联每个 BusinessAppInfo 的 app_id，用来指定每个 AppInfo 在页面中的不同配置，以便让整个页面多样化、可定制化。这里我们指定了一个配置，如果机构用户开启了此功能，那么每个答题用户需要在参与考试之前填写一个表单，如图 18.18 所示。

图 18.18　答题之前需要填写的表单

图 18.18 所示的表单主要为了收集答题用户的信息，以便日后可以联系该用户。在 business.models 模块中，添加一个名称为 AppConfigInfo 的模型类，代码如下：

```
class AppConfigInfo(CreateUpdateMixin):
    """ 应用配置信息类 """

    app_id = models.CharField(_(u'应用id'), max_length=32, help_text=u'应用唯一标识',
                              db_index=True)
    app_name = models.CharField(_(u'应用名'), max_length=40, blank=True, null=True,
                                help_text=u'应用名')
    # 文案配置
    rule_text = models.TextField(_(u'考试规则'), max_length=255, blank=True, null=True,
                                 help_text=u'考试规则')

    # 显示信息
    is_show_userinfo = models.BooleanField(_(u'展示用户表单'), default=False,
                                           help_text=u'是否展示用户信息表单')
```

```
    userinfo_fields = models.CharField(_(u'用户表单字段'), max_length=128, blank=True, null=True,
                                          help_text=u'需要用户填写的字段#隔开')
    userinfo_field_names = models.CharField(_('用户表单label'), max_length=128, blank=True,
                                          null=True, help_text=u'用户需要填写的表单字段label名称')
    option_fields = models.CharField(_(u'下拉框字段'), max_length=128, blank=True, null=True,
                                          help_text=u'下拉框字段选项配置，#号隔开，每个字段由:h和，号
                                          组成。 如 option1:吃饭，喝水，睡觉#option2:上班，学习，看电影')

    class Meta:
        verbose_name = _(u'应用配置信息')
        verbose_name_plural = _(u'应用配置信息')

    def __unicode__(self):
        return str(self.pk)

    # 页面配置数据
    @property
    def show_info(self):
        return {
            'is_show_userinfo': self.is_show_userinfo,
            'userinfo_fields': self.userinfo_fields,
            'userinfo_field_names': self.userinfo_field_names,
            'option_fields': self.option_fields,
        }

    @property
    def text_info(self):
        return {
            'rule_text': self.rule_text,
        }

    @property
    def data(self):
        return {
            'show_info': self.show_info,
            'text_info': self.text_info,
            'app_id': self.app_id,
            'app_name': self.app_name
        }
```

上面的模型类指定了页面需要进行的一些配置，其中，is_show_userinfo 字段用来控制展示和隐藏。具体展示成什么样，这里将该功能做成了一个动态的表单，在 userinfo_fields 字段中，保存一个字符串的值，格式如下：

```
name#sex#age#phone   # 以 # 隔开的一个纯文本值，每一段的值代表了表单中的一个字段
```

通过上面的字符串值，当用户想要在表单中展示更多字段时，只需修改该值即可。

另外，表单中的 label 标签在 user info_field_names 这个字段中给出；而如果想展示成带下拉框的情形呢？只需要在 option_fields 这个字段中写下类似下面的值即可：

```
sex:男#女,graduated_from:QingHuaDaXue,BeijingDaXue
```

上面代码中，每个逗号代表了一个配置项，冒号（:）用来分割字段名和可选值，这里的 sex 是字段名，可选的值是男和女两个值。

18.6.3 答题功能的实现

当单击“开始挑战”按钮时，代表已经确认过考试信息，可以开始答题了，答题页面效

果如图 18.19 所示。

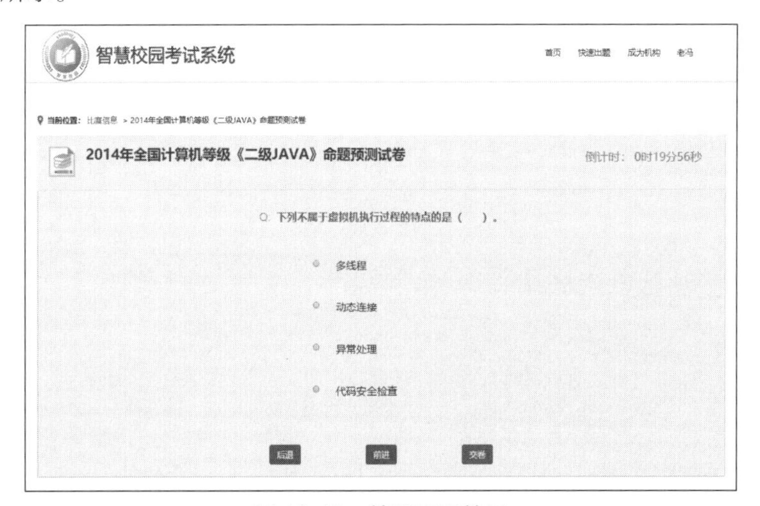

图 18.19　答题页面效果

因此添加如下的 url 路由：

```
path('game', cop_render.game, name='game'),
```

上面路由中用到了 game 视图函数，该函数用来获取考试、题库和用户相关的信息，其详细代码如下：

```
@check_login
@check_copstatus
def game(request):
    """
    返回比赛题目信息的视图
    :param request: 请求对象
    :return: 渲染视图: user_info: 用户信息;kind_id: 比赛唯一标识;kind_name: 比赛名称;cop_finishat: 
比赛结束时间;rule_text: 大赛规则;
    """
    uid = request.GET.get('uid', '')                                # 获取uid
    kind_id = request.GET.get('kind_id', '')                        # 获取kind_id
    try:                                                            # 获取比赛信息
        kind_info = CompetitionKindInfo.objects.get(kind_id=kind_id)
    except CompetitionKindInfo.DoesNotExist:                        # 未获取到渲染错误视图
        return render(request, 'err.html', CompetitionNotFound)
    try:                                                            # 获取题库信息
        bank_info = BankInfo.objects.get(bank_id=kind_info.bank_id)
    except BankInfo.DoesNotExist:                                   # 未获取到，渲染错误视图
        return render(request, 'err.html', BankInfoNotFound)
    try:                                                            # 获取用户信息
        profile = Profile.objects.get(uid=uid)
    except Profile.DoesNotExist:                                    # 未获取到，渲染错误视图
        return render(request, 'err.html', ProfileNotFound)
    if kind_info.question_num > bank_info.total_question_num:       # 检查题库大小
        return render(request, 'err.html', QuestionNotSufficient)
    pageconfig = get_pageconfig(kind_info.app_id)                   # 获取页面配置信息
    return render(request, 'competition/game.html', {               # 渲染视图信息
        'user_info': profile.data,
        'kind_id': kind_info.kind_id,
        'kind_name': kind_info.kind_name,
        'cop_finishat': kind_info.cop_finishat,
        'period_time': kind_info.period_time,
        'rule_text': pageconfig.get('text_info', {}).get('rule_text', '')
    })
```

当考试页面加载的时候，只是获取到了基本数据，对于题目信息，需要使用 Ajax 异步请求的方式进行获取，代码如下：

```
var currentPage = 1;
var hasPrevious = false;
var hasNext = false;
var questionNum = 0;
var response;
var answerDict;
  $(document).ready(function () {
      if({{ period_time|safe }}) {                                    # 开始计时
          startTimer1();
      }
      $('#loadingModal').modal('show');                               # 显示弹窗
      uid = '{{ user_info.uid|safe }}';                               # 获取用户id
      kind_id = '{{ kind_id|safe }}';                                 # 获取类型id
      # Ajax 异步请求
      $.ajax({
          url: '/api/questions',                                      # 请求URL
          type: 'get',                                                # 请求类型
          data: {                                                     # 请求数据
              'uid': uid,
              'kind_id': kind_id
          },
          dataType: 'json',                                           # 返回数据类型
          success: function (res) {                                   # 回调函数
              response = res;                                         # 接收返回数据
              questionNum = res.data.kind_info.question_num;          # 获取题号
              answerDict = new Array(questionNum);                    # 获取问题数组
                      # 遍历问题数组
              for(var i=0; i < questionNum; i++){
                  if(response.data.questions[i].qtype === 'choice') {
                      answerDict['c_' + response.data.questions[i].pk] = '';
                  }else{
                      answerDict['f_' + response.data.questions[i].pk] = '';
                  }
              }
               # 选择题
              if(res.data.questions[0].qtype === 'choice') {
                  $('#question').html(res.data.questions[0].question);  // currentPage - 1
                  $('#item1').html(res.data.questions[0].items[0]);
                  $('#item2').html(res.data.questions[0].items[1]);
                  $('#item3').html(res.data.questions[0].items[2]);
                  $('#item4').html(res.data.questions[0].items[3]);
                  $('#itemPk').html('c_' + res.data.questions[0].pk);
                  hasNext = (currentPage < questionNum);
                  $('#fullinBox').hide();
              } else{
                  # 填空题
                  $('#question').html(res.data.questions[0].question.replace('##',
                                   '______'));
                  $('#answerPk').val('f_' + res.data.questions[0].pk);
                  hasNext = (currentPage < questionNum);
                  $('#choiceBox').hide();
              }
              $('#loadingModal').modal('hide');                       # 隐藏弹窗
          }
      });
```

由于需要从题库中随机抽取指定数目的题目，所以在 /api/questions 目录中的 competition app 下面添加一个接口视图 game_views.py，视图代码如下：

```
@check_login
@check_copstatus
@transaction.atomic
def get_questions(request):
    """
    获取题目信息接口
    :param request: 请求对象
    :return: 返回json数据: user_info: 用户信息;kind_info: 比赛信息;qa_id: 比赛答题记录;questions:
比赛随机后的题目;
    """
    kind_id = request.GET.get('kind_id', '')                         # 获取kind_id
    uid = request.GET.get('uid', '')                                 # 获取uid
    try:                                                             # 获取比赛信息
        kind_info = CompetitionKindInfo.objects.select_for_update().get(kind_id=kind_id)
    except CompetitionKindInfo.DoesNotExist:                         # 未获取到，返回错误码100001
        return json_response(*CompetitionError.CompetitionNotFound)
    try:                                                             # 获取题库信息
        bank_info = BankInfo.objects.get(bank_id=kind_info.bank_id)
    except BankInfo.DoesNotExist:                                    # 未获取到，返回错误码100004
        return json_response(*CompetitionError.BankInfoNotFound)
    try:                                                             # 获取用户信息
        profile = Profile.objects.get(uid=uid)
    except Profile.DoesNotExist:                                     # 未获取到，返回错误码200001
        return json_response(*ProfileError.ProfileNotFound)
    qc = ChoiceInfo.objects.filter(bank_id=kind_info.bank_id)        # 选择题
    qf = FillInBlankInfo.objects.filter(bank_id=kind_info.bank_id)   # 填空题
    questions = []                                                   # 将两种题型放到同一个列表中
    for i in qc.iterator():
        questions.append(i.data)
    for i in qf.iterator():
        questions.append(i.data)
    question_num = kind_info.question_num                            # 出题数
    q_count = bank_info.total_question_num                           # 总题数
    if q_count < question_num:                               # 出题数大于总题数，返回错误码100005
        return json_response(CompetitionError.QuestionNotSufficient)
    qs = random.sample(questions, question_num)                      # 随机分配题目
    qa_info = CompetitionQAInfo.objects.select_for_update().create(  # 创建答题log数据
        kind_id=kind_id,
        uid=uid,
        qsrecord=[q['question'] for q in qs],
        asrecord=[q['answer'] for q in qs],
        total_num=question_num,
        started_stamp=tc.utc_timestamp(ms=True, milli=True),         # 设置开始时间戳
        started=True
    )
    for i in qs:                                                     # 剔除答案信息
        i.pop('answer')
    return json_response(200, 'OK', {                        # 返回JSON数据，包括题目信息，答题log信息等
        'kind_info': kind_info.data,
        'user_info': profile.data,
        'qa_id': qa_info.qa_id,
        'questions': qs
    })
```

上面的api视图需要在api模块下的urls.py中配置路由，代码如下：

```
url(r'^questions$', game_views.get_questions, name='get_questions'),
```

这个接口主要用于生成考试数据，考试数据是从题库中随机抽取指定数目的题目，每次调用接口，都会返回不同的结果。每次调用接口都会生成一个答题日志，对于没有答题就刷新了页面的用户，日志不会丢失，而是会被标记为未完成。

注意答题是有限制时间的，该时间限制在 CompetitionKindInfo 数据模型中的 period_time 字段中配置。如果用户答题超过了这个时间，则答题日志会被标记为已超时，并且答题数据会存在，作为以后数据分析用，但是不会参与到排行榜中，这在答题中会有相应的提示。

答题数据统一返回到页面中，页面需要按照页面大小为 1 的数量对返回的题目做分页，并且需要记住用户上一道题和下一道题的答题情况和顺序。这些需要在前台实现，可以参考资源包中的源代码。

18.6.4 提交答案

当答题完成后，需要判断答题剩余时间，如果剩余时间为 0，或者已经超时，则把答题的日志保存为超时，并且答题成绩不能加入排行榜；而如果剩余时间还很充足，用户的成绩要加入排行榜，并且将答题日志要标记为已完成，用来区别未完成的答题记录。提交答案显示成绩单页面效果如图 18.20 所示。

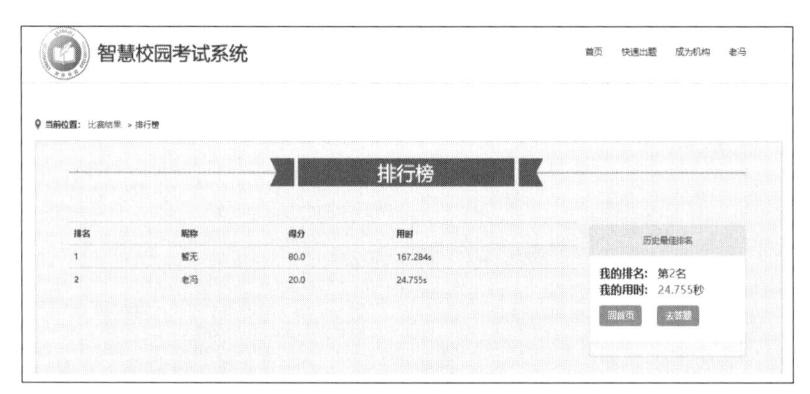

图 18.20　提交答案显示成绩单页面

在答题过程中，前端需要记录用户的答题数据和顺序，并生成一个指定的数据形式，以便提交到后台进行答案的匹配，提交答案的实现代码如下：

```
$('#answerSubmit').click(function () {                          # 单击提价答案按钮
    if(window.confirm("确认提交答案吗?")) {                        # 弹出确认框
        if({{ period_time|safe }}) {                            # 正常结束
            stopTimer1();                                       # 停止计时
        }
        var answer = "";
        # 组织答案
        for (var key in answerDict) {
            if (!answer) {
                answer = String(key) + "," + answerDict[key] + "#";
            }else{
                answer += String(key) + "," + answerDict[key] + "#";
            }
        }
        # Ajax异步请求
        $.ajax({
            url: '/api/answer',                                 # 请求URL
            type: 'post',                                       # 请求类型
            data: {                                             # 请求数据
                'qa_id': response.data.qa_id,
                'uid': response.data.user_info.uid,
                'kind_id': kind_id,
```

```
                'answer': answer
            },
            dataType: 'json',                                          # 返回数据类型
            success: function (res) {                                  # 回调函数
                if(res.status === 200) {                               # 请求成功，页面跳转
                    window.location.href = "/bs/result?uid=" + res.data.user_info.uid +
                        "&kind_id=" + res.data.kind_id + "&qa_id=" + res.data.qa_id;
                }else{
                    alert('提交失败');
                }
            }
        })
    }else {}
  })
});
```

/api/answer 接口对应的路由要在 api 模块的 urls.py 中填写，代码如下：

```
url(r'^answer$', game_views.submit_answer, name='submit_answer'),
```

上面用到了 submit_answer 视图函数，该视图函数需要添加到 game_views.py 文件中，实现代码如下：

```
@csrf_exempt
@check_login
@check_copstatus
@transaction.atomic
def submit_answer(request):
    """
    提交答案接口
    :param request: 请求对象
    :return: 返回json数据: user_info: 用户信息; qa_id: 比赛答题记录标识; kind_id: 比赛唯一标识
    """
    stop_stamp = tc.utc_timestamp(ms=True, milli=True)           # 结束时间戳
    qa_id = request.POST.get('qa_id', '')                        # 获取qa_id
    uid = request.POST.get('uid', '')                            # 获取uid
    kind_id = request.POST.get('kind_id', '')                    # 获取kind_id
    answer = request.POST.get('answer', '')                      # 获取answer
    try:                                                         # 获取比赛信息
        kind_info = CompetitionKindInfo.objects.get(kind_id=kind_id)
    except CompetitionKindInfo.DoesNotExist:                     # 未获取到，返回错误码100001
        return json_response(*CompetitionError.CompetitionNotFound)
    try:                                                         # 获取题库信息
        bank_info = BankInfo.objects.get(bank_id=kind_info.bank_id)
    except BankInfo.DoesNotExist:                                # 未获取到返回错误码100004
        return json_response(*CompetitionError.BankInfoNotFound)
    try:                                                         # 获取用户信息
        profile = Profile.objects.get(uid=uid)
    except Profile.DoesNotExist:                                 # 未获取到，返回错误码200001
        return json_response(*ProfileError.ProfileNotFound)
    try:                                                         # 获取答题log信息
        qa_info = CompetitionQAInfo.objects.select_for_update().get(qa_id=qa_id)
    except CompetitionQAInfo.DoesNotExist:                       # 未获取到，返回错误码100006
        return json_response(*CompetitionError.QuestionNotFound)

    answer = answer.rstrip('#').split('#')                       # 处理答案数据
    total, correct, wrong = check_correct_num(answer)            # 检查答题情况
    qa_info.aslogrecord = answer
    qa_info.finished_stamp = stop_stamp
    qa_info.expend_time = stop_stamp - qa_info.started_stamp
    qa_info.finished = True
```

```
    qa_info.correct_num = correct if total == qa_info.total_num else 0
    qa_info.incorrect_num = wrong if total == qa_info.total_num else qa_info.total_num
    qa_info.save()                                                    # 保存答题log
    if qa_info.correct_num == kind_info.question_num:                 # 得分处理
        score = kind_info.total_score
    elif not qa_info.correct_num:
        score = 0
    else:
        score = round((kind_info.total_score / kind_info.question_num) * correct, 3)
    qa_info.score = score                                             # 继续保存答题log
    qa_info.save()
    kind_info.total_partin_num += 1                                   # 保存比赛数据
    kind_info.save()                                                  # 比赛答题次数
    bank_info.partin_num += 1
    bank_info.save()                                                  # 题库答题次数
    if (kind_info.period_time > 0) and (qa_info.expend_time > kind_info.period_time * 60 * 1000):
                                                                      # 超时，不加入排行榜
        qa_info.status = CompetitionQAInfo.OVERTIME
        qa_info.save()
    else:                                                             # 正常完成，加入排行榜
        add_to_rank(uid, kind_id, qa_info.score, qa_info.expend_time)
        qa_info.status = CompetitionQAInfo.COMPLETED
        qa_info.save()
    return json_response(200, 'OK', {                                 # 返回JSON数据
        'qa_id': qa_id,
        'user_info': profile.data,
        'kind_id': kind_id,
    })
```

18.6.5 批量录入题库

录入题库功能的实现方法是，在页面中为用户提供一个 Excel 模板，用户按照对应的模板格式来编写题库信息，编写完成后，在页面中选择带有题库的 Excel 文件，单击“开始录制”按钮，进行题库的录入。题库 Excel 模板如图 18.21 所示。题库的录入界面如图 18.22 所示。

1	问题	答案	选项一	选项二	选项三	选项四	问题图片链接	问题音频链接	问题来源
2	商女不知亡国恨下一句是？	隔江犹唱后庭花	隔江犹闻笙竹寞	铁马冰河入梦来	一弦一柱思华年	江枫渔火对愁眠			
3	补全诗句：到现在，乡愁是一湾##，我在这头，大陆在那头。	浅浅的海峡							
4	君住长江南，我住长江北，##，共饮长江水	日日思君不见君							
5	龙舟是为了纪念哪位文化名人的？	屈原	陈独秀	李白	纳兰性德	屈原			
6	元宵又称为上元节，那么下元节是几月几号？	十月十五	六月十五	十二月十五	十月十五	七月十五			
7	北京是在哪个朝代建都的？	元朝	清朝	明朝	汉朝	元朝			
8	李白的《渡荆门送别》一诗中，写出诗人渡过荆门进入楚地看到江水冲出山峦向着原野奔腾而去的壮阔景色的诗句是 ##，江入大荒流	山随平野尽							
9	不识##真面目，只缘身在此山中	庐山							
10	有情##含春泪，无力蔷薇卧晚枝。	芍药							
11	人闲##落，夜静春山空。	桂花							
12	采##东篱下，悠然见南山。	菊							
13	唐宋散文八大家不包括以下哪一位人物？	李白	苏轼	苏辙	李白	王安石			
14	清明上河图的作者是哪一个朝代的人？	北宋	南宋	北宋	晚唐	元朝			
15	天子呼来不上船，自称臣是酒中仙。说的是哪一位人物？	李白	杜甫	王之涣	李白	贾岛			
16									

17 说明：请按照表格对应的行和列填写题目。

19 对于题型为选择题的问题，题目填写到第一列，答案填写到第二列，四个选项分别填写到第三到第六列。如果题目中有图片需要展示，请在第七列填写图片的链接，如果题目中存在音频，请在第八列填写音频链接。

21 对于题型为填空题的问题，题目填写到第一列，答案填写到第二列。

22 注意：问题中需要补全答案的位置，不论要补全的字数有多少，都用两个井号代替 ##，如：慈母手中线，##身上衣。另外，填空题不存在选项，所以第三列到第六列不用填写。

23 如果题目中有图片需要展示，请在第七列填写图片的链接，如果题目中存在音频，请在第八列填写音频链接。

图 18.21 题库 Excel 模板

综上所述，录入题库主要分为以下 5 个步骤：

① 用户下载模板文件；

② 根据自己的题库需求修改 Excel 模板文件；

③ 输入题库名称，并选择题库类型；

④ 上传文件；
⑤ 提交到数据库。

图 18.22　题库录入界面

下面详细讲解录入题库功能的实现过程。首先在前端给配置题库添加一个导航页，在 competition app 下面的 urls.py 中添加下面几条路由：

```
# 配置考试url
urlpatterns += [
    path('set', set_render.index, name='set_index'),
    path('set/bank', set_render.set_bank, name='set_bank'),
    path('set/bank/tdownload', set_render.template_download, name='template_download'),
    path('set/bank/upbank', set_render.upload_bank, name='upload_bank'),
    path('set/game', set_render.set_game, name='set_game'),
]
```

在 competition 应用下面添加一个 render 视图模块 set_render.py，并在其中添加 index 函数，用来渲染视图和用户信息数据，代码如下：

```
@check_login
def index(request):
    """
    题库和考试导航页
    :param request: 请求对象
    :return: 渲染视图和user_info用户信息数据
    """

    uid = request.GET.get('uid', '')

    try:
        profile = Profile.objects.get(uid=uid)
    except Profile.DoesNotExist:
        return render(request, 'err.html', ProfileNotFound)

    return render(request, 'setgames/index.html', {'user_info': profile.data})
```

导航页使用了 Bootstrap 框架的巨幕 jumbotron。用户单击“录制题库”按钮时，页面跳转到 urls.py 中的第二条路由，对应的视图代码如下：

```
@check_login
def set_bank(request):
    """
    配置题库页面
```

```
    :param request: 请求对象
    :return: 渲染页面返回user_info用户信息数据和bank_types题库类型数据
    """
    uid = request.GET.get('uid', '')
    try:
        profile = Profile.objects.get(uid=uid)                          # 检查账户信息
    except Profile.DoesNotExist:
        return render(request, 'err.html', ProfileNotFound)
    bank_types = []
    for i, j in BankInfo.BANK_TYPES:                                 # 返回所有题库类型
        bank_types.append({'id': i, 'name': j})
    return render(request, 'setgames/bank.html', {                   # 渲染模板
        'user_info': profile.data,
        'bank_types': bank_types
    })
```

对应的 html 模板放置在 web/setgames/bank.html 中，关键代码如下：

```
<form id="uploadFileForm" method="post" action="/bs/set/bank/upbank"
        enctype="multipart/form-data">{% csrf_token %}
<div id="uploadMainRow" class="row" style="margin-top: 120px;">
    <div class="col-md-3">
        <label>① 下载题库</label>
        <p style="color: gray;margin-top: 5px;">
         <a id="tDownload" href="/bs/set/bank/tdownload?uid={{ user_info.uid }}">下载</a>
          我们的简易模板，按照模板中的要求修改题库
       </p>
    </div>
    <div class="col-md-3">
        <div class="form-group">
            <label for="bankName">② 题库名称</label>
            <input id="bankName" name="bank_name" type="text" class="form-control"
                        placeholder="请输入题库名称" />
        </div>
    </div>
    <div class="col-md-3">
        <label for="choicedValue">③ 题库类型</label>
        <div class="dropdown">
            <input type="button" id="choicedValue" data-toggle="dropdown" name="bank_type"
                       value="选择一个题库类型" />
            <div class="dropdown-menu">
                {% for t in bank_types %}
                    <div onclick="choiceBankType(this)">{{ t.name }}</div>
                {% endfor %}
            </div>
        </div>
    </div>
    <div class="col-md-3">
        <div class="row" style="margin-left:-1px;">
            <label for="uploadFile">④ 上传文件</label>
            <input class="form-control" name="template" type="file" id="uploadFile">
        </div>
    </div>
    <input type="hidden" name="uid" value="{{ user_info.uid }}" />
</div>
<div class="row" style="margin-top:35px;">
    <input type="submit" id="startUpload" class="btn btn-danger" value="开始录制">
</div>
</form>
<script type="text/javascript">
    var choicedBankType;
    var responseTypes = {{ bank_types|safe }};
```

```
    var choiceBankType = function (t) {
        var cbt = $(t).html();
        for(var i in responseTypes){
            if(responseTypes[i].name === cbt){
                choicedBankType = responseTypes[i].id;
                break;
            }
        }
        $('#choicedValue').val(cbt);
    }

</script>
```

在开始录入题库之前，用户需要先单击下载 Excel 模板文件进行编辑后才能提交。下载的 url 路由在 urls.py 中的第三条，对应的视图函数代码如下：

```
@check_login
def template_download(request):
    """
    题库模板下载
    :param request: 请求对象
    :return: 返回excel文件的数据流
    """
    uid = request.GET.get('uid', '')                                # 获取uid
    try:
        Profile.objects.get(uid=uid)                                # 用户信息
    except Profile.DoesNotExist:
        return render(request, 'err.html', ProfileNotFound)
    def iterator(file_name, chunk_size=512):                        # chunk_size大小512KB
        with open(file_name, 'rb') as f:                            # rb，以字节读取
            while True:
                c = f.read(chunk_size)
                if c:
                    yield c                       # 使用yield返回数据，直到所有数据返回完毕才退出
                else:
                    break
    template_path = 'web/static/template/template.xlsx'
    file_path = os.path.join(settings.BASE_DIR, template_path)   # 希望保留题库文件到一个单独目录
    if not os.path.exists(file_path):                                      # 路径不存在
        return render(request, 'err.html', TemplateNotFound)
    # 将文件以流式响应返回到客户端
    response = StreamingHttpResponse(iterator(file_path), content_type='application/vnd.ms-excel')
    response['Content-Disposition'] = 'attachment; filename=template.xlsx'  # 格式为xlsx
    return response
```

用户单击“开始录制”按钮时，数据以 POST 方式提交到后台，该视图函数对应的 url 在 urls.py 中的第四条，视图函数代码如下：

```
@check_login
@transaction.atomic
def upload_bank(request):
    """
    上传题库
    :param request:请求对象
    :return: 返回用户信息user_info和上传成功的个数
    """
    uid = request.POST.get('uid', '')                                      # 获取uid
    bank_name = request.POST.get('bank_name', '')                          # 获取题库名称
    bank_type = int(request.POST.get('bank_type', BankInfo.IT_ISSUE))      # 获取题库类型
    template = request.FILES.get('template', None)                         # 获取模板文件
```

```
    if not template:                                            # 模板不存在
        return render(request, 'err.html', FileNotFound)
    if template.name.split('.')[-1] not in ['xls', 'xlsx']:     # 模板格式为xls或者xlsx
        return render(request, 'err.html', FileTypeError)
    try:                                                        # 获取用户信息
        profile = Profile.objects.get(uid=uid)
    except Profile.DoesNotExist:
        return render(request, 'err.html', ProfileNotFound)

    bank_info = BankInfo.objects.select_for_update().create(    # 创建题库BankInfo
        uid=uid,
        bank_name=bank_name or '暂无',
        bank_type=bank_type
    )
    today_bank_repo = os.path.join(settings.BANK_REPO, get_today_string())  # 保存文件目录以当
天时间为准
    if not os.path.exists(today_bank_repo):
        os.mkdir(today_bank_repo)                               # 不存在该目录则创建
    final_path = os.path.join(today_bank_repo, get_now_string(bank_info.bank_id)) + '.xlsx'
# 生成文件名
    with open(final_path, 'wb+') as f:                                  # 保存到目录
        f.write(template.read())
    choice_num, fillinblank_num = upload_questions(final_path, bank_info)  # 使用xlrd读取excel文
件到数据库
    return render(request, 'setgames/bank.html', {              # 渲染视图
        'user_info': profile.data,
        'created': {
            'choice_num': choice_num,
            'fillinblank_num': fillinblank_num
        }
    })
```

上面的视图函数首先将返回的 Excel 题库模板保存到指定目录，以便后期使用，然后生成一个题库 BankInfo，并使用一个自定义的 Python 脚本将 Excel 题库文件中的数据逐一读取出来，保存到数据库中。

上面视图对应的函数文件放置在 utils 模块下面 upload_questions.py 文件中，代码如下：

```
import xlrd                                                     # xlrd库
from django.db import transaction                               # 数据库事物
from competition.models import ChoiceInfo, FillInBlankInfo      # 题目数据模型

def check_vals(val):                              # 检查值是否被转换成float，如果是，将.0结尾去掉
    val = str(val)
    if val.endswith('.0'):
        val = val[:-2]
    return val
@transaction.atomic
def upload_questions(file_path=None, bank_info=None):
    book = xlrd.open_workbook(file_path)                        # 读取文件
    table = book.sheets()[0]                                    # 获取第一张表
    nrows = table.nrows                                         # 获取行数
    choice_num = 0                                              # 选择题数量
    fillinblank_num = 0                                         # 填空题数量
    for i in range(1, nrows):
          rvalues = table.row_values(i)                         # 获取行中的值
          if (not rvalues[0]) or rvalues[0].startswith('说明'):  # 取出多余行
              break
          if '##' in rvalues[0]:                                # 选择题
              FillInBlankInfo.objects.select_for_update().create(
                  bank_id=bank_info.bank_id,
```

```
                question=check_vals(rvalues[0]),
                answer=check_vals(rvalues[1]),
                image_url=rvalues[6],
                source=rvalues[7]
            )
            fillinblank_num += 1                                  # 填空题数加1
        else:                                                     # 填空题
            ChoiceInfo.objects.select_for_update().create(
                bank_id=bank_info.bank_id,
                question=check_vals(rvalues[0]),
                answer=check_vals(rvalues[1]),
                item1=check_vals(rvalues[2]),
                item2=check_vals(rvalues[3]),
                item3=check_vals(rvalues[4]),
                item4=check_vals(rvalues[5]),
                image_url=rvalues[6],
                source=rvalues[7]
            )
            choice_num += 1                                       # 选择题数加1
    bank_info.choice_num = choice_num
    bank_info.fillinblank_num = fillinblank_num
    bank_info.save()
    return choice_num, fillinblank_num
```

录入题库过程也非常简单，只需使用 xlrd 读取文件中的每一行，判断第一列中的题目信息中是否包含 ##，如果包含，就代表该题目是填空题。在答题的时候，页面会将 ## 解读为四条下划线（____），方便用户答题。

本章知识思维导图

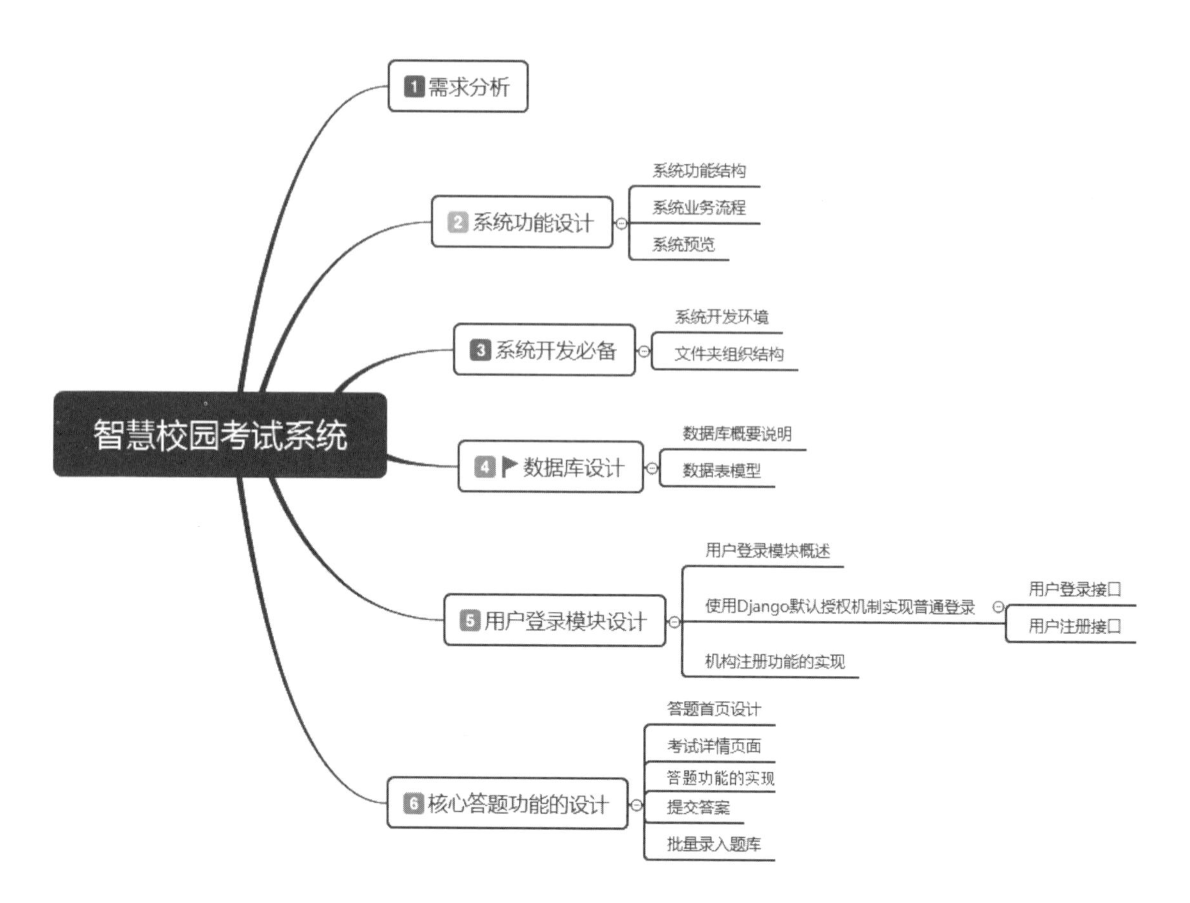
智慧校园考试系统
1 需求分析
2 系统功能设计
系统功能结构
系统业务流程
系统预览
3 系统开发必备
系统开发环境
文件夹组织结构
4 数据库设计
数据库概要说明
数据表模型
5 用户登录模块设计
用户登录模块概述
使用Django默认授权机制实现普通登录
用户登录接口
用户注册接口
机构注册功能的实现
6 核心答题功能的设计
答题首页设计
考试详情页面
答题功能的实现
提交答案
批量录入题库